地球物质科学

DIQIU WUZHI KEXUE

DAOLUN

导论

赖绍聪

秦江锋　朱韧之 ◆ 编著

刘　鹏　刘　敏

西北大学出版社

·西安·

图书在版编目(CIP)数据

地球物质科学导论 / 赖绍聪等编著. -- 西安 ：西北大学出版社，2025.2. -- ISBN 978 - 7 - 5604 - 5634 - 8

Ⅰ. P3

中国国家版本馆 CIP 数据核字第 2025QX1035 号

地球物质科学导论
DIQIU WUZHI KEXUE DAOLUN

编　　著	赖绍聪　秦江锋　朱韧之　刘　鹏　刘　敏
出版发行	西北大学出版社
地　　址	西安市太白北路 229 号
邮　　编	710069
电　　话	029 - 88303310
网　　址	http：//nwupress. nwu. edu. cn
电子邮箱	xdpress@nwu. edu. cn
经　　销	全国新华书店
印　　刷	西安奇良海德印刷有限公司
开　　本	787mm×1092mm　1/16
印　　张	18.75
字　　数	430 千字
版　　次	2025 年 2 月第 1 版　2025 年 2 月第 1 次印刷
书　　号	ISBN 978 - 7 - 5604 - 5634 - 8
审 图 号	GS 陕(2025)27 号
定　　价	68.00 元

如有印装质量问题，请与本社联系调换、电话 029 - 88302966。

前　言

　　地球的物质组成一直以来都是地球科学前沿的核心科学问题之一，它不仅是人类揭示地球如何运行以及探索地球环境演变过程的知识基础，还是人类探索行星科学等前沿学科领域的重要知识基础。更为重要的是，系统地掌握地球的物质组成，还是人类寻找、发现并有效利用地球物质资源，促进人类文明与进步，形成人-地和谐良性生态，构建宜居地球新体系的基础。同时，从地球系统科学思维角度去认识、了解我们居住的星球已经成为地球科学家的共识，未来的地球科学前沿研究将会更加关注地球的运行、地球物质组成和地球环境演变等系统科学问题，从根本上去引导我们深刻地理解并揭示地球系统物质组成及其运行规律。

　　当前，地球系统科学思维已成为培养新时代地学人才的重要风向标。如何立足"双一流"背景，培养符合新时代要求的拔尖创新人才，是目前地学高等教育亟待解决的重要问题。要回答这一人才培养的时代之问，就应该回归常识，运用地球系统科学思维，从更加科学的角度去优化知识结构、重构课程体系。地球物质科学作为地质学类本科专业最为重要的基础性知识体系，新型课程设置应该立足学科前沿，聚焦知识关联，以关键科学问题为导向，以培养学生对知识系统性、逻辑性和层次性的全面掌握为核心目标。因此，传统地质学类本科专业教学体系中，结晶学、矿物学、岩浆岩岩石学、沉积岩岩石学、变质岩岩石学、矿床学以及地球化学等7门核心课程长期以来各自为政、相互分割、单课独进，课程与课程之间严重缺乏体系化和知识关联性，已经成为当前地质学类相关本科专业教育教学体系中必须及时破解的重要问题。

　　如何重塑不同课程之间的衔接关系，优化教学内容，构建逻辑清晰、层次分明、知识系统、密切关联的地球物质科学全新知识结构体系，使学生能够建立基础课程学习与国家重大需求和科学前沿的联系，从而使学生能在有限的时间内对地球物质科学知识体系产生兴趣并高效地理解、领悟，饶有兴趣地进入学习思考与实践创新状态，是本教材编写及新的知识体系构建的指导思想。

　　本教材立足学科前沿，聚焦知识关联，以元素及元素结合律为切入点，进而引申出晶体、非晶质体及准晶体，将矿物定义为具有一定化学组成、内部结构以及稳定的相界面和结晶习性的天然化合物或固态单质，将岩石视为由一种或多种矿物或火山玻璃、生物遗骸、胶体等物质在特定物理化学条件下的规律性组合形成的固态集合体，而在当代经济社会及技术条件下能够被人类有效利用的地球物质均属于自然资源范畴，具体包括但不限于能够获取金属及非金属物质的矿物、岩石，以及能够为人类生产、生活提供能源动力的石油及天然气。教材聚焦地球系统科学新思维，将地球圈层结构与地球物质循环有机联系，并通过对地球水循环、碳循环、硫循环以及岩石循环的讨论，阐明圈层物质循环与宜居地球的内在联系，从而构建面向基础科学前沿，服务国家重大需求，融合传统地质教育中相互分割的结晶学、矿物学等7门课程，充分体现知识关联的地球物质科学全新知识结构体系。

本教材依据编者团队多年的教学经验，并充分考虑了适用对象的特点，在陕西省教学改革重点攻关项目"立足学科前沿，聚焦知识关联，构建'地球物质组成'课程群教学体系的探索与研究"相关研究成果的基础上综合编写而成，贯彻了科学性、逻辑性、重点难点突出、文字严谨的基本要求。本教材由赖绍聪制定编写大纲和编写规范，第一章、第二章、第三章和第四章由朱韧之执笔，第五章、第七章和第九章由秦江锋执笔，第六章由刘敏执笔，第八章由刘鹏执笔，全书最终由赖绍聪统稿、修订和完善。本教材可供地质学、地球化学、古生物学、地球信息科学与技术及相关专业本科生及研究生教学使用。

本教材在编写过程中得到国务院学位委员会地质学学科评议组、教育部高等学校地质学类专业教学指导委员会的理论指导。在出版过程中得到西北大学优秀教材（专著）出版基金资助，并得到西北大学出版社、教务处、发展规划与学科处、地质学系等单位的大力支持和帮助，在此表示最诚挚的感谢！

由于编者的能力和学识水平所限，本教材难免有不当之处，敬请广大读者批评、指正。

编　者

2024 年 10 月于西安

目　录

第一章　元　素

第一节　元素的起源

人类及所处的环境，包括整个宇宙的任何物质，都是由元素组成的。例如，人类自身就是由 C、H、O、N 等多种元素组成的，我们呼吸的空气主要由 O、N、C 等元素组成，我们赖以生存的固体地球主要由 Si、O、Al、Mg、Fe、Ca、Na、K、P 等元素组成。

人类所处的太阳系的总质量绝大多数是由太阳构成的，其主要元素包括 H（约 75%）、He（约 25%）以及 O、Si、Fe、Ni 等极为微量的元素组成。观测发现，宇宙其他恒星系统及整个宇宙可见物质几乎都是 H 和 He，其他元素占比很少。那么，为什么宇宙中恒星体的主要元素组成是 H 和 He，而地球元素组成中却有如此多的元素呢？这涉及宇宙的起源，是一个令无数科学家费解的难题。

目前，科学界一致认为，宇宙中元素及其分布特征起源于"宇宙大爆炸（big-bang theory）"。哈勃（E. P. Hubble）于 1929 年发现宇宙膨胀，意味着宇宙开始于大爆炸；自 1964 年发现宇宙背景辐射（CMB）后，大爆炸模型更是得到普遍认同。其基本理论是指在约 138 亿年前，过去和当下的宇宙内的所有物质都储存在一个体积无限小、密度无限大的奇点（singularity）之中。奇点尚未发生暴涨的时期到奇点暴涨后的 10^{-43} s，称为普朗克时期（Planck epoch）。在奇点未发生暴涨之前只有量子引力，发生暴涨后宇宙进入暴涨期（inflation epoch），由于极高的温度和压力，宇宙以指数级的速度发生膨胀。但是，从 $t=10^{-36}$ s 到 $t=10^{-32}$ s，宇宙的温度降低到 10^{28} K，规范力场分离为电磁力和弱核力，这时物质不断地出现和毁灭。随着温度降低，物质的量超过了反物质的量（即量子不对称性）。至暴涨期结束，宇宙进入冷却期（cooling epoch），通常意义的物质开始形成。自此，宇宙密度和温度进一步降低，基本粒子不断发生相变，使得 4 种基本力成为现在的形式。当奇点暴涨到 10^{-6} s 时，夸克和胶子结合形成重子（质子和中子）。当 $t=1$ s 时，电子和正电子亦经历类似过程。当这些粒子湮灭结束后，宇宙中的物质只剩下少量中子、质子和电子，宇宙中的能量则呈现为光子和中微子等形式。当 $t=3$ min 时，宇宙温度降至 10^9 K，这一时期称为大爆炸核合成时期（big-bang nucleosynthesis）。在这一时期，一部分质子和中子结合形成宇宙中第一种元素氘（H 的一种稳定同位素，公式 1）及氦（^{3}He，公式 2～3）。

$$n+e^+ = {}^1H+\nu^* \tag{1}$$

$$^1H+{}^1n \rightarrow {}^2H+\gamma \tag{2}$$

$$^2H+{}^1n \rightarrow {}^3H+\gamma; {}^2H+{}^1H \rightarrow {}^3H+\gamma; {}^2H+{}^1H \rightarrow {}^2He+\beta^+ +\gamma; {}^3He+n \rightarrow {}^4He+\gamma \tag{3}$$

$$^2\mathrm{H}+{}^2\mathrm{H}\rightarrow{}^3\mathrm{He}+\mathrm{n};{}^3\mathrm{He}+{}^4\mathrm{He}\rightarrow{}^7\mathrm{Be}+\gamma;{}^7\mathrm{Be}+\mathrm{e}^-\rightarrow{}^7\mathrm{Li}+\gamma \qquad (4)$$

然而，宇宙中绝大多数质子依然处于游离状态，直到38万年时，电子和游离的质子结合形成氕(H，只有质子没有中子)。由此，揭示了宇宙中为什么绝大多数元素组成是 H 和 He 的原因。宇宙中的物质和能量总体上呈均匀分布，但局部却不均匀，当物质聚集过密时，在引力作用下，形成氢气组成的分子云，宇宙中最早的一批恒星形成，从此进入宇宙成型期(structure epoch)。组成现代宇宙物质的其他元素就形成于这一时期，这主要与大质量恒星燃烧及燃烧殆尽后的超新星爆发有关。

恒星燃烧的过程，实质上就是发生核聚变的过程。由于恒星的主要物质组成是 H 和 He，因此，恒星核聚变过程就是 H 和 He 发生核聚变的过程，其最初核聚变过程属于质子-质子聚变(pp-chain)。如图 1-1 所示，pp 链反应的过程是 3 个氢原子发生核聚变在形成 1 个 He 的同时，放出电子中微子(ν)、正电子(e^+)及伽马射线(γ)。当恒星核心的氢消耗到一定程度时，就会发生 $^3\mathrm{He}$ 核聚变过程，形成 He 和 Be。Be 如果与电子相结合形成 Li(公式 4)，如果与质子相结合则形成 $^8\mathrm{B}$。质子-质子聚变之后，恒星的燃烧进入碳氮氧(carbon-nitrogen-oxygen，CNO)循环阶段，并最终形成元素周期表中从 He 到 Fe 的所有元素。恒星的燃烧也到此为止。元素周期表中排在 Fe 之后的元素是怎样形成的? 大质量恒星燃烧殆尽时会急剧膨胀为红巨星(red giant)，红巨星最终发生爆炸，形成超新星爆发。超新星爆发喷出的物质中有大量的中子和质子，这些中子和质子被 Fe 捕获，进而形成元素周期表中排在 Fe 之后的元素(图 1-2)。当然，实际的形成过程更为复杂，专业地球化学文献有详细讨论。

恒星燃烧和超新星爆发形成元素的过程称为恒星核合成(stellar nucleosynthesis)。元素随着分子云或原行星盘的演化，逐渐凝聚为固体。与此同时，原行星盘中的绝大

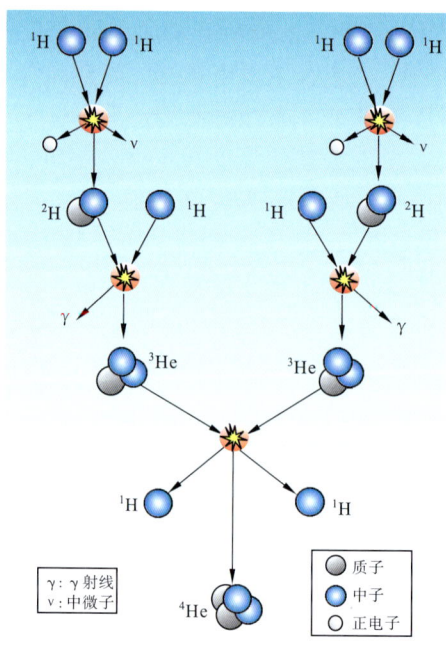

图 1-1 最初的核聚变过程属于质子-质子聚变(pp-chain)
即质子-质子链反应

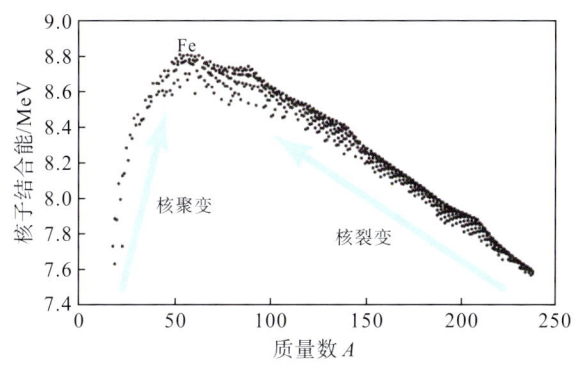

图 1-2 不同核素的结合能在每个核子中形成铁核时达到最大值

对于铁核以上的核素其裂变反应以及铁核以下的核素所发生的聚变反应，均属于能量释放过程，在激活能之外它们会自发进行，而超过铁核的核合成将导致能量消耗。

据 Albaréde，2009

多数氢气和氦气汇聚在盘中央形成恒星，而固体尘埃与剩余的少数氢气和氦气逐渐结合在一起，形成围绕恒星运行的岩质行星（rocky planet）、气巨星（gas giant planet）和冰巨星（ice giant planet）等行星，以及彗星（comet）和小行星（asteroid）等天体。

当然，"宇宙大爆炸"和"元素的产生"远不止上面描述的这么简单，它们都涉及非常复杂的过程，具体可参阅天文学和行星科学等相关文献。

第二节 元素的性质

一、原子

原子是构成地球物质最小的单位，其直径的数量级约为 10^{-10} m。原子由电子、质子和中子构成。质子（p^+）和中子（n^0）的质量均为约 1amu，聚集在一个带正电的小空间内，其中央区域称为中子。质子带有正电荷，而中子不带电。在原子核周围有一个更大的区域，通常称为电子云。电子云代表电子（e^-）绕核运动的区域（图 1-3）。电子带有负电荷，其质量可忽略不计，为 0.000 054amu。理解构成原子的 3 种基本粒子，是理解地球物质包括矿物和其他材料等形成的基础，这对我们如何利用矿物资源以及如何处理矿物资源都至关重要。

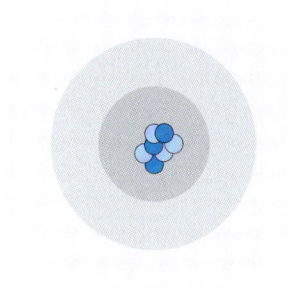

图 1-3 原子模型

原子核包含带正电的质子（深蓝色）和电中性的中子（浅蓝色），周围是电子云（灰色阴影），带负电的电子在原子核周围的轨道上运动

二、原子核、原子序数和原子质量数

原子核是由带正电的质子和不带电荷的中子在强力作用下结合形成的。在自然界中，已经发现了 92 种基本不同的称为元素的原子，同时超过 20 个额外的元素被在实验室中合成。每一种元素都以其原子核中的质子数来表征。原子核中的质子数，称为原子序数，用字母 Z 表示。原子序数（Z）通常用元素符号左下角的下标数字表示。92 种自然存在的元素从氢（$Z=1$）到铀（$Z=92$）不等。氢（$_1H$）的特点是原子核中只有 1 个质子。每个铀原子（$_{92}U$）的原子核中包含 92 个质子。原子序数可以将每个元素的原子与所有其他元素的原子区别开来。

原子的质量主要来自原子核中的质子和中子。特定原子的质量称为原子质量数，用 amu 表示原子质量单位。由于质子和中子的质量都是约 1amu，原子质量数与原子核中质子加中子的总数密切相关。原子质量数的简单公式为

$$s = p^+ + n^0$$

原子质量数由元素符号左上角的上标数字表示。例如，大多数氧原子有 8 个质子和 8 个中子，故原子质量数写为 ^{16}O。

三、元素周期表

迄今为止发现的自然产生的和合成的元素都显示出一定的周期性特征，一些元素具有不同的原子序数但却表现出相似的化学行为。用于描述元素周期性行为的表格，称为元素周期表。目前已知，元素的周期性行为与其电子结构密切相关。在现代元素周期表（图 1-4）中，元素被排列成 7 行（周期）、18 列（族）。为了展示出所有元素，第 6

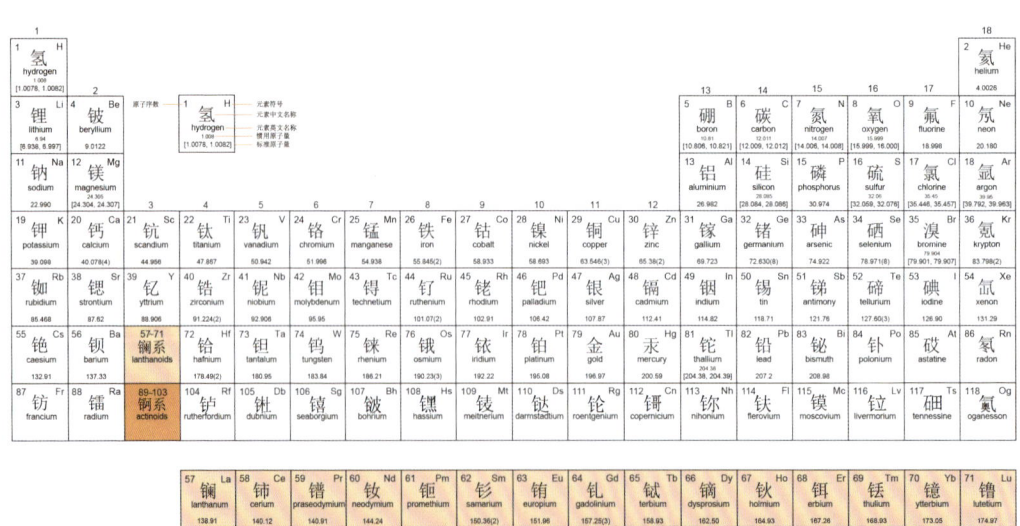

图 1-4 元素周期表

参照中国化学会和国际纯粹与应用化学联合会（IUPAC）

行和第 7 行中的镧系元素和锕系元素分别单独列在表格底部。地球科学家采用的排列方法，可参考 Railsbach(2003)的相关文献。在元素周期表的左侧，第 1 至 7 行的行号表示该行元素中电子的最高准则量子能级。在同一水平行中，每个元素都具有相同数量的外层电子。在每一行中，电子数随着原子数从左到右依次增加。每一行元素的数量各不相同，这反映了原子形成过程中电子依次添加到各个量子能级的顺序。例如，第 1 行只有 2 个元素，因为第 1 个量子能级只能容纳 2 个 1s 电子，这 2 个元素分别是氢($1s^1$)和氦($1s^2$)。第 2 行包含 8 个元素，反映了在锂(氦$+2s^1$)到氖(氦$+2s^2$，$2p^6$)形成过程中，2s 和 2p 电子逐步增加的情况。第 3 行亦包含 8 个元素，反映钠(氖$+3s^1$)到氩(氖$+3s^2$，$3p^6$)形成过程中，3s 和 3p 量子区域的电子依次填充，如图 1-4 所示。该过程持续至第 6 行和第 7 行，并以铀元素结束。总之，元素在元素周期表中按照其最高基态量子数(1~7)被分组排列在各个周期中，它们在每一行中的位置取决于主量子层中电子的分布和数量。

第三节　元素的电离行为

元素周期表不仅根据元素的电子特性将它们分行排列，而且还根据它们获得或失去电子以达到更稳定状态的倾向，将其分成垂直的列，从而形成带正电荷或负电荷的原子(图 1-4)。理想原子是电中性的，因为它们含有相同数量的带正电的质子和带负电的电子($p^+ = e^-$)。许多原子并非呈电中性；相反，它们是带电粒子，称为离子，它们获得电荷的过程称为电离(表 1-1)。为了形成离子，正电荷质子的数目和负电荷电子的数目必然变得不相等。

阳离子是带正电荷的离子，因为它们所含的质子数目多于电子数目($p^+ > e^-$)，其电荷等于多余的质子数($p^+ - e^-$)。电子从电子六中脱离，就会形成阳离子。阴离子的电荷等于过剩电子数($e^- - p^+$)，阴离子是在电离过程中添加电子形成的。例如，氯离子(Cl^-)，它比质子多出一些负电荷，因而显负电性，称为阴离子。

金属元素的第 1 电离能相对较低(<900kJ/mol)，容易失去 1 到多个弱结合的电子。碱金属和碱土金属，即第 1 列和第 2 列(ⅠA 族和ⅡA 族)元素，通常表现出最典型的金属特性。许多称为过渡金属的元素，位于第 3 列至第 12 列(ⅢB 族至ⅡB 族)，同样具有金属性倾向。

非金属元素具有很高的第 1 电离能(>900kJ/mol)，并倾向于不释放它们紧密结合的电子。除了稳定的、不活泼的、极非金属的贵重元素(第 18 列，ⅧA 族)，非金属元素倾向于具有负电性和高电子亲和力。第 16~17 列(ⅥA 族和ⅦA 族)元素，具有高电子亲和力的强烈倾向，以捕获额外的电子，填补其最高的主量子水平。它们是高电负性非金属元素的最好例子。元素族的特征简要总结如表 1-2 所示。

在产生地球物质的化学反应过程中，元素表现出与其电子构型相关联的行为。元素周期表中最右边的第 18 列(ⅧA 族)元素具有稳定的电子结构，并倾向于以不带电原子的形式存在。元素周期表左侧的金属元素具有强正电性，倾向于放弃 1 个或多个电子

表 1-1　从 H 到 Ca 的电离能

元　素	电离能/(kJ/mol)							
	1st	2nd	3rd	4th	5th	6th	7th	8th
H	1 312							
He	2 372	5 250						
Li	520	7 297	11 810					
Be	899	1 757	14 845	21 000				
B	800	2 426	3 659	25 020	32 820			
C	1 086	2 352	4 619	6 221	37 820	47 260		
N	1 402	2 855	4 576	7 473	9 452	53 250	64 340	
O	1 314	3 388	5 296	7 467	10 987	13 320	71 320	84 070
F	1 680	3 375	6 045	8 408	11 020	15 150	17 860	91 010
Ne	2 080	3 963	6 130	9 361	12 180	15 240		
Na	496	4 563	6 913	9 541	13 353	16 610	20 114	26 660
Mg	737	1 451	7 733	10 540	13 630	17 995	21 703	25 662
Al	578	1 817	2 745	11 575	14 830	18 376	23 292	
Si	787	1 577	3 231	4 356	16 091	19 784	23 783	
P	1 012	1 903	2 912	4 956	6 273	22 233	25 397	
S	1 000	2 251	3 361	4 564	7 012	8 495	27 105	
Cl	1 251	2 297	3 822	5 160	6 540	7 458	11 020	
Ar	1 520	2 665	3 931	5 570	7 238	8 781	11 995	
K	418	3 052	4 220	5 877	7 975	9 590	11 343	14 944
Ca	590	1 145	4 912	6 491	8 153	10 496	12 270	14 206

注：电离能(I)是指从原子的电子云中移除 1 个电子所需的能量。表中展示了 20 种元素电离能的周期性变化。

而变成带正电的粒子，称为阳离子。位于元素周期表右侧的非金属元素，特别是第 16 列(ⅥA 族)和第 17 列(ⅦA 族)，具有很强的负电性，并倾向于吸引电子成为带负电的粒子，称为阴离子。元素周期表中位于中间的元素具有一定的正电性，它们往往会失去不同数量的电子，变成带有不同数量正电荷的阳离子。元素周期表是一种高度可视化和逻辑化的排列，用来说明元素的电子构型模式。根据电子处于基态的最高主量子水平，元素被分组成行或类。元素被分组成列或组基于相似的电子组态在较高的主量子水平，量子能量最高的原子离原子核最远。要了解元素周期表和元素属性更全面的解释，可参阅化学原理相关文献，如 Francis Albarède 著 *Geochemistry*(第 2 版)，亦可参阅 Kevin Hefferan and John O'Brien 著 *Earth Materials*。

表 1-2　常见元素在周期表中的常见离子化态

列（族）	离子电荷	描　述	举　例
1（ⅠA）	+1	由低的第 1 电离能成为 1 价阳离子	Li^+、Na^+、K^+、Rb^+、Cs^+
2（ⅡA）	+2	由于第 1 和第 2 电离能低而损失 2 个电子	Be^{2+}、Mg^{2+}、Ca^{2+}、Sr^{2+}、Ba^{2+}
3～12（ⅢB～ⅡB）	+1～+7	过渡元素：根据环境不同损失不同数量的电子	Cu^+、Fe^{2+}、Fe^{3+}、Cr^{2+}、Cr^{6+}、W^{6+}、Mn^{2+}、Mn^{4+}、Mn^{7+}
13（ⅢA）	+3	由于第 1 至第 3 电离能低而损失 3 个电子	B^{3+}、Al^{3+}、Ga^{3+}
14（ⅣA）	+4	由于第 1 至第 4 电离能低，损失 4 个电子；也可能损失更少的电子	C^{4+}、Si^{4+}、Ti^{4+}、Zr^{4+}、Pb^{2+}、Sn^{2+}
15（ⅤA）	+5～-3	损失最多 5 个电子或捕获 3 个电子，以达到稳定	N^{5+}、N^{3-}、P^{5+}、As^{3+}、Sb^{3+}、Bi^{3+}
16（ⅥA）	-2	通常获得 2 个电子以达到稳定；在某些环境中获得 6 个电子	O^{2-}、S^{2-}、S^{6-}、Se^{2-}
17（ⅦA）	-1	获得 1 个电子以达到稳定结构	Cl^-、F^-、Br^-、I^-
18（ⅧA）	0	稳定的电子结构，既不获得电子亦不失去电子	He、Ne、Ar、Kr

第四节　原子和离子半径

　　原子半径是指相邻成键原子核间距离的一半。由于较高量子层中的电子离核更远，因而在元素周期表（第 1～7 列）中，从上到下（从左至右），中性原子的有效半径通常会增大。然而，随着周期表向右移动，同一周期元素的原子半径通常逐渐减小（图 1-5）。这种现象的产生是由于向特定量子能级添加电子并不会显著增加原子半径，而核内正电荷质子数量增加会导致电子云收缩，因为电子被吸引至原子核。原子序数大、电子云大的原子有铯（Cs）、铷（Rb）、钾（K）、钡（Ba）和铀（U），原子序数小、电子云小的原子有氢（H）、铍（Be）和碳（C）。

　　外层电子与带正电的原子核结合最不紧密。这种微弱的吸引力是由于这些电子距离原子核最远，而且它们被位于更靠近原子核的较低量子态位置上的电子所屏蔽。这些外层电子或价电子是参与各种化学反应的电子，包括形成矿物、岩石和各种合成材料的反应。这些价电子的得失分别导致阴离子和阳离子的产生。原子在失去或获得电子时会形成离子。这种离子化过程会导致离子半径发生变化，因为核内带正电荷的质子与带负电荷的电子云之间存在电场力。通常情况下，阳离子的离子半径要比同一元素的原子半径小（图 1-6）。在形成阳离子的过程中，电子从电子云中逸出，使得核内带正电的质子对剩余的电子产生更大的吸引力，导致电子向原子核靠拢，从而减小了电

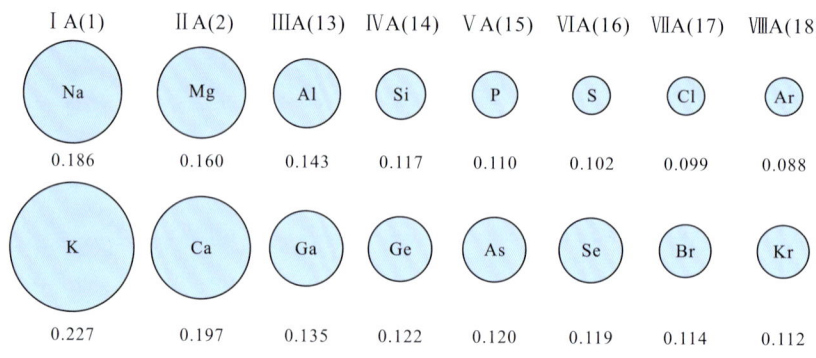

图 1-5 原子半径(nm)变化趋势图

表示原子在元素周期表中的位置,如第 3 行和第 4 行所示,除了少数例外,
半径大小倾向于从左至右和从下往上递减

子云的有效半径。阳离子所带的电荷越多,其半径会因核内过剩的正电荷而减小得越明显。Fe 元素常见阳离子半径的变化很好地说明了这一点(图 1-6)。三价铁(Fe^{3+})的半径(0.064nm)比亚铁(Fe^{2+})的半径(0.074nm)小,因为原子核中多余的正电荷更能吸引离原子核更近的电子,导致电子云收缩。两种铁离子的半径都比中性铁($Fe^0 = 0.123nm$)小得多,因为其原子核中没有多余的正电荷。

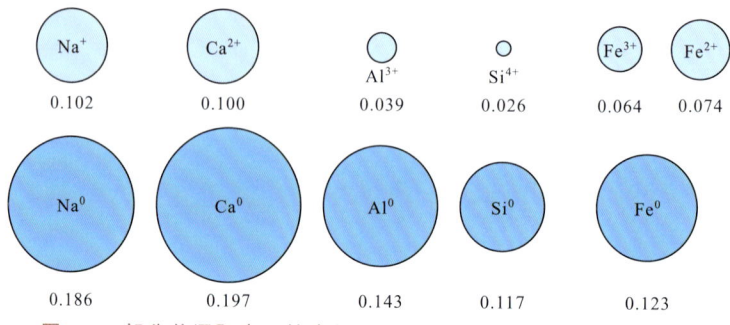

图 1-6 部分普通阳离子的半径(nm)与中性原子半径(nm)的关系

阴离子的离子半径明显大于同一元素的原子半径(图 1-7)。在形成阴离子的过程中,电子被添加到电子云中,核内带正电荷的质子对每个电子的作用力减小,使得电子能够远离原子核,导致电子云膨胀,从而增加了阴离子的有效半径。随着阴离子所带电荷增大,其有效半径亦相应增大。

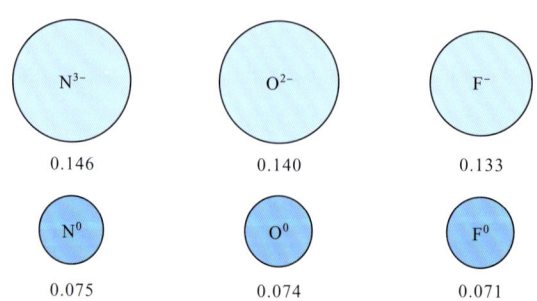

图 1-7 普通阴离子的半径(nm)与中性原子半径(nm)的关系

阴离子的膨胀和阳离子的收缩可以很好地用常见的硫离子来说明(图1-8)。负二价硫离子(S^{2-})的平均半径相对较大,为0.184nm。在这种情况下,形成双硫离子时获得的2个电子在核电荷和电子云之间产生了较大的缺陷,导致有效离子半径显著增加。该阴离子比电中性硫的半径(S^0,0.102nm)大得多,而电中性硫的半径又比双硫阳离子的半径大得多(S^{2+},0.037nm),六价硫阳离子(S^{6+},0.012nm)非常小且带电量很高。特定阴离子的有效半径确实会有所变化,这取决于化学键形成的环境、最近邻原子的数量以及形成的化学键类型。

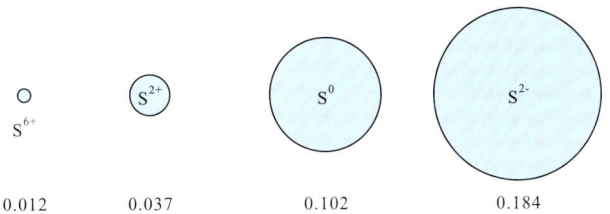

$$0.012 \qquad 0.037 \qquad 0.102 \qquad 0.184$$

图1-8　S的普通阴离子和阳离子的半径(nm)与中性原子半径(nm)的关系

第五节　元素地球化学分类

我们可以通过元素的地球化学特性对元素进行分类。尽管该分类方法将元素的行为多样性简化在有限的行为范围内,但它确实提供了关于元素地球化学性质的概貌。其中,最广泛采用的分类体系是戈尔德施密特(V. M. Goldschmidt)提出的元素地球化学分类方案(图1-9)。该分类基于18世纪瑞典化学家贝采利乌斯(J. J. Berzelius)的观

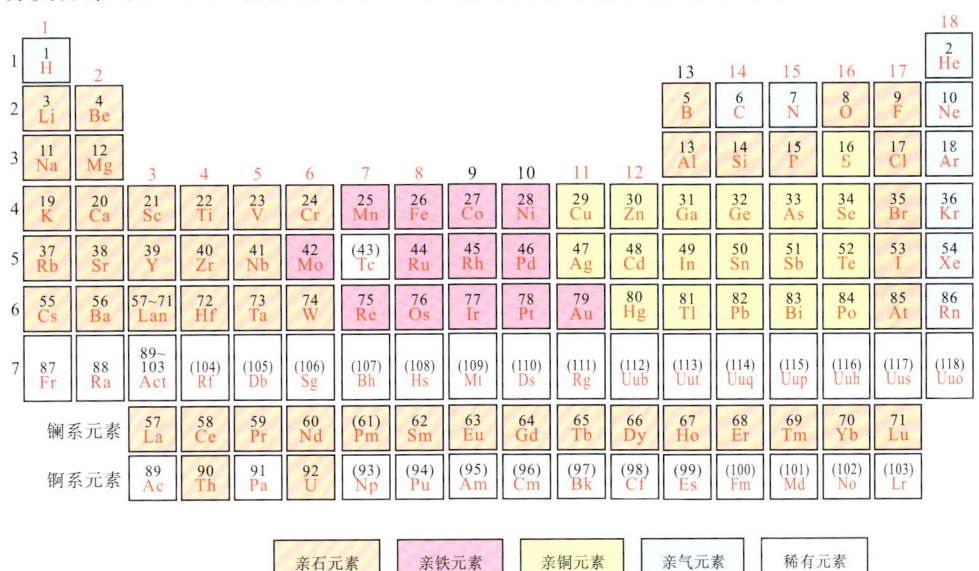

图1-9　门捷列夫的元素周期表及其戈尔德施密特地球化学分类图
从地球化学角度主要将元素分为亲铁元素(siderophile)、亲铜元素(chalcophile)、亲石元素(lithophile)和亲气元素(atmophile)。括号内所示元素在自然界中并不存在。图中提供了每种元素的原子序数,每列上方的数字表示所在族

察，即某些元素倾向于形成氧化物或碳酸盐，而另一些元素则更易形成硫化物。例如，亲石元素（如 Na、K、Si、Al、Ti、Mg 和 Ca）通常集中在地球的地壳和地幔中，亲铁元素（如 Fe、Co、Ni、Pt、Re 和 Os）因与 Fe 具有较强的亲和力而主要分布于地球核心，亲硫元素（如 Cu、Ag、Zn 和 Pb 以及 S）容易生成硫化物，而亲气元素（包括 O、N 及惰性气体）则主要存在于大气中。在每组元素中，其中的某些元素往往表现出挥发性，如与其他亲石元素比较，K 比 Mg 或 Ti 更具挥发性。此外，难熔金属，如 Mg 或 Cr，倾向于聚集在固体残渣中。

同时，离子的电荷与半径之比决定了其静电势能，即其改变相邻离子所处电场的能力。该势能影响着与每种元素相关的大量性质，如吸引共价电子（电负性）的能力，以及形成如氧阴离子和水合物等化合物的潜力。将该势能与离子半径进行比较，后者是衡量离子适应化合物特定位置能力的重要指标，它有助于深入理解特定离子的地球化学性质（图 1-10）。携带弱电荷的大型阳离子（K、Rb、Cs、Ba）在主要化合物中难以被容纳，它们在大陆地壳中呈现富集状态，称为大离子亲石元素（LILE）。而携带强电荷的小型阳离子（Zr、Nb、Th、U）则会产生显著的静电场效应，因此这些高场强元素（HFSE）是不易取代普通化合物中的主要成分。然而，元素周期表中的相对位置依然至关重要，同一列中的元素，如碱金属（Na、K、Rb）、碱土金属（Mg、Ca、Sr）、卤素（F、Cl、Br），或同一行的过渡金属，通常展现出相似的地球化学性质。

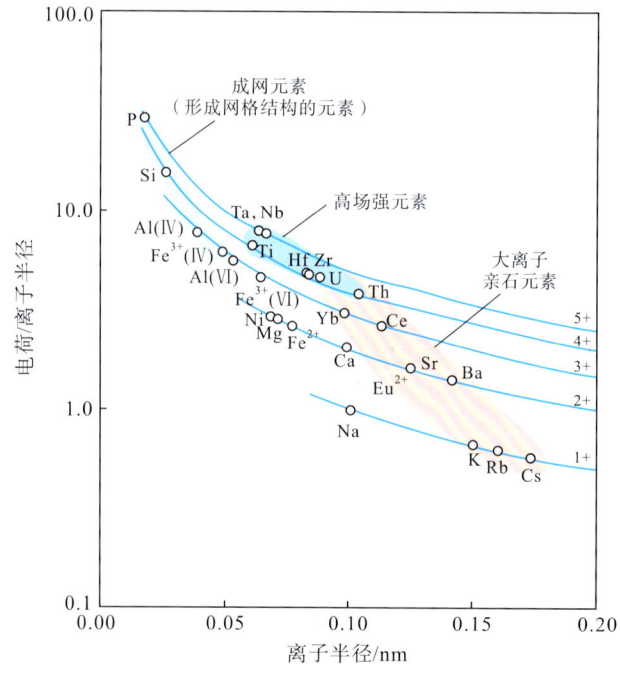

图 1-10　不同金属离子的静电势（电荷/离子半径）与离子半径之间的关系
曲线展示了在恒定电荷状态下（1+ ~ 5+）的情况，罗马数字代表配位数。该图可用于识别具有一致地球化学行为的元素组，包括形成网络结构的元素、高场强元素（HFSE）以及大离子亲石元素（LILE）。据 Albaréde，2009

第二章 元素结合律

自然界中的原子是通过化学键的力或机制结合在一起的。这些键的性质强烈地影响着地球物质的特性和行为。同时，这些化学键的性质也受到形成物质元素电子构型的影响。

第一节 化学键

自然界中有 5 种主要的键类型以及多种混合型，其中最常见的 3 种键分别是离子键、共价键和金属键。根据价电子的行为建模，需要考虑它们存在于原子的外层壳层或量子层中，而且由于其周期性性质，它们改变位置的倾向各不相同。为了更好地讨论化学键，科学家将元素划分为金属元素和非金属元素。

化学键是一个非常重要的概念，特别是离子键、共价键和金属键，分别涉及金属元素与非金属元素的结合、非金属元素与非金属元素的结合，以及金属元素与金属元素的结合。这些键之间的混合体也很常见，具有这些混合或过渡键的物质通常具有各种键类型特征的组合。此外，还存在范德华键和氢键等其他类型的化学键。化学键合是一个复杂而多样化的过程，为方便理解起见，下面使用了简化模型。

理解电负性这一概念非常重要。1929 年，莱纳斯·鲍林（Linus Carl Pauling）提出了电负性的概念。电负性（En）是一种经验性度量，用于表示原子结合时元素吸引电子的倾向，即原子核吸引电子的能力。具有较高电负性（＞3.0）的元素（如列 16 和列 17）在结合时更倾向于成为阴离子；而具有较低电负性（＜1.5）的元素（如列 1 和列 2）则更倾向于失去电子形成带正电荷的阳离子，表现出金属性倾向。高正电性的元素包括第 1 列（ⅠA 族）和第 2 列（ⅡA 族）倾向于分别释放 1 个或 2 个电子以达到稳定电子构型的元素。在论述原子如何结合形成大分子等物质时，电负性是一个非常有用的概念。

一、离子键

多个金属原子与多个非金属原子结合，就形成了离子键，亦称静电键。金属原子（如列 1 和列 2）通常呈正电性，它们有很强的倾向放弃 1 个或多个电子，以达到其最高主量子水平的稳定构型。在此过程中，金属原子变成带正电荷的阳离子，其电荷等于其失去的电子数。同时，非金属原子（列 16 和列 17）呈负电性，它们有很强的倾向获得 1 个或多个电子，以便在最高主量子水平上达到稳定的构型。在此过程中，非金属原子变成带负电荷的阴离子，其电荷数与每个获得的电子数相等。当金属原子和非金属原子成键时，金属原子放弃或提供价电子给捕获它们的非金属原子。类似拔河比赛，其中呈负电性的一方总是获得电子。在电子交换过程中，两种元素的原子形成稳定的元素电子构型，同时变成带相反电荷的离子。由于带相反电荷的粒子相互吸引，阳离子和阴离子由于带相反电荷静电吸引而结合在一起。

离子键最常见的例子是钠离子（Na^+）和氯离子（Cl^-）之间键合形成 NaCl（图 2-1）。作为第 1 列（ⅠA 族）元素，一方面，Na 属碱金属和呈正电性，具有相当低的电负性（1.0），Na 通过放弃 1 个电子以获得稳定电子构型。另一方面，Cl 作为第 17 列（ⅦA 族）元素，是非金属元素，对电子有很强的亲和力，具有很高的电负性（3.5），它通过获得 1 个电子以获得稳定电子构型。钠原子和氯原子结合时，钠原子释放 1 个电子，变成半径更小的钠离子（Na^+），具有"稳定八面体"电子构型（氖）；而氯原子捕获 1 个电子，成为具有"稳定八面体"电子构型的半径更大的氯离子（Cl^-）。这两种原子通过相反电荷吸引法则结合在一起形成 NaCl。数以百万计的钠离子和氯离子通过上述静电或离子键结合在一起，氯离子和钠离子数必须相等，以达到电荷平衡，因此 NaCl，即我们常见的食盐，是电中性的。相似的例子，如ⅠA(1)族元素 K 和ⅦA(17)族元素 Cl 通过离子结合产生 KCl，即钾盐（氯化钾）。

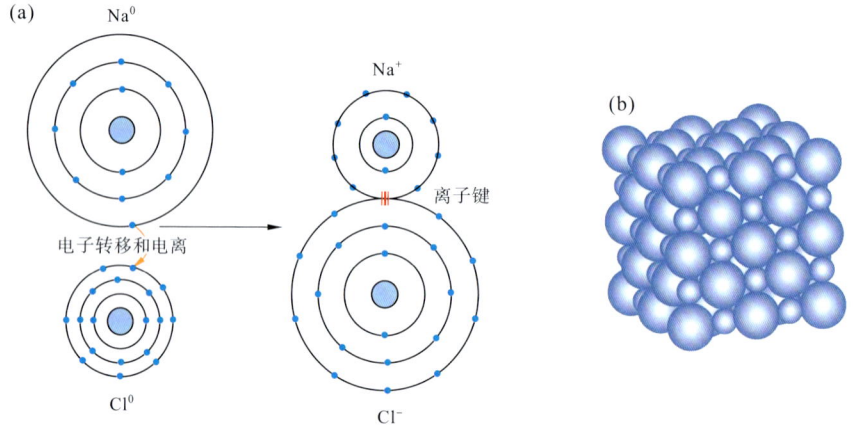

图 2-1　(a)高正电性阳离子和高负电性阴离子之间形成离子键及(b)离子键合成晶体
中性钠原子（Na^0）释放 1 个电子变成阳离子（Na^+），离子半径减小；中性氯原子（Cl^0）捕获 1 个电子变成阴离子（Cl^-），离子半径增大，形成氯化钠（NaCl）。据 Hefferan and O'Brien，2010

ⅡA 族和ⅥA 族元素结合亦会形成离子键。在化合物 MgO 中，镁离子（Mg^{2+}）和氧离子（O^{2-}）结合在一起形成 MgO。此时，ⅡA 族的金属镁原子倾向于给出 2 个价电子，形成稳定的、半径更小的二价镁离子（Mg^{2+}），而具有高电负性的非金属氧原子从基团ⅥA 捕获 2 个价电子，成为稳定的、半径更大的二价氧阴离子（O^{2-}）。2 个带相反电荷的离子由于它们的电荷相反而形成静电或离子键。如果电中性是守恒的，镁离子（Mg^{2+}）和氧阴离子（O^{2-}）在 MgO 中的数量必须相同。涉及离子键一个稍微复杂的例子是化合物 CaF_2 的形成。在其形成过程中，ⅡA 族带电的 1 个金属钙原子释放 2 个电子，成为稳定的二价阳离子（Ca^{2+}）。同时，来自ⅦA 族的 2 个非金属的、电负性很强的氟原子各自接受释放的 2 个电子中的 1 个，成为稳定的一价氟阴离子（F^-）。在电中

性 CaF_2 中，一对对 F^- 阴离子与每 1 个 Ca^{2+} 阳离子结合形成离子键。在理想的离子键中，离子可以构建为彼此接触的、具有特定离子半径的球体(图 2-2)，类似于彼此相互接触的球体，这种接近真实的情形，由于带相反电荷的离子之间的吸引力(库仑吸引力)和带负电荷的电子云之间的排斥力(玻恩排斥力)在 2 个离子球体接触时保持平衡。

离子结合机制对化合物性质起着至关重要的作用。由离子键构成的化合物通常具有以下特征：①硬度不均一；②室温下具脆性；③易溶于极性物质；④中等熔融温度；⑤不吸收太多光，半透明至透明，具有浅色和玻璃状至亚玻璃状光泽。

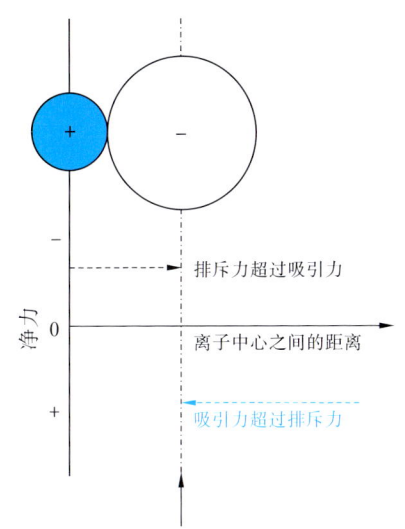

阳离子和阴离子中心之间净力为零时的距离；距离较大，吸引力占优；距离较小，排斥力占优

图 2-2　离子近球面接触示意图
离子间吸引力和排斥力之间产生最小的净力。据 Hefferan and O'Brien，2010

二、共价键

非金属原子与其他非金属原子成键，往往形成共价键。由于这些元素都具有较高的电负性，它们都倾向于吸引电子，具有高电离势和电子亲和力，因此，二者都不会轻易放弃吸引电子的机会。就像拉锯战，两边都不能移动、都不能单独占有稳定电子构型所需的电子。在共价键的简单模型中，原子共享价电子(称为共价)(图 2-3)。通过共享电子，每个原子获得必要的电子，以在其最高主量子水平上实现稳定的电子构型。

例如，氧气(O_2)分子。每 1 个氧原子需要 2 个电子才能在其最高主量子水平上达到稳定的电子构型。由于 2 个氧原子具有同样大的电子亲和性和电负性，它们倾向于共用 2 个电子以获得稳定的电子构型。这种共享模型被认为是 2 个电子云的互穿或重叠(图 2-3)。

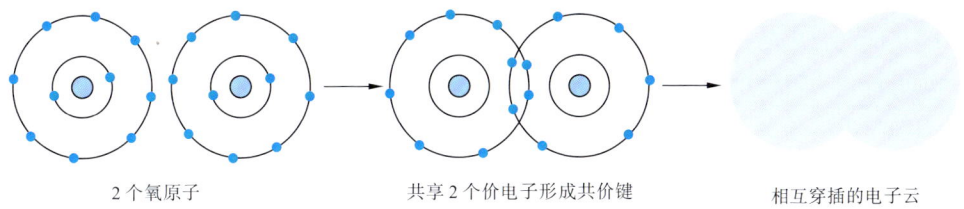

2 个氧原子　　　　共享 2 个价电子形成共价键　　　　相互穿插的电子云

图 2-3　氧(O_2)由每 1 个原子共用 2 个电子形成共价键
据 Hefferan and O'Brien，2010

由价电子共享引起电子云的互穿，形成共价键或共用电子键。由于化学键被限定在电子"被共享"的区域，故每个原子在化学键区域内拥有电子的概率比在电子云的其他地方大，使得每个原子产生电极化，在键附近带有更多的负电荷，而远离键的地方负电荷少。当具有不同电负性的不同原子之间形成共价键时，原子在共价键期间的极化会加剧，导致电子被具有更强电负性的原子紧密地抓住，扭曲了原子的形状，因而

它们不能构建有效接触的球体。

具有与氧的共价键机制类似的其他双原子气体，包括ⅦA族气体氯(Cl_2)、氟(F_2)和碘(I_2)，其中2个原子共用单个电子以获得稳定的电子构型。还有一种具有共价键的气体是氮(N_2)，其中每1个原子共用3个电子以获得稳定的电子构型。氮是地球低层大气中含量最多的气体(占总量的79%)。由于氮气和氧气中的2个原子通过强大的电子共享键结合在一起，产生稳定的电子构型，这就是为什么这2个分子是地球低层大气中最丰富成分组成的原因。

最著名的共价键物质是由碳(C)组成的钻石，亦称金刚石。碳是第14列原子，要么失去4个电子，要么得到4个电子，形成稳定的电子构型。在常见的钻石中，结构中的每1个碳原子都与4个最邻近的碳原子结合，并与之共享1个电子(图2-4)。通过这种方式，每1个碳原子吸引4个额外的电子，而且每个电子都来自它的邻居，以达到稳定的电子构型。钻石的长程结构是碳原子的一种模式，其中每1个碳原子都与另外4个碳原子共价结合。

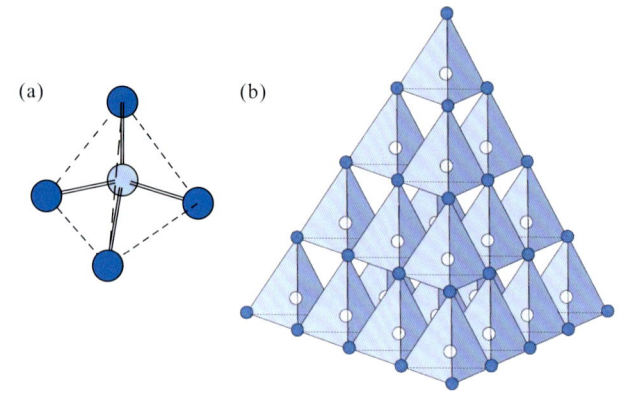

图 2-4　(a)碳四面体中的共价键(双线)及(b)钻石结构
中心的碳原子与占据四面体四角的4个碳原子键合(虚线)，形成具有多个碳四面体的大型钻石结构。据 Hefferan and O'Brien，2010

由共价键合成的化合物通常具有以下特征：①在室温下硬而脆；②不溶于极性物质，如水；③从熔体中结晶；④具有中到高的熔融温度；⑤不吸收光，透明至半透明，具有浅色和玻璃状至亚玻璃状光泽。

三、金属键

金属原子与其他金属原子结合，就形成了一个金属键。金属原子具有很低的第1电离能，具有高正电性和低负电性，不倾向于牢牢地抓住价电子。因此，每个原子都释放价电子以获得稳定的电子构型。价电子的位置在原子间波动或迁移。金属键很难构建，通常为带正电的部分原子(原子核加上内部的强电子)在一个矩阵或离域价电子的"气体"中，这些价电子只是暂时与单个原子相关(图2-5)。带正电的部分原子和价电子之间的弱引力使原子结合在一起。与共价键的强电子共享键或与离子键有时强静电键不同，金属键相当弱，不太持久，容易断裂和重组。由于价电子没有被任何部分原子牢牢抓住，故其很容易在压力或电场的作用下移动。

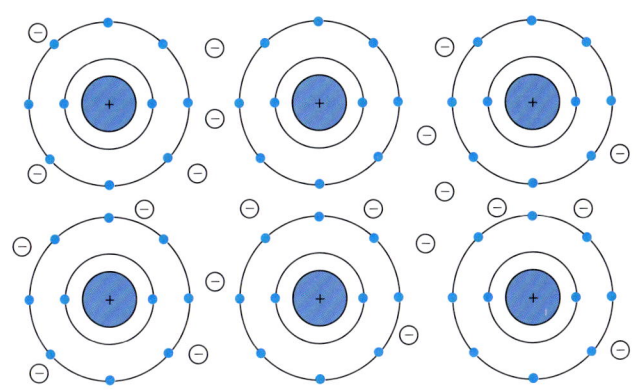

图 2-5　金属键模型

正电荷中心周围有离域电子，正电荷中心由围绕单个原子核（蓝色圆圈）的低能量电子（蓝点）组成。据 Hefferan and O'Brien，2010

金属键合常常形成许多自然金属，如天然金（Au）、天然银（Ag）和天然铜（Cu）。这些金属受到电位或电场作用时，离域电子向正阳极流动，产生并保持强电流。若存在热梯度，热振动通过离域电子传递，使得这类金属物质成为良好的导热体。若金属受到压力作用，持有较弱的电子倾向于流动，这有助于解释铜和其他金属结合物质的延展性行为。因此，金属键合物一般具有以下特点：①矿物硬度低到中等；②具塑性和延展性；③优良的导电体和导热体；④比重高；⑤具有良好的吸收和反射性能，通常不透明，具金属光泽。

四、过渡键

过渡键亦称混合键，是离子键、共价键和/或金属键行为的组合。比如，部分过渡键属于离子-共价过渡键，部分过渡键属于过渡型离子-金属键或共价 金属键，详细介绍可参阅专业化学文献。由于地球上大多数物质中的大多数化学键都是过渡性的，因而对过渡键必须予以关注。

我们根据元素周期表定义了元素的电负性。莱纳斯·鲍林提出并发展了电负性的概念，帮助我们建立了过渡离子共价键的模型。在离子共价键的模型中，部分电子从金属性较低、电负性较强的元素转移到金属性较强、电负性较弱的元素上，从而产生一定程度的电离和典型离子键的静电吸引。同时，电子在两个元素之间部分共享，从而产生与共价键具有一定程度相关性的电子共享。这种键最好用离子和共价键之间的杂化或过渡来表示。具有这种键的物质通常表现出介于离子键物质和共价键物质之间的过渡性质。利用电负性差，即共享键的两个元素的电负性（En）差值，鲍林能够预测共价键和离子键的百分比，即表征离子-共价过渡键特征的电子共享和电子转移的百分比。图 2-6 说明了电负性差与离子和共价键特征的百分比之间的关系，这些特征反映了离子-共价键的过渡性。

例如，En＝3.44 的 1 个氧原子与另 1 个氧原子结合形成 O_2，其电负性差（3.44－3.44＝0）为零，生成的键是 100% 共价键，价电子完全被 2 个氧原子共用。同一元素的

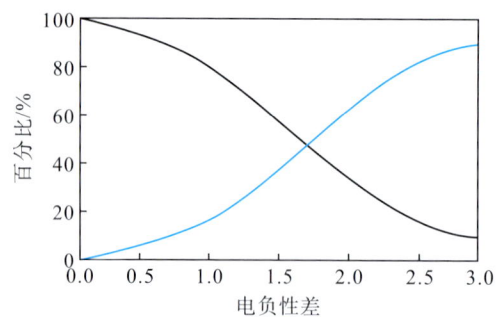

图 2-6　共价键和离子键的电负性差和键型

共价键的百分比用黑线表示，离子键的百分比用蓝线表示。过渡离子-共价键的电负性 (En) 差 < 1.68 时，主要是电子共享共价键；电负性差 > 1.68 时，主要是电子转移离子键。

据 Hefferan and O'Brien, 2010

2 个电负性很强的非金属原子结合在一起，就会发生这种情况。但是，电负性很强的非金属原子与正电性很强的金属元素结合形成离子键物质，这种结合从来就不是纯离子键，总有小程度的电子共享和共价键。又如，En = 0.93 的钠 (Na) 与 En = 3.6 的氯 (Cl) 结合形成氯化钠 (NaCl)，其电负性差 (3.16 − 0.93 = 2.23) 为 2.23，且化学键中只有 83% 的离子键和 17% 的共价键。虽然价电子大部分从钠原子转移到氯原子上，键主要是静电 (离子键)，但仍存在一定程度的电子共享 (共价键)。即使在这种离子键模式中，电子转移也是不完全的，会发生一定程度的电子共享。Si 和 O 之间的键合在硅酸盐中非常重要，由于电负性差 3.44 − 1.90 = 1.54，并且键合为 45% 离子键和 55% 共价键，键合非常接近完美过渡 (混合)。

　　过渡型离子-共价键的这种简单解构在涉及过渡金属的键中并不成立。例如，PbS 的性质表明，它的键是金属和离子之间的过渡键。此时，一些电子以离子键物质的特征方式从 Pb 部分转移到 S 上，但一些电子以金属键的特征方式被弱保留下来。因此，PbS 化合物兼具离子性质 (易碎且可溶) 和金属性质 (柔软、不透明且具金属光泽)。图 2-7 利用一个三角形，其顶端分别有纯共价键、离子键和金属键，表示了所选化合物的纯键和过渡键特征。

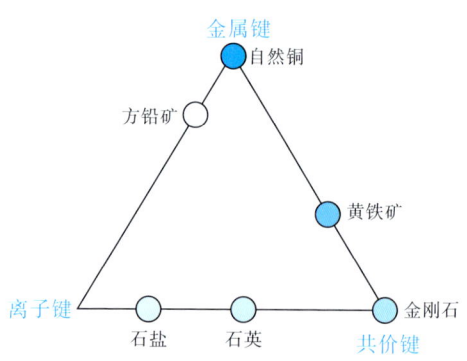

图 2-7　常见化合物键结类型三角图

据 Hefferan and O'Brien, 2010

五、范德华键和氢键

　　电子在电子云中的分布具有随机性，是不断变化的，在任意时刻电子都可能在电子云中呈不对称分布。这种不对称性，在电子云表面产生了弱电偶极子及电子所在的负电荷浓度过高的区域和它们不存在的负电荷缺失 (瞬时正电荷) 区域。一个原子上瞬间带正电荷的区域会吸引相邻原子中的电子，从而在该原子中产生偶极子。一个原子上多余的负电荷区域被相邻原子上的正电荷区域所吸引，形成一个非常弱的键，将原子结合在一起 (图 2-8)。弱电偶极力产生的键，根据电子云中电子的不对称分布引起的化学键称为范德华键。非常弱的范德华键的存在可以解释石墨和滑石等物质为何非常柔软。

　　氢键是存在于含有氢原子的分子 (如水或氢氧离子) 与具有较强电负性的原子 (如氧) 之间的键。由于水 (H_2O) 和羟基离子 (OH^-) 的重要性，在有机和无机化合物中，这种类型的键都有其单独的名称 (图 2-9)。氢键是相对较弱的键，存在于水合或羟基物质中。

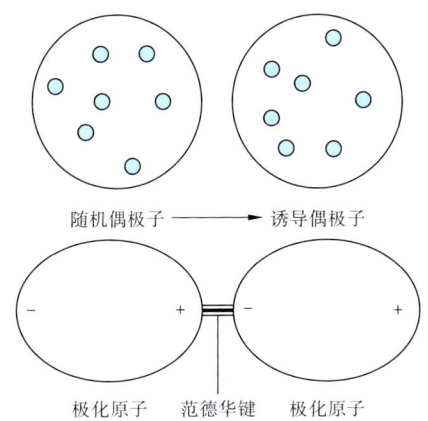

随机偶极子 ——→ 诱导偶极子

极化原子　范德华键　极化原子

图 2-8　范德华键合示意图

当电子随机集中在原子的某一区域时，1 个原子变成偶极子，范德华键就产生了。带正电的原子吸引相邻原子中的电子，使其成为偶极体。相邻的偶极原子带相反电荷的部分被吸引，形成弱的范德华键。由多个键可形成更大的结构。

据 Hefferan and O'Brien，2010

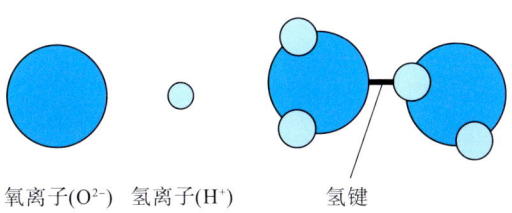

氧离子(O^{2-})　氢离子(H^+)　　　氢键

图 2-9　氢氧键合示意图

2 个水分子由氢键连接，氢键将 1 个分子中的氢和另 1 个分子中的氧连接起来。

据 Hefferan and O'Brien，2010

原子与原子是由各种化学键结合在一起的，形成的键类型在很大程度上取决于结合元素的电子构型，由其电负性表示。每种化学键都赋予包含这些化学键的物质特定的属性。需要说明的是，这一切皆取决于原子的电子特性以及原子结合在一起产生化合物的方式。

第二节　鲍林规则及配位多面体

一、鲍林规则(Pauling's rules)

莱纳斯·鲍林(1929)依据离子晶格中质点的几何关系，归纳推引出关于离子晶格的 5 个规则，称为鲍林规则，用来描述离子结合物质中阳离子和阴离子的关系，具体如下。

(1)配位规则(coordination rule)。在每个阳离子周围形成 1 个阴离子(配位体)多面体，阳离子和阴离子之间的距离由它们的半径之和决定。多面体中配位阴离子的数目由阳离子与阴离子半径之比决定。

（2）静电价规则（electrostatic valence rule）。若多面体中连接阳离子和阴离子的所有键的强度之和等于（平衡于）阳离子和阴离子上的电荷，此时离子结构是稳定的，这一规律称为静电价规则。所谓阳离子到阴离子的各静电键强度（S），是指阳离子的电荷（Z^*）与其配位数（CN）之比，即 $S = Z^*/CN$。这一规则说明，1 个阴离子应与几个阳离子相连而使阴、阳离子电价达到平衡。如 NaCl 晶体，具八面体结构，Na^+ 的电价为 1，与 Cl^- 离子呈 6 倍配位，故 CN 为 6。Na^+ 至 Cl^- 间的静电键强度 $S_{NaCl} = 1/6$。而 Cl^- 的电价为 1，为使电价平衡，每 1 个 Cl^- 应与 6 个 Na^+ 相连，即 $6 \times 1/6 = 1$。因此，Cl^- 的配位数为 6，即每 1 个 Cl 应为 6 个［NaCl］八面体的公共角顶。

（3）配位多面体：共用规则 I（sharing of polyhedral elements I）。相邻阴离子多面体元素共用边特别是共用面，会降低离子结构的稳定性。相似的电荷相互排斥。如果它们共享组件，相邻的多面体倾向于共享角而不是边。当配位多面体以共棱特别是共面的方式连接时，离子晶格的结构稳定性就降低了。配位多面体要素，是指配位多面体的角顶、棱和面等几何要素。配位多面体要素共用的几种情况如下：随相邻 2 个配位多面体从共用 1 个角顶到共用 1 条棱再到共用 1 个平面，其中心阳离子之间的距离将逐渐变小（如 2 个配位多面体共角顶、共棱、共面相连，其中心阳离子间的距离之比对配位四面体为 $1 : 0.58 : 0.33$，对配位八面体则为 $1 : 0.71 : 0.58$），库仑斥力迅速增大，导致结构的稳定性趋于下降。因此，在离子晶格晶体中，几乎未发现共面的配位四面体，共棱相连的配位八面体亦不多见。

（4）配位多面体：共用规则 II（sharing of polyhedral elements II）。价电荷高、配位数低的阳离子往往不共用多面体元素。它们的大正电荷倾向于相斥。在含有不同阳离子的晶体中，电价高、配位数低的阳离子倾向于相互不共用其配位多面体的几何要素。这一规则可由规则（3）推演出来，因为高电价、低配位数的阳离子靠近时所产生的库仑斥力较大，因而其配位多面体趋向于尽量互不直接相连，中间由其他阳离子的配位多面体予以分隔，最多相互间共用角顶。硅酸盐矿物中 1 个高电价的阳离子 Si^{4+} 与 4 个 O 形成的配位四面体彼此就不相连或只能共角顶相连。如在 $Mg_2[SiO_4]$ 中，$[SiO_4]$ 四面体之间存在着与其共棱相连的 $[MgO_6]$ 八面体，各个 $[SiO_4]$ 四面体彼此互不相连而成岛状结构；而在 $Mg_2Si_2O_6$ 中，$[SiO_4]$ 四面体彼此共角顶在一个方向延伸形成链状结构，其他结构的类似化合物中 $[SiO_4]$ 四面体都只能彼此以共角顶相连。

（5）结构组元最少规则（parsimony rule）。在一个晶体结构中，不同阳离子和阴离子数倾向于很少，即所谓节俭原则。晶体中本质不同的结构组元的种数倾向于最少，本质不同的结构组元是指晶体化学性质上差别很大的结构位置和配位位置。这条规则意味着，如果晶体中的阴离子具有相似的晶体化学环境，若按静电价规则其周围可允许多种阳离子配置方式，但按本规则，其中可实现的只趋向于以一种配置方式贯穿于整个结构中。如 $Mg_2[SiO_4]$ 结构中 O^{2-} 呈六方最紧密堆积，每个 O^{2-} 周围既有四面体空隙也有八面体空隙；阳离子 Mg^{2+}、Si^{4+} 既可充填上述 2 种空隙中的 1 种，亦可同时充填 2 种；但实际上 Si^{4+} 只充填四面体空隙形成 $[SiO_4]$ 四面体，而 Mg^{2+} 只充填八面体空隙形成 $[MgO_6]$ 八面体，2 种配位多面体只按特定方式排列且贯穿于整个晶体中。

鲍林规则为理解晶体结构提供了强有力的工具。特别是关于半径比和配位多面体规则，配位多面体为可视化晶体结构与晶体化学的关系提供了强有力的依据，建立了两者之间的基本联系。原子和离子结合形成晶体时结合成几何结构，其中每个原子或离子都与一些最近的邻居结合。最近的离子或原子的数目称为配位数（CN）。原子或离子与其他配位原子结合形成配位多面体结构，包括立方体、八面体和其他几何结构。

带相反电荷的离子结合形成晶体化合物，每个阳离子都会吸引尽可能多的邻近的阴离子作为"接触的球体"，通过这种方式形成基本的晶体结构单元。若将这些晶体结构单元的倍数添加到现有结构中，它们就会长成晶体。人们可以用不同的配位阳离子和配位阴离子来构建晶体结构，即共同定义了一个简单的三维多面体结构。实际上，很多矿物复杂的多面体结构是由多个配位多面体连接而成的。能与一个阳离子配位的最近邻阴离子的数目成为"接触的球体"取决于半径比（$R_r = R_c/R_a$），即较小的阳离子半径（R_c）除以较大的阴离子半径（R_a）。非常小的、高电荷的阳离子与大的、高电荷的阴离子配位，其半径比（R_r）和配位数（CN）都很小。这类似于把大的球体放在 1 个小球体周围与其接触。较小电荷的阳离子与较小电荷的阴离子配位，配位数较大。由于半径比值较大，故可在 1 个大的球体周围放置更多的小球体作为接触球，得到的半径比、配位数与配位多面体类型的一般关系如表 2-1 所示。当半径比＜0.155 时，配位数为 2，配位多面体为一条直线。图 2-10 总结了这些配位多面体的外观。使用半径比预测配位数，须注意以下事项：①离子半径和配位数不是相互独立的。如表 2-2 所示，有效离子半径随着配位数增加而增大。②由于化学键从来不是真正的离子键，因而基于球体接触模型得出的结果只是近似值。随着键的共价和极化程度提高，用半径比预测配位数的效果会越来越差。③半径比不能用来预测金属键合物的配位数。

表 2-1　半径比、配位数与配位多面体的关系

半径比（R_c/R_a）	配位数	配位类型	配位多面体
＜0.155	2	线性配位	直线
0.155～0.225	3	三角形配位	三角形
0.225～0.414	4	四面体配位	四面体
0.414～0.732	6	八面体配位	八面体
0.732～1.000	8	立方体配位	立方体
＞1.000	12	立方体或六方最紧密堆积	复合立方八面体

引入配位多面体概念的巨大价值在于，它让我们能够深入了解晶体材料形成过程中原子结合的基本模式，通常包括三角形、四面体、八面体和立方体或 12 倍配位多面体，及在较小的范围内这些基本模式发生的微小变化。当然，还存在其他配位数和多面体类型，但这在无机的地球物质中少见。对配位多面体进行建模是通过计算得到多面体的大小和体积。在阴离子配位多面体中，阳离子与阴离子的距离由半径和（R_{Σ}）决定。半径和就是 2 个阴、阳离子（$R_c + R_a$）半径之和，也就是它们各自中心间的距离。知道了这一点，任何多面体的大小都可以依据几何原理计算出来，具体可参考 Klein and Dutrow(2007)和 Wenk and Bulakh(2004)。

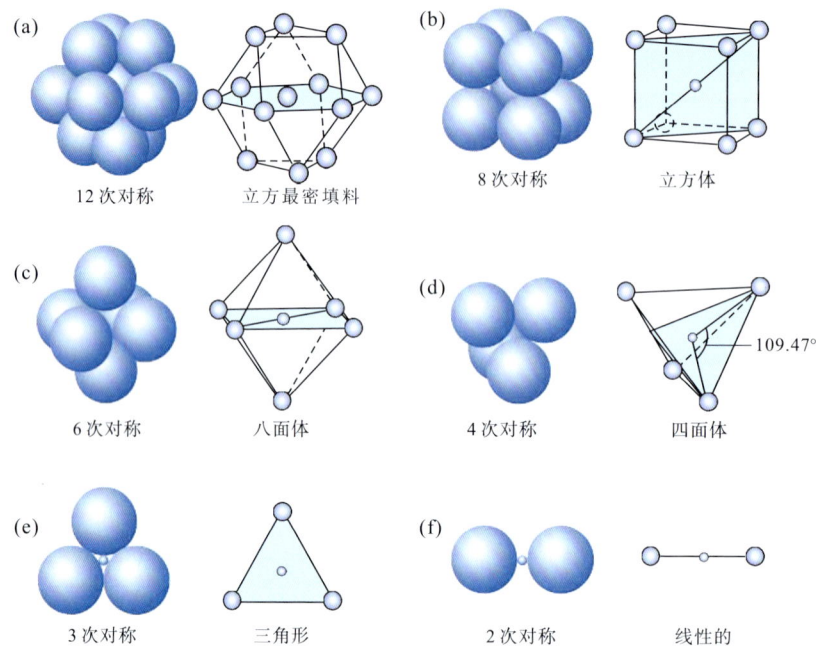

图 2-10 公共配位多面体示意图

(a)立方最紧密堆积；(b)立方体；(c)八面体；(d)四面体；(e)三角形；(f)线性的。

引自 Wenk and Bulakh，2004；Hefferan and O'Brien，2010

表 2-2 常见阳离子半径(nm)与配位数(CN)的关系

离　子	$CN=4$	$CN=6$	$CN=8$
Na^+	0.099	0.102	0.118
K^+		0.138	0.151
Rb^+		0.152	0.161
Cs^+		0.167	0.174
Mg^{2+}	0.057	0.072	
Al^{3+}	0.039	0.048	
Si^{4+}	0.026	0.040	
P^{5+}	0.017	0.038	
S^{6+}	0.012	0.029	

二、静电电位

静电价(EV)是一个与配位多面体形成有关的重要概念。在一个稳定的配位结构中，从所有邻近阴离子到达阳离子的所有键的总强度等于阳离子上的电荷。阳离子上的正电荷被它和与其最近的阴离子之间的键的静电成分中和了。同样，结构中的每个阴离子都被一些阳离子包围成键，以及每个阴离子上的负电荷被它和与其最近的阳离子之间键的静电分量所中和。一个带 Z 电荷的阳离子与若干最近邻的阴离子成键，每

个键的静电价由阳离子的电荷除以与之配位的最近的配位数得到，即

$$EV = Z/CN$$

例如，在硅氧四面体（SiO_4）中，每 1 个 Si^{4+} 阳离子与 4 个 O^{2-} 阴离子配位（图 2-11）。每个键的静电价为：$EV = Z/CN = +4/4 = +1$，意味着配位硅离子（Si^{4+}）和配位氧离子（O^{2-}）之间的每个键都平衡了 +1 的电荷。每个键都涉及一个电荷单位且电荷相反的离子之间的静电吸引。由于 Si—O 键有 4 个，每个键平衡 1 个 +1 的电荷，硅离子上的 +4 电荷被它所结合的最近的阴离子完全中和了。然而，尽管配位硅离子上的 +4 电荷得到了充分满足，但每个配位离子上的 -2 电荷却没有得到充分满足。由于每 1 个都带 -2 电荷，1 个带有 1 个电荷单位的静电吸引的单键只能中和其一半的电荷，因而必须吸引并结合 1 个或多个额外的阳离子，外加静电价为 1，以便有效中和电荷。因此，在化合物或晶体形成、生长过程中，阳离子吸引阴离子，阴离子吸引额外的具有适当电荷和半径的阳离子，随着矿物生长，这些阳离子又吸引额外的具有适当电荷和半径的阴离子。以这种方式晶体保持基本的晶体结构，并随着晶体生长它们的离子得到中和。

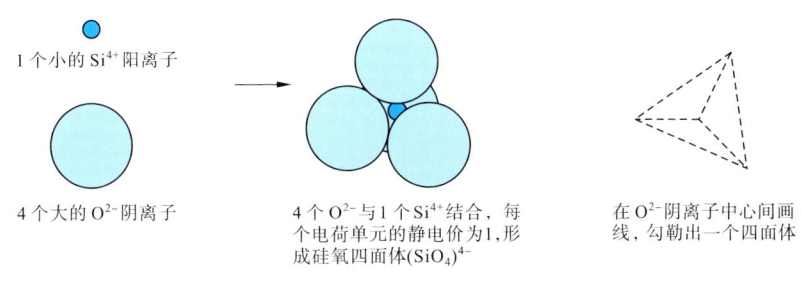

1 个小的 Si^{4+} 阳离子

4 个大的 O^{2-} 阴离子

4 个 O^{2-} 与 1 个 Si^{4+} 结合，每个电荷单元的静电价为 1，形成硅氧四面体（SiO_4）$^{4-}$

在 O^{2-} 阴离子中心间画线，勾勒出一个四面体

图 2-11　硅氧键结构示意图

4 个氧离子（O^{2-}）与 1 个硅离子（Si^{4+}）结合，形成硅氧四面体结构。硅氧四面体中每个硅氧键的静电价为 1 个电荷单位，完全中和了中心硅离子上的电荷，而氧离子上的电荷只被部分中和。据 Hefferan and O'Brien，2010

第三章 晶 体

原子不仅是我们生存的这颗行星——地球的基本组成单位，也是宇宙中大部分物质的组成单位。原子的组成方式及其性质深刻地影响着地球。原子，不仅是地球最基本的化学组成单位，还是我们理解我们生存的这个星球的关键。原子会根据其性质和化学键结合形成分子，再根据鲍林规则等结合规律形成化合物，即晶体。前两章我们重点介绍了元素的起源、元素的基本性质和元素结合律，本章重点介绍组成固体地球的晶体是怎么形成的——为什么元素会结合形成晶体？因此，本章主要介绍元素结合的产物之一——晶体及其性质。

第一节　晶体、非晶质体和准晶体

晶体是人类日常生产、生活中随时随处可见到的物质。食盐、冰糖、陶碗，冬天的冰雪，地上的土壤和各种岩石，工厂里的许多固体化学药品等，都是由晶体组成的。我们常见的水晶，其实是石英这种物质在自然界呈多面体形态产出的晶体，它可以呈外形不规则的颗粒状生成于岩石之中。不同形态的石英，其成分、物性和内部结构等并无不同。因此，仅仅从有无规则几何多面体的形态来区分是否为晶体，还不能反映晶体的本质。只要具备良好的生长条件，特别是空间条件，所有晶体才能自发地长成规则的几何多面体。这种现象必然与其内部结构有关。1912 年，德国物理学家劳埃（M. V. Laue）利用 X 射线衍射分析技术测定了 NaCl 的晶体结构，后来人们对大量晶体进行了 X 射线衍射分析，从而证明：一切晶体，无论外形如何，其内部质点（原子、离子或分子）都是呈规律排列的。这种规律表现为，质点在三维空间做周期性的平移重复，从而形成了所谓的格子构造。20 世纪末，这一认识得到透射电子显微镜的直观证明。

对于任何一种晶体，都存在类似的特性：无论外形是否规则，它们的内部质点在三维空间上都有规律地呈周期性平移重复排列而形成格子状构造，这是一切晶体所共有的性质。所不同的是，不同的晶体，由于其质点种类不同，排列的方式和间隔大小相应地也不同。正如第二章所述，晶体的性质主要取决于组成的元素及其性质、键合方式及规则等。

晶体的上述特性（即内部原子性质及其排列规律），反映了晶体与呈其他状态的物体的根本区别。因此，晶体（crystal）的现代定义是：晶体是内部质点（原子、离子、分子、原子团)在三维空间呈周期性平移重复排列而形成格子构造的固体。相应地，内部质点在三维空间成周期性平移重复排列的固态物质，便称为结晶质。有时仍然将"晶体"这一名称专门用来指具有几何多面体外形的晶体，而将不具有几何多面体外形的晶体称为晶粒或晶块。

非晶质体是与晶体相对立的概念，它也是一种固态物质，但其内部质点在三维空间不呈周期性平移重复排列。非晶质体与晶体在结构上的差异在于：在晶体中，一种质点周围的另一种质点排列相同，即每个质点都被分布于三角形顶点的 3 个圆圈所围绕，而每个圆圈均居于以 2 个质点为端点的直线中央。这种质点局部分布的规律性，称为近程规律或短程有序(short range order)。晶体中每个质点在整个图形中都各自呈现有规律的周期性平移重复，把周期重复的点用直线连接起来，可获得平行四边形网格。在三维空间，该网格将构成空间格子。这种质点排布方式在整个晶体中贯穿始终的规律，称为远程规律或长程有序(long range order)。在非晶质体如玻璃体中，质点虽然可以是短程有序的，但不存在远程规律，这与液体的结构相似。

在一定的条件下，晶体和非晶质体是可以相互转化的。例如，由岩浆快速冷凝形成的非晶态火山玻璃，在以后的地质年代中，通过其内部质点极其缓慢的自发扩散、调整过程而趋于规则排列，从而实现由非晶态逐渐向结晶态转化。这一过程以首先形成一些细小而状如苔藓、毛发或花瓣的所谓雏晶开始，然后逐渐长大，最终变成晶质矿物。这种由非晶质体经调整其内部质点的排列方式而向晶体转变的作用，称为脱玻化(devitrification)或晶化(crystallizing)作用。相反的变化，即晶体因内部质点的规则排列遭受破坏而向非晶质体转化的作用，称为玻璃化(vitrification)或非晶化(non-crystallizing)作用。例如，一些含放射性元素的矿物，由于受到放射性蜕变时所发出的 α 射线的作用，晶格遭到破坏而转变为非晶态的"变生矿物"，但仍可保持原来的几何多面体外形。值得指出的是，晶体由于其内部质点都呈规律排列而处于平衡位置，其内能最小，相对于同种物质的不同物态而言，它是最稳定的，所以玻璃化作用的发生，肯定总是与能量的传输和物质成分的变化相联系的，但脱玻化作用完全可以自发进行。晶体是最稳定的，因而其分布极为广泛。天然晶体形态多样、大小悬殊，大者重可达百吨，直径达数十米；小的则仅有几微米甚至若干纳米大小，需借助于显微镜甚至电子显微镜或 X 射线分析才能加以识别。相比之下，非晶质体在自然产出的物质中仅有像琥珀、树脂、沥青、火山玻璃、水铝英石几种以及少数变生矿物(如褐帘石等)。由于地球物质只涉及矿物晶体等相关知识，因此，想要了解更多非晶体，可参阅专业非晶体化学文献。

Shechtman 和 Cahn 以及我国学者叶恒强和郭可信等于 1984 年分别在急冷凝固的 Al、Mn 和 $(Ti_{1.9}V_{0.1})_2Ni$ 合金中各自独立发现了一种质点分布呈短程有序和非整周期平移重复的新凝聚态物质。后来，人们在许多合金中发现了具有类似性质的物质，它们具有传统结晶学中不存在的 5 次或 6 次以上如 8 次、10 次、12 次等旋转对称。这种特殊的固体，称为准晶体。起初，人们认为，准晶体是在结构上介于非晶体和晶体之间的一类固体，但对其结构形式一直不甚明了。目前，大多数科学家倾向于认为，准晶体(quasicrystal)是质点的排列符合短程有序、有严格的位置序和自相似分形结构但不体现周期平移重复，即不存在格子构造的一类固体。

第二节　晶体化学

晶体是由一定的化学元素以一定的结构型式组成的固体，晶体的化学组成和内部结构决定了其各种物理化学属性的基本特征。晶体化学研究的内容，就是晶体中化学成分和结构之间相互依存又相互制约的关系。

一、配位关系：符合鲍林规则

在晶体结构中，原子或离子按照一定的方式与周围的原子或异号离子相结合，这种结合关系称为配位关系（coordination）。每个原子或离子周围与之最为邻近（呈配位关系）的原子或离子的数目，称为该原子或离子的配位数（coordination number，简记为CN）。任一原子或离子周围与之呈配位关系的原子或离子的中心连线所形成的几何结构，称为配位多面体（coordination polyhedron）。

在等大球最紧密堆积中，每1个球与周围12个半径相同的球相邻接，其配位数为12。这12个球中心连线形成的配位多面体在立方最紧密堆积中呈立方八面体，在六方最紧密堆积中呈截切顶底的两个三方双锥聚形。金属晶体中的原子便呈这种配位形式。在离子键晶体中，半径不同的阴、阳离子形成非等大球堆积。此时，只有不同离子的大小适配关系使它们相互完全接触才是稳定的。如果阴、阳离子半径不符合这种适配关系，结构不再稳定，配位数将发生改变。因此，离子键晶体中阴、阳离子的相对大小是决定它们配位数最基本的因素。

除了上述简单几何因素，极化导致的离子变形和离子间距缩短亦能使配位数降低。闪锌矿晶体（ZnS）中的Zn^{2+}为四次而非六次配位就是极化的结果。具有共价键的晶体，配位数和配位多面体取决于共价键的方向性和饱和性，而与元素的原子或离子的半径大小及其比值无直接关系。

就同一元素的离子而言，在不同的温度、压力、介质浓度等外界条件下形成的晶体其配位数亦有差异。一般情况下，温度升高使阳离子的配位数减少，而压力加大则使阳离子的配位数增多。介质条件的影响较为复杂，如碱金属浓度增大有利于铝硅酸盐（Al^{3+}呈六次配位）向铝硅酸盐（Al^{3+}呈四次配位）转变。环境条件与元素配位数的关系是成因矿物学的基础理论之一。

在晶体结构中，中心原子或阳（阴）离子的配位多面体通过共用原子或阴（阳）离子，以共角顶（共用1个原子或离子）、共棱（共用2个原子或离子）或共面（共用3个以上的原子或离子）3种方式连接。晶体结构可视为由配位多面体相互连接而成的体系，如金红石（TiO_2）的晶体结构可视为由[TiO_6]八面体以共棱的方式连接成平行两轴延伸的"链"，而这些平行排列的链再以共角顶方式连接，从而形成一种配位多面体体系。

二、类质同象

晶体形成时，其结构中本应全部由某种原子或离子占有的等效位置部分地被其他类似的质点所代替，这种晶格常数发生微小改变而结构型式、化学键类型等保持不变或基本不变的现象称为类质同象（isomorphism）。发生类质同象后形成的混合物（即类质同象混晶)是一种固溶体。固溶体(solid solution)是在固态条件下,一种组分溶入另一种组分之中而形成的均匀的固体,它既可通过质点的替代而成(替位固溶体,substitutional solid solution),亦可通过某种质点侵入他种质点的晶格空隙而成(填隙固溶体,interstitial solid solution)。不等价或不成对质点的类质同象替代,通常都伴随着第三种质点的"侵入",因此,固溶体又常被视为类质同象混晶的同义词。类质同象的本质是质点间的相互替代。

(一)类质同象的类型

1. 按质点替代的程度划分

(1)完全类质同象(complete isomorphism)。在类质同象混晶中,A 和 B 两种质点可以以任意比例相互替代,从而形成一个连续的类质同象系列。例如,在菱镁矿晶体 $Mg(CO_3)$ 和菱铁矿晶体 $Fe(CO_3)$ 之间,由于 Mg 和 Fe 可以相互替代,形成各种 Mg 和 Fe 含量不同的类质同象混晶,从而构成一个 Mg 和 Fe 呈不同比例的连续类质同象系列:菱镁矿晶体 $Mg(CO_3)$——含铁的菱镁矿 $(Mg,Fe)(CO_3)$——含镁的菱铁矿晶体 $(Fe,Mg)(CO_3)$——菱铁矿晶体 $Fe(CO_3)$。在这个系列中,矿物的结构型式相同,只是晶格常数略有变化,其两端具纯组分的矿物称为端元晶体矿物。

(2)不完全类质同象(incomplete isomorphism)。在类质同象混晶中,A 和 B 两种质点的相互替代局限在一定范围内,不能形成连续的系列。例如,闪锌矿晶体中的 Zn 可被 Fe 所替代,但替代比例一般不超过 26%,此时,Fe 称为类质同象混入物,富 Fe 的闪锌矿晶体称为铁闪锌矿。Fe 代替 Zn 可使闪锌矿的晶胞参数值增大。

2. 按质点的电价是否相等划分

(1)等价类质同象(isovalent isomorphism)。类质同象替代的质点间电价相同。例如,上述碳酸盐中 Mg^{2+} 与 Fe^{2+} 之间的替代。

(2)异价类质同象(heterovalent isomorphism)。类质同象替代的质点间电价不同。例如,在钠长石晶体 $Na[AlSi_3O_8]$-钙长石晶体 $Ca[Al_2Si_2O_8]$ 完全类质同象系列中,Na^+ 和 Ca^{2+} 之间的替代以及 Si^{4+} 和 Al^{3+} 之间的替代都是异价的,但由于这两种替代同时进行,替代前后总电价是平衡的。

3. 按质点相互替代的数量划分

(1)成对类质同象(coupled isomorphism)。这是替代与被替代质点数量相同的类质同象。各种等价类质同象都是成对的,某些异价类质同象如斜长石晶体中 Na^+ 与 Ca^{2+} 和 Si^{4+} 与 Al^{3+} 的同时替代也是成对的。

(2)不成对类质同象(uncoupled isomorphism)。这是替代与被替代质点数量不同的类质同象。某些不等价类质同象,如石英晶体 SiO_2 中的 Si^{4+} 被 Al^{3+} 替代,同时 K^+ 或 Li^+ 侵入结构空隙中,便是不成对的。

(二)影响类质同象替代的因素

影响类质同象替代的因素有两个:一个是相互替代的质点及其所形成的晶格本身的性质,如原子或离子的半径、电价、离子类型、化学键性、晶格特征和能量系数等;一个是外部环境,如形成替代时的温度、压力、介质浓度等。

(1)原子和离子半径。从几何角度来考虑,相互替代的原子或离子的半径越接近,相互替代越易发生。用 r_1 和 r_2 分别代表较大和较小离子的半径，则：若 $(r_1-r_2)/r_2 <$ 10%～15%，一般形成完全类质同象替代；若 $(r_1-r_2)/r_2 = 10\% \sim (20\% \sim 25\%)$，在高温下形成完全类质同象，温度下降时，固溶体发生离溶；若 $(r_1-r_2)/r_2 > 25\% \sim$ 40%，即使在高温下也只能形成不完全类质同象，而在低温下则不能形成类质同象。

对于异价类质同象，质点替代的能力主要取决于电荷的平衡，而质点的大小则退居次要地位。例如，在斜长石晶体中，同时存在 Na^+ 与 Ca^{2+} 和 Al^{3+} 与 Si^{4+} 之间的异价类质同象，而 $(r_{Al^{3+}} - r_{Si^{4+}})/r_{Si^{4+}} = (0.039 - 0.026)/0.026$，该值高达 50%。

在元素周期表中，从左上方到右下方对角线方向元素的离子半径相近，一般右下方的高价离子易替代其左上方的低价离子，称为类质同象的对角线法则。

(2)离子电价。类质同象混晶不应出现剩余电荷，故总电价平衡是类质同象替代的基本前提。例如，在磷灰石晶体 $(Ca^{2+}, Ce^{3+}, Na^+)[PO_4]F$ 中的 $Ce^{3+} + Na^+$ 与 $2Ca^{2+}$ 之间的替代；独居石晶体 $(Ce, La, Th, Ca)[(P, Si, S)O_4]$ 中 $(Ce, La)^{3+} + (PO_4)^{3-} + Th^{4+} + (SiO_4)^{4-}$ 与 $Ca^{2+} + (SO_4)^{2-}$ 之间的替代；萤石晶体 CaF_2 中可出现 C^{2+} 与 $Y^{3+} + F^-$ 方式的替代；绿柱石晶体 $Be_3[Al_2Si_6O_{18}]$ 中可出现 $Li^+ + Cs^+$ 与 Be^{2+} 之间的替代等，它们都是在总电价平衡基础上实现的。

(3)离子类型和化学键。元素的原子或离子外层电子构型对其结构中的化学键有明显影响，从而影响元素之间的类质同象替代。原子或离子外层电子构型及所形成的化学键越接近，相应的类质同象越易实现。金属晶格中的原子只能被大小和性质相近的其他原子替代，如自然金晶体中的 Au 原子只能被 Ag、Cu、Pt 等原子替代，而不能被某种离子替代(总电价失衡)。外层电子为 2 或 8 的惰性气体型离子通常不与外层电子为 18 或 18+2 的铜型离子发生替代，而同种类型离子间的替代却颇为常见。例如，六次配位的 Ca^{2+} 和 Hg^{2+} 的半径分别为 $0.100nm$ 和 $0.102nm$，两者电价相同且半径相近，但由于 Ca^{2+} 为惰性气体型离子而 Hg^{2+} 为铜型离子，它们之间一般不出现类质同象替代。相反，Al^{3+} 和 Si^{4+} 均为惰性气体型离子，它们的半径差值比 $[(r_{Al^{3+}} - r_{Si^{4+}})/r_{Si^{4+}} = (0.039 - 0.026)/0.026 = 50\%]$ 很大，但在斜长石中它们分别呈 $Al^{\downarrow+}$ 和 $Si^{\downarrow+}$ (↓代表不成对电子，+代表正电荷)，状态相似，其不成对电子均可与 $O^{\downarrow-}$ 中的不成对电子配对形成共价键，而它们的正电荷则可与 $O^{\downarrow-}$ 中的负电荷相互吸引而成离子键，即 $Si-O$ 和 $Al-O$ 间的化学键均为离子键与共价键之间的过渡型键，且 $Si-O$ 与 $Al-O$ 的间距分别为 $0.161nm$ 和 $0.176nm$，两者较为接近，因而 Al^{3+} 可占据四面体配位的位置而替代 Si^{4+}。

(4)晶格。如果晶体的晶格中存在巨大空隙，则大半径阳离子可充填其中，在不成对类质同象替代时额外加入的离子的大小便不必考虑。架状结构矿物的格架空隙、环状结构矿物的环形孔道以及层状结构矿物的层间域，都是可容纳大离子的空间。绿柱石晶体 $Be_3Al_2[Si_6O_{18}]$ 中 $Li^+ + Cs^+$ 与 Be^{2+} 的代换，大阳离子 Cs^+ 就是充填在其结构孔道中的。

(5)能量系数。一个离子从自由态结合到晶格中时所释放的能量，称为该离子的能量系数 (E_K)。在其他条件相似的情况下，由 E_K 大的离子代替 E_K 小的离子有利于降低晶体的内能而使之更趋稳定，这样的替代易于发生，反之则不易发生。例如，K^+ 和 Ba^{2+} 半径相近且同属惰性气体型离子，但由于 Ba^{2+} 的 E_K 值为 1.35 而 K^+ 的 E_K 值为

0.36，故含 K 的晶体中常见 Ba^{2+} 替代 K^+ 而含 Ba 的矿物中很少有 K^+ 替代 Ba^{2+} 的情况。此外，REE 被 Th、Ti 被 Nb、Ce 族被 Ca 的单向替代，亦受能量系数约束。这种替代关系具有一定方向性的类质同象，称为极性类质同象。

(6)温度。温度是影响类质同象的最主要外因。高温时类质同象易于发生，而温度较低时类质同象的范围将受到限制。因此，高温时形成的类质同象混晶(固溶体)由于温度降低可分离成两种结晶相，这种作用称为离溶作用(exsolution)。例如，高温下 K^+ 与 Na^+ 相互替代形成碱性长石晶体$(K,Na)[AlSi_3O_8]$或$(Na,K)[AlSi_3O_8]$，温度降低时发生离溶形成钾长石晶体(以 $K[AlSi_3O_8]$ 为主)和钠长石晶体(以 $Na[AlSi_3O_8]$ 为主)，两结晶相组成条纹长石；黄铜矿晶体 $CuFeS_2$ 和黝锡矿晶体 Cu_2FeSnS_4 在 500℃以上形成类质同象混晶，低于 500℃ 时发生离溶；赤铁矿晶体 Fe_2O_3 与钛铁矿晶体 $FeTiO_3$ 的固溶体在低于 675℃ 时发生离溶。显然，低温条件下形成的晶体比高温时形成的同种晶体的化学成分更为纯净。

(7)压力。压力对类质同象的影响目前研究得还不够。一般而言，高压下类质同象不易发生，并可能促使相对低压下形成的类质同象混晶离溶。

(8)组分浓度。晶体的化学组成是有一定量比关系的。晶体结晶时介质中各组分若不能与其应有的量比相适应，即若某种组分不足，将有与之类似组分加入晶格予以补偿。例如，磷灰石晶体 $Ca_2[PO_5]_3F$ 从岩浆熔体中形成时，要求熔体中的 CaO 和 P_2O_5 等的浓度符合一定的比例，若$[PO_5]_3$浓度较大而 CaO 浓度相对不足，则 Sr 和 Ce 等元素就可以类质同象方式进入磷灰石晶格而补偿 Ca 的不足，这是磷灰石常含相当数量稀有分散元素的原因。又如，磁铁矿晶体中，$n_{Fe^{2+}} : n_{Fe^{3+}} = 1:2$，当 $n_{FeO} : n_{Fe_2O_3} > 1:2$，即 Fe_2O_3 的浓度过小而 V_2O_3 和 Ti_2O_3 的浓度又较大时，则后者可进入晶格形成钒钛磁铁矿 $Fe^{2+}(Fe^{3+},V,Ti)_2O_4$。由此还可看出，介质的氧化电位在一定程度上亦能影响矿物晶体的类质同象。

研究晶体的类质同象具有多方面的实际意义。首先，类质同象研究是制定矿物晶体温压计的理论基础。尽管类质同象受到多种内在因素的影响，但对一定的晶体及其有关元素而言，类质同象替代却主要取决于各种外在因素尤其是温度的影响。基于此，成因矿物学家研制了大量矿物晶体温度计、矿物压力计，它们成为地质过程研究的重要工具。其次，研究类质同象能够阐明矿物晶体的化学成分与物理性质的相关关系及其变化规律，使基于矿物物性测定结果来确定矿物组分的变化、恢复矿物形成时的物理化学环境乃至找矿预测成为可能。

三、同质多象

在不同温度、压力和介质浓度等物理化学条件下，同种化学成分的物质形成不同结构晶体的现象称为同质多象(polymorphism)。这些不同结构的晶体，称为该成分的同质多象变体(polymorph)。

由于每一个同质多象变体的结构彼此不同，每一变体都有一定的热力学稳定范围，都具备各自特有的形态和物理性质，因此在晶体矿物学中它们都是独立的晶体矿物种。金刚石晶体和石墨晶体就是碳的两个同质多象变体(同质二象)。

为了区别同质多象各变体，习惯上按其形成温度从低到高在其名称或成分前冠以

α、β、γ等希腊字母。例如，α-石英和β-石英分别代表低温和高温石英晶体。

同质多象各晶体只在一定的物理化学条件下稳定，若环境条件改变到其稳定范围之外，在固态下一种晶体就可转变为另一种晶体。其中，温度、压力和介质成分等是同质多象晶体转变的主要原因。在一定压力下，同质多象变体间的转变温度是固定的。对同一物质而言，高温变体的对称程度较高，但质点的配位数、有序度和相对密度较小。同质多象转变有的是可逆的、有的是不可逆的。在 SiO_2 的部分变体之间的转变中，只有结构差异不大的α-石英晶体和β-石英晶体间的转变是可逆的。

压力对同质多象转变影响很大。例如，在不同压力下，α-石英与β-石英晶体间的转变温度会发生很大的变化。一般来说，压力增高会促使同质多象向配位数和相对密度增大的变体方向转变。在极高压力下，石墨晶体转变为金刚石晶体，前者配位数为3，相对密度为2.23；后者配位数为4，相对密度为3.55。介质的化学成分和酸碱度亦可影响同质多象转变。例如，在相同温压条件下，FeS 在碱性介质中生成黄铁矿晶体（等轴晶系），而在酸性介质中生成白铁矿晶体（斜方晶系）；HgS 在碱性介质中生成辰砂晶体（三方晶系），而在酸性介质中生成黑辰砂晶体（等轴晶系）。在地表条件下 $CaCO_3$ 易生成文石（斜方晶系），在其他条件下 $CaCO_3$ 则生成方解石（三方晶系），而 Sr 的存在有利于文石结构的保存。此外，杂质的存在还可影响同质多象转变的温度，如在 ZnS 晶体成分中若 Fe 含量达到7%，在 1 105Pa 压力下，闪锌矿与纤维锌矿的转变温度便可从1 020℃降至880℃。

除了上述可逆（enantiotropic transformation）与不可逆（monotropic transformation）同质多象转变，根据变体的结构特征，还可将同质多象转变分为移位型转变（displacive transformation，质点位置稍有移动，键角有所改变）、重建型转变（reconstructive transformation，结构发生根本性变化）和有序-无序转变（order-disorder transformation）等不同的转变类型。通常重建型转变多不易发生且往往是不可逆的，而移位型和有序到无序转变则较易发生。

晶体发生同质多象转变时，随着结构的改变，其各项物理性质亦相应发生突变，但原来变体的晶形却并不会因此而发生变化，而是被新的变晶体所继承。一种同质多象变体继承了另一种变体之晶形的现象，称为副象（paramorphism）。副象的存在是判断曾发生过同质多象转变的重要证据。同质多象是晶体中较为常见的现象，由于它们的出现与形成时的环境密切相关，因而可用来推测矿物形成时的物理化学条件。上述 C、SiO_2、HgS、ZnS、FeS 及其他物质的同质多象变体，是环境温度、压力、介质组分及酸碱度等物理化学条件及其转换的晶体学依据。地质学家利用 SiO_2 的超高压晶体——柯石英和斯石英在地表大陷坑中的出现判断陨石撞击作用曾发生过，利用其在我国苏鲁-大别地区的出现判断超高压变质作用曾存在过，都说明晶体学在地质乃至宇宙演化研究中的重要性。

四、晶体结构的紧密堆积原理

按照晶体的最小内能性和稳定性，晶体结构中的质点存在尽可能相互靠近以占有最小空间的趋势。考虑到部分晶体（如以金属键或离子键为主的晶体）中质点间的联系没有方向性和饱和性，我们可将其内部质点（原子或离子）视为具有一定体积的球体，用球体的紧密堆积原理对其结构进行分析。

等大球体在一个平面内最紧密堆积只有 1 种方式。每 1 个球均被另外 6 个球所围绕，球的位置记为 A。球与球之间形成三角形空隙，其半数尖端指向下方，其位置记为 B；另半数尖端指向上方，其位置记为 C。

第二层球的堆积位置只能选择第一层球上的 B 处或 C 处才是最紧密的。由于只要将置于 B 处或 C 处两者之一旋转 180°，结果完全相同，故两层球作最紧密堆积的方式仍只有 1 种。设第二层球的位置为 B，它所形成的上、下两个指向的三角形空隙对应位置为 A 和 C。第三层球的堆积有 2 种位置可供选择：A 位和 C 位。如选 A 位，即重复第一层球的位置，1～3 层的结构便是 ABA；如选 C 位，即不重复第一层和第二层球的位置，其结构便是 ABC(图 3-1)。

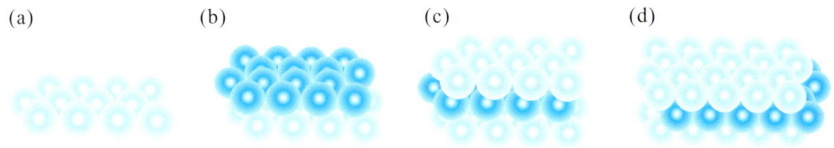

(a)　　　　　(b)　　　　　(c)　　　　　(d)

图 3-1　等大球最紧密堆积

(a)1 层球紧密堆积 A；(b)2 层球紧密堆积 AB；(c)3 层球紧密堆积 ABC；

(d)3 层球紧密堆积 ABA。据李胜荣等，2008

若在 3 层球 ABA 或 ACA 结构基础上，将第四层球置于第二层球对应的位置，便形成 ABAB 或 ACAC 式结构。若按 ABABAB…或 ACACAC…每 2 层重复 1 次的规律重复堆积，则球体在空间的分布恰好与六方原始格子一致(图 3-2)，称为六方最紧密堆积，记为 HCP(hexagonal closest packing)。若在 3 层球 ABC 或 ACB 结构基础上，将第四层球置于第一层球重复的位置上，并进一步按 ABCABCABC…或 ACBACBACB…每 3 层重复 1 次的规律重复堆积，则球体在空间的分布与立方面心格子一致，称为立方最紧密堆积，记为 CCP(cubic closest packing)，其堆积方向平行于立方格子中的 [111] 方向(即最紧密堆积层平行于{111})。

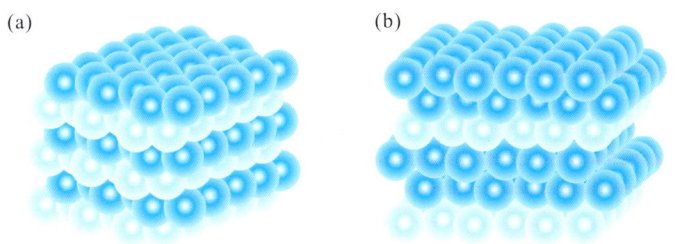

(a)　　　　　　　　　(b)

图 3-2　等大球的六方最紧密堆积和立方紧密堆积(A-B)

据李胜荣等，2008

依据排列组合规律，球体的紧密堆积还可有每 4 层重复 1 次(如 ABACABAC…)、每 5 层重复 1 次(如 ABABCABABC…)…无穷多种堆积方式，但球体只可能占据 A、B、C 这 3 种位置，任何多层堆积都是 AB 或 AC 和 ABC 或 ACB 两种球层的组合。因此，HCP 和 CCP 是等大球最紧密堆积中两种最基本、最常见的方式。

等大球按上述两种方式做最紧密堆积后，球体之间的空隙仍占据整体堆积空间的25.95％。若将空隙周围球体中心连线所构成的几何多面体来命名相应空隙，则等大球间只有四面体（T）和八面体（O）两种空隙。

按 HCP 和 CCP 两种方式堆积的每 1 个球体周围都分布着 6 个八面体空隙和 8 个四面体空隙，考虑 1 个八面体空隙由 6 个球围成而 1 个四面体空隙由 4 个球围成的数值关系，可计算得出：n 个球无论作 HCP 还是 CCP 最紧密堆积，所形成的八面体空隙数都是 n 个，四面体空隙数都是 $2n$ 个。但两种最紧密堆积中的空隙分布规律是不同的，在 HCP 中，同种类型的空隙上下相对，中间存在一个对称面；在 CCP 中，同种类型的空隙上下错开，中间不存在对称面。

研究等大球最紧密堆积方式及其空隙，有助于理解许多晶体特别是以金属键或离子键为主要键型的晶体结构。金属键晶体中金属原子的堆积是较典型的等大球最紧密堆积。但金属原子不呈最紧密堆积的情况亦存在，如在 α-Fe 的晶格中，Fe 原子做立方体心式堆积，此时其空隙占整个堆积空间的 31.18％，显然它不是最紧密堆积形式（图 3-3）。离子键晶体中阴、阳离子半径差异较大，阴离子做近似紧密堆积，阳离子充填其空隙，往往阳离子稍大于空隙而将阴离子略微"撑

图 3-3　α-Fe 的晶格结构

开"，称为不等大球的紧密堆积。以共价键为主的原子晶格，由于共价键的方向性和饱和性，其组成原子不能做最紧密堆积。虽然在分子化合物的晶体结构中分子也做紧密堆积，但因分子的形状常为非球形，故情况较为复杂。

五、多型

多型（polytypism）是一种元素或化合物的晶体以两种或两种以上层状结构存在的现象。这些晶体的结构单元层基本相同，但它们的叠置方式不同，从而构成不同的多型变体。多型是一种特殊形式的同质多象。

前面所述 ZnS 晶体的两种同质多象变体，即阴离子做立方最紧密堆积的闪锌矿晶体（β-ZnS）和阴离子做六方最紧密堆积的纤维锌矿晶体（α-ZnS），其中的阳离子均充填半数的四面体空隙。但纤维锌矿为层状结构，它有多种多型。纤维锌矿晶体的多型参数表明，多型的各种变体在平行结构单元层的方向上晶胞参数相等，在垂直结构单元层的方向上晶胞参数（c_0）则相当于结构单元层厚度的整数倍；不同的多型，其空间群可以是相同的，也可以是不同的。

由于多型是以结构单元层存在为前提的，因此，严格意义上的多型只见于层状结构的晶体中。自然界中的层状晶体矿物，如碳硅石、石墨、辉钼矿、云母、绿泥石、高岭石等，都存在多型现象。一种晶体的若干多型中，往往只有一种或数种是常见的。例如，在辉钼矿晶体（MoS_2）的多型中，2H 型占 80％，3R 型占 3％，其他为 2H 型和 3R 型的混层连生。鉴于多型变体间的差别仅在于结构单元层的叠置方式不同，而其质点最邻近的第一级配位是相同的，故不同多型变体的化学成分相同，内能和物理性质相近，单位晶胞存在简单的整数关系。正因为如此，多型虽被视为一维的同质多象，但与将同质多象变体视为独立矿物种不同，一般将同一物质的各种多型变体视为同一

个晶相，即属于同一矿物种。

表示多型的符号由前面一个数字和后面一个字母（或字母加数字下标）组成，前面的数字代表一个重复周期内结构单元层的层数，后面的字母表示晶系，如 M 为单斜、O 为斜方、T 为三方、R 为三方菱面体格子、Q 为四方、H 为六方、C 为立方。字母加数字下标用于区别重复周期内结构单元层数和晶系都相同的多型变体，如单斜晶系的云母晶体有 $2M_1$ 和 $2M_2$ 等多型。多型符号还有其他一些表示方法，可参阅相关文献。

与类质同象相似，温度、压力和杂质的存在都可能影响多型的生成。例如，高压低温条件下形成的白云母晶体 $K\{Al_2[AlSi_3O_{10}](OH)_2\}$ 为 $3T$ 型，较低压时为 $2M_1$ 型；辉钼矿晶体 MoS_2 常见 $2H$ 和 $3R$ 多型变体，但介质中富 Re 时易生成 $3R$ 型。此外，在合成金刚石晶体工艺中，常选择 $3R$ 型石墨为原料，由于 $3R$ 型石墨晶体的原子排列更接近于金刚石晶体，因而更容易向金刚石晶体转变。由此可知，研究多型对地质成因、矿床寻找和矿物材料制备等实际应用具有重要意义。

六、有序度

在晶体结构中，若两种原子或离子占据着等同位置且在该位置任意分布，即它们占据任何一个该等同位置的概率都相同，称为无序结构（disorder structure）。如果它们的分布是有规律的，即两种原子或离子各自占据特定的位置，则称为有序结构（order structure），亦称超结构（super structure）。晶体具有超结构时所选择的晶胞，称为超晶胞（super cell）。例如，在 $550℃$ 以上时，黄铜矿晶体 CuFeS 具闪锌矿晶体 ZnS 型结构（图 3-4），为等轴晶系，铜和铁离子在闪锌矿型结构中锌离子所占据的立方晶胞的角顶和面心位置上做任意分布，硫阴离子呈四次配位，相间地分布于 1/8 晶胞的中心。在 $550℃$ 以下（图 3-4b）时，黄铜矿晶体形成时铜和铁离子将规律地相间分布，形成犹如两个闪锌矿晶胞沿 Z 轴重叠而成的四方晶胞。一般来说，晶体从无序转变为有序结构，可使晶胞扩大、对称性降低，其物理性质亦发生变化。

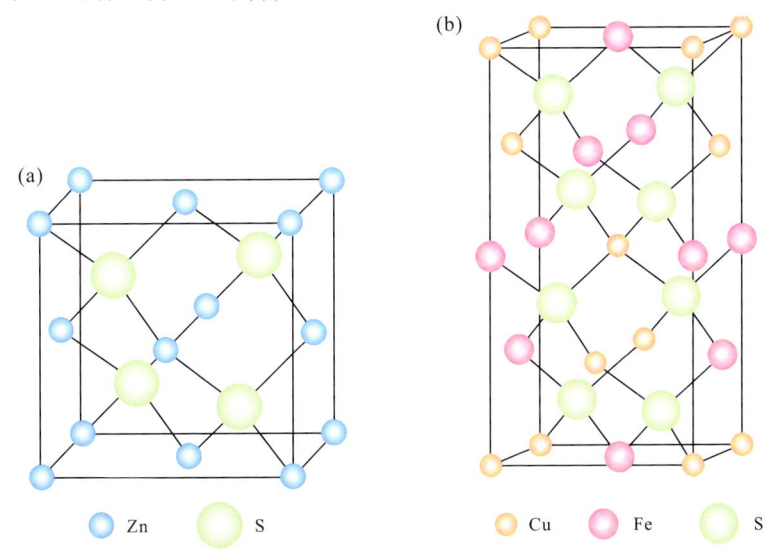

图 3-4 高温时的闪锌矿型结构和低温时的结构对比
据李胜荣等，2008

晶体中的质点并不总是占据完全有序或完全无序的结构位置。相反，晶体中的部分质点占据特定位置呈有序状态，而另一部分质点则占据任意位置呈无序状态，形成部分有序结构。若把质点在完全有序结构中所占的位置称为正确位置，那么在部分有序结构中只有部分质点占据了正确位置，其余质点则占据了错误位置。晶体结构中占据正确位置质点的比率减去占据错误位置质点的比率，称为晶体的有序度（ordering，以 S 表示）。晶体有序度 S 值的范围为 0（完全无序）～1（完全有序）。

影响晶体有序度的因素主要有晶体形成时的环境温度、生长速度、晶体的年龄等。有序与无序是可以相互转化且对立统一的两种状态。在结晶过程中，质点倾向于按照能量最低的结合方式进入某种特定的位置，并尽可能使此种方式贯穿整个晶体中。所以，形成有序结构时放热较多，其晶体能量较低、较稳定；而无序结构中各处的质点分布不同，能量有高有低，因而处于相对不太稳定的状态。由此，温度升高，可促使晶体结构从有序向无序转变；而温度缓慢降低，则有利于无序结构的有序化。从无序到完全有序的"质变"发生在一定的临界温度下，这一临界温度称为居里点。同时，有序化有一个逐步发展的过程。在合金制备中，可从高温到低温缓慢退火，冷却到一定温度时便能获得具有一定有序度的结构；亦可在高温时淬火，让合金迅速冷却，使无序结构来不及调整而被保存下来。在自然界，矿物晶体的有序化可以在漫长的地质年代缓慢进行。生成于相同环境下的矿物晶体，年龄较老的比年龄较轻的有序度高，就是矿物晶体形成后缓慢有序化的结果。显然，对矿物有序度的研究，有助于了解矿物的形成温度、生长速度和演化历史。

第三节　晶体生长

一、晶体形成途径

晶体是在物相的转变过程中形成的。如果将物质按气相、液相和固相划分，从相变的角度来看，晶体的形成途径有以下 3 种。

1. 由气相转变为晶体

当某些气体处于过饱和蒸汽压或过冷却温度条件时，可直接转变为晶体。从火山口喷发出来的含硫气体通过凝华作用形成自然硫晶体，空气中的水蒸气在冬季玻璃窗上凝结成冰花，都是由气相转变为晶体的例子，但在自然界中这类转变的例子并不多见。

2. 由液相转变为晶体

液相有熔体和溶液两种基本类型。当温度下降到低于熔体的熔点（即过冷却）或溶液达到过饱和时，可结晶形成晶体。例如，盐湖中的溶液因蒸发作用而达到过饱和可结晶出石盐、硼砂等矿物晶体。工业上的各种铸锭和化学药品的制作都是由液相转变为晶体的实例。高温熔融态的岩浆，随着温度降低，可依次结晶出橄榄石、辉石、角闪石和黑云母等矿物晶体。这些都是自然界和工业上最常见的一种晶体形成方式。

3. 由固相转变为晶体

固相物质有晶态和非晶态两种。对于非晶态固体，由于其内部质点不具有规则排列的特点，相对于晶体来说其内能较大而处于不稳定状态，因而非晶态固体可以自发地向内能更小、更稳定的晶体转化。自然界中的火山玻璃经过漫长地质年代的演化可以形成细小的长石或石英雏晶，这是最典型的由固相转变为晶体的实例。除了非晶态固体可以转变为晶体，一些早期形成的晶体，若其所处的物理化学条件改变到一定程度，原晶体赖以稳定的条件消失，其内部质点就要重新排列而形成新的结构，使原来的晶体转变成另一种晶体。

由一种晶体转变为另一种晶体，主要有以下几种方式：①同质多相转变。某种晶体在热力学条件改变时转变为另一种在新条件下稳定的晶体，新晶体与原晶体成分相同但结构不同，这就是同质多相转变。例如，在 573℃ 以上 SiO_2 可形成高温 β-石英，而在 573℃ 以下高温 β-石英可转变为结构不同的低温 α-石英。②固溶体分解。固溶体是两种或两种以上物质在一定温度条件下形成的类似于溶液的一种均一相的结晶相固体。当温度下降时，固溶体内部物质之间的相容性下降，从而使它们各自结晶形成独立的晶体，这就是固溶体的分离现象。例如，闪锌矿晶体（ZnS）和黄铜矿晶体（$CuFeS_2$）在高温条件下，可按一定比例形成均一相的固溶体，而在低温时就分离成为闪锌矿（ZnS）和黄铜矿（$CuFeS_2$）两种矿物晶体。另外，再结晶作用是指在温度和压力影响下，通过质点在固态条件下的扩散，由细粒晶体转变成粗粒晶体的作用。在此作用过程中没有新晶体形成，只是原来晶体的颗粒由小变大。例如，由细粒方解石组成的石灰岩受到热力烘烤作用，细粒方解石结晶成粗粒方解石晶体，这是石灰岩变成大理岩的原因。

二、晶体生长理论

晶体的生长一般是先生成晶核、再逐渐长大的。晶核的形成是一个复杂的过程。对从液相中生成晶体的情况而言，通常溶液达到过饱和或熔体达到过冷却时，体系内相应组分的质点将按照格子构造形式聚合成一些具有一定大小但实际上是极其微小的微晶粒，这些微小的晶粒称为晶核或晶芽。晶核是晶体生长的中心。晶核形成以后围绕晶核生长，实际上就是溶液或熔体中的其他质点按照格子构造规律不断地堆积在晶核上，使晶核逐渐长成晶体的过程。那么，质点是如何堆积到晶核上长成晶体的呢？下面重点介绍两个理论模型。

（一）层生长理论

层生长（layer growth）理论，亦称科塞尔-施特兰斯基二维成核（two-dimensional nucleation）理论，是由科塞尔（W. Kossel）提出后经施特兰斯基（I. N. Stranski）发展而成的晶体生长模型。该理论认为，质点在光滑的晶核表面堆积，存在着 3 种不同的占位 1，2 和 3，分别称为三面凹角、二面凹角和一般位置。每种占位周围分布着数量不等的质点，这些质点对将进入该位置的外来质点具有一定的吸引作用。三面凹角周围分布的相邻质点数多于二面凹角，二面凹角周围分布的相邻质点数多于一般位置。这样，质点进入 3 种位置后与周围质点成键的数量多少就不相同。三面凹角周围分布的相邻质点数最多，进入该位置的质点与周围相邻质点之间形成的化学键最多，释放的能量也最大，结构最稳定。因此，质点优先进入三面凹角，其次是二面凹角，最后是一般位置。由此可推出，在理想情况下，晶体在晶核基础上生长，应先成行列生长，然后生长相邻的行列，在长满一层面网后，再开始生长第二层面网，晶体面网如此一层一层地逐渐向外平行推移，最外层的面网便发育成晶体的晶面。这就是层生长理论。晶体表面微形态的扫描电镜观察表明，实际晶体的生长并不严格按照简单的逐层外推的方式进行。因为在晶体的生长过程中，常常黏附在晶核表面的不是一个质点，而是按格子构造聚合而成的质点团，其厚度可达几万或几十万个原子层。另外，晶体表面不一定是平坦的晶面，也可能出现晶面阶梯，表明质点向晶核上堆积时不一定是在一层堆满以后才开始堆积第二层的，晶核表面可有多个层同时在堆积。

尽管如此，晶体的生长在许多情况下还是按层进行的。例如，在晶体断面上常可见到环带构造；晶体常生长成为面平、棱直的多面体形态（晶体的自限性）；同种物质的晶体上对应晶面间的夹角不变（面角守恒定律）；形成生长锥等。所有这些现象都证明，在较理想条件下晶体生长时晶面是平行向外推移的。

(二)螺旋生长理论

层生长理论虽然较好地阐述了理想条件下晶体的生长机制，但该理论存在一定的缺陷。因为当晶体的第一层面网生长完成以后，再在其上开始第二层面网的生长时，三面凹角和二面凹角已经消失，已长好的面网上仅存在一般位置，该位置对溶液中质点的引力较小，此时质点不易克服热振动而进入该位置。因此，开始生长第二层面网需要较高的过冷却度和过饱和度。显然，层生长理论还不能很好地解释低过饱和度和低过冷却度条件下晶体面网的连续生长问题。为此，基于实际晶体结构中常见的位错现象，伯顿(W. K. Burton)、卡夫雷拉(N. Cabrera)和弗兰克(F. C. Frank)等人提出了晶体的螺旋生长模型，亦称BCF模型。按照螺旋生长(spiral growth)理论，杂质在晶格中的不均匀分布可使晶格内部产生应力，若应力积累超过一定限度，晶格便沿某一面网产生相对剪切位移，形成螺旋位错(screw dislocation)。螺旋位错的出现使平滑的界面上出现沿位错线分布的凹角，从而使介质中的质点优先向凹角处堆积。显然，随着质点在凹角处堆积，凹角并不会消失，只是凹角所在的位置随质点的堆积而不断地呈螺旋式上升，导致生长界面以螺旋层向外推移，并在晶面上留下成长过程中形成的螺旋纹。这便是晶体的螺旋生长。层生长理论是母相的过饱和度及过冷却度较大而能满足二维成核所需成核能时较适合的晶体生长模型，而螺旋生长理论是解释母相的过饱和度及过冷却度较小甚至很小时较适合的晶体生长模型。

晶体生长的形态主要是由晶体内部的结构决定的。因此，晶体结构是决定晶体生长形态的内因。但是，晶体在生长过程中所处的外界环境条件，也会对晶体的形态产生一定的影响。下面我们对影响晶体生长的几种主要外部因素进行分析。

(1)涡流和生长介质的流动方向。在晶体生长过程中，随着晶体周围溶液中的溶质向晶体上黏附以及晶体生长释放出来的热量增加，晶体周围的溶液密度减小、温度升高而在浮力作用下上升，使远离晶体冷的重溶液向晶体方向流动，形成涡流。涡流使晶体生长的物质供给不均衡，悬浮在溶液中的晶体的下部易得到溶质的供给，而贴着基底的晶体的底部得不到溶质的供给，造成晶体的形态特征不同。生长介质流动方向对晶体生长的影响与此类似：面对介质来源方向的晶面生长较快，而在其相反方向生长较慢。

(2)温度。在不同温度条件下，同一种晶体的不同晶面，其相对生长速度会有所改变，从而影响其生长形态。例如，方解石晶体($CaCO_3$)在较高温度下常形成扁平状的层解石，而在常温的地表水溶液中多生成细长晶体。许多链状结构晶体矿物，如辉锑矿、锡石、角闪石晶体的晶体生长与温度的关系皆如此，其成因是在高温条件下强键对质点的获取优势不甚明显，而在低温时则十分明显。

（3）杂质与酸碱度。溶液中杂质的存在可改变晶体上不同面网的表面能，从而使其相对生长速度随之发生变化，进而影响晶体的形态。例如，在纯净水中，石盐晶体常结晶出立方体晶形，而在溶液中有少量硼酸存在时则出现立方体和八面体聚形。晶体不同方向面网的性质可以有明显差异，有的适合在碱性条件下生长，有的适合在酸性条件下生长，故溶液的酸碱度亦能影响晶体的形态。

（4）黏度。在黏度较大的情况下，溶液中质点的供给主要以扩散的方式进行。此时，晶体上容易接受溶质的棱、角部分生长较快，而晶面的中心部分生长较慢甚至不生长。许多矿物晶体的树枝状晶和骸晶常常是在高黏度溶液中生成的。

（5）结晶速度。结晶速度越快，形成的结晶中心就越多。围绕多个结晶中心生长，晶体不易长大，故形成的晶体多呈细粒状。反之，结晶速度越慢，体系中结晶中心的数量就越少，越有利于晶体长大，并且晶体多呈粗粒状。例如，在地下深处缓慢结晶，形成的矿物晶体粗大；在地表快速结晶，则形成细粒矿物晶体。此外，快速生长时晶体也能偏离其平衡态，从而形成骸和树枝晶。

（6）生长顺序与生长空间。晶体生长的空间对晶体的生长形态影响较大。早期析出的晶体具有较多的自由生长空间，晶形完整，自形度较高。后期析出的晶体只能在已形成的晶体残留的空间中生长，故其晶形一般不完整，常呈半自形晶或他形晶。例如，早期结晶形成的长石晶体晶形自形度总是高于晚期形成的石英晶体。

（7）应力作用。对在固相中形成的晶体形态而言，外部应力的作用十分重要：一般垂直于压应力轴的晶面较大；在剪切应力作用下形成的晶体可呈不对称椭球状或丝状，这对应力作用方向的判别有重要意义。

三、晶簇

晶簇（druse）是指丛生于岩石空洞或裂隙中某一基底上，一端朝向自由空间并具有完好晶形的单晶体群。在热液环境下形成的石英、石膏、辉锑矿等矿物晶体，常呈晶簇。

若有许多呈不同取向的晶核在一个基底上生长，晶体生长到一定阶段后，只有那些生长速度最大且与基底平面垂直方向的晶体能够继续生长，而其他方向的晶体则会被淘汰，这就是所谓的"几何淘汰律"（geometric elimination law）。几何淘汰律能够解释晶簇中柱状矿物晶体平行排列和在热液环境下形成梳状构造的成因。

由上可知，晶体的生长形态主要由其格子构造决定，这是决定晶体形态的内因。按照布拉维法则，实际晶体的晶面数是有限的，这些晶面都是面网密度较大的面网。因此，对同一种晶体，这些面网密度较大的晶面在不同的个体中都应该出现。对同一种晶体的不同个体，其晶面数以及晶面的形状、大小应该是相同的。但是，由于晶体在生长过程中不可避免地要受到外界环境因素的影响，致使同一晶体的不同个体，本应该出现的一些晶面并没有出现，有时即便是不同个体的对应晶面数相同，但这些对应晶面的形状和大小却完全不同。在外界环境因素影响下形成的偏离理想形态的晶体，称为歪晶。

由于同一种晶体的不同个体形态上的差别，致使晶体矿物学家在很长一段时间里未能掌握晶体形态上的规律性。1669 年，丹麦学者斯丹诺（N. Steno）在对石英（α-SiO₂）和赤铁矿（Fe₂O₃）晶体的研究过程中发现，同种晶体的不同个体虽然其大小和形态有很大差别，但它们对应晶面的夹角是守恒的，即同种物质的晶体其对应晶面之间的夹角恒等，称为斯丹诺定律（Steno's law）或面角守恒定律（law of constancy of angle）。

晶面夹角与面角是两个不同的概念。所谓面角（interfacial angle），是指晶面法线之间的夹角，其数值等于相应晶面之间实际夹角的补角。实际夹角守恒，面角自然亦守恒。在几何结晶学中，通常习惯用面角而不是用晶面的实际夹角来表示各晶面之间的关系。

面角守恒的必然性，很容易由晶体的格子构造特征得到阐明。我们知道，对于同种物质的晶体，其格子构造形式是相同的，晶体上对应晶面就是晶体格子构造中的对应面网，在晶体的生长过程中，面网都是平行向外推移的。无论晶体的大小如何，对应晶面之间的夹角总是保持恒定不变的。

面角守恒定律是结晶学发展史上的一个重要发现，为研究复杂多样的晶体形态提供了一条可行的途径。依据此定律，通过对不同形态的晶体进行晶面测量，将测量结果按照一定的方法投影在平面上，便能绘制出理想的晶体形态图，探讨其固有的对称性，从而为几何结晶学一系列规律的研究奠定基础，为我们通过晶体的测量来研究晶体的种别提供了可能。

第四节　晶体的对称性

一切晶体都具有对称性，这是由晶体的基本性质所决定的。然而，任何晶体的对称又都是有限的，受到晶体对称定律约束，而且对于不同的晶体其对称性又互有差异，因此，对称性成为晶体分类的依据。晶体的对称不同于其他物质的对称，它不仅反映了晶体在几何学上的对称，还反映了晶体在物理学和化学方面的对称。所以，学习和掌握晶体对称性知识，是理解晶体性质，以及鉴定、识别和利用晶体的基本理论基础。晶体的对称性是结晶学的核心内容。

对称（symmetry），是指物体或图形中相同部分之间有规律的重复。对称现象在自然界和人类生活中很常见。五彩斑斓的植物花冠、千姿百态的动物形体、庄严肃穆的天安门城楼，以及各种具有对称特征的日常用品等，都以不同形式呈现了自身的对称美。晶体的外部对称是其几何形态的对称，具体表现为晶体的晶面、晶棱和角顶等有规律的重复。

尽管许多物体都具有对称性，但晶体的对称在成因上又与其他物体有明显区别。生物的对称主要受到适者生存规律制约，建筑物和日用品的对称则受到人们的审美观以及对其用途的要求制约，而晶体的对称则取决于其内部质点的周期性平移重复规律。因此，晶体的对称具有如下特点：①所有晶体都具有对称性；②晶体的对称是有限的；③晶体的对称不仅具有几何意义，更具有物理和化学意义。

要研究晶体相同部分的重复规律，必须借助于一些几何图形（点、线、面），通过一定的操作来实现。这些几何图形称为对称要素(symmetry elements)，这种操作称为对称操作(symmetry operation)。由于本书重点强调地球物质涉及的元素结合成为晶体、晶体化学和晶体生长形成矿物等相关知识，故晶体操作知识可参阅相关晶体学文献(如李胜荣等，《结晶学与矿物学》)。

对晶体进行科学分类是深入研究晶体其他属性的重要基础。由于对称性是晶体的基本性质，按照对称性能够对晶体进行科学划分，这种分类方法就是晶体的对称分类。在晶体的对称分类体系中，包括 3 个晶族、7 个晶系和 32 个晶类。

(1)晶族(crystal category)的划分。根据是否有高次轴以及有 1 个或多个高次轴，可将晶体分为低级晶族(lower category，无高次轴)、中级晶族(intermediate category，只有 1 个高次轴)和高级晶族(higher category，有多个高次轴)3 个晶族。

(2)晶系(crystal system)的划分。在各晶族中，再根据对称特点将低级晶族的晶体划分为三斜晶系(triclinic system，无对称轴和对称面)、单斜晶系(monoclinic system，二次轴和对称面均不多于 1 个)和斜方晶系(orthorhombic system，二次轴或对称面多于 1 个)；将中级晶族晶体划分为四方晶系(tetragonal system，有 1 个四次轴或四次旋转反伸轴)、三方晶系(trigonal system，有 1 个三次轴或三次旋转反伸轴)和六方晶系(hexagonal system，有 1 个六次轴或六次旋转反伸轴)；而高级晶族只有等轴晶系(isometric system，cubic system，有 4 个三次轴)。

(3)晶类(crystal class)的划分。属于同一对称型(点群)的晶体可归为一类，称为晶类。晶体中共有 32 种对称型，便有 32 个晶类。通常按照只出现在一个对称型中的单形，即所谓"一般形"的名称对晶类进行命名。例如，正长石、普通辉石、石膏等晶体都具有 LPC 的对称型，属于该对称型的一般形为斜方柱，故这 3 种矿物都属于斜方柱晶类；钠长石晶体的对称型为 C，属于该对称型的一般形为平行双面，故钠长石为平行双面晶类。

自然界矿物晶体种数最多的 3 个晶系依次是斜方、单斜和等轴晶系，它们共占矿物种总数的 2/3，其中斜方和单斜晶系约各占 1/4，等轴晶系约占 1/6；而属于 $2/m$、mmm 和 $m3m$ 的矿物晶体分别占 21.5%、20% 和 10%。目前尚未发现属于 6 对称型的矿物晶体。如果将人工合成晶体和矿物晶体一起统计，排在前 3 位的仍为以上晶系和对称型：等轴晶系约占 1/4 强，单斜和斜方晶系约各占 1/5；属于 $m3m$、$2/m$ 和 mmm 的晶体分别占 17.5%、15.5% 和 12%。

第五节 晶体结构

一、晶体化学结构类型

从晶体化学角度来看，根据最强化学键在结构空间的分布和原子或配位多面体连接的形式，可将晶体结构划分为以下几种类型。

(1)岛状(island)结构。岛状结构中存在原子团，团内的键强远大于团外的键强，如橄榄石晶体($Mg,Fe)_2(SiO_4)$。

(2)环状(cycle)结构。环状结构中的配位多面体以角顶连接形成封闭的环，按环的数量可以有三环、四环、六环等多种，环还可重叠起来形成双环(如六方双环等)，如绿柱石晶体 $Be_3Al_2[Si_6O_{18}]$。

(3)链状(chain)结构。链状结构最强的键趋于单向分布。原子或配位多面体连接成链状，链间以弱键或数量较少的强键相连接，如辉石晶体 $(Mg,Fe)_2(Si_2O_6)$、金红石晶体 TiO_2。

(4)层状(sheet)结构。层状结构最强的键沿二维空间分布，原子或配位多面体连接成平面网层，层间以分子键或其他弱键相连接，如石墨晶体(C)。

(5)架状(framework)结构。架状结构最强键在三维空间均匀分布，但配位多面体主要以共角顶连接，同一角顶连接的配位多面体不超过 2 个，因而结构开阔，如 α-石英晶体 (SiO_2)。

(6)配位型(coordinate)结构。配位型结构晶格中只有一种化学键存在，它可以是离子键、共价键或金属键。键在三维空间做均匀分布。按配位多面体的类型不同，可分为四面体配位型、八面体配位型和混合配位型。配位多面体之间可以共面、共棱或共角顶连接，同一角顶所连接的配位多面体不少于 3 个，如金刚石晶体(C)。

(7)分子型(molecular)结构。分子型结构晶体中的结构单位为中性分子，分子内部通常以较强的共价键连接，分子间以微弱的分子键即范德华键(van der Waals bond)相连接，如自然硫晶体(S)。

二、典型结构

不同晶体的结构，若其对应质点的排列方式相同，则称其结构是等型的。结构型常以某一种晶体为代表而命名，这些作为代表的晶体结构称为典型结构，如石盐(NaCl)、方铅矿(PbS)、方镁石(MgO)晶体的等型晶体结构。以其中的 NaCl 晶体作为代表而命名为 NaCl 型结构，即 NaCl 结构为一典型结构，而方铅矿、方镁石等晶体具 NaCl 型结构。在晶体化学中，常将典型结构作为某一类晶体结构的代表，从而使晶体结构分析更为便捷。除了上述方铅矿、方镁石晶体等组成元素与作为典型的晶体中相应元素在空间上一一对应，因而其结构可用典型结构描述，对一些在几何特征上与典型结构近似的晶体结构稍加补充说明后，亦可借助于典型结构来描述，称其为某典型结构的衍生结构。例如，黄铁矿晶体 (FeS_2) 中每 2 个 S 与 1 个 Fe 相间排列，与石盐中 Na 和 Cl 的布排近似，其结构便可视为 NaCl 型结构的衍生结构。

三、晶格缺陷

我们观察到的实际晶体，由于内部质点的热振动以及受到辐射、应力作用等，普遍存在着晶格缺陷，它是一种在晶体结构中局部范围内质点排列偏离了格子构造规律的现象。晶格缺陷按其在晶体结构中分布的几何特点，可分为点缺陷、线缺陷、面缺陷、体缺陷 4 种类型。体缺陷主要是指晶体中的细微包裹体，故不在此讨论。一般情况下的晶格缺陷主要是指前 3 种类型。

(一)点缺陷

点缺陷(point defect)，是指发生在 1 个或若干个质点范围内所形成的晶格缺陷。最常见的点缺陷有如下几种表现形式：①空位。晶格中本应由质点占据的位置因缺失质点而造成空位。②填隙。填隙，是指在晶体结构中正常排列的质点之间，存在多余的质点填充晶格空隙的现象。填隙的质点既可以是晶体自身固有成分中的质点，亦可为其他杂质成分的质点。当填隙质点为晶体本身固有成分中的质点时，它可以具有与其正常的晶格位置不相符的配位数。例如，在 NaCl 晶体中，填隙离子 Na^+ 的配位数不是正常的 6 而是 4。③替位。替位，是指杂质成分的质点代替了晶体本身固有成分的质点并占据了被替代质点晶格位置的现象。由于替位与被替位质点间的半径、电价等方面存在差异，可造成不同形式和程度不等的晶格畸变。

晶体结构中若产生其本身固有成分质点的空位或填隙，都可造成晶体结构的总电价失衡。例如，在 NaCl 晶体中，Cl^- 的空位可造成正电荷过剩，Na^+ 的空位可造成负电荷过剩，而 Cl^- 或 Na^+ 的填隙可分别造成负、正电荷过剩。为保持晶体结构总电价平衡，若晶体结构中产生一个(些)点缺陷，往往会同时伴随另一个(些)点缺陷产生。

当晶格中某一质点脱离原结构位置而成为填隙质点时，为保持总电价平衡，该质点的原位置形成空位，空位和填隙同时产生且数目相等，这种类型的缺陷由弗伦克尔(Frenkel，1926)提出，故称为弗伦克尔缺陷(Frenkel defect)。若晶体为保持总电价平衡，其本身固有成分中阳、阴离子的空位同时成对出现，这种形式的缺陷称为肖特基缺陷(Schottky defect)。若晶体固有成分中的阳、阴离子填隙同时成对出现，这种现象则称为肖特基缺陷的反型体(antiopode of Schottky defect)。热运动和能量的起伏使晶体中的点缺陷不断产生、不断消失。在一定温度条件下，单位时间内产生、消失的空位或填隙的数量具有一定的平衡关系。弗伦克尔和肖特基缺陷及其反型体的最大特点之一，是它们的产生主要与热力学条件有关，它们可以在热力学平衡的晶体中存在，是热力学稳定的缺陷，可称为热缺陷。弗伦克尔缺陷及肖特基缺陷及其反型体不会使晶体的化学成分发生变化，其阴、阳离子数服从严格的化学当量比例关系。但在一些晶体中，点缺陷的产生与晶体在成分上不符合化学当量比例有关，这类点缺陷称为非化学当量比缺陷。例如，磁黄铁矿晶体中的 Fe 既可呈 Fe^{2+} 亦可呈 Fe^{3+}，为保持电荷平衡，晶格产生空位而形成晶格缺陷。但若将磁黄铁矿中呈 Fe^{2+} 的 Fe 看作是它本身的固有成分，而将呈 Fe^{3+} 的 Fe 视为代替 Fe^{2+} 的杂质，则所形成的点缺陷可视为以替位的方式所产生的点缺陷。

在离子晶格中，点缺陷还可俘获电子或空穴。光波入射晶体，可使电子发生迁移并与缺陷发生作用，吸收某些波长的光波的能量而呈色。这种能吸收某些光波能量而使晶体呈色的点缺陷，称为色心。

(二)线缺陷

线缺陷(line defect)，是指在晶体内部结构中沿某条线(行列)方向上的周围局部范围内所产生的晶格缺陷。它的表现形式主要是位错。位错(dislocation)，是指在晶体中的某些区域内，一列或数列质点发生有规律的错乱排列现象。它是在应力作用下晶格中的一部分沿一定的面网相对于另一部分的局部滑动造成的结果。滑动面的终止线，即滑动部分和未滑动部分的分界线，称为位错线。虽然位错存在多种复杂的形式，但最简单的位错线为直线。

位错被视为是由晶格的局部滑动造成的。因此，可借用晶格滑动的矢量来表征位错。1939 年，柏吉斯(J. M. Burgers)提出，用晶格滑动的矢量来表示位错的特征，该矢量称为柏氏矢量，用符号 b 表示。确定柏氏矢量的方法是：首先，围绕位错线，避开位错畸变区，按逆时针方向作一适当大小的封闭回路，即柏氏回路。以结点间距为量步单位，按顺序记录每一方向上的步数。然后，在同种无位错的晶格中作同样的回路，使回路运行的方向和量步单位及同一方向上所量的步数与前述回路完全相同，则后一回路不能闭合。自终点向起点所引的矢量即为位错的柏氏矢量。

实际晶体中的稳定位错的柏氏矢量不是任意的，它大都是晶体的最短平移矢量，这种位错称为全位错。如果位错的柏氏矢量不是晶体的平移矢量，位错运动后必在位错扫过的面上留下层错，在层错能不高的情况下这种位错可能存在，称为不全位错或部分位错。在低层错能的立方最紧密堆积（CCP）和六方最紧密堆积（HCP）晶体中常存在部分位错。一个全位错分解为两个部分位错并在两个部分位错之间带着一片层错，称为扩展位错。位错经扩展后降低了它运动的灵便性，故层错能是衡量晶体力学性质的一个主要参量。对于离子晶体，考虑电性的中和，位错的柏氏矢量不是点阵中最短的矢量，应是等同点之间的矢量。不同晶体结构中的位错结构和性质不同，故应根据具体晶体来讨论具体的位错。

柏氏矢量是位错与其他晶格缺陷区分的标志。依据柏氏矢量与位错线的关系，可将位错分为刃位错、螺旋位错及混合位错等类型，具体可参阅结晶学与矿物学专业文献，如李胜荣（2008）的《结晶学与矿物学》。

（三）面缺陷

具有二维空间的缺陷称为面缺陷（plane defect），它是指沿晶格内或晶粒间某些面的两侧局部范围内所出现的晶格缺陷。面缺陷包括平移界面、堆垛层错、界面（晶界、畴界）、相界面等。

（1）平移界面。平移界面是晶格中的一部分沿某一面网相对于另一部分滑动，以滑动面为界格子构造规律被破坏。

（2）堆垛层错。晶体结构中互相平行的堆积层有其固有的重复排列顺序。如果堆积层偏离了原来固有的顺序，则视为产生了堆垛层错。

（3）界面（晶界）。晶界是指同种晶体内部结晶方位不同的两晶格间的界面。按结晶方位差异的大小，可将晶界分为小角晶界和大角晶界。小角晶界，是指两晶格间结晶方位之差<15°的晶界。最常见的小角晶界是倾斜晶界和扭转晶界。倾斜晶界为两部分晶格间相对倾斜而造成的界面，它又可分成：①对称倾斜晶界，即两部分晶格相对于晶界来说呈对称取向关系，它可视为由一系列刃位错平行排列而成。②不对称倾斜晶界，即两部分晶格相对于晶界而言为非对称取向关系，它可视为由一系列相隔一定距离的刃位错互相垂直排列而成。扭转晶界是假设首先将一晶体沿某一面同方向切开，分成两块晶格，然后绕垂直切面的一中心轴相对旋转一定的角度，此时两块晶格之间形成的界面称为扭转晶界，它可视为是由两组互相垂直的螺旋位错组成的网络构成的。大角晶界，是指晶格间结晶方位之差>15°的晶界。大角晶界的界面附近处晶格中的质点排列通常具过渡结构（一部分质点符合格子规则，另一部分质点不符合格子规则排列）。有时晶界可具共格结构，即界面上的质点恰好为两边晶格的共用结点。此外，大角晶界可具密集位错的结构。所谓晶粒间界（多晶集合集中各单体间的界面），可视为一种大角晶界。一些双晶接合面，可视为有特殊取向关系的具共格结构的大角晶。

　　在实际晶体中，晶格可视为由许多相互间取向并非严格一致、其结晶方位有很小差异（通常为 $0.5°\sim2°$）、呈镶嵌状的小块晶格所组成。这些小块晶体称为亚晶，亦称亚结构或镶嵌块。在亚晶中质点的排列是规则的，但整个晶格却违背格子构造规律，所形成的图案就是所谓的镶嵌构造。两相邻亚晶的边界，称为亚晶界。它可视为由一系列刃位错造成的具有更小角度的晶界，可看成小角晶界的一种特例，故亚晶界与晶界有类似的性质。

　　晶格缺陷对晶体的物理、化学等性质具有重要影响。不同类型的晶格缺陷与其形成条件有关，进而反映在晶体物理、化学性质的变化上。

第四章 矿 物

第一节 矿物的形成

矿物是由自然作用形成的，具有一定化学组成、内部结构以及稳定的相界面和结晶习性的天然化合物或固态单质。因此，矿物具有其独特的化学和物理性质，且在一定物理化学条件下是稳定存在的，是固体地球和地外天体或行星中的基本组成单位。无论何时何地，只要环境条件允许，原子就会根据元素结合律稳定地结合在一起形成晶体，即矿物。由此可见，固体矿物是在地球演化过程中形成的，对地球历史而言，其形成的时间是短暂的，但可以长久地保存，可以记录地球形成过程的信息。比如，冰就是一个很好的例子。当温度和压力条件允许氢原子和氧原子结合形成六边形结构的晶体时，冰就会形成。若温度升高或压力降低到一定程度，冰就不复存在，因为原子分离成部分结合的阵列，这是液态水的特征。冰，像所有的矿物一样，是短暂的。在地球表面条件下，冰比大多数矿物更短暂。矿物又是无常的。比如，碳的多晶态之间的转变。在相对较低的压力下，碳原子结合形成石墨。如果压力足够大，碳原子就会重新排列，石墨就会变成金刚石。

因此，可以说，矿物是经过自然环境过程形成的，这一过程使原子按其固定顺序和规则结合在一起形成固体。主要包括：①从溶液中析出。矿物质沉淀的溶液，包括泉水、河流、湖泊和海洋中的地表水。土壤和地下含水层中的地下水。热液溶液，这是一种温暖的水溶液，在深度和/或靠近岩浆体时被加热。②升华。从气体中升华，发生在火山气体排出的地方、地球表面或地下气相与溶液分离的地方。③结晶。从熔体或其他液体中结晶，包括熔岩在地表流动，形成火山矿物；地下的岩浆体，形成深部矿物。④固相生长。在固态生长中，新的矿物晶体从先前存在的矿物成分中生长出来。⑤固-液或固-气反应。在这种反应中，原子在固体矿物和与其接触的液体或气相之间交换，产生一种新的矿物。固-液或固-气反应在矿物形成过程中很常见。这些矿物的形成方式指示了一些重要的过程，这些过程不断地改变或破坏预先存在的原子阵列，以形成新的矿物，其方式取决于它们形成的环境条件和过程。因此，从地球表生过程到深部的内生过程都可以形成矿物；反之，矿物的形成可以指示某些特定地球环境的变化。

矿物的形成必然受到固体地球上所发生的各种地质作用的控制，即地质作用过程中物理化学条件变化的制约，既可以是地球深部所发生的内生地质作用过程，也可以是地球浅表的表生地质作用过程，还可以是地球物质在其物理化学条件变化所产生的变质作用过程。

第二节 矿物的习性

一、单个矿物晶体的习性

如前几章所述，矿物晶体从原子维度开始生长，每种矿物晶体都是从几个原子成键形成三维几何结构开始的，最初的生长导致形成类似于细胞核的"种子晶体"。如果有合适的原子并且环境条件适合生长，原子核就会继续吸引合适的原子或离子，根据第二章和第三章所述晶体生长法则和晶体化学法则（鲍林规则等），长成更大的矿物晶体。当它停止生长时，这种矿物可以被反映其内部晶体结构的晶面所包围。由于矿物经常以良好晶体的形式出现，而且晶体习性反映了有关矿物的晶体结构，因而识别晶体习性在矿物鉴定中非常有用。单晶可以用各种术语来描述。最简单的术语是基于晶体在 3 个相互垂直方向上的相对比例（a、b 和 c），其中 $a \geq b \geq c$。表 4-1 和图 4-1 总结了用于单个晶体习性用术语，并举例说明了每一术语的用法。

表 4-1 单个晶体的晶体习性

晶 体	简要描述	结晶尺寸
等轴晶体	等维度；形状可以接近立方体或球体	$a = b = c$
板状晶体	平板状或圆盘状	$a = b > c$；c 轴较薄
片状晶体	片状	$a \approx b > c$；c 轴相当薄
棱柱状或柱状晶体	从细到粗的柱状或棱柱状	$a > b = c$；a 轴较厚
刀片状晶体	叶片或刀片状	$a > b > c$；a 轴较厚，c 轴较薄
针状晶体	针状；略粗于丝状	$a \gg b = c$；b 轴与 c 轴相当薄
纤维状或丝状晶体	丝状	$a \gg b = c$；b 轴与 c 轴极薄

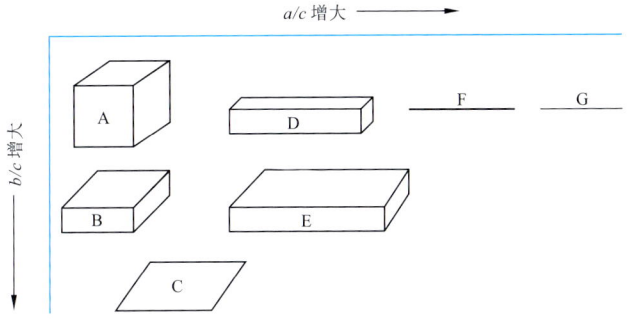

图 4-1 单个晶体习性

A. 等量；B. 板状；C. 片状；D. 柱状；E. 扁平状；F-G. 针状-丝状

二、矿物晶体集合体的习性

若环境条件适合矿物晶体成核和生长，它们往往适合于形成同一矿物的多个晶体。

紧密相连的多个晶体的产生和生长产生了类似晶体的组合，称为晶体集合体。在晶体聚集的样品中，至少存在两组晶体习性：一组描述单个晶体的习性（表4-1）；另一组描述矿物晶体集合体的习性。晶体聚集体的习性总结在表4-2中。

表 4-2　晶体集合体的习性

晶体集合体	简要描述
纤维状集合体	针状或丝状晶体平行排列
放射状集合体	以中心点向外放射的针状-丝状晶体
发散状集合体	棱形晶体偏离一个共同的区域
网状集合体	由片状到叶片状晶体的晶格聚集形成
玫瑰状集合体	花瓣状排列的板状或叶片状晶体
晶簇状集合体	表面衬有非常小的（<2～3mm）鹅卵石状晶体
分枝状集合体	树枝状、分枝网状结构的晶体
板状/叶状集合体	矿物晶体亚平行层排列
块状集合体	聚集非常小的晶体，具有细粒度的外观
粒状集合体	次等轴状宏观晶体聚集体，呈颗粒状
带状集合体	同一矿物不同颜色的平行层；如同玛瑙
同心状集合体	围绕一个共同的中心的球状层或亚球状层
葡萄状/胶粒状集合体	圆形，丘状突起聚集；由肾形晶体聚集形成
鲕粒状集合体	球形，同心层状，砂粒大小（<2mm）的团聚体
豆状集合体	球形，同心层状，砾石大小的团聚体
杏仁状集合体	次生矿物充填的球形至椭球形气囊

比如，晶洞玉石是由亚球形空腔部分或全部填充而产生的晶体集合体，结晶从空腔壁向内进行。微观晶体层的析出产生了大部分条带，较大晶体的析出产生了排列在许多晶穴中心的粗糙的、发散的或网状的晶体。如果晶洞材料比宿主岩石更耐风化，则晶洞风化后形成亚球形晶体集合体，若将其锯成两半，其截面就会显露出同心层状。还有一种有趣的同心层状晶体集合体被称为固结。晶体从中心核向外生长并在此过程中吸收了预先存在的矿物物质。因此，凝块由亚球形体组成，其中既包含新沉淀的晶体，亦包含预先存在的物质。个体和集合体的晶体习性矿物还具有多种其他宏观和微观性质。

三、矿物的宏观性质

每一种矿物都有其独特的化学成分、化学键合机制和晶体结构。矿物是根据其性质来鉴定的。在实际工作中，正确的矿物识别一般取决于对宏观性质的准确把握和对每种矿物的宏观性质的认识。几种常见的矿物性质取决于矿物的基本静态性质和/或矿物对应力的力学反应。

(一)矿物的物理性质

1. 硬度

矿物的硬度，是指光滑的矿物表面对锋利工具的刮擦或磨损的抵抗能力。有几种尺度可用来表示矿物的硬度。第一个表示矿物硬度的尺度是由摩斯(Frederic Mohs)于1822年提出的(Klein and Hurlbut，1985)。摩斯意识到，有些矿物质会刮伤其他矿物质，指示其具有不同的硬度。摩斯没有量化这些关系，但创造了一个以 Mohs 名字命名的相对硬度量表。使用 10 种现成矿物，摩斯分别赋以整数值，从最软的矿物滑石 1 到最硬的矿物金刚石 10 的相对硬度(表 4-3)，这就是莫氏硬度计。

表 4-3　莫氏和努氏硬度量表

矿　物	相对硬度	绝对硬度	矿　物	相对硬度	绝对硬度
滑石	1	1	正长石	6	560
石膏	2	32	石英	7	820
方解石	3	135	黄玉	8	1 340
萤石	4	163	刚玉	9	1 800
磷灰石	5	430	金刚石	10	7 000

注：前者是相对硬度标度，后者是绝对硬度标度。

莫氏硬度值(H)高的矿物可划伤莫氏硬度值低的矿物。这是一种相对硬度标度而不是线性硬度标度，因此金刚石(H=10)的硬度不是磷灰石(H=5)硬度的 2 倍，也不是滑石(H=1)硬度的 10 倍。简单的划痕试验可用于确定任何其他矿物的莫氏硬度，其中一种矿物的表面被另一种矿物的尖头在施加一定压力的情况下划伤。

用一套压痕工具或矿物在莫氏尺度上相对任何矿物的莫氏硬度都能迅速测定。例如，一种矿物，如角闪石可以划伤磷灰石但被正长石划伤，则其莫氏硬度值介于 5～6。通常用于近似硬度测定的工具包括指甲钉(H=2.5)、硬币(H=3+)、钢钉或刀片(H=5～5.5)和玻璃板(H=5.5)。硬度≤3 的矿物被认为是软矿物，硬度为 3～5.5 的矿物被认为具有中等硬度，硬矿物的硬度大于 5.5。在许多情况下，只要知道矿物硬度的近似值就足以确定该矿物的种类。例如，萤石通常是紫色的、半透明的和玻璃状的，还有一种叫作紫水晶的石英。石英是一种坚硬的矿物(H=7)，而萤石是一种中间矿物(H=4)，因而使用钉子、刀片或玻璃板进行划痕测试就可以迅速区分这两种矿物。对矿物表面的耐磨性，有更多的定量测量方法。

是什么原因导致不同矿物的硬度有差异？矿物被划伤或被研磨，就会产生细粉末，这意味着矿物中许多将原子连接在一起的键被破坏了。硬度首先取决于键的强度，其次取决于键在晶体结构中的密度。化学键越强、数量越多，矿物就越硬。钻石的特点是排列紧密，化学键非常牢固，是已知最硬的矿物。滑石粉的某些区域含有少量非常弱的键，这有助于解释为什么它"对婴儿的皮肤来说足够柔软"，常被用于化妆品中。

2. 密度、比重及重量

密度是物质单位体积的质量，其大小是其质量除以体积，单位表示为千克每立方米(kg/m³)；对矿物而言，更常用的单位是克每立方厘米(g/cm³)。矿物的密度与每单位体积的原子数(称为堆积指数)和它们的原子质量数成正比。密度非常高的矿物,如天然金(Au),往往具有原子间距非常紧密的晶体结构,具有很高的原子质量数(Au=197)。密度极低的矿物,如冰(H_2O),往往具有原子间距大(每单位体积原子数少)和低原子质量数(H=1,O=16)的晶体结构。

比重(SG),亦称相对密度,是指在标准温度和压力下,物质的密度与纯水的密度之比(3.9℃,1个大气压)。纯水在标准温度和压力下的密度为 $1.0g/cm^3$,因而矿物的比重具有与其密度相同的数值,但无量纲。一个例子可以说明这一点。硫化铅(PbS)矿物方铅矿密度很大,由于它含有非常大的铅原子,其平均密度为 $7.5g/cm^3$。它的比重为 7.5,是由该矿物的密度($7.5g/cm^3$)和常温时纯水的密度($1.0g/cm^3$)之比得到的。

一种矿物或任何其他物质的重量就是它的总质量在重力作用下的加速度。例如,将一个物体放在秤上,它的质量在重力作用下向下加速,从而在秤上产生一个向下的力,这就是物体的重量。物体的总质量,单位为克(g)或千克(kg),是它所包含的所有原子的总质量。因此,物质的总质量与物质的密度乘以其体积成正比,即

$$m = \rho \cdot V$$

式中,m 表示物质的总质量,g;ρ 表示物质的密度,g/cm^3;V 表示物质的体积,cm^3。

3. 弹性与塑性

矿物受到外力作用,就会产生变形。矿物从变形开始到破裂,一般要经历两个阶段,即弹性变形阶段和塑性变形阶段。在弹性变形阶段,矿物的变形程度与所加的外力大小成正比,材料服从胡克定律。此时,外力的作用改变了矿物原子间的距离而不破坏原子间的联系,弹性变形基本不改变矿物的性能。显然,当外力撤去后,变形消失,矿物恢复原状,矿物的残余变形为零,这就是矿物的弹性。超过弹性变形阶段后,矿物的变形和外力之间不再服从胡克定律,矿物仍保留一定量的变形不能恢复而会永久地保留下来,这部分变形就是塑性变形。在此过程中,外力不但改变了原子间距,而且破坏了原子间原来的联系并建立了新的联系,此时矿物的力学性能和物理性能亦随之发生变化。由此可以看出,所谓矿物的塑性,是指矿物在外力作用下能连续产生塑性变形而不破裂的能力。通常认为,矿物在出现破裂迹象之前,所能承受的塑性变形越大,其塑性就越好。如自然金属矿物就具有很强的可塑性,它可以锤打成薄片甚至拉成细丝,体现出良好的延展性。如果矿物受外力作用时未产生或只产生极小的塑性变形而发生破裂,则认为该矿物是脆性的。由于大多数矿物是脆性的,因此矿物的塑性是矿物鉴定特别有用的一个指标。

4. 生长面与破裂面

所有的矿物均有外表,这些表面环绕着矿物标本,并将其与周围环境隔离开来。当矿物停止生长时,就会形成生长表面。岩石从母岩中断开,则会形成断裂表面。

晶面通常是较为平坦的、由矿物生长产生的几何表面。矿物晶体在生长过程中,原子会按照该矿物的晶格结构进行排列。当矿物停止生长时,其形成的结构会受到生长表面的限制。存在晶面时,它们呈现了矿物内部晶体结构在外部所显露出来的特征。许多博物馆中陈列的美丽晶体,展示了矿物生长表面对其内部晶体结构几何特征的具体表现(图 4-2)。

图 4-2 (a)自形的方解石；(b)半自形的锂辉石；(c)他形的蒙脱石

被晶面完全包裹的矿物晶体称为自形晶。在允许其被相对平坦的几何形状的晶面完全包裹的条件下，自形晶形成。仅部分被晶面包裹的矿物晶体称为半自形晶。在允许其仅部分被相对平坦的晶面所包围的条件下，半自形晶形成。没有受到任何表层结构覆盖的矿物晶体称为"无表层结构"的，并记录了不允许出现表层结构生长的条件。哪些因素决定了矿物是否会受到表层结构覆盖？在很多情况下，新生成的结构是在已有表层基础上开始生长的。这时候，新生成结构一侧将反映出原有表层特征而非本身内部结构。当填充一个受限空间时，该空间外观将影响最终产物外观而非内部几何特性。在液态环境中开始生长并可在各个方向进行无约束增长，则会导致完全覆盖上表层。然而，大部分矿物标本都是从它们所在的岩石中断裂而来的。断裂的矿物会形成各种断裂面，包括解理面、断口和部分解理面。

5. 解理面

一些矿物沿着平坦、平面、反光的表面断裂，会形成解理面。这些解理面与晶体结构中存在的弱平面有关，矿物倾向于沿这些平面断裂。新鲜的解理面具有一系列特征：①平坦的表面；②强烈反射光线；③重复出现的平行平面。这种类型的解理面可能出现在矿物标本两侧，也可能出现在矿物标本一侧较小的平行表面上，类似于门廊上的台阶。对后一种情况，旋转标本在光线下观察，可以看到所有台阶同时反射光线。矿物晶体单侧或双侧所有平行解理面都具有相同取向，它们共同构成一组解理方向或方位角。有多个解理方向或取向的矿物，解理面间具有特定角度，即解理夹角。

矿物为何会出现解理？这是因为晶体结构中存在重复出现的弱键合面，导致解理的形成。一组解理反映了晶体结构中存在一套或一组弱面的方向。矿物结构中弱键合面的数量或方向决定了解理的数量或方向。此外，解理面之间的交角对应于晶体结构中弱键合面之间的角度。如果矿物晶体结构中没有平行排列的弱面，则不会产生解理。晶体解理会形成具有可预测和可重复形状的小型矿物碎片，这些碎片反映了晶体结构中弱面的相对取向。矿物可以有单组、双组、三组、四组或六组解理(图 4-3)。与所有晶体学平面一样，解理面也可用米勒指数来象征性地表示。

具有单一晶体结构平面且总键合强度较低的矿物，如云母族矿物，在这些平面上容易发生反复断裂，因而表现出单一的解理方向。斜方辉石等辉石矿物具有两组相互垂直(90°)的解理面，角闪石矿物则具有两组相互交角为 57°和 123°的解理面，而其他矿物则可能具有三组或多组解理面。例如，立方解理是由三组弱平面相互垂直形成的，其典型代表是石盐和黄铁矿；菱形解理不同于立方解理，它由非垂直排列的解理面构成，其典型代表是方解石和白云石；而萤石则展现四组解理面(8 个)，最多可达到六组(12 个)，如黄铁锰矿。

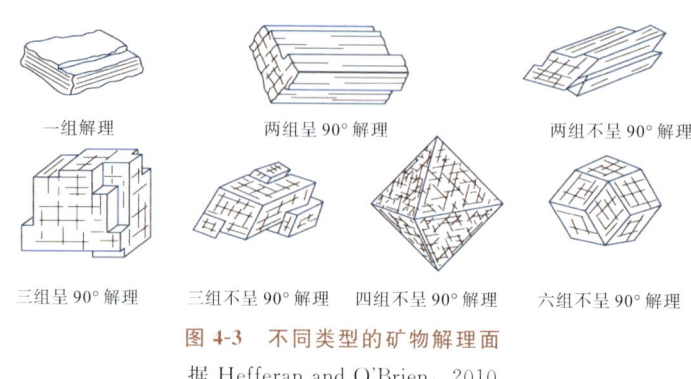

一组解理　　　　　　两组呈 90° 解理　　　　　　两组不呈 90° 解理

三组呈 90° 解理　　三组不呈 90° 解理　　四组不呈 90° 解理　　六组不呈 90° 解理

图 4-3　不同类型的矿物解理面

据 Hefferan and O'Brien，2010

　　矿物的解理是单晶体的特性。在晶体集合体中，矿物的典型解理往往会被掩盖。含水硫酸钙矿物石膏有 3 种变体。比如，石膏内部晶体结构具有一组较弱平面，因此呈现明显的解理方向。雪花石膏由大晶体组成，在纯雪花石膏中通常很容易辨认出单个大晶体极好的解理方向。然而，当以多个不同取向形成多晶集合时，则需要仔细观察每个单晶体才能确定其解理方向。一种称为萨丁石的变体由许多非常细长、平行生长形成过程中产生的针状晶体组成，由于其为薄片集合而无法从宏观上识别其解理特点。

6. 裂理面

　　矿物标本发生破碎后，会呈现出非平整、反射性较弱、不平行的断裂面，称为断裂面。一般有以下 4 种类型的断裂：贝壳状断裂、不规则断裂、劈裂断裂和锯齿状断裂(图 4-4)。这些断裂面可能完全包围矿物标本，也可能与解理面同时存在。需要注意的是，两组平整的平面无法封闭成一个立体，因此，具有少于 3 组或 3 种解理面的破碎矿物标本总会有其相应的断裂面(以及/或晶体表面)。例如，正长石具有两组相互垂直的解理面，其余部分则呈现出不规则形态。

(a)　　　　　(b)　　　　　(c)　　　　　(d)

图 4-4　矿物上的裂纹

(a)蛋白石的贝壳状裂纹；(b)石膏的碎片状裂纹；(c)原生铜的锯齿状裂纹；
(d)不均匀或不规则的石膏裂纹

　　贝壳状断口表面光滑、弯曲，在矿物和岩石中均可能出现。例如，常见矿物如石英、玉髓、欧泊和石榴子石等，由于发育解理，通常呈现贝壳状断口。贝壳状断裂通常出现在各个方向总结合强度相似的材料中，是玻璃(如火山岩黑曜岩)和精细结晶岩石(如燧石和燧石)的典型特征。这些材料显然缺乏长程有序结构，因而无法产生平面弱点和解理所必需的条件。若光滑弯曲的贝壳状断裂表面相互交汇，可能形成非常锋利的边缘或尖点。具有贝壳状断裂特征的坚硬地球物质在工业化社会之前被用于制作刮擦器、刀片和箭头。

在矿物标本中，最常见的断裂类型是非均匀或不规则断裂（第一种断裂模式）。正如其断裂名称所暗示的，这些断裂表面以一种相当非描述性的方式呈现出不均匀或不规则的形态。单个矿物晶体沿着没有晶体结构中缺陷平面的方向发生断裂，会形成一些不规则的断裂（第二种断裂模式）。然而，在许多情况下，非均匀或不规则断裂是在细粒、随机取向的矿物集合体（如大理石、石膏或粒状橄榄石标本）中形成的。第三种断裂模式表现为纤维状集合体的特征。许多矿物会生长并形成由众多细薄、平行、针状或丝状晶体组成的集合体。这些纤维状集合体发生断裂，倾向于沿着纤维分离，产生碎裂的断裂模式。该断裂典型的例子包括具有碎裂断裂模式的纤维状石膏、纤维状蛇纹石和角闪石（俗称石棉）。还有一些矿物，特别是可塑性高的自然金属，会以不规则、锋利的方式断裂，形成具有锯齿状特征的断裂表面。

7. 部分裂理面

一些矿物在与应力或孪晶有关的平坦表面上发生断裂。矿物在由应力形成的薄弱面或孪晶形成的平面上发生断裂，产生的表面称为部分裂理面。部分裂理面不属于解理面，因为它们并非由矿物本身结构固有的弱面所控制。相反，当矿物的结构因孪晶或在初始形成后的应力作用下发生变化时，就会产生薄弱面。例如，石榴子石虽然不具有解理面，但受压时通常会在平坦表面上断裂，而受压的刚玉晶体亦显示出与解理无关的明确分界面。

8. 条纹

一些矿物，如斜长石、黄铁矿和方解石，会呈现平行的线性特征，称为条纹，即在矿物表面呈现类似于雕刻的脊或槽。在黄铁矿中，条纹是由立方体晶体面上的黄铁矿晶体面的交会形成的。在方解石和斜长石中，条纹是由晶体学孪生形成的。这些条纹对区分斜长石和钾长石具有重要意义。鉴于长石在地球地壳中丰富程度最高，并且其比例对火成岩分类至关重要（见岩浆岩部分），因此这种区别显得尤为重要。

9. 味道、感觉和嗅觉

部分矿物还具有一些其他物理特性，在矿物鉴定中可能非常重要。某些矿物具有特殊的味道，比如石盐呈现咸味，光卤石带有苦味，硼酸则散发出甜碱性的气息。滑石、石墨和钼矿石等柔软矿物具有油腻感，这是由于其弱的范德华键结构，使得这些矿物可以被分解成类似灰尘的柔软碎片。用手指摩擦样品，这些碎片会在表面产生润滑效果。原生硫（S）以及许多硫化矿物，如黄铁矿（FeS_2）和闪锌矿（ZnS），碾碎时会释放硫黄气味。含砷矿物，如黄铁矿（FeAsS）和雄黄（AsS），有类似大蒜的气味。

部分碳酸盐矿物，如方解石、文石、白云石和玫瑰石，具有起泡性质。在其样品上滴上稀释的盐酸（HCl），样品会通过释放二氧化碳（CO_2）气体而产生气泡。其他碳酸盐矿物，如石灰岩，只有在样品被粉碎或者加入盐酸并受到加热以促进二氧化碳气体释放的化学反应时才会起泡。

其他矿物特性，如熔点和结晶温度、溶解度和热导率这里不做详述，可参阅矿物学等专业文献。

(二)光学和电磁性

许多矿物的特性源于其与光线的相互作用。光线是人类眼睛能够感知的电磁光谱中的一部分。人类可见光只是总电磁波谱中的一部分，仅限于波长在700nm(紫色)至300nm(红色)之间的电磁辐射。如以下几种光：矿物表面或内部反射光线，整体或部分透射光线，完全或选择性吸收光线并散射、分散或重新发射光线。专业晶体光学与光性矿物学文献将深入探讨矿物与光以及其他电磁波段之间复杂的相互作用方式，主要涉及矿物学与光学显微镜的使用等。

1. 透明度

矿物标本的透明度取决于光线在其内部的透射量(图4-5)。无法透射光线的矿物标本被视为不透明，光线照射这些矿物，不会发生透射现象。相反，即使是薄薄的矿物标本，光线也可能会被反射、吸收或同时发生这两种现象。真正不透明的矿物通常呈现深灰色至黑色条纹，即使将其细磨至足够薄亦无法透光。

图 4-5　矿物的透明度

(a)不透明的方铅矿；(b)半透明的钾长石；(c)中等透明的方解石；(d)透明的水晶

能够透射相当一部分入射光的矿物标本，称为透明矿物。这类标本足以透射足够的光线，从而使图像得以穿过。因此，透明矿物与具有高度透明度、能清晰传播图像的玻璃窗类似。矿物标本是否具有透明性可能取决于它的厚度，较薄的标本通常比较厚的标本更透明，因为它们散射和吸收的光线较少。宏观上呈现半透明状的矿物通常带有白色条纹。可以部分传播光线但不足以传播图像的矿物标本，属于半透明矿物。材料的透明度与其表面光泽密切相关，相关内容可参阅矿物材料专业文献。大部分矿物标本呈半透明状，通常具有白色或彩色条纹。确定标本的透明度，一种方法是将其举到光线下观察标本最薄的边缘，以判断其透光量的大小；一种方法是通过矿物的条纹和光泽来测试其透明度。

2. 光泽

矿物的光泽，是指矿物表面对可见光的反射能力。由于光泽涉及外观，因此属于一种相当主观的性质。我们所感知的矿物样品的光泽主要取决于矿物表面反射、表面和内部散射以及矿物吸收的光量。图4-6反映了不同光泽与这3种主要变量的联系。

光泽通常可分为金属光泽和非金属光泽(图4-6)。许多矿物的光泽类似于金属的明亮光泽，如刚抛光的银、黄铜或铬。通常将有光泽且不透明的材料视为具有金属光泽(图4-7)。金属光泽是矿物反射和/或再辐射大量微弱散射、相干光并吸收其余光线的结果，因而呈现明亮但不透明(或接近不透明)的特性。由此，它们往往带有灰色或黑色条纹。黄铁矿、磁铁矿和辉铜矿都是具有金属光泽矿物的典型例子，它们都不透明并带有灰色或黑色条纹。但是，磁黄铁矿和黄铜矿则呈现出亚金属性质，通常是由更大量的散射以及部分透明导致的。

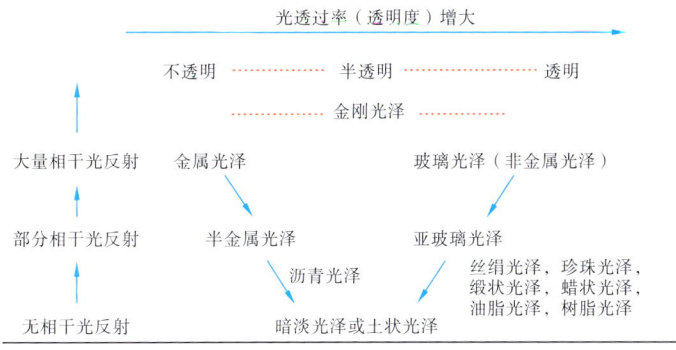

图 4-6 光透过率(透明度)和光反射/再反射与光泽之间的关系
从左至右光透过率逐渐增大，从下往上光反射率逐渐增大

图 4-7 矿物光泽
(a)金属黄铁矿；(b)亚金属方铅矿；(c)暗淡的磁黄铁矿

　　一些带有灰色至黑色条纹的不透明矿物标本几乎不反射或反射很少有规律的光线，故看起来呈暗淡或土质光泽。这些矿物标本通常是细粒的聚集体，它们会散射光线，而非在特定方向上反射有规律的光线。其他几乎不透明的矿物，如钛铁矿，则反射出极其明亮且有规律的光线，呈现一种异常耀眼的品质，称为金刚光泽。

　　大多数矿物都具有透射光线的特性，因此呈现非金属光泽(图 4-8)。这些矿物通常呈现白色或彩色条纹而非灰色或黑色条纹。它们能够从透明或半透明的背景中反射光线，类似于镜面或玻璃。这种类型的光泽称为玻璃光泽。常见具有玻璃光泽的矿物包括石英、方解石和萤石。部分透明至半透明矿物，如黄铁矿，在反射的亮眼闪耀表面形成了闪耀光泽。许多宝石级别的标本，如钻石、祖母绿、红宝石和蓝宝石等，均具备闪耀光泽，从而在视觉上吸引人注目。而一些透亮度较高的标本因不会产生连续且统一的反射效果，故呈现暗淡或土质光泽。

　　还存在多种不同类型的亚玻璃光泽，通常是由矿物表面的散射光或内部散射产生的，比玻璃和金刚石光泽略暗。丝绢光泽是具纤维状结构的矿物的特征，这些矿物由平行纤维组成，以类似于丝绸的方式反射光线。蜡质和树脂状光泽非常相似，具有与地板蜡、树胶或琥珀相仿但略暗的外观。油腻、珍珠般和丝滑般的亚玻璃光泽略显暗淡，类似于油脂、珍珠和丝绸之间明显的区别。实际上，多数情况下并不需要对各种亚玻璃做详细区分。

图 4-8　非金属矿物的不同光泽
(a)玻璃光泽的重晶石；(b)丝绸光泽的锂云母；(c)油脂光泽的石英；
(d)珍珠光泽的滑石；(e)蜡状蛋白石；(f)暗淡光泽的高岭土

3. 条痕

条痕，是指矿物粉末的颜色。矿物粉末通常通过在无釉瓷盘上摩擦一种称为条痕板的工具来获得，只有稍软的矿物划过盘子时才会留下粉末。硬的矿物不会在盘子上留下粉末，但可通过其他方式研磨成粉末。矿物粉末板对识别硬度低的矿物非常有用，尤其是那些能产生特征颜色粉末的矿物。矿物粉末的颜色主要由矿物粉末吸收的光波长来决定。因此，矿物的条痕是一个相对稳定且通常具有判断意义的特性。白色条痕表示该类矿物能够吸收所有波长的光线。不透明材质会吸收所有波长的光线而呈现灰至黑色条痕。一些特定类型的矿物会选择性地吸收某些波长的光线、传输其他波长的光线，呈现非白或灰至黑色条痕。赤铁矿具有特征性的暗红色条痕，除了红光谱中的一个狭窄波段，几乎吸收了光谱中所有波长的光线。它呈现近乎不透明的特性，其典型的砖红色条痕有时还伴有深灰色条痕。同样，蓝铜矿因其能透射蓝色光波而吸收红光和黄光部分，具有独特的蓝色条痕；与之相关的孔雀石，因其能透射蓝色和黄光(即蓝色＋黄色＝绿色)而吸收可见光谱中的红端，因而具有绿色条痕。

4. 颜色

光线与矿物的化学和结构成分相互作用，会产生反射、吸收、透射、折射、散射以及色散等现象。因此，矿物的颜色是由多种因素相互作用综合影响的结果。在天然固体中，化学杂质和结构不规则性(即缺陷)对相互作用产生了显著影响。具有相对恒定颜色的矿物称为同色性矿物，它们是"纯自然颜色"。同色性矿物具有基本相同的颜色，不受任何杂质和缺陷的影响。颜色可作为同色性矿物的鉴别特征。同色性矿物有始终呈蓝色的青蓝石、始终呈黄色的硫黄以及始终呈灰色的铅矿等。

部分矿物具有颜色变化的特点。不同标本甚至在同一标本中也会发生变化的矿物称为异色性矿物，其颜色强烈地受杂质和/或缺陷影响，不同的标本具有不同的颜色。石英是一个很好的异色性矿物的例子，它拥有多个品种：无色水晶、乳白石英、粉红玫瑰石英、深棕色烟晶石、黄玉、蓝至绿欧泊以及紫水晶。许多其他类似方解石等亦属异色性矿物。

如果所有天然固体都含有化学杂质和/或晶体结构缺陷，那么为何一些矿物呈单色而另一些矿物呈多色呢？若某种矿物在纯净状态下具有鲜明的颜色，它将是单色的。即使允许少量化学杂质和/或晶体缺陷存在于矿物中，但这并不足以显著影响其颜色。若一种矿物在纯状态下是无色的，少量的杂质和缺陷会导致矿物吸收光线并传输或反射出特定波长的光，从而呈现特定的颜色，表现出异色性。利用杂质的知识，可向玻璃中添加适量的杂质，从而赋予原本无色的材料以颜色，相关内容可参阅 Wenk and Bulakh(2004)以及 Zoltai and Stoudt(1984)的相关文献。

5. 冷发光

许多矿物受到外部能量源的激发会产生荧光或发出光，在黑暗环境中其观察效果最佳，此时矿物呈现类似于自发光的效果。某些短波辐射(如 γ 射线、X 射线和紫外线)作用于矿物会产生荧光。电子被能量源暂时激发，会产生荧光。若在激发状态下它们回到原来的能量状态或基态，会释放热量和可见光。矿物的发光类型已在表 4-4 中做了总结。

表 4-4　矿物呈现的 3 种主要发光类型

发光类型	描　述
磷光	材料不再受入射辐射后所产生的可见光。用于能在黑暗中发光的矿物上，该类矿物移除光源后能继续发光
热释光	材料加热到 $50 \sim 475℃$ 时发出的可见光
摩擦发光	材料因应力作用摩擦或压碎试样，从而发出的可见光

6. 磁性及电学性质

所有矿物在一定程度上都存在磁性，即对外部磁场存在响应。矿物的磁性主要分为 3 类，如表 4-5 所示。顺磁性和铁磁性矿物能够在外部磁场作用下实现平行磁化，这是岩石被带入一个外部环境中并受到其影响而发生变化的主要原因之一。最具有强大吸引力的铁类氧化物包括 Fe_3O_4(磁铁矿)和 FeS_2(黄铁矿)。如果将 Fe_3O_4 置于较强外部电场中，它会变得像一个小型电源，产生在特有方向上极端高度集中且持续不断地释放出来的磁性。矿物具有多种电学性质。热电效应是其中之一，即温度升高时，电流从晶体的一端流向另一端。压电效应与之相似，但它是在矿物的一端施加压力或应力产生的。这两种性质都是非对称矿物的特征：晶体一端与另一端不同，使晶体产生了电位差。利用宏观性质的组合，大多数矿物都可以在一定程度上被准确识别。

表 4-5　不同矿物的磁性特征

磁性类型	描　述
弱磁性矿物	即使是非常强大的磁铁也不会被吸引
顺磁性矿物	被强磁体弱吸引，在外部磁场中磁化，外部磁场移除时便失去磁化
铁磁性-亚铁磁性矿物	即使是弱磁体也会强烈吸引并可以长时间保持磁化

第三节　矿物的化学分类

大多数矿物的形成和生长，可以用阳离子和阴离子之间的吸引力、带不满足负电荷的配位多面体的形成以及附加离子的吸引力来模拟，直到生长条件不复存在。从主要阴离子和阴离子基团和/或与各种阳离子结合的自由基的角度来观察矿物是有用的，这些阳离子在矿物的形成和生长过程中有效地中和了它们的电荷。对矿物进行分组或分类，一种常用方法是根据矿物结构中的主要阴离子基团来进行分组或分类。

前面讨论过的含有 SiO_4 硅氧四面体的矿物是硅酸盐矿物，它是迄今为止地球岩石圈中地壳和上地幔中最常见的矿物。那些不含硅氧四面体的矿物是非硅酸盐矿物，可根据其主要阴离子进一步细分。表 4-6 根据主要阴离子基团分类体系总结了常见的矿物类群，包括自然元素矿物、卤化物、硫化物、砷化物、氧化物、金属氢氧化物、碳酸盐矿物、硫酸盐矿物和硅酸盐矿物等。其中，O 和 Si 是地球大陆、洋壳和地幔中最丰富的两种元素。在地壳和上地幔相对低压的条件下，最丰富的造岩矿物是硅酸盐矿物。Si 和 O 结合在一起形成以硅氧四面体为特征的硅酸盐矿物，在这里被用来展示配位多面体是如何连接在一起产生更大的结构的，这些结构具有所有矿物长程有序特征的潜力。

表 4-6　主要矿物分类

矿物群	主要阴离子团	矿物群	主要阴离子团
自然元素	无	硝酸酯类	$(NO_3)^-$
卤化物	F^-，Cl^-，Br^-	硼酸酯类	$(BO_3)^{3-}$ 及 $(BO_4)^{5-}$
硫化物	S^{2-}，S^{4-}	硫酸盐类	$(SO_4)^{2-}$
砷化物	As^{2-}，As^{3-}	磷酸盐类	$(PO_4)^{3-}$
硫化物	As^{2-} 或 As^{3-} 及 S^{2-} 或 S^{4-}	铬酸盐类	$(CrO_4)^{5-}$
硒化物	Se^{2-}	砷酸盐类	$(AsO_4)^{3-}$
碲化物	Te^{2-}	钒酸盐类	$(VO_4)^{3-}$
氧化物	O^{2-}	钼酸盐类	$(MO_4)^{2-}$
金属氢氧化物	$(OH)^-$	钨酸盐类	$(WO_4)^{2-}$
碳酸盐类	$(CO_3)^{2-}$	硅酸盐类	$(SiO_4)^{4-}$

一、自然元素形成的矿物

由单一元素组成的矿物称为自然元素矿物或天然元素矿物。该组矿物还包括几种由 2 种或 2 种以上密切相关的元素组成的矿物，这些元素具有非常相似的化学特性。只有不到 20 种元素处于原生状态。大多数自然元素矿物相当罕见，许多都是随着精密仪器的出现才被发现的，它们加起来还不到地壳重量的 0.000 02%（Wenk and Bulakh，2004）。自然元素矿物根据其化学行为，可分为金属元素、半金属元素和非金属元素矿物 3 类。

1. 金属元素矿物

自然金属矿物是由金属元素组成的。所有自然金属都在等距体系中结晶，几乎都具有立方晶格立方紧密堆积的特征。因此，类似金属(如 Au 和 Ag，Fe 和 Ni)的替代固溶体常见。自然金属可细分为金类、铂类和铁类三大类。这些族类是根据金属元素的化学性质来区分的。

金族金属包括 Au、Ag 和 Cu。优异的金属结合使这些矿物柔软、延展性好，是优良的热导体和导电体。金族金属的金属结合使其不透明，具有金属光泽，易断裂，熔点低。高原子质量数和立方最密充填产生高比重的矿物。金族的成员与 Hg、Pb 和 Pd 等元素在晶体学和化学性质上非常相似，很容易相互替代。

铂族金属包括几种稀有但价值高的矿物，包括 Pt、Pd、Ir 和 Os。这些金属的固溶体常见。铂族金属的化学键比金族金属的化学键少，因而通常比金族金属硬度高、熔点高。铂族金属是优良的热导体和导电体，不透明，具有金属光泽和高比重，是许多化学过程的重要催化剂。

铁族金属包括由 Fe 和(或)Ni 组成的矿物。天然铁稀少，但富铁铁矿和富镍铁陨石两种铁镍矿物是富铁陨石的重要组成部分。

代表性矿物自然金(图 4-9)，化学组成 Au，等轴晶系，铜型结构(图 4-10)，常呈不规则显微粒状。自然金中常含 Ag、Cu、Fe、Pt、Pd、Ir、Bi 等元素。由于 Au 和 Ag 的原子半径相近、晶体结构类型相同、地球化学性质相似，可以形成完全类质同象体。如果其中 Ag<15%，称之为自然金；含 16%～50% 的 Ag，称之为银金矿。Cu 的原子半径小，在高温时可以与 Au 或 Ag 形成类质同象，从而形成互化物 CuAu。

图 4-9　自然金
中国地质大学逸夫博物馆藏

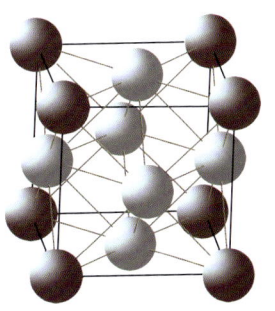

图 4-10　自然金铜型结构
结构数据参照 Swanson
and Tatge，1953

2. 半金属元素矿物

自然半金属矿物是由 As、Sb 等半金属元素组成的。因为它们具有金属共价过渡键，所以很脆，其导热和导电性能比自然金属差得多。这种更有方向性的键类型导致其对称性较低，因而大多数半金属在六方体系中结晶。

代表性矿物自然硒，化学组成 Se，常含微量 S，三方晶系，链状分子结构，铅灰色，红色条痕，金属光泽，不透明，具完全解理，硬度 2.25～3.0，相对密度 4.8，具挠性，主要是硒化物的风化产物，常与褐铁矿共生。

3. 非金属元素矿物

自然非金属矿物是由非金属元素组成的，主要是 S 和 C。自然硫是由火山喷发的气体升华和盐丘盖层中硫酸盐矿物的细菌还原形成的。S 中的一些原子通过共价键结合在一起，而一些原子则通过范德华键结合在一起，这是 S 具有半透明、脆性和低硬度的原因。

钻石是地球上最坚硬的矿物，它的立方最紧密堆积结构中存在短而强的共价键，故将原子紧紧地结合在一起(图 4-11)。同样是 C 元素组成的矿物，石墨却非常柔软，因为它的一些原子是由范德华键结合在一起的。这些化学键中的游离电子会与光发生相互作用，这是石墨具有不透明性和亚金属性的原因。金刚石是在地幔深处形成的高压多晶，而石墨是在近地表条件下形成的低压多晶。

许多自然元素矿物具有重要的经济价值。它们是黄金、白金、铱和锇等的主要来源，也是石墨和钻石等碳矿物的主要来源。

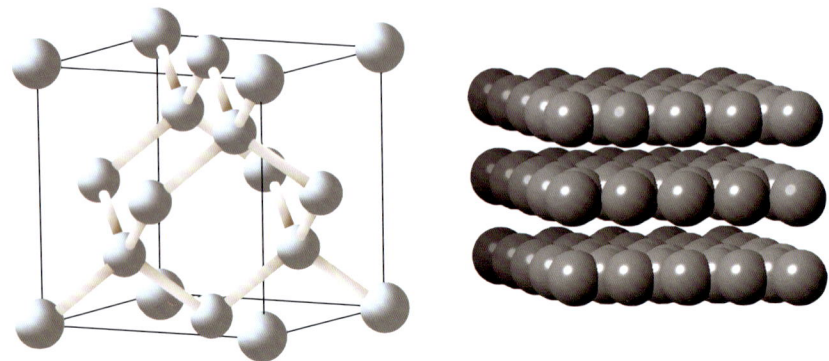

图 4-11　钻石和石墨结构

二、金属互化物形成的矿物

金属互化物(intermetallic compound)矿物是由 2 种或 2 种以上金属或半金属元素通过金属键，以一定比例和各自占据一定结构位置而形成的自然合金类矿物，包括硅化物、碳化物、氮化物等矿物。自然界已发现的本大类矿物不到 20 种，同质多象变体较常见，多出现在地外天体和地幔岩石中，是重要的宇宙矿物和地幔矿物，对天体物质及其运动、地球的壳幔相互作用研究有重要意义。组成金属互化物矿物的元素，包括：①金属元素，主要有 Fe、Co、Ni、W、Mn、Cr、V、Ti 等，少见 Pd 和 Ir 等。②半金属元素及非金属元素，主要有 C、Si、N 等，与金属形成碳化物和硅化物。由于类型相同且半径相近，金属元素间的类质同象十分普遍。

本大类矿物中的元素是以金属键结合在一起的，其中的 Si、C 等在晶体结构中被当作金属原子对待，其化合价是零价。本大类矿物的晶体结构与金属元素矿物一样，是以等大球紧密堆积原理为基本特征的。它们的 3 种紧密堆积方式分别是立方面心结构、六方最紧密堆积结构及立方体心结构，有填隙型和复杂化合物型之分。填隙型，是指结构在整体上仍保持金属单质或合金的框架，而 C、Si 等原子仅充填在该框架的空隙中，往往具有较高的对称性。当金属原子半径<0.131nm 时，其原子半径与 C 原子半径大小比起来并不大，C 原子在晶体结构中已无法充当填充八面体空隙的角色，从而形成较为复杂的晶体结构，如碳硅石(SiC)的四面体配位型层状结构、陨碳铁矿(FeC)的架状结构等。

金属互化物矿物通常表现出金属键＋共价键的多键型特征，同质多象较常见，如 $FeSi_2$ 的同质二象。金属互化物矿物的对称性较自然金属矿物要低，多为三方晶系和斜方晶系，少数为六方晶系和等轴晶系。金属互化物矿物在物理性质上一般呈现金属特性，如金属色、金属光泽、不透明、低硬度(Os、Ir 例外)、无解理、大密度、导热性等。金属互化物矿物是在高温高压条件下形成的，主要产于陨石和月岩中，部分来自地幔岩或超基性岩、铬铁矿床和铜镍硫化物矿床中。根据金属互化物的化学特征，可将其分为硅化物、碳化物等。

1. 硅化物

本类矿物由 Si 与 Fe、Ti、Ni 等元素构成，目前已发现的矿物有古北矿（gubeiite，FeSi）、喜峰矿（xifengite，$FeSi_3$）、罗布莎矿（luobushaite，$FeSi_2$）、硅三铁矿（suessite，FeSi）、硅三铁镍矿[hapkeite，(Fe,Ni)Si]和藏布矿（zangboite，$TiFeSi_2$）。

代表性矿物之一罗布莎矿（luobushaite），化学组成为 $FeSi_2$。Fe 含量为 43.077% ～ 45.140%，Si 含量为 54.167%～56.465%。类似于人工合成物 β-$FeSi_2$；晶体结构为斜方晶系。Fe 和 Si 原子在 *b-c* 面方向呈互层状分布，Si 堆积层较紧密，而 Fe 堆积层存在孔隙（图 4-12），板状，集合体呈包体赋存于铬铁矿中；钢灰色，黑色条痕，金属光泽，不透明。硬度 7，计算密度 $4.55g/cm^3$，无解理，脆性，贝壳状断口。反光镜下呈白色，无双反射，无反射多色性，无内反射，具强非均质性；由我国学者白文吉等（2006）发现于西藏罗布莎地幔岩相中的豆荚状铬铁矿床中，与自然硅和其他类型的FeSi合金密切伴生，属于古洋壳和大洋地幔成因。

2. 碳化物

地球上已发现的金属碳化物有 9 种，包括陨碳铁矿（cohenite，Fe_3C）、桐柏矿（tongbaite，

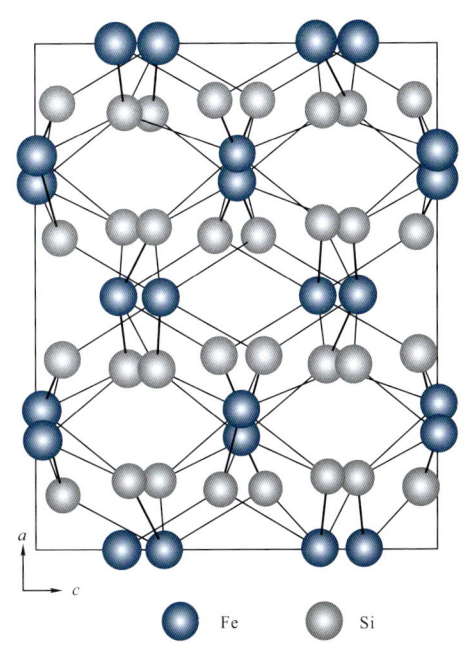

图 4-12 罗布莎矿晶体结构
参照李胜荣等，2008；据李国武实测，2007

CrC_2）、碳硅石（moissanite，SiC）、曲松矿（qusongite，WC）、雅鲁矿[yarlongite，(Cr,Fe,Ni)C]、碳铁矿[haxonite，(Fe,Ni)$_2$C]、碳铁铬矿[isovite，(C,Fe)$_2$C]、碳钛矿（khamrabaevite，TiC）和钽碳矿（tantalcarbide，TaC）。

碳化物矿物的产状以陨石为主，产自地球的金属碳化物矿物与其伴生矿物无共结晶关系，也有来自超基性岩、铜镍矿床及河流冲积物的。对西藏罗布莎铬铁矿中金属碳化物的研究表明，它们均以包体形式赋存于铬铁矿中。在金属学中，金属碳化物归为填隙化合物类。

代表性矿物之一桐柏矿（tongbaite），化学组成为 CrC_2。Cr 含量为 86.33%，C 含量为 7.23%，Ni 含量为 4.12%，Fe 含量为 1.40%，含少量 Cr、Mn、Zn 等；斜方晶系，原子 Cr 与 C 呈非等大球紧密堆积，C 原子与最近邻的 6 个 Cr 原子配位，呈三方柱配位多面体，三方柱之间以共棱和共面方式连接。板状晶体，浅棕黄色，暗灰色条痕，金属光泽，不透明，硬度 8.5，计算密度 $6.65g/cm^3$，无解理，脆性，贝壳状断口。反光镜下呈浅黄色，双反射和反射多色性清楚，具非均质性。它是我国在 1983 年发现的新矿物，首先发现于河南桐柏县柳庄超基性岩中，近年来在西藏罗布莎地幔岩相中的豆荚状铬铁矿床中亦有发现，与其他种类的碳化物合金矿物密切共生，属于地幔成因。

三、硫化物形成的矿物

硫化矿物是由金属和半金属元素与硫化离子(S^{2-})结合而成。一个典型的例子是黄铁矿(FeS_2)。与硫化矿物密切相关的还有砷化物(As^{2-})、硒化物(Se^{2-})和碲化物(Te^{2-})，其中的一种元素代替了S。已报道了近500种硫化矿物及其相关矿物（Wenk and Bulach，2004），这里只讨论一些常见且/或具有经济价值的例子。这些矿物具有多种不同的晶体结构，这是由其离子/原子半径以及从离子-金属到金属-金属的多种键合类型所决定的。大多数硫化物在立方、四方或六方晶系中结晶，反映了它们的晶格具有高度对称性。

硫化物及其相关矿物的结合机制多种多样，导致其特性千差万别。许多含有显著金属键成分的硫化物具有金属光泽、独特的颜色和特征条纹，呈现不透明性。不透明矿物通常具有极高的折射率，在薄边缘处才能透光。大多数硫化物相对柔软，表现出良好的电导率，反映其中含有金属成分。

硫化物及其相关矿物是众多重要金属元素的主要来源，包括Cu（黄铜矿，$CuFeS_2$；辉铜矿，$CuFeS_4$）、Pb（方铅矿，PbS）、Zn（闪锌矿，ZnS）、Ag（辉银矿，AgS）、Ni（镍绿，NiAsS）、Co（钴华，CoAsS）、Mo（辉钼矿，MoS_2）和Hg（辰砂，HgS）。

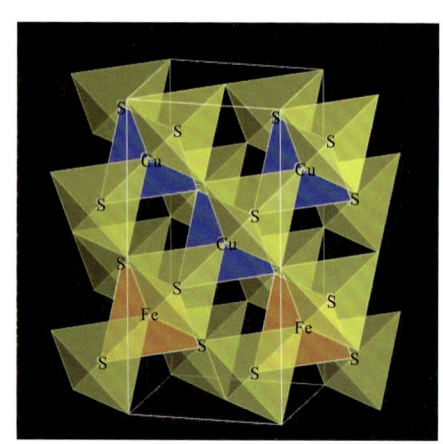

图4-13　黄铜矿晶体结构

参考Wyckoff，1969

代表性矿物之一黄铜矿（$CuFeS_2$），Cu含量为34.56%，Fe含量为30.52%，S含量为34.92%。常含贵金属元素、半金属元素和分散元素。形成温度低于200℃时，其成分与理想化学式一致；形成温度高于200℃时，可作为黄铜矿的温度标型；四方晶系（图4-13），闪锌矿型结构的衍生结构，单晶呈四方四面体习性。通常为致密块状或分散粒状集合体，深黄铜色，常见暗黄或斑状锖色，绿黑色条痕，金属光泽，不透明，解理不完全，硬度3～4，相对密度4.1～4.3，性脆，能导电；产于铜镍硫化物矿床、矽卡岩型矿床和中温热液矿床中。在地表易氧化而成孔雀石、蓝铜矿，在次生富集带可蚀变为斑铜矿、辉铜矿和铜蓝；与黄铁矿相似，但颜色更黄，硬度较低，以其绿黑色条痕、脆性及溶于硝酸而易与自然金区分，是主要矿石矿物。

其他代表性矿物，包括：①岛状硫化物：黄铁矿、白铁矿、辉砷矿、毒砂。②环状硫化物：雄黄。③链状硫化物：辉锑矿、辉铋矿、辰砂和脆硫锑铅矿。④层状硫化物：辉钼矿、铜蓝、雌黄。⑤架状硫化物：辉银矿、黝铜矿。⑥配位型硫化物：方铅矿、闪锌矿、黄铜矿、斑铜矿、黄铁矿、磁黄铁矿、辉铜矿和硫锑银矿。

四、氧化物形成的矿物

氧化物矿物含有金属或准金属离子与氧阴离子(O^{2-})，以离子键结合，具有多种对称性良好、紧密堆积的结构。因此，大多数氧化物矿物都表现出较高的硬度和致密性并具有相对较高的熔点，在等轴、四角形或六边形系统中结晶。氧化物矿物可分为简单氧化物和复杂氧化物两类。简单氧化物只包含一种金属与氧离子的结合，而复杂氧化物则涉及 2 种或多种金属与氧离子的结合。简单氧化物可进一步细分为：①赤铜矿组（X_2O）；②钙钛矿组（XO）；③钛铁矿组（XO_2）；④刚玉组（X_2O_3）。其中，X 代表该类矿中所含的单一金属离子。复杂氧化物包括钛铁矿组（XYO_2）、钙钛矿组（XYO_3）和尖晶石族群（XY_2O_4）。

氧化物在地球上普遍分布且储量丰富，通常富集于具有经济价值的矿床中，包括富含铁矿的沉积岩和变质沉积岩中开采的赤铁矿（Fe_2O_3）和磁铁矿（Fe_3O_4）。其他氧化物类矿物还包括具有经济价值的锰矿（褐锰矿，MnO_2）、铜矿（赤铜酸盐型，Cu_2O）、钛工业品位钛原料、锡产出地以及铬资源。

代表性氧化物之一金红石（rutile，TiO_2），Ti 含量为 60%，O 含量为 40%，常含有 Fe^{2+}、Fe^{3+}、Nb^{5+}、Ta^{5+}、Sn^{4+} 等类质同象混入物。富含 Fe 的黑色变种称为铁金红石，$Fe^{2+}+2Nb^{5+}$（Ta^{5+}）可与 $3Ti^{4+}$ 成异价类质同象置换；Nb 含量大于 Ta 含量时，称为铌铁金红石；Ta 含量大于 Nb 含量时，称为钽铁金红石。一般碱性岩中金红石富含 Nb，基性岩和火成碳酸盐中金红石含 V，伟晶岩和热液脉中金红石含 Sn，而月岩中的金红石则富含 Nb 和 Cr。四方晶系，金红石型结构（图 4-14）。物理性质：常见褐红、暗红色，条痕浅褐色，金刚光泽，微透明，硬度 $6\sim6.5$，解理平行中等，性脆，相对密度 $4.2\sim4.3$。铁金红石和铌铁金红石均呈黑色，不透明，铁金红石相对密度 4.4，而铌铁金红石可达 5.6。常与钛铁矿、磁铁矿、透辉石、玩火辉石和石榴石共生于变质岩中，还见于岩浆岩、伟晶岩、高温热液石英脉及砂矿中。

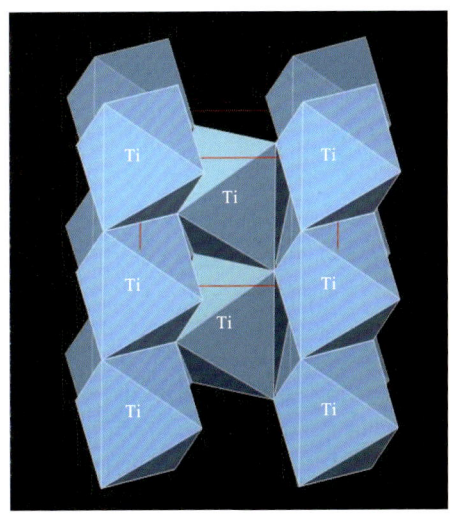

图 4-14　金红石晶体结构

每 1 个 Ti（"A"）原子由 6 个 O（"X"）原子以八面体方式配位。这种结构可用共享棱边的八面体的形式来理解，沿着晶体学 Z 轴方向排列成链状，相邻链的八面体共享顶点。

参照 Wyckoff，1969

钙钛矿（perovskite，$CaTiO_3$），CaO 含量为 41.24%，TiO_2 含量为 58.76%，类质同象混入元素可有 Na、K、Ce、Fe、Nb、Ta、Nd、La 等。900℃ 以上温度条件下生成者为等轴晶系，架状结构。600℃ 以下温度条件下生成者为斜方晶系，富 Ce 和 Nb 者常呈八面体，在立方体晶面上常具平行晶棱的条纹，系高温变体转变为低温变体时产生聚片双晶的结果；褐至灰黑色，条痕白至灰黄色，金刚光泽。硬度 $5.5\sim6$，解理不完全，参差状断口，相对密度 $3.97\sim4.04$（含 Ce 和 Nb 者较大）。主要见于辉石岩和碱性辉石岩中，与钛磁铁矿共生，亦见于矽卡岩和片岩中。富集时可作为提炼钛、稀土和铌的矿物原料。

其他代表性氧化物矿物，包括：①岛状氧化物矿物：砷华。②链状氧化物矿物：

金红石、锡石、软锰矿、斯石英、黑钨矿、铌钽铁矿、锑华。③架状氧化物：石英、β-石英、蛋白石、赤铜矿、易解石。④配位型氧化物矿物：刚玉、赤铁矿、尖晶石。⑤磁铁矿铬铁矿：金绿宝石、晶质铀矿等。

五、氢氧化物形成的矿物

氢氧化物矿物是金属元素与氢氧根离子（OH^-）的结合体。许多氢氧化物矿物中含有氧气，它是重要的组成部分。相对于氧化物，氢氧化物矿物更为柔软且密度较小。一般情况下，氢氧化物形成的矿物是在地表附近条件下由其他矿物风化和蚀变形成的。

重要的氢氧化物矿物主要属于铝土矿矿物群，是铝矿的主要来源，其中包括勃姆石（$AlOOH$）、水铝石（$AlOOH$）和一水软铝石[$Al(OH)_3$]。这些氢氧化物矿物形成于强烈风化的含铝岩石中，在热带环境中生成。另一个重要的氢氧化物是含 Fe 的针铁矿[$FeO(OH)$]，它是红土土壤和沼铁矿沉积中重要的铁源。褐铁酸盐是一种细粒或非晶态结构的混合型、软质、典型呈锈黄至黄褐色颜色的氢氧化物和水合氢氧化物，与针铁相似。其他重要的氢氧化物还包括锰酸盐类：水锰酸盐[$Mn(OH)_2$]、软锰酸盐[$MnMnO_2(OH)_2$]和罗曼矿（$BaMnMn_9O_{20} \cdot 3H_2O$）。

代表性矿物之一硬水铝石[diaspore，α-$AlO(OH)$]，Al_2O_3 含量为 85%，H_2O 含量为 15%，常含 Fe、Mn、Cr 等混入物。斜方晶系、链状结构（硬水铝石型）。

其他代表性氢氧化物矿物，有：①链状氢氧化物矿物，包括针铁矿、水锰矿、硬锰矿；②层状氢氧化物矿物，包括水镁石、三水铝石等。

六、含氧盐形成的矿物

含氧盐是金属阳离子与各种形式的含氧酸根络阴离子结合形成的化合物。含氧盐矿物中最主要的络阴离子基本单位主要有正三角形、正四面体、四方四面体等形状，具有比氧化物、硫化物、卤化物等简单化合物中的 O^{2-}、S^{2-}、C^- 等阴离子大得多的离子半径。络阴离子中心的阳离子半径较小、电荷较高，与其配位 O^{2-} 结合的价键力（即中心阳离子电价/配位氧离子数）共价键性较强，不易破坏。络阴离子的 O^{2-} 与外部阳离子主要以离子键结合，是决定矿物基本性质的内因。因此，含氧盐矿物具有离子晶格的特征，通常呈玻璃光泽，少数呈金刚或半金属光泽，不导电，难导热，无水者硬度和熔点较高，一般不溶于水。

以络阴离子种类为依据，可将含氧盐矿物分为硅酸盐、碳酸盐、硫酸盐、磷酸盐、砷酸盐、钒酸盐、钨酸盐、钼酸盐、铬酸盐、硼酸盐及硝酸盐等矿物类。其中，硅酸盐矿物是整个矿物系统中种类最多、分布最广的一类矿物。其他含氧盐以碳酸盐、硫酸盐和磷酸盐类矿物分布最广。

（一）硅酸盐矿物

由于硅酸盐矿物广泛存在，已成为迄今为止地球上最重要的造岩矿物群。因此，每一位地球科学家都需要对硅酸盐矿物有深入了解。硅酸盐矿物的共同特征，在于其结构中存在着由硅（Si^{4+}）和氧（O^{2-}）组成的硅氧四面体（SiO_4）$^{4-}$。硅酸盐矿物可根据硅氧四面体相互连接的程度和在晶体结构中通过共享氧离子连接的方式进行细分。由于 O 和 Si 是地球地壳和地幔中最丰富的两种元素，O 和 Si 的克拉克值分别为 46.6% 和

27.72%，因此硅酸盐矿物极为丰富且分布广泛，在已发现的约 3 500 种矿物中占比超过 92%，约占岩石圈总质量的 85%，是地球上三大岩类，即岩浆岩、沉积岩和变质岩在内的主要造岩矿物。

硅酸盐矿物的总体特征：硅酸盐矿物的阴离子主要为 $[SiO_4]$ 四面体及其以不同形式连接而成的各种络阴离子。一些硅酸盐矿物中还出现 O^{2-}、OH^-、F^-、Cl^- 以及 S^{2-}、CO_3^{2-}、SO_4^{2-}、PO_4^{3-} 等附加阴离子。本类矿物的阳离子主要为惰性气体型离子（Si^{4+}、Al^{3+}、K^+、Na^+、Ca^{2+}、Mg^{2+} 等）和部分过渡型离子（Fe^{2+}、Fe^{3+}、Mn^{2+}、Cr^{3+}、Ti^{4+} 等）。极少数硅酸盐，如异极矿（$Zn_4[Si_2O_7](OH)_2 \cdot H_2O$）、硅孔雀石 $[(Cu，Al)_4H_4[Si_4O_{10}](OH)_8 \cdot nH_2O]$，含铜型离子。硅酸盐中除有结构水 OH（即附加阴离子）外，还可以有结构水 $(H_3O)^+$ 及中性水 H_2O。H_2O 分子主要见于层状硅酸盐矿物如蒙脱石、埃洛石、海泡石中（层间水）及架状硅酸盐矿物如沸石中，只在少数硅酸盐中才以结晶水的形式存在，起着填充空隙或水化阳离子的作用。$(H_3O)^+$ 只在某些层状硅酸盐中少量存在，且易转变为 $H^+ + H_2O$。从硅酸盐的化学成分来看，其组成元素不多，但为何其矿物种类如此众多呢？原因主要是，其基本构造单位 $[SiO_4]$ 四面体既可以孤立地被其他阳离子包围起来（$[SiO_4]$ 四面体的 4 个氧都是"活性氧"或"自由氧"），亦可彼此以共用角顶的方式相连接（被共用的氧称为"桥氧"或"惰性氧"），形成多种形式的复杂络阴离子。由于 $[SiO_4]$ 四面体内 Si—O 键强远大于 O 与其他阳离子的键强，这些硅酸根络阴离子在硅酸盐矿物中起着骨架作用，因而称为硅氧骨架。硅氧骨架形式多样，不仅导致硅酸盐矿物种类繁多，而且是制约硅酸盐矿物形态、物理与化学性质及成因等各种内外属性的结构要素。

根据硅氧四面体的连接方式和硅氧骨干类型与特点，其基本形态类型可分为以下 5 种。

1. 岛状硅酸盐矿物

岛状硅酸盐矿物，其特点是结构中存在孤立的硅氧四面体，这些四面体在结构中没有通过共享氧离子与其他硅氧四面体相连，如图 4-15 所示。这种矿物中四面体位点的硅离子（Si^{4+}）与氧离子（O^{2-}）的比例为 1∶4。这一比例在岛状硅酸盐矿物的化学式中得到了反映，其化学式中总是含有 SiO_4^{4-} 成分，这意味着存在孤立的四面体。

典型代表性矿物之一橄榄石族是最丰富的地幔矿物群，化学式为 $(Mg，Fe)_2SiO_4$。该化学式表明，这是一种岛状硅酸盐（SiO_4），其中硅氧四面体是孤立的，通过 O 与不同的多面体元素相连。在这种情况下，这些多面体是含有镁（Mg^{2+}）和/或铁离子（Fe^{2+}）的六面体元素，这些离子能电中和硅氧四面体成分。橄榄石是由 Fe 和 Mg 相互取代的完全固溶体系列中的两种端元矿物组成。镁橄榄石是富含 Mg 的端元矿物，而铁橄榄石是富含 Fe 的端元矿物。

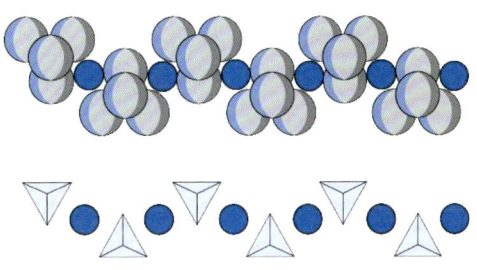

图 4-15 岛状硅酸盐矿物基本结构组成

孤立的四面体与其他结构中的多面体元素连接。

据 Hefferan and O'Brien，2010

第二类重要矿物群是石榴子石群，它广泛分布于变质岩和岩浆岩中。由于多种替代作用，石榴子石群矿物具有可变的化学成分，其通用化学式为 $A_3B_2(SiO_4)_3$。其中，A 表示结构位点上的阳离子，配位时与多种 +2 价阳离子(如 Fe^{2+}、Ca^{2+}、Mg^{2+} 和 Mn^{2+} 等)发生作用。B 代表阳离子的结构位，即一个八面体位。在该位置上，氧原子与小型 +3 价阳离子有 6 倍的配位可能性，包括 Al^{3+}、Fe^{3+} 或 Cr^{3+} 等。然而，无论哪种情况都清楚地表明石榴子石属于类硅酸盐，并具有 3 个主要多面体或结构位点，适合嵌入半径合适的阳离子。表 4-7 列出了主要端元名称以及由特定端元成分主导的石榴子石分类情况。

表 4-7　石榴子石主要组成分类及化学式

种　　类	化学式	常见产出情况
铁铝榴石	$Fe_3Al_2(SiO_4)_3$	富含泥质变质岩，包括片岩、片麻岩和麻粒岩；出现在一些富 Al 伟晶岩中
钙铁榴石	$Ca_3Fe_2(SiO_4)_3$	区域变质碳酸盐岩和矽卡岩中
钙铝榴石	$Ca_3Al_2(SiO_4)_3$	区域变质碳酸盐岩和矽卡岩中
镁铝榴石	$Mg_3Al_2(SiO_4)_3$	在超基性岩中，包括地幔橄榄岩和金伯利岩
锰铝榴石	$Mn_3Al_2(SiO_4)_3$	矽卡岩中更稀有的矿物
钙铬榴石	$Ca_3Cr_2(SiO_4)_3$	富 Cr 超基性岩中的稀有矿物

铝硅酸盐矿物是第三类重要的硅酸盐矿物。这一类矿物主要存在于变质岩中常见的多型体中，尤其是由变质作用形成的片岩组合。铝硅酸盐($AlAlOSiO_4$)存在 3 种同质异构体，分别为低压同质异构体红柱石(andalusite)、高压同质异构体透闪石(kyanite)和高温同质异构体赛兰石(sillimanite)。

其他几种岛状硅酸盐，包括绿泥石、十字石、黄玉、榍石和锆石，是重要的造岩矿物或具有重要经济价值的矿物。

岛状硅酸盐代表性矿物之一橄榄石$((Mg，Fe)_2[SiO_4])$，成分中 Mg 和 Fe 呈完全类质同象，还可有 Fe^{3+}、Mn、Ca、Ti、Ni 等次要的类质同象组分。镁橄榄石端元 MgO 含量为 57.29%，SiO_2 含量为 42.71%。铁橄榄石端元 FeO 含量为 70.51%，SiO_2 含量为 29.49%；晶体结构为斜方晶系，单岛状结构(图 4-16)，O^{2-} 近似六方最紧密堆积，Si^{4+} 充填其 1/8 的四面体空隙，Mg^{2+} 和 Fe^{2+} 充填其 1/2 的八面体空隙；其中，镁橄榄石$(Mg_2[SiO_4])$、铁橄榄石$(Fe_2[SiO_4])$ 都呈柱状或厚板状。常见他形粒状集合体或呈散粒状分布于其他矿物中。物理性质：镁橄榄石呈淡黄、淡绿色，铁橄榄石呈绿色、墨绿色，通常呈橄榄绿色，且随 Fe^{2+} 含量增高而颜色加深；玻璃光泽，透明至半透明，硬度 6.5～7，解理中等，常见贝壳状断口。相对密度 3.27～4.37，且随 Fe^{2+} 含量同步增大。产于富镁铁贫硅的基性岩、超基性岩等地幔岩和石陨石、富镁矽卡岩中。镁橄榄石不与石英共生，铁橄榄石可见于黑曜岩、流纹岩等酸性及碱性火山岩中。受热液作用易蚀变成滑石、蛇纹石。鉴定特征是橄榄绿色、粒状、解理差、贝壳状断口。主要用途：镁橄榄石可作耐火材料，透明且晶粒粗大(>8mm)者可作宝石原料。

岛状硅酸盐代表性矿物之一锆石$(Zr[SiO_4])$，ZrO 含量为 67.22%，SiO_2 含量为

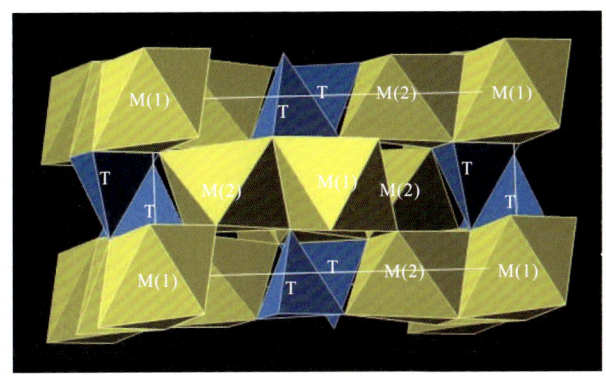

图 4-16 镁橄榄石晶体结构

该结构由氧离子的准六方密堆积排列组成，M(1)和 M(2)阳离子位于八面体间隙中，Si 位于四面体间隙中。多面体表示法由弯曲的 M(1)和 M(2)八面体链组成，通过共享边的 SiO_4 四面体相互连接。该结构与尖晶石结构(尖晶石结构基于立方密堆积排列的氧离子，具有八面体和四面体阳离子环境)有关。在尖晶石结构中，四面体不与八面体共享边。参照 Brown and Fyfe，1970

32.78％，常含 Hf、Th、U、Ti 等类质同象组分和水等混入物。锆石的 Hf 和 Y 含量及相关比值等具有重要的成因意义。从碱性岩－基性岩－中性岩－酸性岩－花岗伟晶岩的 w_{ZrO_2}/w_{H_2O} 比值从大于 60 逐渐降低，富 Hf 锆石是寻找 Nb 和 Ta 等稀有元素矿床的标志。由于锆石结晶时 Pb 很难进入其晶格而与 U 强烈分馏，加之在阴极射线下锆石增生环带清晰可见，使锆石成为微区 U-Pb 年龄精测和地质体演化研究的主要对象。晶体结构为四方晶系，单岛状结构，四方双锥状、柱状。可成膝状双晶。锆石形态是重要的成因标型：基性-中酸性岩浆岩中柱面发育而锥面不发育，长宽比约为 4～5，酸性花岗岩中柱面和锥面均发育并呈柱状，由老到新逐渐减小，偏碱性-碱性岩中呈锥状。物理性质：无色或黄、紫、蓝、绿、灰等色，玻璃至金刚光泽，断口油脂光泽，透明至半透明。硬度 7.5～8，不完全解理，不平坦或贝壳状断口，性脆，相对密度 4.4～4.8。鉴定特征：柱状、硬度大、金刚光泽。与金红石的区别是硬度较大，完全不溶于热磷酸(金红石粉末可溶，并有 Ti 的反应)；与锡石的区别是相对密度较小，在锌板上遇盐酸无反应(锡石反应可产生 Sn 膜)。

锆石作为副矿物出现在各类岩浆岩尤其是中酸性岩浆岩中，但在硅不饱和的碱性岩和基性-超基性岩中不常见。在伟晶岩中常与铌钽铁矿、褐钇铌矿、褐帘石、钍石、独居石等共生。在热液成因的钠沸石、碳酸盐、萤石脉及沉积岩和变质岩中亦较常见。由于锆石具有耐高温、抗强风化的特点，可以记录最原始的演化信息，因而锆石已成为地学研究中最重要的矿物之一，对揭示地球年代学、物源示踪、温压计算都有重要作用，已发展成一门重要学科分支——锆石学，具体可参阅 *Elements*、*AREPL* 等期刊综述。

主要用途：提取锆和铪的主要矿物原料，应用于工业及国防尖端技术部门，色泽绚丽透明无瑕者可作宝石，在陶瓷工业中作乳浊剂能提高釉面硬度、白度、抗弯强度，防止釉面龟裂。其他岛状硅酸盐矿物，包括石榴子石、红柱石、蓝晶石、黄玉、十字石、榍石、符山石、绿帘石等。

2. 环状硅酸盐矿物

多个硅氧四面体通过共享氧离子(O^{2-})而连接在一起，可能形成环状或链状硅氧四面体结构。在这两种情况下，每1个二氧化硅四面体通过与其他2个二氧化硅四面体共享其2个氧离子而相互连接。硅离子(Si^{4+})与氧离子(O^{2-})的比例均为1:3。在环状硅酸盐中，每1个硅氧四面体通过共享1个氧离子(O^{2-})与相邻的2个硅氧四面体相连，形成一个环状的结构单元。一般存在3种基本的环状结构，如图4-17所示。在某些矿物中，3个硅氧四面体通过共享氧离子而形成一个三角形环状结构，其化学式为Si_3O_9，就像稀有的环状硅酸盐矿物硅酸钡钛矿(benitoite)，其化学式为$BaTiSi_3O_9$。这表明，硅酸钡钛矿除了具有三角形环状结构(Si_3O_9)，还包含2个其他多面体结构：一个大的阳离子结构位点，主要被钡离子(Ba^{2+})占据；一个小的阳离子结构位点，主要被钛离子(Ti^{4+})占据。

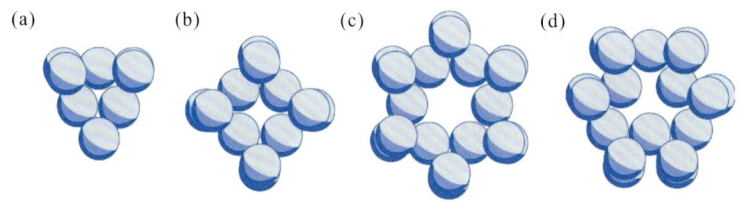

图4-17　硅酸盐三角形、四边形和六边形环状结构以及绿柱石的六边形网状特征

据 Hefferan and O'Brien，2010

在其他的硅酸盐中，4个硅氧四面体通过共享氧离子形成一个方形环状结构，这些环状结构的化学式为Si_4O_{12}，与稀有的环状硅酸盐矿物斧石相同，其化学式为(Ca，Fe，Mn)$_3$Al$_2$(BO$_3$)(Si$_4$O$_{12}$)(OH)。它有一个正方形环(Si_4O_{12})结构，有一个适合中等大小二价阳离子(如 Ca、Fe、Mn)的结构位点，还有一个通常被铝阳离子(Al^{3+})占据的小型阳离子的结构位点，硼酸根离子BO_3^{3-}和羟基离子OH^-占据了分子结构中环状结构的空间。

在常见的环状硅酸盐中，6个硅氧四面体通过共享氧离子形成六边形的环状元素。这些环状成分的化学式为Si_6O_{18}，与绿柱石相同，其化学式可写作$Be_3Al_2Si_6O_{18}$。类似于上述几个环状硅酸盐的例子，绿柱石具有3个主要多面体结构位点：①一个由Si^{4+}构成的六边形环(Si_6O_{18})占据的四面体位点；②一个由较小的铍离子(Be^{2+})占据的四面体点位；③一个由略大的铝离子(Al^{3+})占据的八面体位点。电气石和绿柱石是其常见具有六边形环结构的环状硅酸盐。

典型代表性矿物之一绿柱石(Beryl，$Be_3Al_2[Si_6O_{18}]$)，BeO 含量为13.96%，Al_2O_3 含量为18.97%，SiO_2 含量为67.07%。Na^+、K^+、Li^+、Cs^+、Rb^+ 等碱金属可进入结构通道，不成对代换骨干外阳离子，通道中还可有 He 及 H_2O 等分子。晶体结构：六方晶系，典型六方环状结构(图4-18)，长柱状，柱面常有纵纹，少见放射状集合体或不规则块体。物理性质：纯者无色，常见绿、黄绿(含 Fe^{3+} 及 Cl^-)、碧绿(含 Cr_2O_3)、蓝(含 Fe^{2+})、粉红(含 Cs)等色；玻璃光泽，透明至半透明，硬度7.5~8，不完全解理，相对密度2.6~2.9。主要产于花岗伟晶岩、云英岩及高温热液脉中。主要用途：Be 的重要矿石矿物，色泽美丽且透明无瑕者为高档宝石原料，深蓝色者称为海蓝宝石，碧绿苍翠者称为祖母绿，是一种极珍贵的宝石。

典型代表性矿物之一电气石[Na(Mg，Fe，Mn，Li，Al)$_3$Al$_6$[Si$_6$O$_{18}$][BO$_3$]$_3$(OH，F)$_4$]，晶体结构：三方晶系，复三方环状结构，柱状，两端晶面不对称。柱面常有纵纹，横断面呈球面三角形，集合体呈棒状、放射状、束针状、致密块状或隐晶质块状。物理性质：富 Fe 者黑色，富 Li、Mn 和 Cs者玫瑰色或淡蓝色，富 Mg 者多褐、黄色，富 Cr 者深绿色；玻璃光泽，硬度 7～7.5，无解理。相对密度 3.03～3.25，且随着 Fe、Mn 含量增加而增大。具压电性和热释电性。鉴定特征：

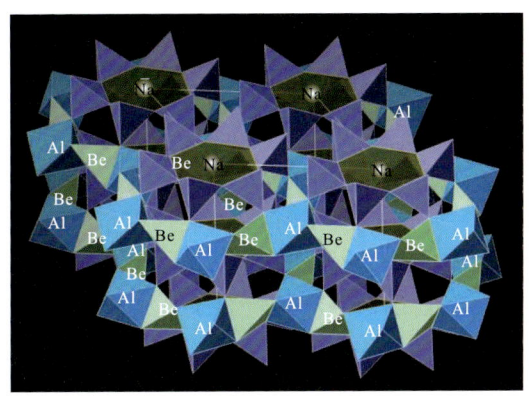

图 4-18 绿柱石晶体结构图

H$_2$O 和 Cs 被分配到同一个位点。Cs 由 12 个氧原子包围。它占据了一个有趣的"鼓"形位点，与其他 Cs位点共享面。Li 与 Na 结合在一起。参照 Hawthorne and Cerny，1977

柱状，柱面纵纹，球面三角形横断面，无解理，高硬度。成因产状：多产于花岗伟晶岩及气成热液矿床中，变质作用中亦有产出。因其压电性可用于无线电工业，其热释电性可用于红外探测、制冷业，色泽鲜艳清澈透明者可作宝石原料（如碧玺）。

其他环状硅酸盐矿物，包括堇青石等。

3. 链状硅酸盐矿物

硅酸盐的正式名称为硅氧四面体。其中，硅氧四面体通过共享氧离子而连接在一起，形成一维链状结构，其范围按照链状结构一直延伸。由于链状结构是从矿物晶体的一侧延伸至另一侧，故链状硅酸盐结构被归类为一维结构。存在许多不同类型的链状硅酸盐或链状结构，最常见的是单链和双链硅酸盐结构矿物。

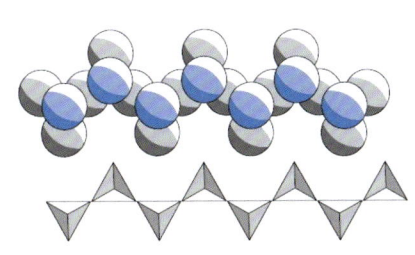

图 4-19 辉石的单链硅酸盐矿物结构
据 Hefferan and O'Brien，2010

（1）单链硅酸盐矿物：辉石族。在单链硅酸盐矿物中，每 1 个硅氧四面体通过共享氧离子与相邻的 2 个硅氧四面体相连。因此，类似于环状硅酸盐，Si/O 比值为 1：3。硅氧四面体可以多种方式连接成单链。辉石族中最常见的是以单链形式存在的辉石族。在该结构中，硅氧四面体沿着链轴交替排列在链的两侧（图 4-19），可将其视为由 2 个相互连接的硅氧四面体(Si$_2$O$_6$)构成的基本单元，在轴线两端、在链条

的轴线上无限次地重复出现。

这种结构在辉石族矿物的一般公式中得到了反映，其公式为 XY(Si$_2$O$_6$)。其中，(Si$_2$O$_6$)代表单链硅酸盐，而 X 和 Y 分别代表两个其他配位位点。在实际辉石中，X 表示过渡金属八面体-立方结构位点。它若含有较大的阳离子如 Ca^{2+} 和 Na$^+$，其结构会受到一定程度的扭曲，并具有部分性质类似于八面体位点；它若只含有较小的阳离子如Fe^{2+}、Mg^{2+} 和 Mn^{2+}，更像是六面体位点。Y 代表正常八面体结构位点上的较小阳离

子，如 Fe^{3+}、Al^{3+} 和 Ti^{4+} 以及 Fe^{2+}、Mg^{2+} 和 Mn^{2+}。因此，辉石族矿物的一般公式为 $(Ca^{2+},Na^{+},Fe^{3+},Al^{3+},Ti^{4+},Fe^{3+})(Si_{1.5}O_6)$，更简洁地可表达为 $XY(Si_{1.5}O_6)$。如 X 和 Y 配位位置中元素组合所示，在电荷和原子半径相似的元素之间存在普遍的置换现象。实际上，添加到矿物中去形成固溶团块或微量杂质还取决于该环境条件下所处的状态。在辉石族矿物中，四面体在链轴上的分布方式不同，占据类似位置的四面体之间的重复距离较大，如钙黄长石（$Ca_3Si_3O_9$）中的重复距离是每 3 个四面体。它们的化学式可以体现其结构特点。

典型代表性矿物之一普通辉石（$Ca(Mg,Fe^{2+},Fe^{3+},Ti,Al)[(Si,Al)_2O_6]$），$Al^{3+}$ 代替 Si^{4+} 的量多超过 5%，有时可达 $1/8\sim1/2$，Ti^{4+} 和 Fe^{3+} 亦可代替 Si^{4+}，次要成分有 Ti、Na、Cr、Ni、Mn 等。TiO_2 含量一般为 3%~5%，有的高达 8.97%，称其为钛辉石。晶体结构为单斜晶系，二重单链状结构。形态有：短柱状、粒状，横断面近正八边形，常成简单双晶（图 4-40）和聚片双晶。

图 4-20　苏格兰北部橄榄辉石岩中的辉石具扇状双晶结构

朱韧之于 2023 年采样，在西北大学地质学系显微镜下拍摄

物理性质：灰褐、绿黑色，无色至浅褐色条痕。硬度 5.5~6。完全解理，夹角 87°，可裂开，相对密度 3.23~3.52。产于基性侵入岩和喷出岩中，与橄榄石、斜长石共生。在变质岩和接触交代岩中亦常见，常被蚀变为韭闪石、绿帘石、绿泥石等。鉴定特征：绿黑色，短柱状，解理。不同类型辉石可以记录地壳、地幔演化的关键信息，比如用作计算平衡熔体、温压计和氧逸度计等。

其他代表性矿物有斜方辉石、单斜辉石、硬玉、锂辉石、霓石、硅灰石、蔷薇辉石等。

（2）双链硅酸盐矿物。角闪石族。角闪石类矿物是构成岩石的重要组成部分，几乎占地球地壳矿物的 75%，广泛存在于地球岩石圈三大岩——岩浆岩、变质岩和沉积岩中。在双链硅酸盐中，2 条单链通过共享的氧离子相互连接形成双链。通常 Si/O 比值为 4:11（1:2.75）。在闪石族中，双链硅酸盐矿物中最常见的基本结构单元是由 8 个相互连接的硅氧四面体组成，每个双链轴的两侧各有 4 个，并沿着链轴重复排列以形成长程双链（图 4-21），基本结构单元化学式为 Si_8O_{22}。然而，在双链结构中，许多氧原子并未与其他硅氧四面体相连，因此它们带有未满足的电荷，需要通过与其他阳离子形成键合来实现电荷平衡。这一点在角闪石矿物群的简化通用公式中得到了体现，其公式为 $X_2Y_5(Si_8O_{22})(OH)_2$。式中，(Si_8O_{22}) 表示角闪石矿物群中的双链硅酸盐；X 和 Y 则分别代表两种额外的结构位点或配位多面体；$(OH)_2$ 表示在结构中除了氧离子（O^{2-}），还存在氢氧根离子（OH^-），这表明角闪石族矿物是含水硅酸盐。X 结构位点通常含有较大的阳离子，如 Fe^{3+}、Ca^{2+} 和 Na^+，以及 Fe^{2+}、Mg^{2+} 和 Mn^{2+}。Y 结构位点是八面体位点，含有较小的阳离子，如 Fe^{2+}、Mg^{2+}、Mn^{2+} 和 Al^{3+}。与辉石和其他许多硅酸盐一样，其化学式以不同的方式表达，用来强调其矿物结构和化学性质。含有三链和四链的矿物确实存在，但不常见。与其他硅酸盐矿物类似，链状硅酸盐将硅氧四面体连接成一维结构，并在链轴方向上延伸(图4-21)。

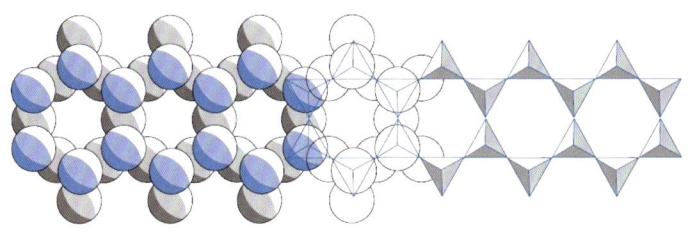

图 4-21　角闪石族双链硅酸盐矿物结构

据 Hefferan and O'Brien，2010

代表性矿物之一普通角闪石[amphibole，$NaCa_2(Mg，Fe)_4(Al，Fe^{3+})[(Si，Al)_4O_{11}]_2(OH)_2$]，4 类阳离子均出现广泛的类质同象替代，铝以 Al^{IV} 和 Al^{VI} 这两种方式存在，K 含量可超过 Na 含量，一般 TiO_2 含量为 $0.1\%\sim1.25\%$。晶体结构：单斜晶系，二重双链状结构，柱状，横断面为假六边形，接触双晶，常成细柱状、纤维状集合体。物理性质：深绿-黑绿色，无色或白色条痕，玻璃光泽，硬度 $5\sim6$，完全解理，两组解理夹角为 $124°$ 或 $56°$(图4-22)，有时可见沿解理面裂开，系由聚片双晶所致，相对密度 $3.1\sim3.3$。成因产状：为各种中性、中酸性侵入岩和角闪岩、角闪片岩、角闪片麻岩等变质岩的主要组成矿物。基性喷出岩中富含 Fe_2O_3 和 TiO_2 的变种，称为玄武角闪石。有时依辉石成假象，称为假象纤闪石。以 $124°$ 或 $56°$

图 4-22　中国青藏高原东南缘云南独龙江岩体花岗闪长岩中的角闪石双晶

解理夹角、菱形或近菱形断面可与普通辉石相区别。

其他代表性矿物有直闪石、镁铁闪石、透闪石(阳起石)、蓝闪石、钠闪石、矽线石等。

4. 层状硅酸盐矿物

当多条硅氧四面体链通过共享氧离子的方向与链轴形成一个较大角度时，这些链会结合形成一个由连接硅氧四面体组成的二维层状结构，并在两个方向上延伸。这种二维层状结构是层状硅酸盐矿物的特征(图4-23)。这类矿物通常称为层状硅酸盐，其Si/O比值

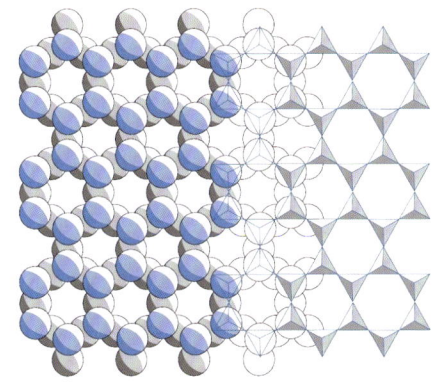

图 4-23　层状矿物二维席状结构

据 Hefferan and O'Brien，2010

为 2 : 5 或 4 : 10。由于铝离子（Al^{3+}）在硅氧四面体中以有限且经常变化的量取代硅离子（Si^{4+}），形成少量铝四面体，其化学式往往较为复杂。由于每 4 个氧离子中有 1 个未与其他硅氧四面体相连，因此每 4 个氧离子中必有 1 个与其他阳离子结合以达到电中性。通常这些阳离子存在于八面体位点，它们以某种方式与相连的四面体层交替出现。最常见的两种八面体位点是含有镁离子（Mg^{2+}）结合的氧离子（O^{2-}）、羟基离子（OH^-），以及含有铝离子（Al^{3+}）亦与氧和羟基离子结合。镁八面体称为水镁石，以矿物水镁石[$Mg(OH)_2$]命名，Al 经常部分取代镁八面体位点中的 Mg，成为水铝石。常见的层状硅酸盐矿物群包括蛇纹石、滑石、绿泥石、云母和黏土等，此外还有鱼眼石、葡萄石和黑硬绿泥石等中常见的硅酸盐矿物。

（1）蛇纹石。蛇纹石矿物（图 4-24）由交替排列的四面体层（Si_2O_5）$^{2-}$ 和八面体层组成，从而形成一种基本的双层结构。其化学式（Mg，Fe）$_3Si_2O_5(OH)_4$ 反映了蛇纹石矿物典型的双层结构。

（2）绿泥石。绿泥石族具有额外的水合氧化镁层，其基本结构为 4 层，并在其化学式（Mg，Fe）$_3(OH)_6\cdot$（Mg，Fe，Al）$_3$（Si，Al）$_4O_{10}(OH)_2$

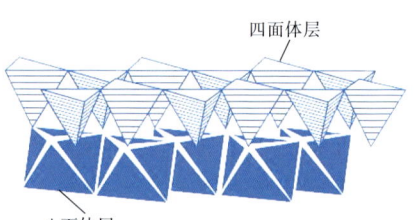

四面体层

八面体层

图 4-24　蛇纹石层状结构

据 Hefferan and O'Brien，2010

中得到反映。化学式中的（Mg，Fe）$_3(OH)_6$ 代表额外的水合氧化镁层。

（3）云母族。云母类矿物分布很广泛，几乎无所不在。这些矿物是岩浆岩和变质岩中重要的造岩矿物，在沉积岩中亦并非罕见。云母属于 3 层层状硅酸盐矿物，其中每 1 个四面体层中的硅原子都被 1 个铝离子（Al^{3+}）所取代，其化学式为（$AlSi_3O_{10}$）。黑云母[K（Mg，Fe）$_3$（$AlSi_3O_{10}$）（$OH)_2$]和金云母[K（Mg）$_3$（$AlSi_3O_{10}$）（$OH)_2$]具有夹在 2 个四面体层之间的八面体，钾离子在基本结构单元之间的层间空间被弱固定。白云母[$KAl_3AlSi_3O_{10}(OH)_2$]（图 4-25）和锂云母[K（Li，Al）$_3AlSi_3O_{10}(OH，F)_2$]具有夹在 2 个四面体层之间的类似叶蜡石的八面体，钾离子位于基本结构单元之间的层间空间中。

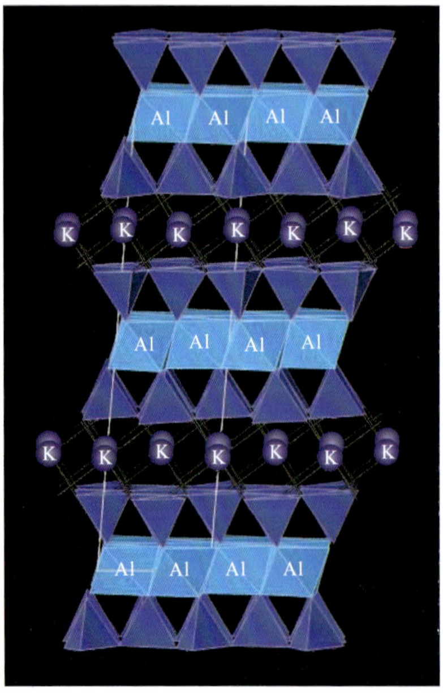

图 4-25　白云母晶体结构

白云母矿物 1/4 的四面体位点被 Al 随机占据，其余位置由 Si 填充，K 在层间占据很大的位置。晶体结构数据参照 Wyckoff，1969

（4）黏土族。黏土矿物通常以微小晶体（直径 < $4\mu m$）形式存在于土壤、沉积岩、低温热液和变质岩中，由铝硅酸盐矿物（如长石、云母和角闪石）在低温蚀变过程中形成。黏土矿物可分为两个结构组，包括具有蛇纹石型结构的高岭石（$Al_2Si_2O_5$）在内的钾长石组属于 2 层结构；而 3 层结构则包括滑石型结构的伊利石组，化学式为 $KAl_3AlSi_3O_{10}$

$(OH)_2$。蒙脱石族的化学式为$(Ca,Na)(Mg,Fe,Al)_3AlSi_3O_{10}(OH)_2 \cdot nH_2O$。

（二）架状硅酸盐矿物

架状硅酸盐矿物主要由硅氧四面体通过氧阴离子与相邻硅氧四面体连接形成三维架状结构，通常称为架状硅酸盐，其 Si/O 比值为 1∶2。除非在四面体位点中铝离子取代了部分硅离子，此时$(Si+Al)/O$比值为 1∶2。这是因为相邻的硅氧四面体共享 4 个氧阴离子(O^{2-})，因此每 1 个硅氧四面体拥有每 4 个氧阴离子的一半，使 Si/O 比值为 1∶(4×0.5)＝1∶2。

地球地壳中最丰富的两种架状硅酸盐矿物分别是纯二氧化硅族和铝硅酸盐长石族，其他重要的硅酸盐矿物包括：①Si 含量低、Al 含量高的似长石类；②Al 含量高的沸石类；③方柱石类。

1. 二氧化硅族

经典的架状硅酸盐矿物都是二氧化硅的多形体，都含有 SiO_2。这意味着，在纯态下，它们只由硅氧四面体通过共享氧阴离子连接在一起，形成三维结构。硅的同质异构体包括高压同质异构体柯石英（coesite）和斯石英（stishovite）、高温低压同质异构体三斜晶系石英（tridymite）和六方晶系石英（cristobalite），以及石英同质异构体 α-石英（α-quartz）和 β-石英（β-quartz）。

柯石英是 SiO_2 在压力超过 2GPa 时的稳定多形体，相当于埋深超过 60km。斯石英是硅石的一种超高压多形体，其中硅原子和氧原子以六重配位方式结合，在压力超过 7.5GPa 或深度超过约 250km 时才能保持稳定。这些高压架状矿物，如柯石英和斯石英，通常出现在陨石撞击和热核弹爆炸现场。斯石英是深部地幔重要的矿物组成。

鳞石英和方石英是在高温低压条件下硅酸盐的稳定多形体。尤其是在含有丰富硅酸盐的火山岩中，这两种多形体十分常见。在地球地壳中常见的温压条件下，石英是硅酸盐的稳定多形体。这种广泛的稳定性范围以及丰富的 Si 和 O 元素，有助于解释为何石英是普通岩浆岩、沉积岩和变质岩中常见的矿物成分。同时，α-石英通常是在正常地表温度和压力下稳定的石英形态。石英作为一种重要的经济矿物，被广泛用于玻璃、光纤制造以及芯片所需的硅原料制造中。

蛋白石是一种非晶质含水硅酸盐矿物。这种球体排列形成的结构可用作光的衍射光栅，产生类似于火欧泊的珠光特性。硅藻和放射虫等微生物外壳亦是构成硅质沉积物的重要组分，在海洋底部广泛分布。表 4-8 总结了硅酸盐矿物的多形体及蛋白石的主要性质。

通过硬度（H＝7）、玻璃光泽和油脂光泽、无解理、贝壳状断口和/或六方柱状晶体等特征，可轻松识别石英。作为一种典型的类色矿物，纯净状态下的石英是无色透明的，但含少量杂质或缺陷可能导致颜色发生显著变化。石英极为常见，依据主要颜色都有其相应的名称，这些品种及其成因以及常见分布情况已总结在表 4-9 中。

微晶至隐晶质石英在沉积岩中十分常见。燧石组成员为微晶石英晶体的集合体，若晶体大小不完全相同，则形态较规则。该组成员硬度较高（H＝7），无可见晶体，表面光滑且具良好贝壳状断口。玉髓组成员以微小放射状硅结构束为特征，通常水合。性质与燧石类似，但通常略透明，并呈蜡或树脂光泽而非暗淡光泽。主要品种有灰色玉髓、红玉髓、黄玉和绿玉髓。带纹理品种称为玛瑙（同心环带）或黑玛瑙（非同心环带）。

表 4-8　硅酸盐(SiO₂)矿物主要种类及其特征

硅酸盐矿物种类	晶体结构	硬　度	比重	常见产出情况
α-石英	六方-三方晶系；棱柱形晶体	7.0	2.6	在相对较低温度和压力下稳定；广泛分布于岩浆岩、变质岩和沉积岩中
β-石英	六方晶系	7.0	2.5	在较高温度和相对较低压力下稳定；主要产于火山岩中
方石英	四方晶系(伪同构)	6.0～7.0	2.3	在高温和低压下稳定；产于富含硅质的火山岩中
鳞石英	单斜晶系(假六面体)	7.0	2.2	在相对较高温度和较低压力下稳定；产于富含硅质的火山岩中
柯石英	单斜晶系(假六面体)	7.0～8.0	2.9	在高压下稳定；产于较深深度产出的陨石撞击岩、金伯利岩和超高压变质岩中
斯石英	四方晶系	8.0	4.3	在很高压力下稳定；产于陨石撞击岩中，理论上是深部地幔的重要组成部分
蛋白石	无定形；贝壳状断口	5.5～6.0	2.1	在低压和相当低温度下稳定；在温泉周围、土壤和海洋盆地中形成，特别是作为硅藻和放射虫的积累形成

表 4-9　几种常见石英类型的特征

种　类	颜　色	颜色成因	常见产出情况
紫水晶	紫色-紫罗兰色	Fe^{3+} 杂质	在开放断裂和孔洞中
砂金石	绿色	铬云母包裹体	
黄晶	黄至黄褐色	Fe^{3+} 杂质	在开放断裂和孔洞中
乳石英	白色	气泡包裹体	沿着矿脉广泛分布
水晶石	透明，无色		在开放孔洞和矿脉中
蔷薇石英	粉色	蓝线石微晶包裹体	在伟晶岩和矿脉中
烟水晶	褐黑色	Al^{3+} 置换 Si^{4+}	广泛分布于硅质岩浆岩和伟晶岩中

　　典型代表性矿物之一石英 α-SiO_2，Si 含量为 46.7％，常含各种气态、液态和固态包裹体。晶体结构为三方晶系，架状结构(图 4-26)，自形晶常见，多形六方柱和菱面体、单形所成之聚形，柱面上常具横纹。有时还出现三方双锥和三方偏方面体右形或左形的小面。随着温度下降而溶液中 SiO_2 过饱和度升高，所形成的石英逐渐从短柱状向长柱状变化，显晶集合体呈梳状、粒状、致密块状或晶簇状。隐晶集合体呈肾状、钟乳状(石髓或玉髓，chalcedony)、瘤状(燧石，chert)、多色同心带状(玛瑙，agate)和多色致密块状(碧玉)。

　　石英有左形晶和右形晶之别，如果三方偏方面体位于柱面的右上角，为右形晶；

位于柱面的左上角，为左形晶。石英常以道芬双晶和巴西双晶产出。

物理性质：常呈无色、乳白色、灰色，含杂质时可有各种变化，玻璃光泽，断口油脂光泽，硬度7，无解理，贝壳状断口，相对密度2.65，具压电性。石英依颜色变化，分以下几种：无色透明者称为水晶（rock crystal），紫色透明或半透明者称为紫水晶（amethyst），浅玫瑰色半透明者称为蔷薇石英（rose quartz），烟色或褐色透明者称为烟水晶（smoky quartz），黑色半透明者称为墨晶（black quartz），金黄色或柠檬黄色者称为黄水晶（yellow quartz）。隐晶石英异种有：含阳起石包裹

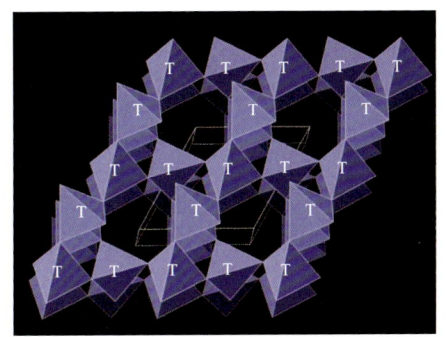

图 4-26   α-石英晶体结构

室温下，石英具有 α 结构，这是理想的高温六边形结构的扭曲三角变体。请注意：六元环具有三重对称性，如 α-石英结构中的六重对称性。参照 Kihara，1990

体而呈浅绿色的葱绿石髓，含云母、赤铁矿等细小包裹体而呈浅黄或褐红色的砂金石，交代纤维石棉而呈不同色调、具丝绢光泽的猫眼石、虎眼石（黄褐色）、鹰眼石（蓝绿色）；呈红、黄褐、绿色不透明的致密块体的碧玉等。

石英在自然界的分布仅次于长石，是许多岩浆岩、沉积岩、变质岩和热液脉的主要矿物成分。某些亚种具标型意义，如烟水晶只在较高温条件下形成，紫水晶是相当低温压条件下的产物，蔷薇石英总是呈块状产于伟晶岩脉的核心，玛瑙为低温胶体成因，它主要产于喷出岩的孔洞中。石英常具无解理、贝壳状断口、油脂光泽等鉴定特征。石英用途很广。无包裹体、无双晶、无裂缝的晶体可作压电材料，用于制作石英谐振器（如石英手表）。水晶是重要的光学材料，它对可见光、红外光和紫外光均有良好的透明性，用以制作光谱棱镜、透镜及其他光学装置。玛瑙、紫水晶、蔷薇石英等可作宝玉石材料。色泽差的玛瑙和石髓用于制作精密仪器的轴承和研器具，一般较纯净的石英大量用作玻璃原料、硅质耐火材料和瓷器配料。

2. 长石族

由于铝离子（Al^{3+}）可以在四面体位点上部分取代硅离子（Si^{4+}），因而许多硅酸盐矿物的化学式比硅酸盐类矿物的成员（如二氧化硅）更为复杂。这主要是因为，每当四面体位点上的铝离子取代硅离子，结构中就会产生一个单位的电荷不足。这种电荷不足必须通过添加足够量的阳离子来平衡，以形成中性电荷矿物。它是在地球地壳中最丰富的矿物族——长石族。钾长石亚族包括几种同质异象体，包括正长石、微斜长石和透长石，其简化化学式可写为 $KAlSi_3O_8$。该化学式传达了以下信息：钾长石是硅酸盐矿物，其中每4个硅氧四面体中就有1个含有铝离子而不是硅离子，因此（Al＋Si）/O比值为1∶2，或更精确地说应是4∶8。铝离子（Al^{3+}）取代硅离子（Si^{4+}）会产生1个负一价的电荷缺陷，这种缺陷可以通过在晶体结构中引入钾离子（K^+，如图4-27中三色原子所示）来平衡，形成电中性的矿物。

钾长石的多形体具有一些宏观性质（表4-10）。它们通常硬度（6.0～6.5）较高，相对密率相近（2.5～2.6），颜色呈白、灰、绿、粉红和红等不同色调，并且具有两组与

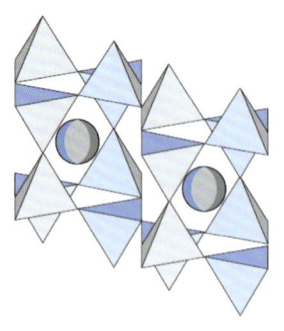

图 4-27 架状硅酸盐矿物钾长石三维结构
据 Hefferan and O'Brien，2010

水平方向成直角的完全解理。碱性长石通常因析出钠长石而形成固溶体。碱性长石在薄片中比在手标本中更容易区分。

另一组长石矿物是斜长石，其通用化学式可表示为 $(Ca，Na)(AlSi)AlSi_2O_8$。该化学式反映了斜长石端元成分 $NaAlSi_3O_8$ 和 $CaAl_2Si_2O_8$ 之间的完全耦合离子置换系列，将其作为两组分系统中端元成分之间完全固溶体的示例，这一系列的特征决定了斜长石矿物的组分。斜长石的成分通常用端元成分($\%An$)的比例来表示。其中，$NaAlSi_3O_8$ 成分比例为"$\%Ab$"；100% 的 $CaAl_2Si_2O_8$ 成分等于 $100\%\sim0\%An$，即 $An_{100}Ab_0$。

表 4-10 不同类型钾长石的基本特征

矿 物	晶体结构	其他辨别特性	常见产出情况
微斜长石	三斜晶系；低对称性的短柱状晶体	主要呈翠绿色，也有的呈灰白色和粉红色	长英质深成岩浆岩和伟晶岩；变质片岩和片麻岩；沉积层长石砂岩
正长石	单斜晶系；具有明显对称性的棱柱状晶体	白色-灰色-粉红色-红色-绿色，但少见翠绿色	长英质深成岩浆岩；变质片岩和片麻岩；沉积层长石砂岩
透长石	单斜晶系；具有明显对称性的板状晶体	比其他钾长石更透明；常呈无色至浅灰色	高温钾长石，通常赋存于长英质火山岩中

传统上，斜长石固溶体系列分为 6 个特定的化学组成范围(表 4-11)。更精确的方法是使用百分比来表示斜长石的组成。钙长石中 Ca 含量超过 50% 时，包括拉长石、倍长石和钙长石(表 4-11)。钠长石类矿物中含的斜长石成分少于 50% 时，包括奥长石、中长石和钠长石。所有斜长石硬度约为 6，比重 $2.6\sim2.8$ 且随着 An 牌号增大而增大，$90°$解理夹角，呈白、绿、灰 3 种颜色，三斜晶系。鉴定斜长石与钾长石时，斜长石倾向于在一组解理面上呈现平行条纹，这是由孪晶现象引起的。

表 4-11 不同类型斜长石的基本特征

斜长石种类	化学式	An 含量	Ab 含量
钠长石	$(Ca_{0\sim0.1}Na_{0.9\sim1.0})(Al_{0\sim0.1}Si_{0.9\sim1.0})AlSi_2O_8$	$An_{0\sim10}$	$Ab_{90\sim100}$
奥长石	$(Ca_{0.1\sim0.3}Na_{0.7\sim0.9})(Al_{0.1\sim0.3}Si_{0.7\sim0.9})AlSi_2O_8$	$An_{10\sim30}$	$Ab_{70\sim90}$
中长石	$(Ca_{0.3\sim0.5}Na_{0.5\sim0.7})(Al_{0.3\sim0.5}Si_{0.5\sim0.7})AlSi_2O_8$	$An_{30\sim50}$	$Ab_{50\sim70}$
拉长石	$(Ca_{0.5\sim0.7}Na_{0.3\sim0.5})(Al_{0.5\sim0.7}Si_{0.3\sim0.5})AlSi_2O_8$	$An_{50\sim70}$	$Ab_{30\sim50}$
培长石	$(Ca_{0.7\sim0.9}Na_{0.1\sim0.3})(Al_{0.7\sim0.9}Si_{0.1\sim0.3})AlSi_2O_8$	$An_{70\sim90}$	$Ab_{10\sim30}$
钙长石	$(Ca_{0.9\sim1.0}Na_{0.0\sim0.1})(Al_{0.9\sim1.0}Si_{0\sim0.1})AlSi_2O_8$	$An_{90\sim100}$	$Ab_{0\sim10}$

代表性矿物之一斜长石($Na_{1-x}Ca_x[Al_{1+x}Si_{3-x}O_8]$)，可有极少量 $Ca(BaAl_2Si_2O_8)$ 分子。还可以含少量 Ti^{4+}、Fe^{3+}、Fe^{2+}、Mg^{2+}、Mn^{2+}、Sr^{2+} 等，其中的 Ti^{4+} 及 Fe^{3+} 应置换 Al^{3+}，其他离子若不是混入物，则应置换 Ca^{2+}。晶体结构为三斜晶系，架状结构。钙长石和钠长石空间群差异较大，由此导致其类质同象系列中某些区间出现了不混溶现象。平行板状，有时沿 a 轴延伸，但很少沿 c 轴延伸。叶片状的叶钠长石 (cleavelandite) 的叶片亦平行，为高温矿物。如沿 b 轴延伸，称为肖钠长石 (pericline)，为低温矿物。常见钠长石律、肖钠长石律双晶和钠长石-卡斯巴复合双晶（热液蚀变和成岩自生者可不出现双晶）。

物理性质：白色或灰白色，某些拉长石由于聚片双晶使光发生干涉而产生彩虹效应（晕彩）。由于含分布均匀、定向排列的微细包裹体（赤铁矿、针铁矿、绿云母等）而产生闪光效应的称为日光石 (sunstone)，它呈玻璃光泽，透明。完全解理，硬度 6～6.5，相对密度 2.61～2.76，物理性质如相对密度、折光率等随着成分的规律变化而变化，如含 An 分子越多，相对密度越大。

作为造岩矿物，斜长石广泛分布于岩浆岩、变质岩和沉积岩中。高温斜长石产于某些火山岩及浅成岩中，低温斜长石则产于深成岩及区域变质岩中。酸性斜长石产于酸性和碱性岩中，中性斜长石产于中性岩中，基性斜长石产于基性和超基性岩中，且 An 含量随着变质作用的加深而增高。钠长石化就是通过热液蚀变形成钠长石或奥长石的过程。沉积岩中可以有钠长石自生矿物（成分纯净，无条纹，可有简单双晶但无聚片双晶）。碎屑岩中可以有斜长石存在，但是远不及碱性长石普遍。各矿物种的精准鉴定一般要依据光性、成分和 X 射线测试资料。钠长石可用作玻璃、陶瓷原料，富钙斜长石可作耐火材料，日光石及具晕彩的拉长石是重要的宝石材料。

3. 似长石族

似长石族类似于长石，富铝硅酸盐矿物亦含有 Al，但其 Si 含量较低、Al 含量较高，还包括 K、Na 和 Ca 等碱性阳离子，以保持其电中性。富铝硅酸盐矿物属于稀有矿物，主要存在于硅不饱和的碱性岩浆岩中。它们是这种硅不饱和岩石的重要指示矿物，占据国际地质科学联合会(IUGS)标准岩石分类图表一半以上的部分。表 4-12 总结了主要富铝硅酸盐矿物的特性及分布情况。

典型代表性矿物之一霞石[nepheline，$KNa_3Al_4(SiO_4)_4$]，SiO_2 含量为 44%，Al_2O_3 含量为 33%，Na_2O 含量为 16%，K_2O 含量为 5%～6%，Fe^{3+} 可置换四面体的 Al^{3+}，还可含少量 Ca、Mg、Mn、Ti、Be 等。六方晶系，β-鳞石英型衍生的架状结构（图 4-28），六方柱或厚板状，常呈貌似单晶的双晶，亦可有粒状或致密块状集合体。物理性质：无色、白色、灰色或微带各种色调，无色或白色条痕，玻璃光泽，断口呈油脂光泽块状者称为脂光石 (elaeolite)。硬度 5～6，不完全解理，贝壳状断口，性脆，相对密度 2.55～2.66。

霞石主要产于富 Na_2O 而贫 SiO_2 的碱性岩浆岩中，与富 Na 的碱性长石、钾微斜长石、钠长石、碱性辉石、碱性角闪石等共生，不与石英共生。热液蚀变或风化后变为沸石、钙霞石、方钠石、高岭石、方解石等。新鲜者易与碱性长石和石英混淆，但霞石常易风化。以油脂光泽、无完好解理与长石相区别，以常含染色斑点、易风化与石英相区别。此外，其粉末在试管中加入浓 HCl 煮沸几分钟后，残渣中会出现云霞状

表 4-12　不同类型似长石矿物的基本特征

矿物/成分	结晶学	其他区别属性	常见产出情况
钙霞石 $Na_6Ca(AlSiO_4)_6(CO_3)_2 \cdot nH_2O$	六方晶形；棱柱形；罕见	黄色-玫瑰色-蓝色；油脂蜡状物；粒状-块状	通过硅不饱和的似长岩浆岩中的霞石蚀变
青金石 $Na_3Ca(AlSiO_4)_3SO_4S_2$	等距的；等分的；罕见	深天蓝色-青蓝色；块状-粒状	变质石灰岩/矽卡岩中的稀有矿物
白榴石 $KAlSi_2O_6$	六方晶系；短粗棱柱形；伪等距	灰白色；透明至无光	在硅不饱和、富 K 的火山岩中
霞石 $Na_3K(AlSiO_4)_4$	六方晶形；棱柱形；罕见	灰白色；油脂光泽；粒状-块状	在硅不饱和的似长火成岩中
方柱石* $(Na,Ca)_4(Al_{1\sim2}Si_{2\sim3}O_8)_3(CO_3,SO_4,Cl)$	四方晶系；棱柱形；方形截面	棱柱形；方形截面	中高级变质碳酸盐岩/矽卡岩和泥质片岩、片麻岩中
方钠石 $Na_4(AlSiO_4)_3Cl$	等距的；等分的；罕见	蓝色，亦有灰绿色；粒状-块状	在硅不饱和、富钾的火山岩中

注：＊方柱石不是长石类矿物，而是一种与其密切相关的矿物。

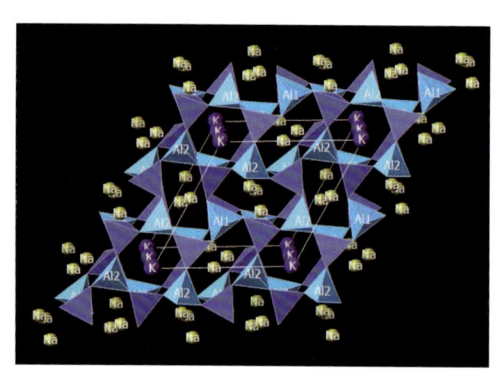

图 4-28　霞石晶体结构

参照 Wyckoff，1969

硅胶，这亦可与石英相区别。霞石是玻璃、陶瓷的工业原料，代替长石具有节能效果，可制取碳酸钠、氧化铝和蓝色颜料。

4. 沸石族

沸石类矿物是水合硅酸盐，在 $100\sim250℃$ 温度条件下形成次生矿物。沸石属于次生矿物，通常以结核或孔隙充填物的形式存在于变质玄武岩及相关岩石中，或出现在火山喷出岩和玻璃质岩石的脉体和蚀变产物中。沸石加热会释放水分，但其晶体结构仍保持不变。因此，脱水后的沸石可以作为"海绵"和/或"分子筛"，能够有选择性地吸附水中的溶解组分，如烃类、重金属或其他污染物。沸石矿物及其合成物广泛用于污水处理、水软化(去除钙离子)和水净化等领域，亦用于高辛烷无铅汽油的催化剂，从核废水中去除放射性同位素以及从工业烟囱中清除污染物。沸石类矿物具有以下物理性质：呈现透明至半透明的特征(表面可见玻璃光泽或珍珠光泽，纤维状品种呈现丝绢光泽)，相对密度 $2.1\sim2.3$，条痕呈白色，硬度 $3.5\sim5.5$。

其他架状硅酸盐矿物有透长石、正长石、微斜长石、冰长石、歪长石、钡长石、白榴石、方柱石、方钠石、方沸石等。

5. 碳酸盐矿物

所有的碳酸盐矿物均含有与金属或半金属阳离子结合的碳酸根离子(CO_3^{2-})。碳酸盐矿物的特征在于其相对较软以及在稀盐酸中的溶解度不同，盐酸会打断碳酸根离子中的化学键，释放出二氧化碳(CO_2)气体，导致矿物产生起泡。碳酸盐矿物广泛存在于生物化学作用形成的沉积岩中，主要包括石灰岩和白云岩。它们是变质岩如大理石和硅质片岩的主要组分。碳酸盐岩很少由碳酸盐熔融或火山喷发形成。

目前已知有大约 70 种碳酸盐矿物。其中，最常见的碳酸盐矿物属于 3 个族中的一个。方解石族碳酸盐构成了同构群，由小阳离子与碳酸根离子以三角(菱形)晶体结构结合，并具有菱形的解理面。方解石族包括方解石($CaCO_3$)、菱镁矿($MgCO_3$)、菱铁矿($FeCO_3$)、玫瑰石($MnCO_3$)和史密森石($ZnCO_3$)。文石族构成了第二个群组，由较大的阳离子与碳酸根离子以正交晶体结构结合。文石族包括文石($CaCO_3$)、铅菱矿($PbCO_3$)、天青石($SrCO_3$)和白铅矿($BaCO_3$)。重要的造岩矿物白云石[$CaMg(CO_2)_2$]与方解石族的一些成分相似。氢氧化碳酸盐，如次要的铜锌菱化孔雀绿松石[$Cu_{32}(CO_2)(OH)_2$]和孔雀石[$Cu_{22}CO_{32}(OH)_{22}$]，含有氢氧根离子和/或水，通常具有单斜结构。方解石和文岩族的碳酸盐矿物是水泥产品主要原料的重要来源，而白云岩是重要的建筑材料来源。

代表性矿物之一方解石(calcite，$CaCO_3$)，CaO 含量为 56.03%，CO_2 含量为 43.97%，常含 Mn、Fe、Zn、Mg、Co、Pb、Sr、Ba 等类质同象组分，当这些组分达到一定量时可形成锰方解石、铁方解石、锌方解石、镁方解石等变种。三方晶系，方解石型结构(图 4-29)，自形晶常见，不同聚形晶达 600 种以上。常成聚片双晶，是应力作用的标志，双晶纹在解理面上的方位与白云石不同。集合体形态多样，常见致密块状(石灰岩)、粒状(大理岩)、板状(层解石)、纤维状(纤维方解石)、土状、多孔状(石灰华)、钟乳状(石钟乳)和豆状、结核状、葡萄状、被膜状及晶簇状等。物理性质：无色(冰洲石，iceland spar)或白色，含 Fe、Co、Mn 及 Cu 等元素者分别呈褐黑、浅黄、浅红、蓝绿等色调，条痕白色，玻璃光泽，透明至半透明。硬度 3，解理完全，可成聚片双晶并滑移裂开，性脆，相对密度 2.6～2.9，双折射率极高，具发光性，遇冷稀 HCl 剧烈起泡。

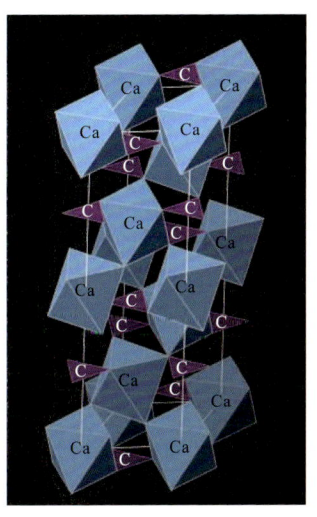

图 4-29 方解石晶体结构
参照 Wyckoff，1969

方解石在自然界分布很广，具多种成因类型，海水中的 $CaCO_3$ 达到过饱和时可沉积块状方解石构成石灰岩，中、低温热液脉或晶洞中常见粒状或晶簇状方解石，方解石还是岩浆成因的碳酸岩和碳酸盐熔岩中的主要造岩矿物，常与白云岩、金云母等共生，石灰岩、大理岩被地下水溶解易形成重碳酸钙[$Ca(HCO_3)$]进入溶液，当 H_2O 蒸发而 CO_2 逸出后可形成钟乳石、石笋、石柱等。其反应式为：$Ca(HCO_3)_2 = CaCO_3 + H_2O + CO_2$。河流或湖泊中亦可沉积 $CaCO_3$，称为石灰华。生物介壳中部分 $CaCO_3$ 亦为方解石，其在海底堆积后便成为生物灰岩。鉴定特征：菱面体解理，硬度 3，加盐酸后急剧起泡，聚片双晶纹可平行菱形解理面的棱

（白云石的双晶纹只平行菱形解理面的对角线）。其集合体灰岩、大理岩等广泛用于烧石灰、制水泥或做冶金熔剂、建筑饰材。高纯度灰岩是塑料、尼龙的重要原料。冰洲石用于制作显微镜的棱镜、偏光仪及光度计等。

其他碳酸盐矿物，包括菱镁矿、菱铁矿、菱锰矿、菱锌矿、白云石、文石、碳锶矿、碳钡矿、白铅矿、钡解矿、孔雀石、蓝铜矿、天然碱等。

6. 典型磷酸盐矿物

磷酸盐矿物含有与金属阳离子结合的 PO_4^{3-} 阴离子。尽管磷酸基团较大，但只有两种矿物——磷灰石和独居石较为常见。在结晶岩和海洋沉积岩中形成磷灰石。除了作肥料使用，很多动物牙齿的主要成分也是磷灰石。随着地球科学研究的不断进步，磷灰石是示踪地球氧化还原状态和挥发分演化的重要矿物载体。另一重要的磷酸盐矿物是独居石 $[(Ce, Y, La, Th)PO_4]$，它是地球上稀土元素 Th 的主要原料。

典型代表性矿物磷灰石 $[apatite, Ca_5(OH, F, Cl)(PO_4)_3]$，按 $Ca_5(PO_4)_3F$ 计算，P_2O_5 含量为 42.22%，CaO_2 含量为 50.04%，CaF_2 含量为 7.74%，Ca 可被 Ce^{3+}、Sr^{2+}、Na^+ 等类质同象替代，稀土含量一般不超过 5%，PO_4^{3-} 可部分被 CO_3^{2-}、SiO_4^{4-}、SO_4^{2-} 替代。按附加阴离子的不同，磷灰石可分为氟磷灰石（fluorapatite, $Ca_5[PO_4]_3F$）、氯磷灰石（chlorapatite, $Ca_5[PO_4]_3Cl$）、羟磷灰石 $[hydroxylapatite, Ca_5[PO_4]_3(OH)]$、碳磷灰石 $[carbonate\ apatite, Ca_5[PO_4, CO_3(OH)]_3(F, OH)]$。其中，氟磷灰石最常见。

晶体结构：六方晶系，链状结构（图 4-30），六方柱状或板状，集合体呈粒状及致密块状。物理性质：无色，常含杂质而呈浅绿色、黄绿色、褐红色、浅紫色，含有机质者呈灰黑色，白色条痕，玻璃光泽，断口油脂光泽，透明，硬度 5，解理不完全，断口不平坦，性脆，相对密度 3.18～3.21，加热可现磷光。在各类岩浆岩中均以副矿物形式存在，在沉积岩、沉积变质岩及碱性岩中还可形成矿床，如在华南震旦系、寒武系、泥盆系发育沉积磷矿。例如，由鸟类或动物骨骼堆积可形成主要由羟磷灰石组成的生物磷矿，我国西沙群岛的鸟粪堆积型磷矿厚达 2m。其中，碳磷灰石和羟磷灰石是人体骨骼、牙齿、胆结石和尿结石的重要组分。以形态、硬度和解理与天河石（绿色含 Rb 的微斜长石）相区别。沉积磷灰石与石灰岩相似，但加盐酸后不起泡，有试磷反应：将钼酸铵粉末置于磷灰石上，加一滴硝酸，则生成磷钼酸铵黄色沉淀（含有机质时常见

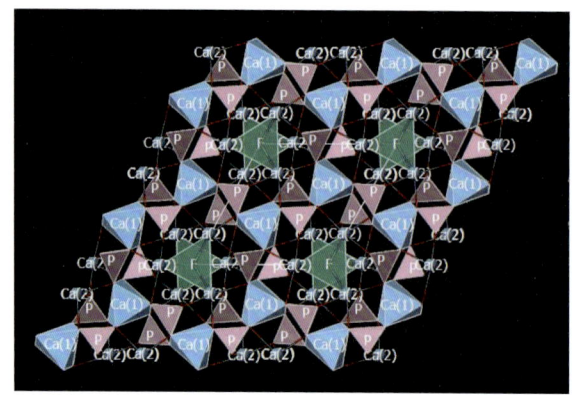

图 4-30　氟磷灰石晶体结构

参照 Wyckoff，1959

蓝色沉淀）。磷灰石是提取磷和制作磷肥的原料，含稀土元素时可综合利用。

7. 典型硫酸盐矿物

硫酸盐是一种含有 SO_4^{2-} 离子与 1 个或多个金属或准金属结合形成的矿物。硫酸盐矿物主要分为含水硫酸盐和无水硫酸盐两类，最常见的例子分别是石膏（$CaSO_4 \cdot 2H_2O$）和无水石膏（$CaSO_4$）。不同类型的石膏包括硒石、萨丁斯帕石，它们分别由大的宏观晶体、平行排列的针状毛细管晶体以及随机定向的微观晶体组成。此外，铝钒矿[$KAl_3(SO_4)_3(OH)_6$]、安格莱石（$PbSO_4$）、重晶石（$BaSO_4$）、天青石（$SrSO_4$）以及埃普索姆盐（$MgSO_4 \cdot 7H_2O$）和多盐[$K_2Ca_2Mg(SO_4)_4 \cdot 2H_2O$]等几种蒸发盐亦属硫酸盐类。

在部分花岗岩脉中发现有含 Li 的磷铝铍石（$LiAlFPO_4$），它可作为耐火玻璃和金属合金生产中的锂来源进行开采。另外，广泛用于珠宝制作的重要宝石之一是含 Cu 的水合氢氧化铝硫酸盐矿物[$CuAl_6(SO_4)_4(OH)_8 \cdot 4H_2O$]。

典型代表性矿物之一重晶石[barite，$Ba(SO_4)$]，BaO 含量为 65.7%，SO_4 含量为 34.3%，成分中常见 Sr、Pb、Ca、Ra 等大半径二价阳离子。斜方晶系，重晶石型岛状结构（图 4-31），在 1 149℃以上转变为高温六方变体，Ba 的配位数为 12。呈板状，有时呈柱状，少数为粒状。物理性质：纯净的晶体无色透明，一般呈白色、灰白色、浅黄色、淡褐色，玻璃光泽，解理面呈珍珠光泽，解理完全，硬度 3～3.5，相对密度4.3～4.5。

重晶石主要产于低温热液矿脉和沉积岩中，为板状晶形，三组中等至完全解理，解理块体在面上呈菱形，而夹角为 90°，与 HCl 反应不起泡，由此可与碳酸盐矿物相区别；用 HCl 浸湿后呈黄绿色（主要为钡的颜色），由此可与天青石的深紫红色（锶的颜色）相区别；硬度小，相对密度大，由此可与长石相区别。重晶石为提取 Ba 的原料，成细粉可作钻探泥浆的加重剂，亦可用于化学试剂和医药上，可作白色颜料，并为 X 射线实验室墙壁喷漆的主要原料。另外，可作填充剂用于橡胶、造纸业，以增加其重量及光滑程度。

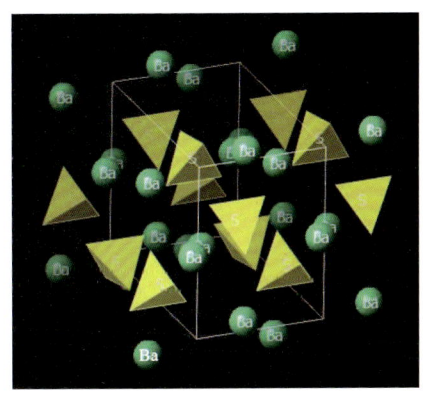

图 4-31 重晶石晶体结构

8. 其他典型含氧盐矿物：硼酸盐、钨酸盐和钼酸盐

硼酸盐矿物的基本结构单元由 $(BO_3)^{3-}$ 三角面体和 $(BO_4)^{5-}$ 四面体组成，它们通过金属阳离子（通常为 Na 和/或 Ca）连接在一起。这些三角面体和四面体通常通过共享氧离子形成更大的结构单元，如环和链，类似于硅酸盐四面体的连接方式。大部分硼酸盐矿物含有可观的氢氧根离子（OH^-）和/或水分子（H_2O），这些离子或水分子被包含在晶体结构中。尤其是在类似于我国青海省柴达木盆地的诸多盐湖、美国莫哈韦沙漠地区的封闭湖泊盆地环境（干旱蒸发环境）中，硼酸盐储量特别丰富，其形成归因于火山热泉和火山口活动产生的硼的蒸发浓缩。在已发现的 100 多种硼酸盐矿物中，4 个重要的例子分别是硼砂[$Na_2B_4O_5(OH)_4 \cdot 8H_2O$]、科尔曼矿[$CaB_3O_4(OH)_3 \cdot H_2O$]、克恩矿[$Na_2B_4O_6(OH)_2 \cdot 3H_2O$]和乌莱克赛特矿[$NaCaB_5O_6(OH) \cdot 5H_2O$]。

钨酸盐矿物具有与金属阳离子结合的钨酸根离子（WO_4^{2-}），现已发现约 20 种钨酸盐矿物。它们相对稀有，但白钨矿（$CaWO_4$）和钨锰矿[(Fe,Mn)WO_4]是重要的钨矿石。钨由于其高熔点和对钢材硬化性能的影响，使其成为制造耐高温、耐磨合金钢不可或缺的元素，并广泛应用于高速切削工具、白炽灯、电接触器、坩埚以及火花塞等领域。

钼酸盐的特点在于钼酸根离子（MoO_4^{2-}）与金属阳离子结合，唯一重要的钼酸盐矿物是辉钼矿（$PbMoO_4$），用于生产高品质合金钢的钼原材料。

其他矿物族群根据其主要阴离子群来划分，通常由一些稀有矿物代表，本教材不做详细介绍，它包括硝酸盐（NO_3^-），如硝酸钠（$NaNO_3$）和硝酸钾（KNO_3）；铬酸盐（CrO_4^{2-}），如铬铅矿（$PbCrO_4$）；钒酸盐（VO_4^{3-}），如钒铅矿[$Pb_5(VO_4)_3Cl$]和碳钒矿[$K_2(UO_2)_2(VO_4)_2 \cdot 3H_2O$]；砷酸盐（$AsO_4^{3-}$），如钴华[$Co_2(AsO_4)_2 \cdot 8H_2O$]。

典型代表性矿物之一硼砂（$Na_2[B_4O_5(OH)_4] \cdot 8H_2O$），$Na_2O$ 含量为 16.26%，B_2O_3 含量为 36.51%，H_2O 含量为 47.23%。单斜晶系，环-链-层状过渡型结构，板状或短柱状，集合体呈粒状、土块状及皮壳状。物理性质：无色或白色，可带绿、蓝、黄等色调，白色条痕，玻璃或土状光泽，透明，硬度 2～2.5，完全解理，贝壳状断口，性极脆，相对密度 1.66～1.72，易溶于水，味甜略咸，烧之变成透明小球。最常见的硼酸盐矿物主要产于干旱盐湖，与石盐、天然碱、钠硼解石、无水芒硝、石膏等共生，亦见于温泉沉积和干旱区土壤表面，易失水成白粉状三方硼砂（$Na_2[B_4O_5(OH)_4] \cdot 3H_2O$）。硼砂具硼的焰色反应（见硼镁铁矿），是提炼硼的主要矿物原料。

七、卤化物形成的矿物

卤化物矿物的特点在于含有大且有很强电子亲合力的一价阴离子，如氟离子（F^-）、氯离子（Cl^-）、溴离子（Br^-）和碘离子（I^-），这些元素属于卤素，在元素周期表的第 17 列（第 ⅦA 族）出现，是卤化物矿物的重要组成部分。它们与金属阳离子，如钠离子（Na^+）、钾离子（K^+）和钙离子（Ca^{2+}），通过离子键结合在一起。卤化物因其离子键结合、小电荷的特性使其易碎、透明且易溶于水。通常具有低到中等硬度和中等到高的熔点，是热和电的不良导体。全球存在 80 多种卤化物矿物，但只有石盐（$NaCl$）、萤石（CaF_2）和钾石盐（KCl）这 3 种矿物比较常见。还有冰晶石（Na_3AlF_6），过去对提取铝土岩中的铝资源至关重要。

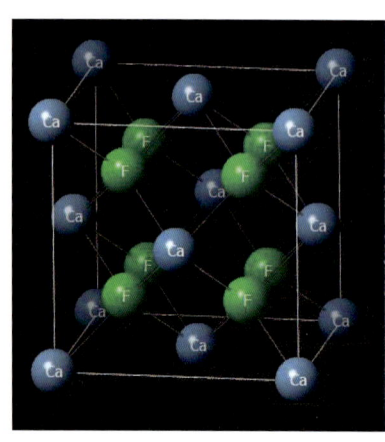

图 4-32 萤石晶体结构

代表性矿物之一萤石（fluorite，CaF_2），Ca 含量为 51.33%，F 含量为 48.67%，Ca 可被 Ce、Y、Th、U、Sr 等类质同象置换，F 可被 C 置换。等轴晶系，萤石型结构（图 4-32），立方体、八面体、菱形十二面体及其聚形，有时有四六面体和六八面体等。立方体晶面常出现与棱平行的嵌木地板式条纹。常成穿插双晶。集合体呈粒状或块状。常呈绿色、蓝色、紫色或无色，几乎所有颜色都可能出现，加热可褪色，条痕白色，玻璃光泽，硬度 4；解理完全，性脆。相对密度 3.18（含 Y 和 Ce 者增大，钇萤石 3.3），熔点 1 270～

1 350℃，具荧光性，某些变种具磷光性。主要为热液型，极少为沉积型。浙江为我国主要产地。其八面体完全解理。主要用作冶金熔剂或制取氟化物等。无色透明者还可用作光学材料。氟化物加入饮用水、牙膏或漱口水中可以有效预防龋齿。

八、有机矿物及准矿物

前面涉及的所有矿物皆可称为无机矿物。但在地球演化过程中，特别是在与地球表生生物系统物质演化有关的过程中，自然界会产生一种重要的矿物——有机矿物及准矿物，它是地球生物学和生命矿物学研究的主要对象，主要是在地球表层系统外生作用和埋藏变质作用过程中形成的天然有机晶质和非晶态的固体。目前已发现的此类矿物有 40 种，包括有机酸盐矿物，如草酸钙石、蜜蜡石；碳氢化合物矿物，如鳞石蜡；氧化的碳氢化合物矿物，如烟晶石；以及有机准矿物等。

常见有机矿物及准矿物介绍如下：

(1)水草酸钙石，化学组成 $Ca[C_2O_3] \cdot H_2O$。CaO 含量为 38.38%，C_2O_3 含量为 49.28%，H_2O 含量为 12.34%；单斜晶系，层-链过渡结构，柱状，柱面具条纹，常构成心形双晶，双晶上可见凹角，也可以没有凹角。集合体常为粒状或致密块状。

(2)琥珀($C_{10}H_{16}O$)。C 含量为 78.96%，H 含量为 10.51%，O 含量为 10.52%，是一种局部氧化的非晶态碳氢化合物。其化学组成不十分固定，通常由琥珀松脂酸的龙脑醚、游离琥珀松脂酸和非晶质琥珀等构成。圆粒状、滴状和致密团块状。颗粒表面光滑。黄、棕、橙黄色，可带绿或白色调，白色条痕，树脂或油脂光泽，微透明至透明。硬度 2~2.5，贝壳状断口，性脆。相对密度 1.05~1.09，在阴极射线和紫外线照射下发玫瑰色、浅橙色或浅绿色萤光。加热至 150℃时开始变软，250~400℃时熔融，燃烧时有香味。在呢绒上摩擦时可带电。能溶于 H_2SO_4 和热 HNO_3 中，在酒精、乙醚和松节油中能部分溶解。系古代松柏树脂的石化产物。常包含生活在当时森林中的蚊、蝇等昆虫遗体。多产于古近纪以来的河、湖和陆缘沉积物中。我国抚顺煤田富含琥珀。可制作名贵装饰品和簧管乐器接嘴，提取琥珀酸，制作杳料，燃烧后的灰烬是黑色假漆的最佳原料，在医疗上常用作镇静剂。

(3)烟煤。C 含量为 82%，H 含量为 4.3%，(O+N)含量为 13.7%。与褐煤比较，碳素增高，氧、氢略有减少。灰黑、墨黑色，褐至黑色条痕，玻璃光泽，富含沥青者呈油脂光泽，硬度 2~2.5，贝壳状或不平坦状断口，易污手。相对密度 1.15~1.5，在 KOH 和 10% 的 HNO_3 中煮沸时溶液不呈褐色。燃烧比褐煤困难，燃烧时起火焰，发热量为 27 170~37 270kJ/g。为褐煤进一步变质炭化而成，常呈层状或凸镜状产于寒武纪-新近纪的陆相或海相沉积建造中。根据各品种在灰分、硫、磷含量，变质程度和焦油产出率方面的差异，分别用于炼焦、发电、制取煤气或作动力和民用燃煤。

第五章　地球物质部分熔融与岩浆岩

第一节　基本概念

一、岩石的概念

什么是岩石？科学地说，岩石就是天然产出的，由一种或多种矿物或火山玻璃、生物遗骸、胶体组成的固态集合体。绝大多数岩石是由不同矿物组成的，只有极少数岩石由单矿物组成。火山玻璃以及胶体是未结晶的非晶质物质，它们也可以构成特殊的岩石属种。岩石不仅是地球物质的重要组成部分，而且也是类地行星的组成部分（如陨石和月岩）。岩石构成了地球的岩石圈，也就是整个地壳和地幔的固态部分。

岩石的类型是多种多样的。根据成因，自然界的岩石可划分为岩浆岩、沉积岩和变质岩三大类。

（1）岩浆岩（magmatic rocks，igneous rocks）。它是由地壳深处或上地幔中形成的高温熔融的岩浆，在侵入地下或喷出地表冷凝而成的岩石，亦称火成岩。或者简单地说，由岩浆冷凝固结而成的岩石称为岩浆岩。

（2）沉积岩（sedimentary rocks）。它是指在地表或接近地表条件下，由地壳风化物质、生物有关物质、火山碎屑物质等各种松散沉积物，在外营力作用下搬运、沉积并最终固结成岩而形成的岩石，如砂岩、灰岩。这些松散沉积物，主要包括由母岩机械破碎或剥蚀形成的碎屑（岩石碎屑、矿物碎屑和生物碎屑）经水、风或冰川的机械搬运和沉积作用形成的碎屑沉积物，由化学及生物化学溶液及胶体沉积作用形成的化学沉积物，由火山喷发作用形成的火山碎屑物质或火山灰经过外营力地质作用的搬运形成的火山来源的沉积物，同时还包括由上述 3 种作用综合形成的沉积物。这些沉积物经过胶结、压实和重结晶等成岩作用便形成了沉积岩。沉积岩通常呈层状产出。

（3）变质岩（metamorphic rocks）。它是指在一定温度、压力或流体作用（变质作用）条件下，在基本保持固态条件下，通过矿物成分、化学成分或结构构造的改变形成的一种岩石。或者简单地说，由岩浆岩、沉积岩经变质作用转化而成的岩石称为变质岩，如大理岩、片麻岩、麻粒岩、榴辉岩等。变质岩形成的温度和压力条件通常介于地表的沉积作用和岩石的熔融作用之间。岩浆岩和变质岩又可统称为结晶岩。

三大类岩石之间存在着有机的密切联系，在一定条件下可以相互转化。已经存在的岩浆岩、沉积岩和变质岩由于构造运动抬升到地表后，经过风化剥蚀、机械破碎、搬运、沉积、成岩作用，可形成沉积岩；已经存在的岩浆岩、沉积岩或变质岩，因温度、压力的变化或流体的作用等变质作用，可转变为变质岩；而已经存在的岩浆岩、沉积岩和变质岩经重熔作用可形成岩浆，岩浆再冷凝固结形成新的岩浆岩。

二、岩石学的概念

岩石学（petrology）属于地质学分支，是专门研究地壳、地幔及其他星体产出的岩石的分布、产状、成分、结构、构造、分类、命名、成因、演化等方面的科学。根据研究内容的不同，岩石学又可分为岩类学和岩理学。前者主要是鉴定岩石的成分和结构构造，进行岩石特征的描述和分类；后者主要研究岩石的成因，在早期多指与岩浆岩有关的成因研究。

（1）岩类学（petrography）。或称描述岩石学或岩相学，是研究岩石的基础，以描述岩石基本特征和研究岩石分类命名为主。其主要任务是对岩石的产状、分布、颜色、物质成分、结构构造等进行详细的野外和室内观察，并通过对比研究，达到对岩石进行分类和命名的目的。

（2）岩理学（petrogenesis）。亦称理论岩石学或成因岩石学，是在岩相学研究的基础上，结合实验研究和理论分析，进行有关岩石的形成条件、形成过程、演化机理及构造背景等岩石成因方面的研究。

第二节　部分熔融与岩浆形成

一、地球物质部分熔融

（一）部分熔融的基本概念

和单种矿物比较，岩石在熔化时有以下两个特点：第一，是岩石的熔化温度低于其构成矿物各自单独熔化时的熔点；第二，是岩石从开始熔化到完全熔化有一个温度区间，而矿物在一定的压力下仅有一个熔化温度。岩石熔化时之所以出现上述特点，是因为岩石是由多种矿物组成的，不同的矿物其熔点亦不相同，在岩石熔化时，不同矿物的熔化顺序自然不同。一般的情况是：矿物或岩石中 SiO_2 和 K_2O 含量愈高，即组分愈趋向于"酸性"，愈易熔化，称为易熔组分；反之，矿物或岩石中 FeO、MgO、CaO 含量愈高，即组分愈趋于"基性"，愈难熔化，称为难熔组分。所以，岩石开始熔化时产生的熔体中 SiO_2、K_2O、Na_2O 较多，熔体偏于酸性，随着熔化温度提高，熔体中 Fe、Mg 组分增加而渐趋于基性。杂砂岩在水压为 $200MPa$ 时，熔体成分变化十分明显，在 $690\sim730℃$ 局部熔融现象很清楚。熔体成分中 SiO_2 含量随着温度升高而降低，而 CaO、FeO、MgO 组分增加。在 $780℃$ 时岩石大部分已熔化，残留少量难熔基性组分。根据上述试验和地质观察，人们得出了局部熔融的概念，即在岩石开始熔化至全部熔化的温度区间内，岩石中的易熔组分（酸性组分）先熔化，产生酸性熔体，残留体为较基性的难熔固体物质。随着温度增高，熔体数量增加，其基性成分亦逐渐增加；当温度达到或超过岩石全部熔化的温度时，岩石全部熔化，熔体成分和被熔化的原岩成分一致。由于地壳深部和上地幔的温度很高，固态地壳物质和上地幔物质在一定条件下会发生部分熔融（partial melting）作用，从而形成高温的、以硅酸盐为主要成分的熔融体。

(二)影响岩石部分熔融程度的因素

1. 温度的升高

地球内部固态岩石的温度为什么会增高？众所周知，地球内部的温度远高于地表温度，其中地核的温度可以高达 6 000K 左右，而一般硅酸盐的固相线温度仅为 1 000～1 500K。因此，从地质学的角度来考量，来自地球深部的热量是最主要的因素，可能包括以下几种可能的机制：①地球内部高温物质的传导热。地球深部的高温物质通过热传导的方式导致其上部岩石的温度升高，从而导致其发生熔融；或是软流圈高温地幔物质的快速上隆，导致上部岩石发生广泛部分熔融，这样的过程一般发生于岩石圈处于伸展应力状态，如裂谷带或在地幔柱背景下。②板块构造作用。浅部的岩石通过板块俯冲作用进入地球深部的高温部分，从而发生熔融，这种机制一般和岛弧岩浆的形成有关；另一种可能的机制是碰撞造山带中地壳增厚，导致增厚地壳底部的温度升高，从而引发低熔点的地壳物质发生熔融，这种机制和造山带花岗岩的形成有关。假设地温梯度为 20℃/km，正常地壳厚度为 30km 左右，这时其底部温度仅为 600℃ 左右，远低于白云母的脱水部分熔融温度（750℃），因而并不能导致熔融，而当地壳物质增厚至 50km，其底部温度则可能达到 900～1 000℃，接近角闪石的脱水部分熔融温度（约 950℃），有可能导致地壳物质熔融。但首先，这样简单的假设并未充分考虑增厚过程中压力增大和流体减少对熔融的负面影响；其次，也要考量不同的大地构造背景下地温梯度存在明显不同，如现在有学者研究热的造山带（hot orogenic zone）和冷的造山带（cold orogenic zone）中地壳物质熔融机理的差异。③地球内部放射性同位素衰变产生的热量。地球内部 U、K 等放射性元素的衰变会产生一定的热量，但这些元素的浓度并不是特别高，而且放射性元素的半衰期较长，因此单纯的放射性衰变产生的热量并不足以导致地球深部的岩石发生熔融。

还有两种可能的机制也值得考量：一种可能的机制是岩石圈深部断层带附近形成的剪切增热。当岩石圈的应变速率足够高时，可以产生短时的剪切增热，但这种热量仅限于断层面附近，难以导致岩石的广泛熔融。另一种可能的机制是陨石撞击产生的大量热量。但理论模拟和实地观察发现，陨石撞击的巨大能量会导致陨石坑附近的岩石大量挥发和飞溅，难以保留有效的岩石学证据，如在美国亚利桑那州的巴林杰陨石坑中并没有保留熔融的证据，因而这种机制的效应难以评估。

2. 压力的变化

由 p-T 相图可以看出，若体系压力降低，也可使其从固相区进入液相区（图 5-1），从而发生部分熔融。从地质学角度来考量，导致压力变化的因素可能有以下几种：①上覆岩石处于伸展状态，导致压力降低。②地壳深部的岩石在构造应力的作用下发生快速抬升，这一般见于一些变质核杂岩区，其核部会发生部分熔融形成混合岩。③软流圈地幔物质的上隆，导致压力降低和部分熔融，这一般见于洋中脊或洋岛构造环境。总之，压力快速降低是导致岩石发生部分熔融的重要因素之一，但要详细考量导致压力降低的主要地质因素。

压力增加能否导致岩石发生部分熔融？从经典的温压相图（图 5-1）来看，对这一点是有争议的。对于含挥发分的体系，其固相线的形态比较特殊，在压力增大的情况下，挥发分饱和的体系会越过湿体系固相线，从固相区进入液相区，从而导致部分熔融（牛耀龄，2013）。这种熔融机制无论是对理解俯冲带岩浆作用还是造山带花岗岩的形成都具有重要意义，这意味着在挤压的构造背景下，含有挥发分的地壳物质有可能发生广泛部分熔融形成大量花岗岩。牛耀龄（2013）提出，藏南和高喜马拉雅造山带的一些新生代淡色花岗岩就是在挤压的构造背景下形成的。

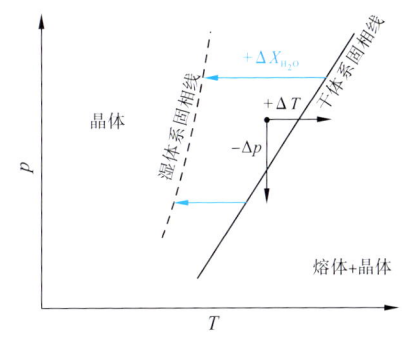

图 5-1　影响部分熔融的几个重要因素

3. 挥发分的加入

在岩浆产生的过程中，水的加入是岩石成分发生变化的主要原因（图 5-1）。在给定压力下，水会降低岩石的固相线温度。例如，在约 100km 深度，橄榄岩在有过量水的情况下在接近 800℃ 时开始融化，但在没有水的情况下在接近 1 500℃ 时才开始融化。水在俯冲带被从海洋岩石圈中挤出，导致上覆地幔融化。玄武岩或安山岩成分的含水岩浆是由于俯冲过程中的脱水而直接和间接产生的。这些岩浆以及由它们衍生的岩浆形成了岛弧，如太平洋火环中的岛弧。这些岩浆形成钙碱性系列岩石，是大陆地壳的重要组成部分。含水岩浆密度和黏度低，浮力大，会在地幔中向上移动。

与水相比，CO_2 的添加相对来说是岩浆形成的一个不太重要的原因，但一些二氧化硅不饱和岩浆的成因已归因于其地幔源区 CO_2 对水的主导地位。实验证明，在 CO_2 存在的情况下，在对应于约 70km 深度的压力下，橄榄岩固相线温度在狭窄的压力区间内降低了约 200℃。在更深处，CO_2 可产生更大的影响：在大约 200km 深度，碳酸化橄榄岩组合物的初始熔化温度被确定为比不含 CO_2 的相同组合物低 450～600℃。霞石岩、碳酸岩和金伯利岩等岩石类型的岩浆是 CO_2 流入深度超过 70km 的地幔后可能产生的岩浆。

二、岩浆及岩浆的基本性质

（一）岩浆

最早有关矿物岩石性状的记载，出自中国的《山海经》和古希腊泰奥弗拉斯托斯（Theophrastus）的《石头论》。古希腊哲学家泰勒斯（Thales）"一切都来自水，又复归于水"的论断，可看作是关于沉积岩思想的萌芽。早在 18 世纪，Hutoon 就曾尝试模拟火成岩形成所需的高温，但直到 20 世纪才在华盛顿卡内基研究所进行了系统熔融实验。实验岩石学研究表明，受吉布斯热力学不均一相平衡启发，一个与主要岩浆岩类型相关的复杂一元、二元、三元和多元合成硅酸盐及氧化物体系的综合研究计划已经开展。

岩浆是位于地球深部形成的极热液态和半液态岩石。当岩浆流到地球表面，它就称为熔岩。岩浆一词源自古希腊语 $μάγμα$（mágma，浓稠油膏）。所有火成岩均由岩浆形成。岩浆（有时通俗地但被外行错误地称为熔岩）是在地球表面下发现的，并在其他类地行星和一些天然卫星上也发现了岩浆作用的证据。除了熔岩外，岩浆还可能含有悬浮晶体和气泡。岩浆中包含以下几种成分：熔体＋晶体（结晶矿物＋源区残留矿物）＋挥发分（包括 H_2O、F、Cl、S 等），不同成分的岩浆在温度、黏度、结晶过程等方面存在明显差异（图 5-2）。

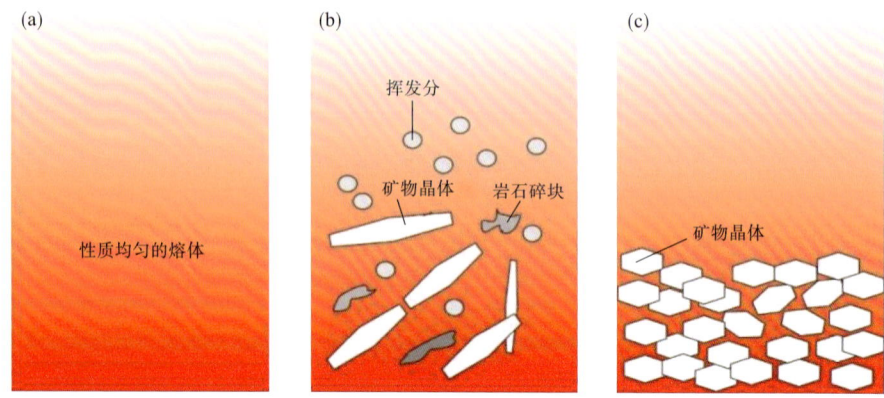

图 5-2　岩浆、熔体和晶粥体的差别示意图

(二)晶粥与分异熔体

Hildreth(2004)、Bachmann and Bergantz(2004)最早提出晶粥(crystal mush)模型，指出酸性岩浆就位到上地壳并形成一个岩浆房，若岩浆房结晶达到一定程度，熔体从该岩浆房中抽离并喷发形成火山岩，残留的晶体堆积并形成侵入岩(图 5-2)。Bachmann and Bergantz(2008)又以岩浆中晶体含量是否到达 50% 为界，将晶体含量>50% 的岩浆称为晶粥，将晶体含量<50% 的岩浆称为岩浆房，晶粥和岩浆房均为岩浆储库。

(三)岩浆的化学成分

岩浆的化学成分可以间接用其本身凝结而成的岩石的化学成分来加以推断。岩浆的主要成分是硅酸盐和一部分挥发分。

硅酸盐岩浆的主要化学成分包括 O、Si、Al、Fe、Ca、Mg、Na、K、Mn、P 等，其中以 O 元素含量最多。因此，常常以氧化物的形式来表示岩浆的成分。主要氧化物为 SiO_2、Al_2O_3、FeO、Fe_2O_3、MgO、CaO、Na_2O、K_2O、MnO、P_2O_5 等。其中，最主要的是 SiO_2，其含量可高达 40%～75%。不同成分的岩浆，其氧化物含量亦不同，但这些氧化物之间通常存在一定的相互制约关系。一般来说，随着 SiO_2 含量增高，K_2O、Na_2O 含量随之升高，而 MgO、FeO(Fe_2O_3)含量则随之降低。因此，SiO_2 含量就成为划分岩浆岩化学成分的主导因素，它支配着其他氧化物含量的变化。

据现代火山观察，岩浆中还含有大量挥发分及成矿金属元素，挥发分含量在岩浆中一般不超过 6%，主要为水蒸气(H_2O)，约占挥发分总量的 60%～90%，其次为 CO_2、CO、N_2、SO_2、SO_3、H_2S、HCl、H_2F、H_2、NH_3、NH_1、$B(OH)_2$ 等。在地下深处压力较大的情况下，它们溶解于岩浆之中，不仅能降低岩浆的黏度，使之易于流动，而且还能降低矿物的熔点，延长岩浆的结晶时间，并结晶出含挥发分的矿物。在地壳浅处，由于压力降低，挥发分大量呈气相析出。在较低温度下，还可以形成热水溶液。这些挥发分形成独立相后，在岩浆阶段，它有利于岩浆的气体搬运，产生分异作用；在成岩阶段及其后，它可以交代有关矿物使岩石发生蚀变。在一定条件下，它还能携带金属或其他有用元素，在适当的地段形成气-热液矿床。此外，火山的强烈爆发，也是由于挥发分的大量富集、突然释放造成的。火山爆发时，首先喷出的主要是挥发分。

(四)岩浆的温度

1. 温度范围与岩浆成分的关系

岩浆的温度范围变化较大，一般为 $600 \sim 1\,500℃$。一般来说，影响岩浆温度的因素包括岩浆的成分，基性岩浆的温度普遍偏高，而酸性岩浆的温度相对偏低；挥发分的含量亦可影响岩浆温度，但具体的影响机制相对复杂，需审慎对待。一般来说，岩浆的温度还随着其深度增加而增高，且含水的岩浆温度要比不含水（干）的岩浆温度低。岩浆喷出地表后，表层的温度由于与大气接触发生氧化放热反应可能会略有升高，但这种影响波及的范围不大。另外，熔岩流的温度通常比地下深处同成分的、正在结晶的岩浆高，这主要是由于地下深处的岩浆富含挥发分，挥发分可以使起熔温度和液相线温度明显下降。因此，许多同质多象的矿物，在深成岩中往往是低温变体，如正长石、微斜长石、α-石英；在喷出岩中则往往是高温变体，如透长石、β-石英等。

2. 岩浆温度的测定和估算

(1)直接观察现代熔岩流的温度，一般用红外摄像机或红外温度计测量。现代熔岩流的温度一般为 $600 \sim 1\,200℃$，并随其成分的不同而有所差异。通常，基性火山熔岩温度高，为 $1\,025 \sim 1\,225℃$；中性岩次之，为 $900 \sim 1\,000℃$；酸性熔岩温度低，如流纹岩仅有 $735 \sim 890℃$。目前的数据多是来自夏威夷的基性熔岩流的温度观测，其他类型的数据很少，主要原因是观测比较危险。

(2)矿物温压计与岩石相平衡，目前最常用的包括锆石 Ti 温度计、石英 Ti 温度计、角闪石-斜长石温度计及二辉石温度计等。

(3)高温高压实验，模拟岩浆的形成温度：难以有效约束挥发分、压力变化及时间因素对岩浆温度的影响。例如，基拉韦厄火山的玄武岩，在一个大气压下熔融后，开始结晶的温度为 $1\,160 \sim 1\,235℃$，完全结晶的温度为 $1\,060℃$，花岗岩的熔点为 $950 \pm 50℃$（图5-3）。

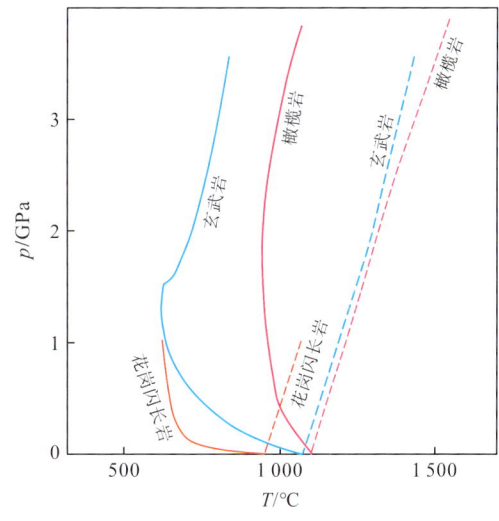

图 5-3　不同岩石的固相线温度曲线

(五)岩浆的黏度

1. 岩浆黏度的大小及其地质意义

黏度是岩浆的重要性质之一。岩浆的黏度对岩浆的流动作用或结晶作用起着重要影响。黏度反映流动的难易程度，越难流动的物质黏度越大。黏度的单位是 $Pa \cdot s$，黏度为 $1\,Pa \cdot s$ 相当于 20℃ 时水的黏度的 $1\,000$ 倍。岩浆的黏度通常为 $10^3 \sim 10^{11}\,Pa \cdot s$。岩浆黏度的大小是衡量火山喷发方式的主要因素，如夏威夷玄武质熔岩流的黏度较小，岩浆易于流动，喷发造成的地质危害较小；反之，日本富士山主要为流纹岩岩浆，黏度很大，经常是上部的岩浆难以流动，在岩浆通道内形成塞子，堵塞了下部的岩浆，最终导致大规模爆炸式喷发。

2. 岩浆黏度的影响因素

(1) 氧化物。SiO_2、Al_2O_3、Cr_2O_3 的存在，将使岩浆黏度显著增加，尤以 SiO_2 的含量影响最大，SiO_2 含量升高，则黏度增大。酸性岩浆的黏度比基性岩浆的黏度要大 7～8 个数量级，这可以解释自然界酸性的喷出岩很少、基性的玄武质岩浆却可以在地表大面积喷出并形成大火成岩省的原因。

(2) 挥发分。挥发分的存在将显著降低岩浆的黏度，挥发分含量升高，岩浆的黏度降低。例如，在钙碱性的酸性成分岩浆中，体系在 1 000K 时，水含量从 0.5% 变化到 8.0%，岩浆黏度可以减少超过 4 个数量级以上。

(3) 温度。温度也是影响岩浆黏度的重要因素之一。温度升高，黏度下降。实测结果表明，在含水 1.0% 的酸性成分岩浆中，当温度从 1 000K 增加到 2 000K 时，岩浆黏度可以减少 6 个数量级以上。

(4) 压力。压力对黏度的影响要复杂得多。对不含水的干岩浆，压力升高黏度增大；但对富水岩浆，由于压力升高可明显增大水在岩浆中的溶解度，因此反而使黏度在一定压力区间内降低；当压力升高到一定程度时，水在熔浆中的溶解已达饱和，水含量不再随压力升高而增大，这时压力进一步升高，岩浆的黏度则呈增大趋势。另外，岩浆中晶体的含量也会使岩浆的黏度发生变化。一般来说，晶体含量增加，岩浆的黏度亦会相应增大。

随着岩浆的冷却，其黏度呈指数级增加。从夏威夷熔岩流前端流出的玄武质熔岩温度约为 1 160℃。它从地壳下面溢出后迅速流动，但其表面因辐射而迅速冷却，温度达到约 700℃，并呈暗樱桃红色。这种温度的下降导致黏度剧增，熔岩流速减慢，堆积起来表面皱巴巴的，变成一团黏稠的物质。这在光滑的熔岩流表面特别常见，夏威夷称其为绳状熔岩 (pahoehoe)。当流动开始凝固时，熔岩流的表面经常变形成褶皱，褶皱的范围从细绳到粗绳，较粗的褶皱形成在更黏的熔岩上。

(六) 岩浆中的挥发分

岩浆中一般含有一定量的挥发分，其成分主要为 H_2O、Cl、F、S 等，可以通过探测火山气体的成分来估算岩浆中挥发分的种类和含量，亦可通过分析火山岩斑晶矿物中气体包裹体的成分来分析挥发分。挥发分在岩浆中的溶解度取决于压力、岩浆成分和温度。以熔岩形式喷出的岩浆极其干燥，但在深处和高压下的岩浆可含有超过 10% 的溶解水。水在低硅岩浆中的溶解度比高硅岩浆要低一些，在 1 100℃ 和 0.5GPa 下，玄武岩岩浆可溶解 8% 的 H_2O，而花岗岩伟晶岩岩浆可溶解 11% 的 H_2O。然而，在典型条件下，岩浆不一定是饱和的。CO_2 在岩浆中的溶解度比水低得多，并且即使在很深的地方也经常分离成不同的流体相。这解释了在深部岩浆中形成的晶体中存在二氧化碳流体包裹体的原因。在岩浆演化晚期，挥发分聚集形成热液流体，这样的热液流体中部分成矿金属元素的溶解度较高，在适当的条件下可以形成气-液矿床。

(七) 岩浆的密度

岩浆与围岩的密度差是驱动岩浆向上运移的主要因素。一般情况下，岩浆的密度与其化学成分、岩浆中挥发分含量以及岩浆温度密切相关，基性岩浆的密度一般高于酸性岩浆的密度；岩浆中挥发分含量增加会显著降低岩浆的密度，岩浆的温度与密度在一定程度内呈负相关关系。此外，岩浆的密度可以明显影响结晶矿物的行为，如果岩浆密度显著低于结晶矿物，岩浆中早期结晶的矿物会发生沉降，称为结晶分异；反之，如果岩浆密度和结晶矿物接近，早期结晶的矿物将无法有效沉降，就形成较大的斑晶，如花岗岩中常见的碱性长石巨晶。

三、岩浆结晶与相平衡

(一)典型一元相系：石英(SiO_2)体系

石英具有较为复杂的多形变体(同质异象)，常压下的多形变体及它们之间的转变温度为

高温石英 ——867℃—— 鳞石英 ——1 413℃—— 方石英 ——1 670℃—— SiO_2 熔体

(β-石英)

↓↑ 575℃　　　　　↓↑ 163℃　　　　　↓↑ 180～270℃　　　　　↓↑ 快速冷却

低温石英(α-石英)　　低温鳞石英　　　低温方石英　　　石英玻璃

在高压下稳定的是密度大的变体柯石英(密度 3.01g/cm^3)和斯石英(密度 4.358/cm^3)。

图 5-4 为石英系统的相图，为一元系(SiO_2)。图中有 6 个稳定区，分别为 α-石英、β-石英、鳞石英(Tr)、方石英(Cr)、柯石英(Ct)稳定区以及熔浆(L)区。每个区出现的稳定相数为 1，按相律，$f=c+2-p=1+2-1=2$，即自由度等于 2，称为双变面。6 个稳定区相交于 8 条曲线，在这些曲线上共存 2 个相，按相律，$f=1+2-2=1$，即自由度等于 1，称为单变平衡曲线，它们代表的平衡反应为：α-石英＝β-石英；β-石英＝Tr；β-石英―Cr；β-石英＝L；Tr＝Cr；Ct＝L；β-石英＝Ct；α-石英＝Ct。8 条单变线分别交于 3 个点，在每个点上 3 个相共存，按相律，$f=1+2-3=0$，即自由度等于 0，称为不变点。在不变点上共存的 3 个相分别为：α-石英＋β-石英＋Ct，Tr＋Cr＋β-石英和 Cr＋β-石英＋L(严格地说，在图的上方还有一个 β-石英＋Ct＋L 的不变点，一条单变曲线 Ct＝L)。

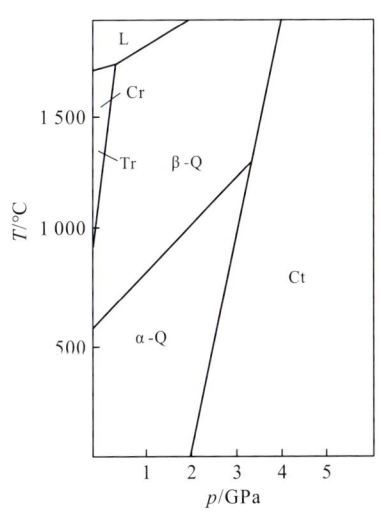

图 5-4　石英系统相图

鳞石英、方石英稳定区位于低压高温条件下，压力轻微升高它们将被 β-石英所取代，故在侵入岩中没有鳞石英和方石英，它们多出现在火山岩的基质中。但是，这两个变体常以准稳定态出现在气成热液作用的产物中，"矿化剂"的存在或某些杂质的加入(如 Na、Al 置换 Si)，可能促使它们以准稳定态出现在低温条件下。所以，鳞石英和方石英是低压的指示产物。

高温石英(β-石英)和低温石英平衡的单变曲线的温度随压力增加而升高，从常压下的 $T=575℃$ 上升至 $p=0.5GPa$ 时的 $T≈704℃$，$p=1GPa$ 时的 $T≈815℃$。在酸性成分的火山岩和超浅成的岩石中，常可见到 β-石英假象的 α-石英；这种岩浆在地下深处的温度较高，常为 800～900℃甚至更高。在这种处于相对压力较大(即在较深处)、温度

较高的岩浆中石英常首先晶出，故晶出的斑晶常为高温的六方双锥石英。相反地，在同样成分的深成岩中常见的是低温石英，这是因为这种岩浆常常温度相对较低（相对于火山岩和超浅成的岩浆而言）。同时，石英是岩浆中最晚结晶的矿物，这时的岩浆温度就更低了。

α-石英、β-石英转变为柯石英单变平衡线几乎平行于 T 轴，且在 $T=0℃$ 时截交压力轴于约 2GPa 处。这表明，在所有 $T>0℃$ 的范围内，柯石英不能在 $p<2$GPa 时形成，故柯石英是高压的指示矿物。当 $T>1\,000℃$ 时，转变为柯石英所需的最低压力 $p\geqslant3$GPa，故在深度 >100km 的地幔内才可能出现柯石英。在金刚石的包裹体中已发现有柯石英就证明了这一点。在更高的压力（约 $p>11$GPa）下，柯石英转变为斯石英。陨石坠落的坑内和原子弹爆炸的坑内已发现有柯石英、斯石英，它们属于高压冲击变质的产物。

（二）典型二元相系

1. Di-An 系统

Di-An 系统为典型的二元共结系统（图 5-5）。在二元共结系中，我们看到的是另一种类型的相互关系：究竟哪一种矿物先析出，这取决于熔浆的总组成。因此，在这些矿物之间结晶的顺序是不确定的，有时辉石先结晶，有时斜长石先析出，有时则同时析出。

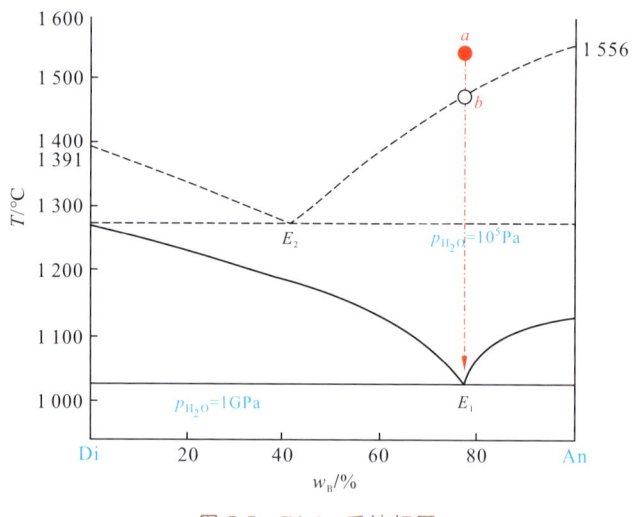

图 5-5　Di-An 系统相图

无水系统（$p=1$atm$\approx10^5$Pa）可近似地代表喷出岩的条件，含水系统可代表深成岩的条件。p_{H_2O} 的增加使液相线的温度降低，共结点移向 An 一端。由图 5-5 可大致估计，在中-深条件（假设 $p\approx p_{H_2O}\approx200$MPa，6～7km 深）下共结点在 50%An 左右。

在中-深条件下，如果 p_{H_2O} 发生脉动式波动，则共结点将变化于 An 的范围为 40%～60%，对 An 为 50% 的辉长岩岩浆来说，将造成一时 Py 大量晶出、一时 Pl 大量晶出，形成辉长岩体中的"韵律式层理"。如果深度很大，p_{H_2O} 为 5～10MPa，则对上述成分的岩浆来说，永远是 Py 先于 Pl 结晶。如果岩浆成分与上述岩浆成分有较大的差异，在中-深条件下，p_{H_2O} 的波动亦不会造成上述结果（图 5-5）。从这个意义上来说，可能正是由于岩浆成分与 p_{H_2O} 条件的结合，造成了辉长岩侵入体中较之其他成分的深成体中更常见这种韵律式层理。韵律式层理形成的机理可能是这样的：早期同时晶出的 Pl、Py，由于某种原因堆积成不甚明显的条带，这时还未结晶的残存岩浆中的 Pl 组分就会向晶体多的地方扩散，继续环绕已有的 Pl 结晶中心生长，当晶体生长了很多、已经阻碍残存熔浆从一个条带向另一个条带自由扩散时，辉石开始形成自己的结晶中心，并填充在颗粒之间。同样的形成方式，造成暗色条带中 Py 比 Pl 自形的现象。

一个正在结晶的熔浆（位于液相线上），如果由于某种原因使 p_{H_2O} 增大，那么液相线就会降低，使得原有的液相线进入固相区，就会导致已晶出的 Py 或 Pl 被溶蚀；如果 p_{H_2O} 减小，由于液相线上移，就会引起结晶作用更迅速地进行。

假设在深处（p_{H_2O} 高）一个富 Di 的岩石（Di＋An）发生部分熔融，则首先熔出的将是共结成分的低熔熔浆，低熔熔浆上侵时，由于 p_{H_2O} 较低，很快就全部结晶，故这种熔浆活动上侵能力差。相反，如果是高温岩浆，大大高于液相线，则上侵时 p_{H_2O} 的降低不会使其达固相区，不会造成强烈的结晶作用发生，故上侵能力强，以至可喷出地表。一般来说，成分相同的含水岩浆，其喷出岩的岩浆温度比侵入岩的温度要高。

2. Fo-Q 二元近结系

近结系亦称不一致熔融、分解熔融和转熔体系（图 5-6），是指一种化合物在低于完全熔化温度的情况下熔出一种液相、残留下另一固相。这种化合物称为分解熔融化合物。镁橄榄石（Fo）-二氧化硅（Q）体系是这一体系的典型代表。在 Fo-Q 系统中，有一个不一致熔融中间化合物顽火辉石（En），在 1 个大气压（10^5 Pa）下，将顽火辉石加热到 1 557℃时，顽火辉石不直接熔化，而是分解熔融生成镁橄榄石和一种液相。

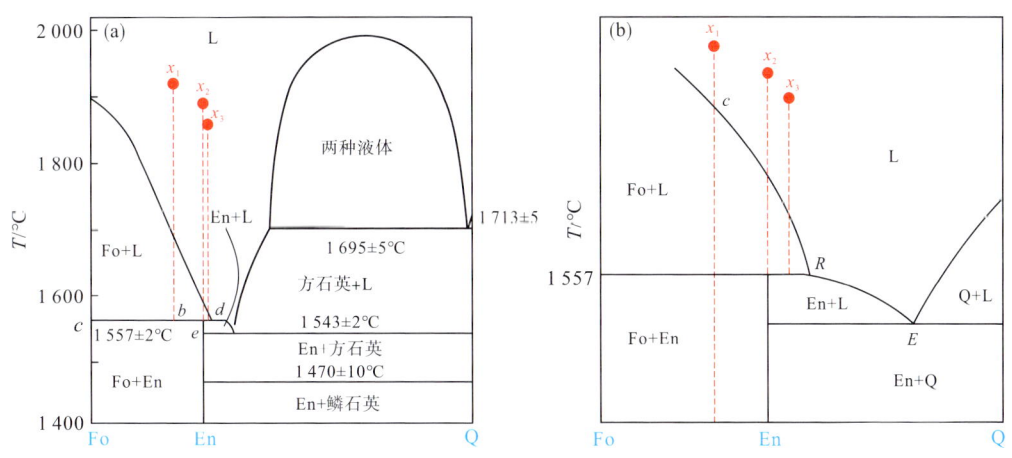

图 5-6　Fo-Q 二元近结系相图

图 b 是图 a 的局部放大图。转引自林景仟，1995

（1）相图特点。该相图以 Fo 和 Q 为二端元组分（图 5-6）。Fo 和 Q 的熔点分别为 1 890℃和 1 713℃。相图上 R 点为转熔点（不一致熔融点、分解熔融点、近结点），是 Fo、En 和熔体（L）共存的三相不变点，R 点的自由度 $f_R＝0$，分解熔融温度为 1 557℃，在该点的反应式为

$$\text{Mg}_2\text{SiO}_4(\text{Fo})＋\text{SiO}_2(\text{Q})\rightarrow 2\text{MgSiO}_3(\text{En})$$

E 是 En 和 Q 的共结点，是该两种固相与液相平衡的三相不变点，共结温度 $T_E＝$

1 543℃。图 5-6 中的曲线为液相线，是单变平衡曲线；水平的横线是固相线。

（2）结晶过程。原始组成为 x_1 的熔体，温度下降至液相线温度时，首先晶出 Fo。温度继续下降，Fo 不断晶出，液相成分随之不断向 R 点方向改变，熔体中 SiO_2 的比例不断增加，至不变点 R 时已结晶出的 Fo 与熔体中的 SiO_2 发生反应生成 En，直至液相全部消失温度才继续下降，最终产物为 Fo＋En。原始成分为 x_2 的熔体，温度降至液相线时，同样先晶出 Fo，随着温度继续下降，Fo 不断晶出，液相成分变至 R 点时 Fo 与液相反应，直至 Fo 完全转变为 En，此时液相 L 已全部耗尽，最终产物为 En。原始成分为 x_3 的熔体，直至温度到达 R 点时，先结晶的 Fo 与液相反应，当 Fo 完全转变为 En 时仍有液相存在，随着温度继续下降，液相成分沿着 RE 演变，且不断晶出 En，液相成分演化至 E 点，En 与 Q 同时晶出，直至液相全部耗尽，结晶产物为 En＋Q。

（3）岩石学意义。①Fo 与 Q 不能平衡共生，若岩石中见到 Fo 与 Q 共存，Fo 周围必有 En 反应边。②Fo 可在 SiO_2 轻微过饱和的岩浆中首先晶出；若快速结晶，Fo 斑晶可以与 SiO_2 轻度过饱和的基质共生。③只根据 Fo 斑晶的出现是不能判断岩浆 SiO_2 饱和程度的。④在分离结晶的条件下，从一个 SiO_2 不饱和的岩浆可以演化出 SiO_2 饱和或轻微过饱和的岩浆来。

（三）典型三元相系

1. An-Ab-Or 三元系

长石是大多数岩浆岩的主要矿物，长石体系的相平衡研究对理解岩浆演化至关重要。由于长石的结构状态和有序度变化复杂，一直缺乏完整的实验资料。Ab-An 系和 Ab-Or 系前已述及，Or-An 为共结系，Tuttle and Bowen（1958）基于这些实验并综合出花岗岩中斜长石、碱性长石及其共生的玻璃成分，作出了 An-Ab-Or 三元系相图（图 5-7）。由于钾长石（Or）是不一致熔融产物，从严格意义上来说该系统不是三元系，而是 An-Ab-Lc-Q 系统中的一个切面。Ab-Or-H_2O 系统的研究表明，当 $p_{H_2O} \geqslant$ 250MPa 时，白榴石（Lc）完全消失，这时一般可把该系统看作三元系。同样地，Or-Q 系相图说明，当 SiO_2 过剩时，Lc 区缩小以至消失，晶出 Or 的温度降低，这与 p_{H_2O} 增加时的影响相似。根据相平衡原理可推测，在该系统中加入另一个不与长石呈固溶体的组分，如霞石（Ne）等，可导致矿物的晶出温度降低，从而使 Lc 区缩小以至消失。因此，一般情况下，可将 An-Ab-Or 系当作三元系来处理，但两种长石同时晶出的同结线和与相平衡的两种长石的组成的变化曲线（图 5-7 上的 DFK_L 和 LK_SP 曲线）的位置将随着系统总组成的变化而改变。如图 5-7 所示，基质矿物可代表在地表常压（$p=10^5 Pa$）下结晶作用的产物，从核心到边部两种长石的组成逐渐接近，推测在 C 点时就变为一种长石。尽管相图随着总组成有所变化，但其总轮廓仍可用图 5-7 来表示。

DFK_L 为两种长石同时结晶时液相组成的变化曲线，称为共结线（cotectic curve），亦称相区界线（field boundary）。此曲线以上的区域为斜长石（Pl）首先结晶区（以下简称首晶区），其下为碱性长石（Af）首晶区，同结线上为三相平衡。一方面，对于压力固定（这里 $p=10^5 Pa$）的条件，它具单变平衡，所以 DFK_L 曲线不能无限延长；另一方面，碱性长石（Af）中可以含有少量钙长石（An）组分，故当 Af 中 An 组分没有达到饱和时只结晶出一种碱性长石（Af），这样 DFK_L 曲线不会到达 Ab-Or 边上，它在 K_L 点终结。LK_SP 为与液相平衡的同时结晶的两种长石的组成曲线，亦称固相曲线，在它的弧内

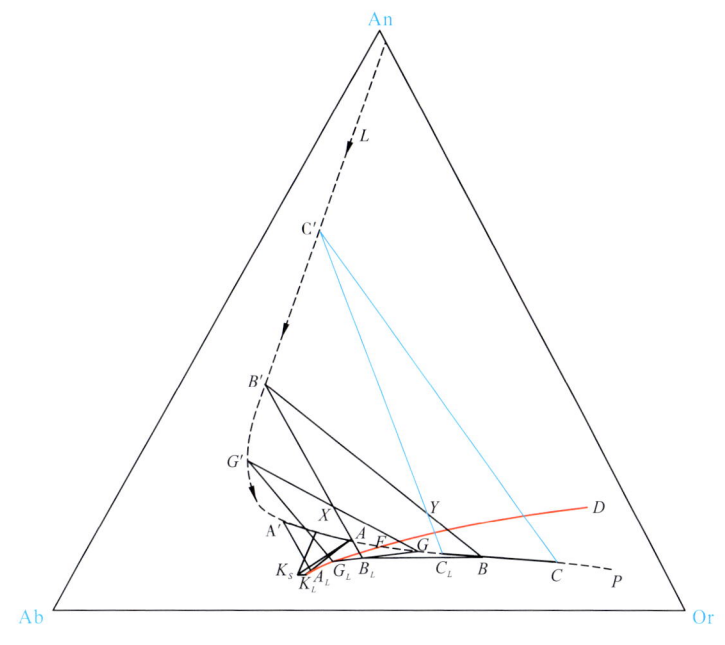

图 5-7　An-Ab-Or 系统

据 Tuttle and Bowen，1958

侧组成为两种长石结晶区，它的弧外侧为一种长石结晶区。箭头表示结晶作用进行时液相、固相组成的变化方向，当液相组成改变至 K_L 时，相应的两种长石变为一种长石，其组成为 K_S，为了表示它们相互对应的关系，连接为直线 $K_S K_L$。

　　Y 点的结晶过程，首先晶出 Pl，其组成比 C' 点更富钙。随着温度下降，液相组成达同结线上 C_L 时，除 Pl 外还同时晶出碱性长石（Af），它们的组成分别用 C' 和 C 表示。我们把呈平衡的 3 个相的组成点连接成 $\triangle CC_L C'$，称为相三角形。必须指出，犹如二元系中的杠杆原理，三元系中要借助相三角形来估计平衡的 3 个相的数量比。同时，熟练地运用相三角形会大大提高我们分析三元系相图的能力，尤其是遇到复杂的相图时更会显示出其优越性。在相应的地方，我们将会具体分析如何运用相三角形原则。再回过头来看 $\triangle CC_L C'$，体系总组成点 Y 落在相三角形的 $C'C_L$ 边上，这说明组成为 C 的碱性长石（Af）的数量无穷小，表示两种长石同时结晶的开始。温度继续下降，由于三相共存，为单变平衡，液相线组成必沿着同结线 DFK_L 变化，Pl 从 C' 往 B' 方向、Af 从 C 往 B 方向改变自己的组成，图点 Y 进入相三角形内，Af 的数量逐渐增多，液相线数量逐渐减少。当相三角形演变为 $\triangle BB_L B'$ 时，图点 Y 落在 $B'B$ 一边，表示液相（组成为 B_L）数量已经为无穷小，说明结晶作用到此结束。凡在 $LK_S P$ 曲线弧内 DFK_L 线的上方的图点结晶作用过程均类似于 Y 点，首先晶出富含 An 组分的斜长石，岩浆成分逐渐富碱，向同结线移动，达同结线后晶出两种长石，两种长石均向富 Ab 组分的方向发展，此时岩浆沿同结线向富 Ab 组分的方向演化。这样，一个富 An 组分的基性或中性岩浆发生分离结晶作用的必然结果是使岩浆往富碱方向演化，晚期的岩浆则在继续往富碱并同时往富 Na 的方向演化，自然界中不少岩浆岩组合的演化系列显示了这种倾向。另外，自然界中大多数中性-酸性侵入岩的组成落于斜长石首晶区，故斜长石常比碱性长石先结晶。

现在来分析 K_SK_LF 范围内的组成的结晶作用特点，如 X 点（相对富 Na），首先晶出 Pl，其组成比 G' 点富 An 组分。当液相组成达同结线上 G_L 时，开始晶出 Af，其组成为 G，体系由二相变为三相单变平衡，相△GG_LG' 代表了结晶作用开始时平衡的 3 个相的组成及它们的数量关系，图点落在 $G'G_L$ 边上，说明组成为 G 的 Af 数量为无穷小。温度进一步下降，固相分别向 A'、A 方向沿固相线移动，液相沿同结线向 A_L 移动，图点 X 进入相三角形内，斜长石数量逐渐减少，当达相△AA_LA' 时，图点 X 落在 AA_L 边上，说明 Pl 已全部耗尽，体系变为两相共存，为双变平衡，所以液相图组成必然要离开同结线 DFK_L 并向 Ab-Or 方向移动，Af 组成亦离开固相线 PK_SL 向 X 点移动，液相耗尽时，固相组成达 X 点，结晶作用结束。在 K_SK_LF 范围内的组成结晶作用的特点是，Pl 早于 Af 结晶，随着 Pl 与液相不断反应最后消失，结晶作用终结于单一均匀的 Af 形成。同结线靠近其终点 K_L 的线段虽为三相平衡，但与同结线远离 K_L 点的线段不同，随着结晶作用的进行总是伴随着 Pl 减少、Af 增多，也就是说具有一个相的被熔蚀的特点，不是单纯含义上两矿物的"同结"。可以推测，在许多粗面岩、响岩和流纹岩中的 Pl 斑晶可以以这种方式在结晶作用的最后阶段与岩浆反应熔蚀，最后让位给 Af。因此，Pl 与 Af 斑晶的存在并不能证明两种长石的结晶作用必须一直延续到结束。一般来说，从熔浆中结晶作用的演化都是从两相平衡（固＋液）发展为多相平衡（几个固相＋液相）的，到液相耗尽时终止。

如果发生分离结晶作用，那么从粗面岩、响岩和流纹岩岩浆结晶作用的最后阶段生成单一的碱性长石的可能性将会大大增加。例如，Y 点在平衡结晶作用条件下在 B_L 结束结晶作用并生成两种长石的共生。若早期晶出的 Pl 不与熔浆反应而分离开，如形成环带，则熔浆将向 K_L 方向移动，在 G_L-A_L 线段的某个地方离开同结线而向 Ab-Or 的方向移动。总之，随着分离结晶作用的进行，在曲线 $G'K_SP$ 以上的组成在结晶作用的最后阶段可以形成单一的碱性长石。在这样的环境下发生的结晶作用，将会使正长岩、霞石正长岩或花岗岩中某些 Af 中具 Pl 核，带 Pl 核的 Af 在不少岩浆岩中曾发现过。与二元系一样，p_{H_2O} 增加将对 An-Ab-Or 系统的相平衡产生影响。图 5-7 是 p_{H_2O} ＝ 500MPa 时的相图，水压 p_{H_2O} 增加后的影响主要是：①降低结晶温度；②二长石结晶区大大扩大，即相互混溶程度减少，固相线移向 Ab-An 和 Ab-Or 边；③同结线移向 Ab-Or 边，结晶作用导致晚期岩浆向更加富碱的方向演化。岩石的熔融过程正好与结晶作用过程相反。可以期待，若富 Ca 组分的基性-中性岩浆岩或片麻岩的部分熔融会产生富碱的（贫 Ca）低熔熔浆，则在 p_{H_2O} 高的条件下，发生部分熔融所需的温度更低，熔出的低熔熔浆更加富碱贫钙。

2. Di-An-Ab 三元系

图点 P 首先晶出 Di（图 5-8），并沿 Di-P 的连线达同结线 P_1，同时晶出 Pl。为了得出斜长石（Pl）的组成，将 Di-P-P_1 线延长至 P_2，因为 Ab、An 均与 Di 为共结关系，Di 中无斜长石组分，故在 Di-P-P_1-P_2 线上 Ab/An 比值为一定值，且等于 P_2An/P_2Ab（杠杆原理），这样作 P_21'' 直线垂直于 Ab-An 边，那么 $1''$ 的组成就可代表 P_1 的液相组成中的斜长石组成。由 Ab-An 二元系可知，与液相 $1''$ 平衡的固相斜长石的组成为 $1'$，再把 $1'$ 投影至 Ab-An 边上得 1，1 即为与 P_1 液相平衡的固相斜长石组成，这样就可连接相△DiP₁1。结晶作用继续进行时，液相组成沿同结线(e_1e_2)变化，P_1 沿 An-Ab 线向 Ab 一端改变自己的组成。重复上述步骤，确定液相组成点后，求出对应的 Pl 组成，或者相反。当 Pl 组成达 P_2 点时，总组成点落在相三角形的 Di-P_2 边上，表示液相已达无穷小量，这时的液相组成点在哪里？把 P_2 点投影与二元系固相线交于 2′，与 2′ 平衡的液相组成必为 2″，把 2″ 投影至 Ab-An 边得 2，连接 Di-2 与 e_1e_2 线交于 P_2'，P_2' 即为与 P_2 平衡的液相组成，故结晶作用终止时为相△DiP_2P_2'。

图点 N_1 首先晶出 Pl（图 5-8），刚开始时 Pl 为无穷小量，故总组成点 N_1 代表此时的液相组成。延长 Di-N_1 线至 Ab-An 边，作垂线 33″交液相线于 3″，与 3″ 平衡的固相必为 3′，作投影得 N_1'，即为与液相 N_1 平衡共生的 Pl 组成。结晶作用继续进行，Pl 向着 Ab 方向不断改变自己的组成，当达 N_1' 时，与它平衡的液相组成必为 4″，把 4″ 投影得 4，连接 Di-4 线，在此线上 Ab/An 比值均等于 4 点上的 Ab/An 比值。另外，这是两相平衡，运用杠杆原理可知，液相组成点必在 N_1'-N_1 连接的直线上，因此两直线 Di-4 与 N_1N_1' 的交点 N_2 必定是与固相 Pl 组成点 N_2' 平衡的液相组成点。用这样的方法可得到一系列液相组成点，它们的轨迹为 $N_1N_2N_3$ 曲线。当 Pl 达 N_3' 组成时，用同样的方法可得 N_3，

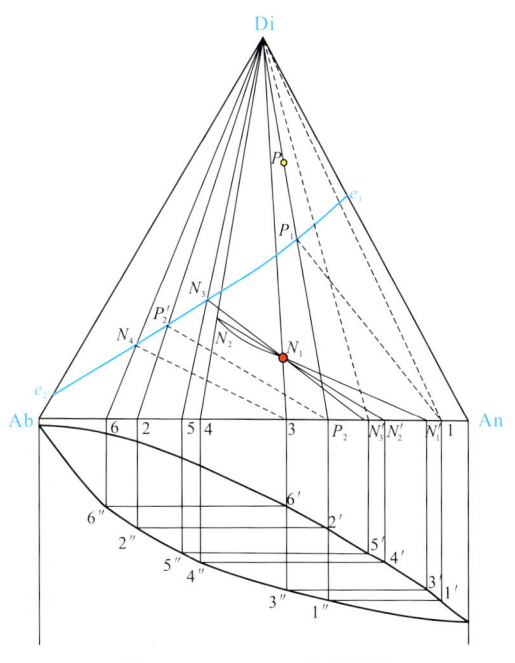

图 5-8 Di-Ab-An 系统相图

N_3 在 e_1e_2 曲线上，开始同时晶出 Di，连接相△DiN_3N_3'，结晶作用继续进行时，液相组成沿 e_1e_2 曲线变化，当 Pl 达组成点 3 时，总组成点 N_1 落在相三角形的 Di-3 边上，说明液相已为无穷小量，同样可得最后一滴的液相组成为 N_4。这一体系可看作简化的辉长岩类-闪长岩类岩石系列，具有重要的岩石学意义，如果把相应的 SiO_2 含量示出，则更好比较（图 5-8）。SiO_2 含量为 50% 的线大致相当于辉长岩类，SiO_2 含量为 55% 的线大致相当于闪长岩类，SiO_2 含量为 60% 的线大致相当于石英闪长岩类，SiO_2 含量为 65% 的线大致相当于花岗闪长岩类。假设 Di 代表暗色矿物，Pl 代表浅色矿物，根据上述岩石中暗色矿物的含域，基性岩中一般为 40%～70%，中性岩中一般为 30%～40%，酸性岩中一般为 10%，可推测上述岩石的组成点大致集中在 e_1e_2 同结线附近，故它们是近低熔熔浆的特征。正是近低熔熔浆的性质解释了这种经验规律，即从基性岩-中性岩-酸性岩，斜长石成分由富 An 组分变为富 Ab 组分，同时暗色矿物含量减少。在分离结晶作用条件下，从基性岩浆向中性岩浆、酸性岩浆演化。另外还可推测，相当于橄榄岩成分的上地幔的部分熔融可产生玄武岩质岩浆，相当于辉长岩成分的下地壳的部分熔融将产生安山岩质岩浆，相当于闪长岩成分的地壳的部分熔融将产生花岗岩质岩浆，同时亦可看出，从酸性岩中是不能产生基性岩浆的。一般来说，玄武岩岩浆不能起源于地壳的部分熔融，上地幔岩石的部分熔融不会产生中酸性成分的岩浆。

第三节 岩浆岩与岩浆岩岩石学

一、岩浆冷凝条件与岩浆岩的结构构造

(一)岩浆的侵位机制与冷凝

岩浆侵位的动力学来源，与任何流体一样，岩浆的流动仅响应压力梯度。什么样的压力梯度会导致岩浆从源头向地球表面上升呢？答案是岩浆与围岩密度对比驱动的浮力，也就是说，岩浆向地球表面漂浮。在地球表面附近，气体的出溶会导致岩浆快速上升，产生火山爆发(图5-9)。

如果地幔橄榄岩的密度为3 300kg/m³，玄武岩浆的密度为2 700kg/m³，密度对比为600kg/m³，将密度对比乘以重力加速度(9.8m/s²)，得出浮力压力梯度为5 880Pa/m。这不是一个巨大的梯度(回想一下，1个大气压=10⁵Pa)，但足以使岩浆通过地幔浮力上升。当玄武岩浆从地幔中升起时，它会轻微膨胀并降低密度。因此，它可能上升到地壳上部。无论如何，我们确实观察到玄武岩浆从密度低至2 600kg/m³的火山喷发出来，这将使这种岩浆在整个地壳中保持浮力。如果岩浆的管道一直延伸到地幔，密度高于上地壳的岩浆仍有可能到达地表。在地幔中，围岩和岩浆之间的巨大密度反差可以提供额外的力，使岩浆穿过上地壳(图5-9)。这可能发生在离散的板块边界，那里张开的裂缝可以从源头到地表产生垂直连续的岩浆体。浮力是导致岩浆上升的主要驱动力。在岩浆源区，液体在不同矿物接触的地方形成。因此，液体沿着晶界形成薄膜和管的互联网络。它通过这种晶体和液体的多孔混合物的流动与地下水通过土壤的流动相同，并受达西定律(Darcy's law)支配。我们在上一节中已经看到，这种压力梯度是由固体和液体之间的密度对比产生的。如果一定体积的岩浆受浮力上升，那么同样体积的固体就必须下降。由于源区的熔体量总是很小(只有百分之几)，故熔体上升的速率取决于固体变形的速率；也就是说，固体必须向下重结晶和压实，以向上排出浮力液体。固体的变形过程很慢，因而岩浆离开源区的上升速度很慢(图5-9)。

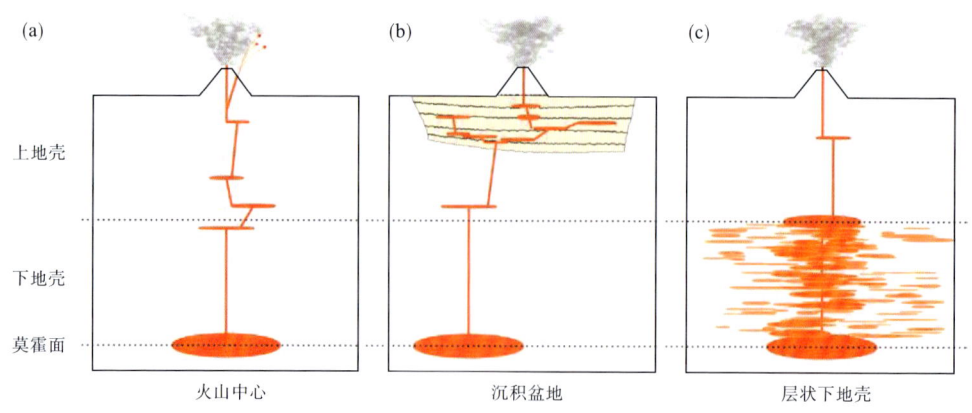

图5-9 不同侵位条件下岩浆的上升和喷发机制

(二)岩浆过程

1. 结晶分异作用

矿物的结晶温度有高有低，因而矿物从岩浆中结晶析出的次序有先有后。在岩浆冷凝过程中，矿物按其结晶温度的高低先后同岩浆发生分离的现象称为结晶分异作用。结晶分异作用在玄武岩浆中研究得最为完备，由鲍温和贝莱(Baliey)于 20 世纪 20 年代完成了实验和地质方面的经典研究，成为岩浆岩的理论支柱之一。

玄武岩浆的结晶分异作用模式一般称为鲍文反应原理，即随着岩浆温度的降低，橄榄石首先结晶，并由于它的密度大而沉落于岩浆体底部形成橄榄岩；继而辉石-基性斜长石同时结晶并沉落于橄榄岩"层"之上形成辉长岩；角闪石-中性斜长石同时析出构成闪长岩；而岩浆中越来越富含 SiO_2、K_2O、Na_2O 及挥发性组分，并慢慢地被已晶出的矿物"层"挤到岩浆体的顶部最后结晶出石英-钾长石-酸性斜长石组合，即花岗岩。由于在这一分异过程中，矿物晶出后因其相对密度不同受重力作用而分别沉落、堆积，故亦称重力结晶分异作用。用这种理论能够较圆满地解释层状超基性-基性侵入岩杂岩体，并建立堆积岩理论(图 5-10)。在有关层状侵入体的矿床研究中，这种理论得到了验证并起到指导找矿的作用。所以，这种结晶分异观点，经过半个多世纪的实验研究、理论探索和地质观察，对层状超基性-基性岩的成因解释基本上得到了承认。

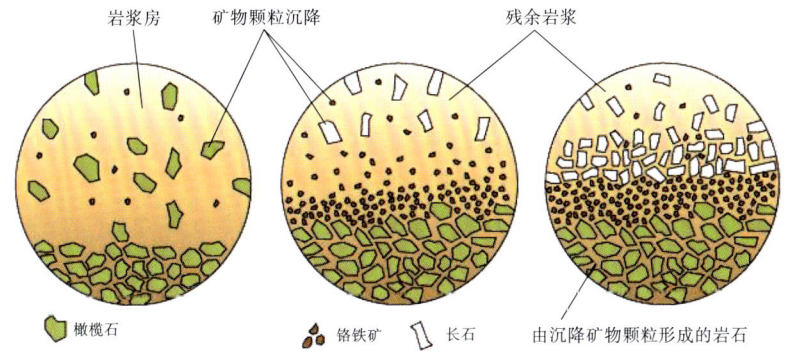

图 5-10　岩浆结晶分异示意图

2. 同化混染作用

由于岩浆温度很高并具有很强的化学活动能力，因此它可以熔化或溶解与之相接触的围岩或所捕虏的围岩块，从而改变原来岩浆的成分(图 5-11)。若岩浆将围岩彻底熔化或溶解，使之同岩浆完全均一，则称为同化作用；若熔化或溶解不彻底，还不同程度地保留有围岩的痕迹(如斑杂构造等)，则称为混染作用。因同化和混染往往并存，故又统称同化混染作用。此外，有人把岩浆熔化或溶解围岩并使之逐渐消失于岩浆中的过程称为同化作用，把因围岩的熔化或溶解使岩浆成分受到外来物质的混染而改变其原来成分的作用称为混染作用。显然，同化与混染为同一过程，是岩浆与围岩的相互作用，岩浆同化围岩，围岩则污染岩浆，因而可一并称为同化混染作用(图 5-11)。

一般同化混染作用中岩浆成分变化的规律是基性岩浆同化酸性(或富含 SiO_2)的围岩时，岩浆向酸性变化(酸度增加)；反之，酸性岩浆同化基性(富含 Ca、Fe、Mg)围岩时，岩浆向基性方向变化(酸度降低)。按照鲍文反应原理，基性岩浆可以同化酸性围

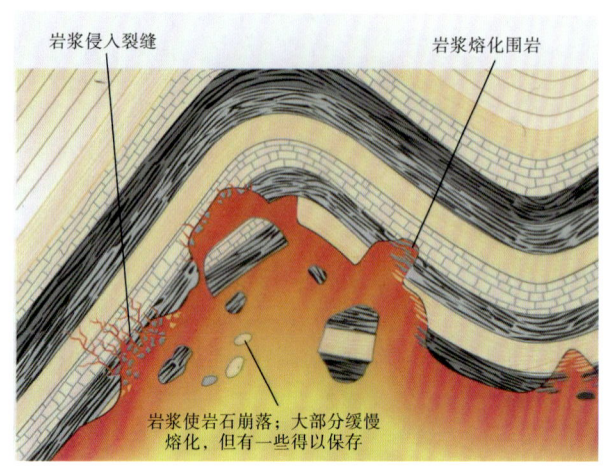

图 5-11　岩浆受围岩同化混染示意图

岩，但酸性岩浆难于同化基性围岩。不过，由于酸性岩浆往往富含挥发组分（CO_2、H_2O、F、Cl等），因而有很强的溶解能力，虽然其温度低一些，但亦能发生强烈的同化作用。其中，酸性岩浆同化碳酸盐岩石（石灰岩、白云岩）的作用具有重大意义，因为它不仅能形成许多小的中性岩侵入体，而且往往伴有矽卡岩化形成所谓矽卡岩矿床，如铜、铁、钨矿等。在该同化作用中，大量 Ca 和 Mg 加入岩浆，使岩浆酸度降低，形成闪长岩或石英

闪长岩，而在接触带上形成含石榴子石和辉石的矽卡岩（变质岩），如长江中下游的许多中-酸性侵入岩体广泛发育这种同化作用（图 5-11）。

3. 岩浆混合作用

岩浆混合作用（magma mixing and mingling）是岩浆岩岩石学研究领域内一个既古老又全新的热点命题。一方面，岩浆混合作用既是再造新生岩浆又是开放体系下岩浆演化的重要岩浆作用，因而它已成为岩浆多元性和岩浆岩多样性的重要原因（图 5-12）。另一方面，岩浆混合作用及其产物的形成还将涉及花岗岩的成因、壳幔相互作用、岩浆热动力学和地球动力学等重大基础问题，因而这方面的研究具有重要地质意义（董申保，1999；李昌年，2002；肖庆辉等，2003；张旗等，2007）。关于岩浆混合，不同性质岩浆初始的温度差、化学梯度及不同岩浆达到热平衡后各自的物理性质是岩浆混合作用主要的控制因素。同时，有研究者（Blundy and Sparks，1992）注意到，两种岩浆相对量的多寡及特殊的岩浆房动力学条件都对岩浆混合作用有控制作用。李胜荣等（2006）对西藏曲水碰撞型花岗岩的详细研究表明：该花岗闪长岩中的长石具有较高的Cr、Ni 含量，黑云母和角闪石具有较高的 $Mg^\#$ 值，表明该花岗闪长岩中有明显的幔源

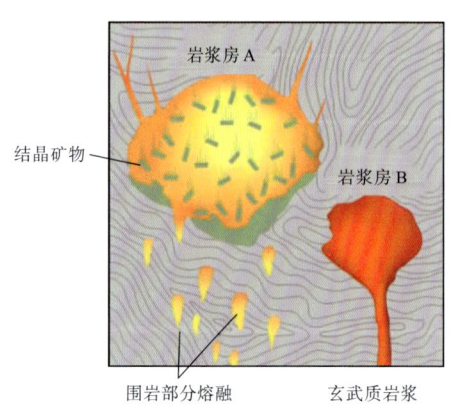
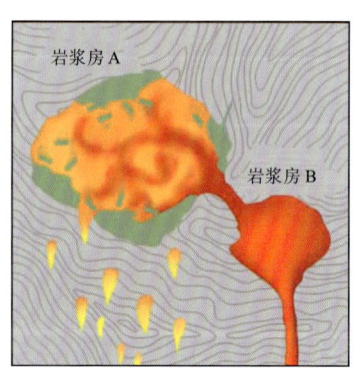

图 5-12　两种不同的岩浆混合示意图

组分加入。Tepper et al.(1999)对 Inaho 杂岩体中黑云母花岗闪长岩中的磷灰石韵律环带，通过对不同环带的系统对比，认为岩浆混合作用对磷灰石韵律环带的形成有重要作用。

二、岩浆岩的典型结构

(一)侵入岩中常见的结构

1. 文象结构

石英呈一定的外形(如尖棱形、楔形文字等)、有规律地沿钾长石的节理镶嵌。所有的石英嵌晶在正交偏光下同时消光，这是由于石英和碱性长石两种矿物共结结晶，一般形成于岩浆作用晚期。其中，肉眼可见的称为文象结构，镜下可见的称为显微文象结构。在一些似斑状花岗岩中，基质中亦可呈现显微文象结构，这样的结构称为花斑结构(granophyric texture)。在花岗伟晶岩中可经常见到文象结构(图5-13)。

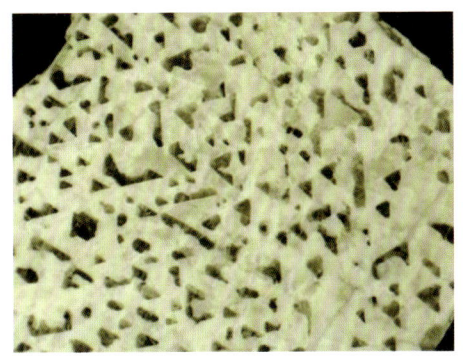

图5-13　花岗伟晶岩中的文象结构　　图5-14　花岗岩中的条纹结构

2. 条纹结构

条纹结构是由碱性长石和钠长石组成的具条纹结构的混晶体，它本质上是温度下降、碱性长石中钠长石和钾长石分析不混溶导致的。常见主晶为碱性长石(正长石或微斜长石)，客晶为酸性斜长石的(正)条纹长石(图5-14)，亦有主晶为酸性斜长石、客晶为钾长石的反条纹长石。客晶的外形多样，有脉状、棒状、滴状、封闭状、穿插状、交代状等，均具同样的光性方位。反条纹长石比较少见。利用色散效应或贝壳线，很容易区分条纹长石和反条纹长石。在条纹长石中，嵌晶的折光率高于包围着它的矿物，反条纹长石则相反。

3. 环斑结构和反环斑结构

膜状长石，亦称膜长石(mantled feldspar)，又称环斑结构/反环斑结构。环斑结构以碱性长石为核，外披斜长石膜，反环斑结构则相反。它有4种成因：衍生(a b)、出溶(c)、熔蚀(d)或聚合作用(e)。膜状长石形成于浅成或喷出花岗质岩浆环境，是多世代结晶和岩浆受混染或混合以及水压增大/温度波动的标志。环斑花岗岩系一专称，是指前寒武纪后构造花岗岩，它含卵形正长石斑晶、两个世代石英，其基质总成分相当于花岗岩。具膜状环斑结构花岗岩的基质总成分相当于石英闪长岩(图5-15)。

4. 海绵陨铁结构

海绵陨铁结构是陨石中常见的结构，在地球岩浆岩富含金属矿物的超基性岩和基性岩中亦常出现(图5-16)。硅酸盐矿物多是橄榄石、辉石、角闪石，亦可含有少量基性斜长石，金属矿物通常是磁铁矿、钛铁矿及铜镍硫化物(如黄铁矿、黄铜矿、磁黄铁矿、镍黄铁矿等)。它的基本特征是，大量金属矿物呈他形晶充填在硅酸盐造岩矿物之间，或这类硅酸盐矿物镶嵌在大量金属矿物的基底上，类似沉积砂岩中的基底式胶结结构。硅酸盐矿物有时不同程度地圆化，在大片金属矿物间呈现似海绵孔状。

图5-15 碱性花岗岩中的奥长环斑结构
碱性长石斑晶核部呈粉红色，
边部为白色的奥长石

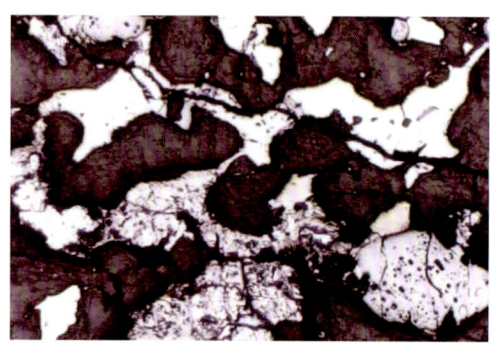

图5-16 超基性侵入岩中的海绵陨铁结构

(二)火山岩中常见的结构

1. 斑状结构

斑状结构(porphyritic texture)，是指岩浆岩中的矿物根据其粒径可分为明显的两群，其中颗粒粗大的矿物晶体称为斑晶(phenocryst)，而颗粒细小、难以识别的称为基

图5-17 闪长玢岩的斑状结构
白色的晶体为中性斜长石斑晶

质(matrix，基质可以是玻璃质或隐晶质)，一般要求斑晶粒度大于基质颗粒的5倍，斑晶含量应达到5%以上。关于斑晶的成因，传统观点认为，斑晶由早阶段岩浆结晶产生，形成于地下较深部位；而细粒或隐晶质基质为浅部晚阶段岩浆结晶的产物，岩浆裹挟着早期结晶的矿物(即斑晶)上升至浅部冷凝结晶(图5-17)。

斑晶矿物可能有以下3种来源：①在岩浆上升过程中，从源区携带难熔矿物，如玄武岩中经常发育橄榄石晶体；②岩浆中早期结晶的矿物，如玄武岩中的基性斜长石晶体，或是英安岩和流纹岩中常见的透长石晶体；③岩浆结晶的中晚期，由于温度、流体达到有利条件，有利于一些矿物快速生长，如一些花岗岩中发育大颗粒的碱性长石晶体。因此，详细分析岩浆岩中斑晶矿物的成因对反演其岩浆过程有重要意义。在岩浆上升过程中，由于压力降低、挥发分逸散等过程，可能使斑晶受到熔蚀，如流纹岩中六方双锥状石英斑晶呈港湾状轮廓、斜长石形成很亮的钠化边等。

2. 熔蚀结构和暗化边结构

熔蚀结构和暗化边结构是岩浆过程早期结晶的斑晶，随着岩浆快速上升，会导致两方面的效应：一方面是压力迅速降低；一方面是挥发分快速逸散。而岩浆体系的内能则难以迅速降低，从而岩浆在快速上升和喷发过程中其温度反而是快速上升的，这就导致早期结晶的斑晶会发生再次熔蚀，形成特殊的熔蚀结构。熔蚀可能从矿物边部开始，形成港湾状结构；也有可能从矿物内部开始（这主要与矿物的晶型有关），形成一种假包裹结构；对含羟基的矿物，如角闪石和黑云母，由于温度急剧上升和压力快速降低两方面的联合效应，矿物中的羟基和挥发分快速逸散，从而发生分解，在矿物不同部位形成磁铁矿小颗粒和碱性长石，称为暗化边结构（图 5-18）。需要注意的是，暗化现象也有可能发生在暗色矿物内部。

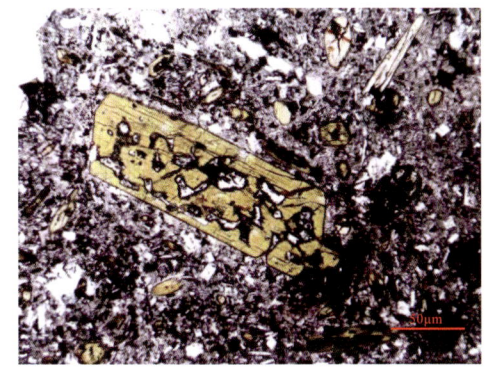

图 5-18　安山岩中的斑状结构和暗化边结构
角闪石斑晶发育熔蚀结构和暗化边结构

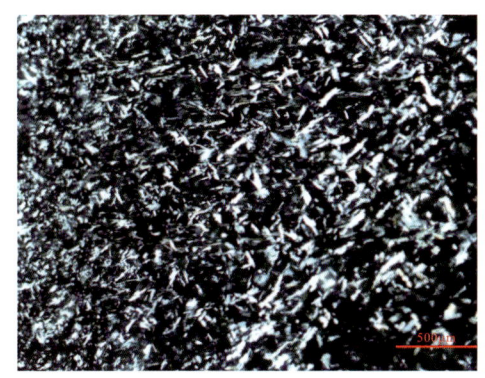

图 5-19　酸性浅成侵入岩中的霏细结构
主要是碱性长石和石英的微晶

（1）雏晶结构。玻璃质是一种未结晶的、不稳定状态下的固态物质。随着地质时代的延长，玻璃质将逐渐脱玻化，转化为结晶物质，在脱玻化初期形成一些颗粒极细的结晶物质，称为雏晶。如果岩石主要由雏晶组成，则其结构称为雏晶结构。

（2）霏细结构。脱玻化达到一定程度，可形成极细的、他形的长英质矿物颗粒的隐晶质集合体，但颗粒间界限模糊、形状不规则，称为霏细结构（图 5-19）。

（3）球粒结构。脱玻化可形成球粒，它是由中心向外呈放射状生长的长英质纤维构成的球状生成物，亦可呈扇状、束状等。岩石中若有球粒组成，则其结构称为球粒结构。若外形似球状，但其成分不是长英质而是辉石和斜长石，则称为球颗结构。前者多见于中酸性、酸性岩石中，后者则出现在基性火山岩中。

三、岩浆岩的典型构造

（一）侵入岩中常见的构造

1. 层理构造（layered structure）

层理构造在大型辉长岩体中常见。层理构造是指单斜辉石和基性斜长石在不同层的含量变化导致的层状构造，一般理解这是矿物在岩浆中堆晶作用的产物。在多数情况下，层状构造的尺度可能变化很大，其形状为板状或浅槽型，不同层之间具有不同的矿物组成。

这种堆晶从简单的富集镁铁质矿物的条带，变化到具有矿物交生现象的浅色条带或暗色条带，韵律层状侵入体的底部为暗色体、顶部为浅色体，或者两者相互混合形成均一的辉长岩(图 5-20)。这表明，岩浆在结晶过程中发生了明显的结晶分异作用。一般情况下，镁铁质矿物倾向于聚集于底部，而长英质矿物倾向于聚集于顶部。这种侵入岩称为堆晶岩。堆晶矿物形成于早期阶段，而粒间矿物是晚结晶的。根据矿物组成的变化，层理可以分为以下几类：①含量层理。根据矿物比例的不同呈现出的分带，亦称成分分带。②相层理。由堆晶矿物的特征随着构造高度增加而变化所定义的分层。③模糊层理。不同深度矿物成分发生变化的分层。

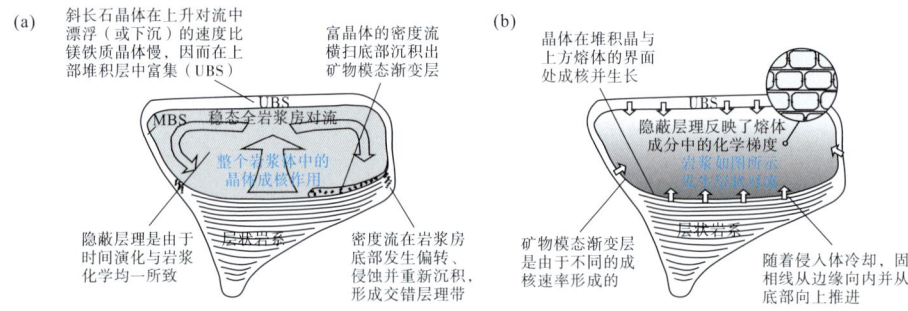

图 5-20 南非 Skærgaard 基性层状侵入体形成机制示意图

据 Gill，2010

2. 球状构造(orbicular structure)

一些花岗岩中会发育球状构造，如我国湖北地区的黄陵岩基中发育球状构造的花岗岩，可见到长英质矿物和镁铁质矿物呈椭球形同心环带生长，球形构造的核部可能是斑晶矿物(图 5-21)，也可能是岩浆中的捕虏残块。目前认为，球状构造是岩浆在结晶过程中矿物围绕核心发生韵律性结晶的产物，与层理构造的结晶过程类似，至于花岗岩如何形成球状构造还值得进一步探究。

图 5-21 花岗闪长岩中的球状构造

扬子北缘新元古代的黄陵岩基

3. 晶洞构造(miarolitic structure)

在一些侵入岩的中心部位，经常可见晶洞的直径从数厘米到数百厘米不等，晶洞中常见一些向内生长的矿物，如水晶、电气石、绿柱石等，而且不同部位生长矿物的类型可能发生变化。晶洞的形成，是由于在岩浆结晶晚期，富含挥发分的残余岩浆中挥发分无法有效逸散，聚集在侵入体的核心部位，这样的条件有利于自形晶的形成，一般形成晶簇。晶洞中若矿物的生长条件足够好，还可形成一些宝石矿物，如大型紫水晶、绿柱石、碧玺等。

(二)火山岩中常见的构造

1. 气孔和杏仁构造

气孔和杏仁构造是喷出岩中常见的构造，主要见于熔岩层的顶部。从冷凝着的岩浆中，尚未逸出的气体上升汇集于岩流的顶部，冷凝后留下的气孔称为气孔构造。气孔的拉长方向，指示着岩流流动的方向。若气孔被岩浆期后矿物所充填，则形成杏仁构造。气孔的形状多种多样，常见的有浑圆状、管状、串珠状、倒水滴状、云朵状、不规则状等。有些气孔的形状与岩浆黏度有关，如基性岩浆黏度小，因而基性熔岩中的气孔常呈圆形；而酸性岩浆黏度大，酸性熔岩中的气孔常呈不规则状(图 5-22)。

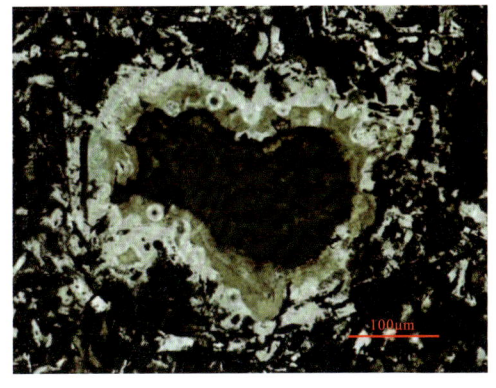

图 5-22　玄武岩中的气孔和杏仁构造

气孔边部主要为绿泥石，
核部填充热液成因的沸石

2. 枕状构造

枕状构造是岩浆水下喷发的典型构造。形状似枕头，大小不等，相互堆积，每一个枕体通常顶面上凸、底面较平或呈三角形。枕状体常具玻璃质冷凝边，有的气孔呈同心层状或放射状分布，中部有空腔。枕状熔岩常有沉积物充填，从中还可找到海相化石。枕状构造发育于海相火山熔岩层的顶面上，据此可了解熔岩层的顶底面(图 5-23)。

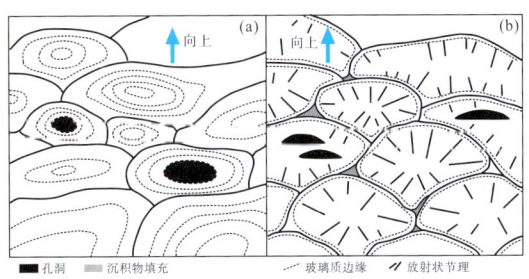

图 5-23　玄武岩中的枕状构造

(a)陆相喷发，枕状构造内部不发育放射性构造；(b)海相喷发，枕状构造内部
由于海水的冷却，发育放射状构造

3. 流纹构造

流纹构造是酸性熔岩中最常见的构造。它是由不同颜色的条纹和拉长的气孔等表现出来的一种流动构造(图 5-24)，在熔浆流动过程中形成。流纹构造不仅出现在流纹岩中，在粗面岩、英安岩中亦可见到。

四、岩浆岩的产状与相

1. 岩浆岩的产状与相的基本含义

岩浆岩以一定形态的岩体产出，而岩体又是在一定的地质环境和物理化学条件下

图 5-24　流纹岩的显微镜下照片

可见正长石斑晶在基质中呈旋转状，反映岩浆
流动过程中早期结晶的矿物发生旋转和流动

形成的。岩浆岩的产状和相，不仅与岩浆岩的分类命名、结构特征、矿物属性直接相关，而且与岩浆岩体所形成的深度、构造特征，以及岩浆性质、活动方式等密切相关，此外还和岩浆岩的形成机理及成矿部位有关。岩浆岩的产状，主要是指岩体的形态、大小和围岩的接触关系，形成时所处的构造环境，以及岩浆上升及活动方式。岩浆岩的相，是指岩体生成条件不同而产生的不同的岩石和岩体总的特征。

2. 火山岩的相

不同环境和条件下形成的岩浆岩，其特征是不一样的。因此，根据岩石的特征，可以判断其形成的地质环境。根据岩浆岩形成的地质环境以及岩石特征的不同，岩浆岩的相大体可分为侵入岩相和火山岩相两大类。火山岩相研究，对恢复古火山机构、重建火山地质作用历史，提高火山岩地区地质填图的质量，促进火山岩地区的找矿勘探工作，都有一定的理论和实践意义。通常以中心式喷发为例，大致可将火山岩分为以下 6 个相(图 5-25)。

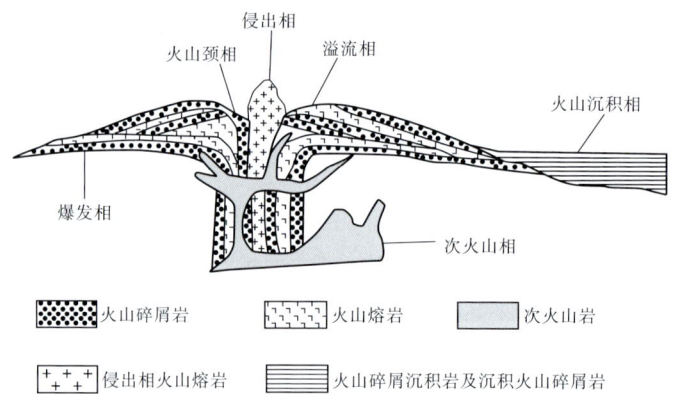

图 5-25　火山岩岩相划分简图

(1)溢流相。以基性最发育，可形成于火山喷发的各个时期，但以强烈爆发之后出现为主。有的形成面状泛流的岩被，有的呈线状流动的岩流。有的见于陆上，成绳状、波状及渣状、柱状熔岩；有的见于水下，成枕状、淬碎状熔岩；有的在熔岩流的顶底面及前缘，或成气孔状熔岩，或成角砾状熔岩。有的火山以熔岩喷溢为主，形成盾形火山；有的熔岩与其他层状岩石共生成层状产出。

(2)爆发相。成分不定，但以温度低、含挥发分多、黏度大的岩浆常见，尤以中酸性、碱性更有利于爆发，可形成于各个时期，但以早期及高潮时最发育。有的与其他层状岩石共生，呈层状产出；有的以火山碎屑物为主，在火山口附近形成碎屑锥；有的为空中坠落堆积的正常火山碎屑；有的为火山碎屑流堆积的熔结火山碎屑岩；有的为火山撕裂溅落的熔结角砾岩或集块岩。火山爆发产物有的来自围岩，有的来自火山岩本身，有的来自深源；有刚性的集块、角砾、火山灰、火山尘及晶屑、岩屑、玻屑等，有塑形-半塑性的火山弹、熔岩饼、火山泪、火山发、火焰石、塑性玻屑等。一般粗粒级的多近火山口分布，细粒级的则分布在离火山口较远的地方。

（3）侵出相。侵出相多见于火山作用末期形成。在岩浆分异晚期，黏度大、温度低而挥发分少到不能爆发的情况下，堵塞通道的黏度很大的熔浆被推挤出地表，堆积于火山颈上部，形成直径小、厚度大、产状陡的穹丘。侵出相实际上是火山颈相与黏度大的溢流相之间的过渡产物。高度一般从几十米到 6 000m 不等，其成分以中酸性、碱性常见。

（4）火山颈相。火山颈相是火山锥被剥蚀后，残存的具充填物的火山通道，亦称岩颈、岩筒、岩管等，皆因其横切面多近圆形、产状陡立、形态细而长得名。岩颈有一次或多次喷发产物；有同成分或复成分岩颈；有主颈，亦有寄生颈；火山颈上部一般直径较大，向深处缩小，上部呈喇叭状，中部呈筒状，下部呈墙状；充填物多为火山碎屑岩、熔岩、碎屑熔岩、熔结火山碎屑岩等。碎屑有同源的、异源的，也有深源产物。

（5）次火山相。次火山相是与火山岩同源、呈侵入产状的岩体。它与火山岩"四同"：同时间但一般较晚；同空间但分布范围较大；同外貌但结晶程度较好；同成分但变化范围及碱度较大。侵入深度一般小于 3.0km，又可分为：近地表相 0～0.5km；超浅成亚相 0.5～1.5km；浅成亚相 1.5～3.0km。由浅至深，岩石的结构、构造、组成矿物的有序度等，从类似火山岩逐渐转变成类似浅成岩。次火山岩有的顺火山岩原生裂隙贯入而成，有的顺岩浆房及岩颈空隙贯入而成。这些与原生裂隙有关的次火山岩，一般以火山通道为中心，岩体较小、产状简单，分布范围不大。有的次火山岩顺火山岩层的层面、不整合面、后期断裂、裂隙贯入而成，多呈岩株、岩盖、岩盆、岩瘤、岩床、岩墙、岩枝等产出，一般分布范围广，岩体大小不一，产状复杂。

（6）火山沉积相。火山沉积相在火山作用过程中皆可产生，但以火山喷发的低潮期-间隙期最为发育，是火山作用叠加沉积作用的产物。可形成于陆地，亦可形成于水体中，由喷出岩、沉积火山碎屑岩、火山碎屑沉积岩、沉积岩系组成。

3. 侵入岩的相

侵入岩的相主要受岩浆成分、挥发分含量及结晶深度等几个因素控制，岩浆在不同深部结晶，其矿物组合和结构特征都存在一定的差异，而且岩浆在结晶过程中挥发分的逸散机制也对岩浆岩的结构有明显影响（图 5-26）。目前，根据岩浆的结晶深度，将侵入岩大致分为浅成相（0～3km）、中深成相（3～10km）和深成相（>10km）3 种相。

（1）浅成相（0～3km）。岩体规模较小，常呈岩墙、岩床、岩脉、小岩株、隐爆角砾岩等。因岩浆侵位浅、冷却速度快，故岩石结晶程度差，常具细粒、隐晶质及斑状结构等，可见熔蚀、暗化现象。矿物保存了高温状态下的特征，多为高温矿物组合。这类岩石与喷出岩的结构构造存在一定的相似性。

（2）中深成相（3～10km）。这个深度是绝大多数侵入岩的结晶深度，具体表现为中粒、中粗粒结构。由于岩浆结晶缓慢，岩浆阶段结晶的矿物经缓慢冷却多为中低温矿物组合，如条纹长石等。

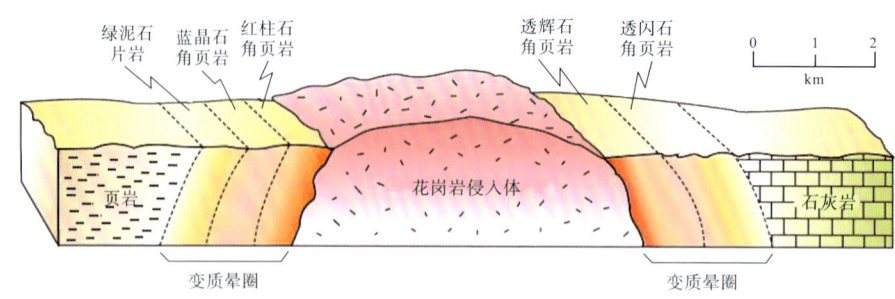

绿泥石片岩　蓝晶石角页岩　红柱石角页岩　透辉石角页岩　透闪石角页岩

0　1　2 km

页岩　花岗岩侵入体　石灰岩

变质晕圈　变质晕圈

图 5-26　花岗岩体与围岩的热接触带

（3）深成相（>10km）。这样的结晶深部多见于一些辉长岩或闪长岩等中基性岩浆岩，由于结晶深度较大，暗色矿物和中基性斜长石的自形程度好，多为块状构造。

原先的观点认为，大型复合侵入体代表一个大的岩浆房从边部到核部缓慢冷却的产物，因而认为大型复合岩体从边缘到中心固结时的冷却速度由快到慢，矿物颗粒常常具有由细变粗的特点。因结晶分异作用，复式岩体的核部常为更偏酸性的岩浆岩。根据这样的理论，将大型复式侵入体从边缘到中心还可进一步划分为边缘相、过渡相和中心相。边缘相分布在岩体边部，由于岩浆冷却快，岩石多呈细粒或斑状结构，成分偏基性，常见有流动构造和围岩捕虏体；中心相分布在岩体中心部位，成分偏酸性，由于岩浆冷却相对较缓慢，矿物结晶较好，岩石粒度较粗大，常见粗粒、中粗粒等粒结构或似斑状结构；而过渡相位于边缘相和中心相之间，宽度一般大于边缘相，成分和结构特征介于边缘相和中心相之间。

通过大量的年代学和岩石学研究发现，多数大型复式岩体都代表多批次岩浆汇聚作用的产物（马昌前等，2020），不同批次的岩浆在化学成分、矿物组成和形成年龄上都存在一定程度的差异。因此，厘定不同批次岩浆的源区性质和起源机制，对进一步研究大型复式岩体的建造过程具有重要意义。

五、岩浆岩的分类与命名

酸度和碱度是岩浆岩分类的重要化学成分依据。酸度是指 SiO_2 含量，据 SiO_2 质量百分数，通常将岩浆岩分为四大类：超基性岩（SiO_2<45%）、基性岩（45%～53% SiO_2）、中性岩（53%～66% SiO_2）和酸性岩（SiO_2>66%）。

根据碱度大小（用 σ 表示），可将每大类岩石划分为 3 种类型：钙碱性（σ<3.3）、碱性（σ=3.3～9）和过碱性（σ>9）。

Streckeisen（1976）建立了一套较为完善的岩浆岩分类方案。1989 年，国际地质科学联合会推荐将此作为国际通用的岩浆岩分类方案。该方案首先将岩浆岩分为以下 7 类。

（1）深成岩类。岩石结晶颗粒粗大，肉眼就能识别其单个矿物晶体，是岩浆在地壳相对较深的部位结晶冷凝而成的，包括深成、中深成和浅成侵入岩类。

（2）火山岩类。矿物颗粒结晶较细小，多数矿物颗粒肉眼难以识别，且常常含有玻璃质。这类岩石是与火山活动密切相关的岩浆岩类，主要包括火山熔岩和次火山岩类。

（3）火山碎屑岩类。它是指直接由火山喷发崩解产生的火山碎屑物质堆积而成的岩石，不包括熔岩流自碎所形成的岩石。

(4)紫苏花岗岩类。只出现在寒武纪和前寒武纪，是以含紫苏辉石为典型特征的紫苏花岗岩系列岩石。

(5)黄长岩类。黄长岩类是岩石中黄长石含量＞10％、M＞90％的岩石(M包括暗色矿物＋不透明矿物＋副矿物＋绿帘石＋褐帘石＋石榴子石＋黄长石＋原生碳酸盐矿物)。该类岩石有火山岩和深成岩之分，属于火山岩者称为黄长岩，属于深成岩者称为黄长石岩。

(6)煌斑岩类。包括煌斑岩、钾镁煌斑岩和金伯利岩。

(7)碳酸盐类。它是指碳酸盐矿物含量＞50％的岩浆岩类，包括深成成因的和火山成因的岩浆岩。

针对上述七大类岩石，国际地质科学联合会均有对应的详细分类方案。由于深成岩类(侵入岩类)和火山岩类是最为常见的岩浆岩类，故在这里专门介绍深成岩和火山岩的详细分类方案。

(一)深成岩类的分类方案

深成岩类岩石中矿物结晶颗粒粗大，肉眼就能识别其单个矿物晶体。因此，深成岩类的分类主要依据岩石中的矿物种类及不同种类矿物的含量。

根据岩石中M的含量将其划分为两类：①超镁铁质岩(M＞90％，体积百分数)；②其他深成岩(M＜90％，体积百分数)。

对于M＞90％的超镁铁质岩，进一步根据岩石中橄榄石、辉石、角闪石的含量(体积百分数)进行详细分类(图5-27)。

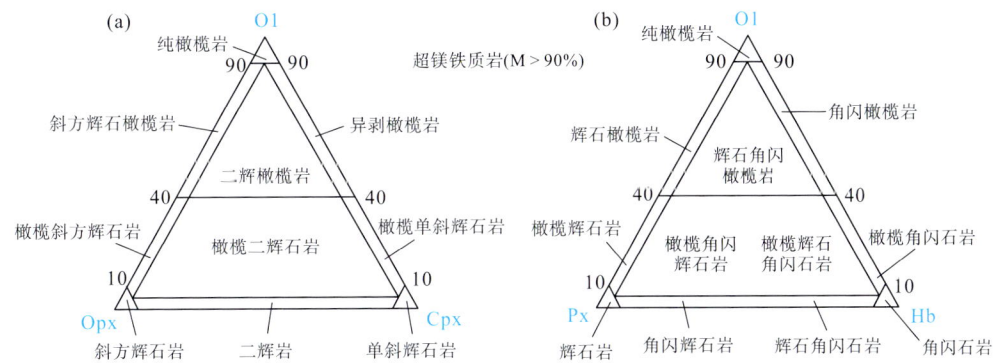

图 5-27 超镁铁质深成岩分类图解

Cpx：单斜辉石；Opx：斜方辉石；Hb：角闪石；Ol：橄榄石；Px：辉石。

据 Streckeisen，1976

对于M＜90％的其他深成岩类，进一步根据岩石中长英质矿物的相对含量(体积百分数)，利用QAPF双三角图解进行详细分类(图5-28)。

(二)火山岩类的分类方案

各种火山岩类的结晶程度常常有较大的差异：一部分火山岩类虽然结晶细小，但仍然可以识别其矿物成分；而一部分火山岩中的矿物颗粒不易识别或为玻璃质。对于前者，其分类命名仍然可以采用矿物成分及其含量的方法；对于后者，其分类命名则通常采用化学成分的方法。

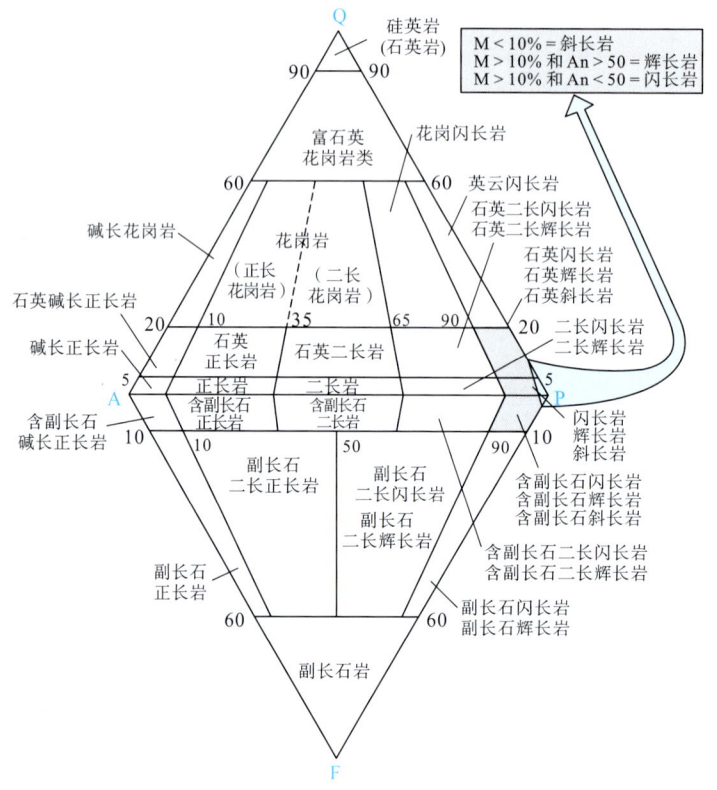

图 5-28 深成岩的 QAPF 双三角分类图解

Q：石英、鳞石英、方石英；A：碱性长石（正长石、微斜长石、条纹长石、歪长
石、透长石）和钠长石（An<5）；P：斜长石（An>5）、方柱石；F：副（似）长石类
矿物（霞石、白榴石、钾霞石、假白榴石、方钠石、黝方石、蓝方石、钙霞石、方
沸石）。据 Streckeisen，1976；Le Maitre，1989

1. 火山岩的矿物成分分类

参照深成岩类的分类方案，对于矿物成分可以有效识别的火山岩类，同样可以采
用 QAPF 双三角图解的分类方案（图 5-29）。

值得注意的是，该分类方案在实际使用过程中常常由于火山岩中矿物种类的准确
识别及含量的准确测定比较困难，使用难度较大，故实用性较差。

2. 火山岩的化学成分分类

火山岩化学成分 TAS 分类图解（图 5-30）是国际上广泛采用的火山岩化学成分分类
图解，同时也是国际地质科学联合会推荐的火山岩化学成分分类方案。在应用 TAS 分
类图解时，必须确保所使用的岩石样本是未遭受显著蚀变的，或者至少是相对新鲜的
样本。同时，要求岩石样本中 H_2O 含量<2%，CO_2 含量<0.5%，这些限制条件是为
了确保分析数据能够真实反映岩石的原始化学成分，避免由于挥发性成分的损失或增
加而造成数据的偏差。在进行岩石全岩化学成分分析时，必须从分析结果中扣除 H_2O
和 CO_2 的含量以及烧失量，然后将所有分析数据重新计算并归一化至 100%。归一化
处理是将岩石的化学成分总和标准化为 100%，以便于比较和分类。完成这些步骤后，

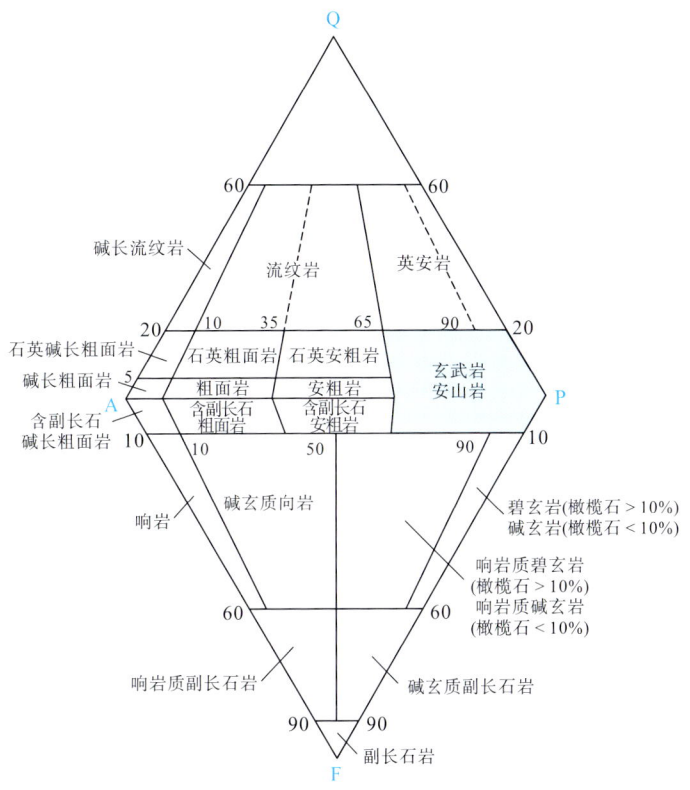

图 5-29　火山岩的 QAPF 双三角分类图解

据 Streckeisen，1976；Le Maitre，1989

才能将数据点投到 TAS 分类图解上，从而准确地确定岩石的名称。通过这种方式，地质学家能够根据岩石的化学成分，将其准确地归类到相应的火山岩类型中，这对于理解地球内部的动态过程、火山活动的历史以及岩石的形成环境等都具有重要的科学意义。

第四节　地幔物质异常熔融与超基性岩

一、基本概念

超基性岩代表其 SiO_2 含量通常很低（$<45\%$），属于典型的硅酸不饱和岩石，一般不含石英。贫 K_2O 和 Na_2O，（K_2O+Na_2O）总量一般不超过 1%；CaO 和 Al_2O_3 含量很低，富含 FeO 和 MgO。岩石中铁镁矿物占绝对优势（图 5-31），主要是橄榄石和辉石，其次是角闪石，黑云母很少出现，不含或很少含斜长石（$0\%\sim10\%$）。常见的副矿物有铬铁矿和尖晶石等。岩石颜色深，通常色率$\geqslant75\%$，相对密度大，常呈块状构造。超基性岩在地表出露有限，产出形式包括超基性熔岩、造山带橄榄岩及玄武岩中的地幔捕虏体等。超基性岩中常含有一些重要的金属和非金属矿产，比如 Cr、Co、Ni、V、Ti、铂族元素等，以及石棉、橄榄石等非金属矿产。

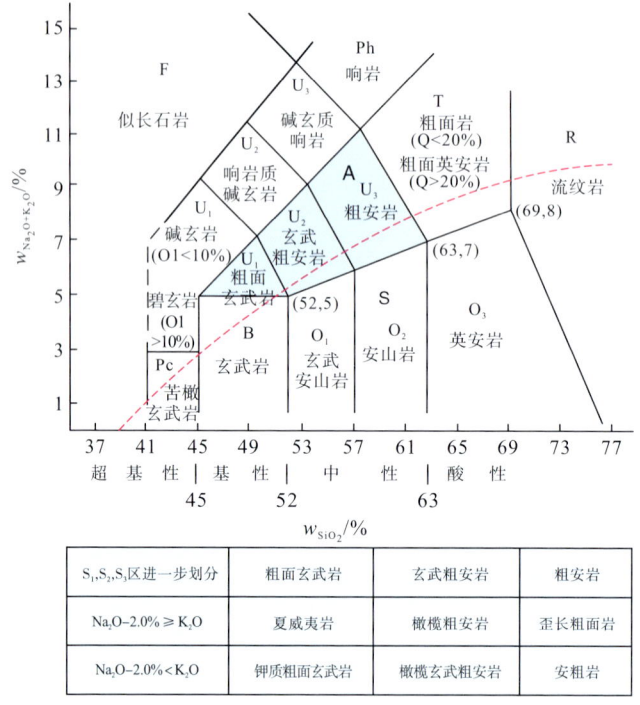

图 5-30 火山岩的 TAS 化学成分分类图解
据 Le Bas et al., 1989

S_1, S_2, S_3区进一步划分	粗面玄武岩	玄武粗安岩	粗安岩
$Na_2O-2.0\% \geq K_2O$	夏威夷岩	橄榄粗安岩	歪长粗面岩
$Na_2O-2.0\% < K_2O$	钾质粗面玄武岩	橄榄玄武粗安岩	安粗岩

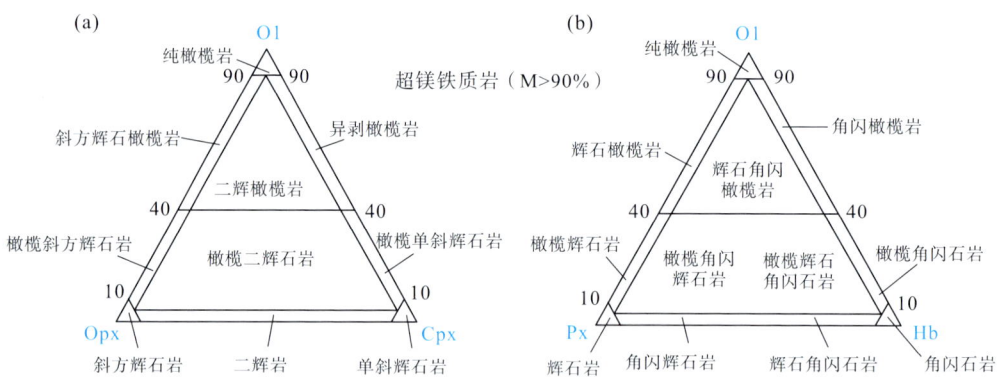

图 5-31 超基性岩的橄榄石(Ol)-斜方辉石(Opx)-单斜辉石(Cpx)和橄榄石(Ol)-斜方辉石(Opx)-角闪石(Hb)分类图解

二、超基性岩的矿物

1. 橄榄石

橄榄石可能是早期结晶的矿物或是地幔源区的残留矿物，属于铁橄榄石和镁橄榄石无限共融系列，无解理，极高突起，Ⅲ级干涉色，经常发育裂理，镜下经常可见到橄榄石发生透闪石化或是蛇纹石化。橄榄石中的各种气体和熔体包裹体，反映地幔物质组成的重要信息。

2. 斜方辉石

斜方辉石主要包括顽火辉石和紫苏辉石两种，平行消光；在超基性岩中一般为顽火辉石；结晶稍晚于橄榄石，可以嵌晶的形式包含橄榄石。

3. 单斜辉石

超镁铁质岩石中常见的单斜辉石为易剥辉石，通常包裹橄榄石。

4. 角闪石

岩浆型角闪石在超镁铁质岩石中较为少见，常见的是次生的透闪石或直闪石等，在一些特殊的地幔超镁铁质岩石中可见韭闪石。

5. 黑云母

黑云母较少见，可能是在岩浆结晶晚期形成的。

6. 副矿物

(1) 铬铁矿。自然界中的铬铁矿 ($FeCr_2O_4$) 能与镁铬铁矿 ($MgCr_2O_4$) 或者与铁尖晶石 ($FeAl_2O_4$) 形成完全类质同象系列。因此，绝大部分天然产出的铬铁矿实际上是上述类质同象系列的中间组分。呈粒状及致密块状集合体，八面体少见，常呈粒状、块状、豆状或肾状集合体产出。与硅酸盐矿物共生形成不同结构的铬铁矿矿石，主要有浸染状、条带状、块状矿石，还见有典型的豆状和反豆状铬铁矿石。见于镁铁质-超镁铁质岩石如金伯利岩、辉石岩、橄榄岩及蛇纹岩中。根据产出构造环境的不同，它主要分为层状铬铁矿床和豆荚状铬铁矿床两类。铬铁矿在这些岩石中一般呈自形晶，说明其结晶早于辉石和橄榄石，而相伴生的磁铁矿往往结晶较晚。当含铬铁矿的橄榄岩及蛇纹岩遭受风化时，由于它化学性质稳定，因而能够在母岩附近的砂矿中富集，常见于陨石和月岩中。世界上的铬铁矿产地主要在南非、哈萨克斯坦、印度、俄罗斯和土耳其等地。我国铬铁矿的主要产地位于新疆和西藏。

(2) 尖晶石。尖晶石是地幔岩中一种非常重要的副矿物，虽然含量很低，但它非常稳定，在后期地质作用过程中不易发生蚀变，因而可以作为其寄主岩石地幔橄榄岩的成因指示剂 (Dick and Bullen，1984；Barnes and Roeder，2001；Ahmed et al.，2005)。

(3) 石榴子石。石榴子石是地幔的重要组成矿物之一，分布范围从岩石圈上地幔一直到 660km 深度的地幔过渡带。地幔岩中的石榴子石一般为镁铝榴石，代表高压条件下结晶的产物。地幔岩中石榴子石的成分环带可以有效揭示地幔交代富集及变形过程。

三、造山带橄榄岩与地幔捕虏体

1. 造山带橄榄岩

造山带橄榄岩呈透镜状，规模从小于 3m 到大于 20km 不等，一般在碰撞造山带同下地壳岩石一同剥露出来，如阿尔卑斯山脉和秦岭造山带的松树沟造山带橄榄岩等，它是构造抬升和剥蚀的产物。由其与壳源的高级变质岩 (如麻粒岩和蓝晶石-红柱石片麻岩) 密切相关表明，它来自大陆岩石圈地幔而不是大洋岩石圈地幔。

历经最广泛研究的造山带橄榄岩是法国北部比利牛斯山脉的变质带，包括著名的 Etang de Lherz 杂岩 (比利牛斯山脉北部边缘 40 个岩体之一)。这些超镁铁质体主要由发育线理构造的变质尖晶石二辉橄榄岩组成，其次是尖晶石和石榴子石辉石岩和/或尖晶石，它们构成了一条以米为单位的成分条带。岩石普遍发生蛇纹石化。很多杂岩被含有角闪石的辉石岩或角闪石岩脉体所切穿，表明有源自岩石圈地幔的基性熔体侵入，这样的侵入关系表明脉体和围岩发生了一定程度的化学交代。为什么造山带橄榄岩会侵入下地壳？具体的构造机制目前尚不清楚，可能是伸展背景下走滑构造导致的下部物质侵位。有的超基性岩体呈底辟构造，如位于意大利阿尔卑斯山南部的 Lanzo 橄榄岩就是这样的底辟构造，被解释为是由 Piemontese 洋盆裂开期间软流圈底辟导致的（Bodinier et al.，1999）。阿尔卑斯型超基性侵入岩体产于褶皱带，岩体呈透镜状、似层状产出，许多岩体呈串珠状沿区域性构造线方向分布，延伸数千米乃至数百千米，因在阿尔卑斯山首先被研究之，故称阿尔卑斯型。

纯橄榄岩，亦称橄榄岩，是一种超基性结晶岩，具有粗粒的半自形粒状结构或粒状镶嵌结构。矿物组合为橄榄石（≥90％）与少量其他矿物质，如辉石、铬铁矿、磁铁矿和锰铝榴石等。纯橄榄岩是地幔衍生岩石的橄榄岩群的富橄榄末端成员。纯橄榄岩和其他橄榄岩被认为是大约 400km 深度以上地幔的主要成分。纯橄榄岩在大陆岩石内很少出现，若有发现，通常位于俯冲带附近和岛弧碰撞区（造山运动）。在高山橄榄岩地块亦有发现，代表碰撞造山过程中暴露的次大陆地幔的裂片。纯橄榄岩通常在近地表环境中经历逆行变质作用，并被改变为蛇纹岩和滑石。

2. 玄武岩中的橄榄岩捕虏体

这类地幔捕虏体是研究岩石圈地幔物质组成、热状态和交代改造机制重要的信息载体（图 5-32）。它主要存在于碱性玄武岩中，如中国东部的新生代碱性玄武岩中含有大量地幔捕虏体，主要的岩石类型包括方辉橄榄岩、尖晶石二辉橄榄岩、石榴子石二辉橄榄岩、橄榄二辉岩及纯橄榄岩等。主要是橄榄石、辉石，其次是角闪石，黑云母很少出现，不含或很少含斜长石。常见副矿物有磁铁矿、钛铁矿、铬铁矿和尖晶石等。其他特点：颜色深、色率≥75％，相对密度大，常呈块状。这些捕虏体中的斜辉石是一种铬透辉石，有鲜艳的绿色。捕虏体中斜方辉石并非同源堆晶的产物，而是碱性玄武岩侵入地壳前的早期阶段结晶的产物，因为在这样的贫 SiO_2 岩浆中，在地壳深度不能结晶出低 Ca 的辉石。

图 5-32　吉林蛟河玄武岩中的地幔捕虏体

地幔捕虏体通常具有多边形或镶嵌结构，大多数晶界呈 120° 相交，具有固态重结晶的特征。在玄武岩中发现的尖晶石二辉橄榄岩和二辉橄榄岩捕虏体被解释为管道壁岩石的样品，这些岩石被直接从地幔上升的岩浆撕开并运输至地表。金伯利岩中地幔捕虏体的成分更为多样，除了尖晶石二辉橄榄岩，还可以找到石榴子石二辉橄榄岩、方辉橄榄岩、橄榄岩、辉石岩和榴辉岩，常伴有壳源的捕虏体。这主要是由于金伯利岩的起源深度更大（根据金刚石和镁铝榴石的产出）。图 5-33 为斜长石二辉橄榄岩、尖晶石二辉橄榄岩及石榴子石二辉橄榄岩几种岩石系列的稳定温压范围。图中的边界是倾斜的，表明石榴子石二辉橄榄岩转变为尖晶石二辉橄榄岩的压力（深度）取决于温度，因而也取决于当地的地温梯度。尽管有这些倾斜的边界，但石榴子石二辉橄榄岩比尖晶石二辉橄榄岩在地幔中更稳定，而斜长石二辉橄榄岩只在地壳深度范围内稳

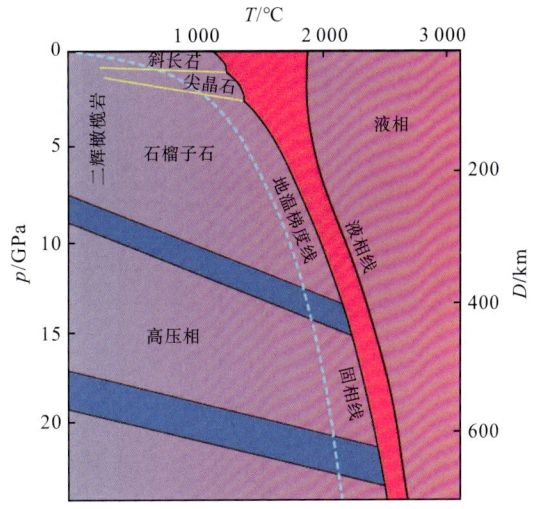

图 5-33　斜长石二辉橄榄岩、尖晶石二辉橄榄岩及石榴子石二辉橄榄岩几种岩石系列的稳定温压范围

定，这是基本正确的。沿约 1 300℃绝热线上升的地幔物质上隆将在到达固相之前进入尖晶石二辉橄榄岩区域，这样形成的玄武岩熔体遇到尖晶石二辉橄榄岩的围岩，决定了在这类玄武岩中发现的主要捕虏体岩性。只有地幔沿更高的温度（1 400℃）上隆，才有可能捕虏石榴子石二辉橄榄岩，当岩浆上升至较浅部位时，也有可能捕虏尖晶石二辉橄榄岩。捕虏体多样性的另一方面是与捕虏体采样的地幔区域的历史有关。

四、地幔物质异常熔融与岩浆喷发

1. 地幔物质的高温熔融：科马提岩

科马提岩代表地幔物质在高温状态下发生高度部分熔融形成的一种贫 Si 岩浆。科马提岩是一种富 Mg（MgO＞18％）的超基性熔岩，因其首先发现于南非科马提河流域而得名，后又在加拿大、澳大利亚、印度以及我国河北遵化、山东蒙阴、内蒙古吉峰等地先后发现，它们都发育于太古宙绿岩带变质岩系中。岩石主要组成矿物为含镁较高的橄榄石、富铝单斜辉石、铬尖晶石、钛铁矿及磁铁矿。

科马提岩的一个重要特征是其中的橄榄石和单斜辉石具针状骸晶，且平行排列成簇，分布在玻璃基质中，似植物鬣刺，形成特殊的鬣刺结构（状如马颈上的长毛）。科马提岩最重要的结构特征是其发育典型的橄榄石鬣刺结构（一种橄榄石骸晶，像澳大利亚草 Triodia spinifex，其外表很像沿 c 轴延长；Nesbitt，1971），随机取向或形成亚平行或发散的晶体束；在显微镜下，这种橄榄石主要为骸晶（中间是空的），代表一种淬火结构（图 5-34）。

鬣刺结构已成为识别太古代绿岩带中科马提岩的一种关键标志。遗憾的是，虽然早在 1969 年以前这样的岩石就已被承认为超镁铁熔岩，但其岩石学意义却未能解释清楚。鬣刺结构仅发育于熔岩顶部，代表快速冷却的结果（而晶体大小可能会随着流体表面以下深度的变化而发生相当大的变化），而下部层位的橄榄石结晶习性是正常的。也

图 5-34　科马提岩中橄榄石的结构特征

（a）加拿大安大略省门罗镇科马提岩熔岩流顶部快速结晶形成的长叶片橄榄石；（b）图 a
中科马提岩薄片的显微照片，在正交偏光下显示橄榄石的骨架晶体；（c）塞浦路斯斯科里
奥提萨铜矿冶炼过程中产生的 Roman 矿渣中的橄榄石的骨架晶体

就是说，鬣刺结构仅发育于熔岩顶部，在熔岩下部并不发育（因此它不是识别科马提岩
的充分必要条件）。尽管鬣刺结构的科马提岩绝大多数属太古代，但更年轻的例子来自
哥伦比亚西海岸外的戈尔戈纳岛，那里白垩纪晚期的科马提岩与苦橄岩和玄武岩伴生
（Atiken and Echeverria，1984；Kerr et al.，1996），许多地质学家将它们的喷发与巨大
的加勒比海-哥伦比亚 LIP 联系在一起。然而，最近的古地磁证据表明，戈尔戈纳岛可
能是另一个南部地幔柱的产物。

2. 地幔物质的高温熔融：苦橄岩

苦橄岩是一种富含橄榄石和辉石的超基性喷出岩，属于稀少的岩石类型。隐晶质
结构、块状构造，有时具气孔或杏仁构造（图 5-35）。矿物组成特征为黄绿色橄榄石斑
晶（20％～50％）和黑色至黑褐色辉石，多为
普通辉石。苦橄岩和科马提岩在化学上有些
类似，但不同之处在于科马提岩熔岩是富含
Mg 的熔体的产物，典型的例子是表现出鬣
刺质地。与此相反，苦橄岩是富 Mg 的，但
这主要是由于岩石中含有大量橄榄石斑晶，
导致岩石的全岩地球化学成分相对高 Mg。
因此，苦橄岩既有可能是橄榄石堆晶的产物，
亦有可能是地幔发生超高温部分熔融形成的。
实验岩石学表明，地幔岩石在石榴子石稳定
域（＞3GPa）条件下发生 5％～30％的部分熔

图 5-35　苦橄岩手标本照片

融，可以形成苦橄质岩浆(O'Hara，1968)，成分相当于侵入岩中的橄榄岩。呈淡绿色至黑色。具块状构造，有时具气孔或杏仁构造，隐晶质结构、细粒-微粒结构、斑状结构，橄榄石大部分呈斑晶。主要由橄榄石(50%～70%)和辉石(<40%)组成，可含少量基性斜长石、普通角闪石。副矿物有钛铁矿、磁铁矿、磷灰石等。若具斑状结构，则称苦橄玢岩。苦橄岩的"苦"字系从日文转译而来，意为"富含镁"，在自然界分布较少，常与玄武岩共生，多产于玄武岩底部附近。苦橄岩是判别地幔柱与原始岩浆的重要标志(Wilson，1989；Richards et al.，1989)。Chung and Jahn(1995)给出了苦橄岩的地球化学数据；侯增谦等(1999)、汪云亮等(1999)和宋谢炎等(1999)认为，苦橄岩在峨眉山大火成岩省中大面积分布。Chung and Jahn(1995)在大火成岩省中西部渡口发现苦橄岩，并提出峨眉山大火成岩省是地幔柱成因。

五、超基性岩浆的起源

尽管目前认可地幔橄榄岩是岩浆成因的，但其粗粒结构也有可能代表堆晶成因。目前，关于是否存在超基性熔体还存在争议。是不是所有的橄榄岩都是从基性岩浆中堆晶形成的，是否存在超基性岩浆？20世纪20—60年代，对这一问题曾产生了广泛争论。Vogt(1926)及Hess(1938)坚持认为，自然界中肯定存在超基性熔体。Bowen(1928)在其经典著作《火成岩的演化》中认为不存在超基性熔体；他认为，橄榄岩都是岩浆房底部晶粥结晶形成的。是否存在超基性熔体主要存在两个障碍：①目前缺少足够的证据，可以证明存在超基性熔岩。②如果存在超基性熔体，要求熔体达到极高的MgO含量，要求地幔的熔融温度超过1 500～1 600℃。因此，当时多数岩石学家坚持超镁铁质岩石代表基性岩浆中的堆晶体。

自Viljoen and Viljoen(1969)在南非的Barberton造山带中发现太古代科马提岩以后，这种堆晶的流行观点发生了彻底改变。他们在Komati河谷中发现了成分和橄榄岩类似的超基性熔岩，其MgO含量可达30%，Viljoen and Viljoen(1982)将这种超基性熔岩命名为科马提岩(komatite)，从而证明了超基性熔岩的存在。大量实验岩石学研究表明，苦橄质岩浆起源于地幔岩石在高压(>2.5GPa)条件下的部分熔融，其中H_2O和CO_2的存在对熔体成分有着重要影响(Woodland et al.，2002；Zhang，2006)。新近的研究表明，在5～11GPa压力条件下，地幔岩在含水条件下部分熔化形成的熔体是超基性的，这表明科马提岩浆可以形成于含水条件下(Asahara et al.，2001；Litasov et al.，2002)。石榴子石橄榄岩在高压(>3GPa)条件下发生5%～30%的部分熔融可以形成苦橄质岩浆(O'Hara，1968)，而Takahashi(1986)的熔融实验表明干体系的二辉橄榄岩在5～7GPa条件下可以形成MgO>30%的苦橄质岩浆。Asahara et al.(2001)用合成的橄榄石、顽火辉石、透辉石和钙长石的混合物作为初始材料，分别在4GPa、6.5GPa、8GPa压力和1 200～2 050℃温度范围进行熔融实验，结果发现在含水5%的系统中"液体＋橄榄石＋斜方辉石"的稳定范围处于更高压力下(图5-36)，地幔中的高水含量可能是局部的，但水在地幔中的传输和富集对形成科马提岩浆可能至关重要。Litasov et al.(2002)在10～25GPa和1 400～2 400℃条件下在简化的$CaO-MgO-Al_2O_3-SiO_2$(CMAS)系统中加水2%，研究地幔橄榄岩的相关性(图5-36)，结果发现，在10～22GPa压力范围内，部分熔化形成的熔体的成分变化趋势与Al亏损科马提岩浆的变化趋势一致，因而 Al 亏损科马提岩可以通过上地幔深处或过渡带含水橄榄岩部分熔化形成，实验结果支持湿地幔从上地幔底部上升、通过脱水熔融形成科马提岩浆的模型。

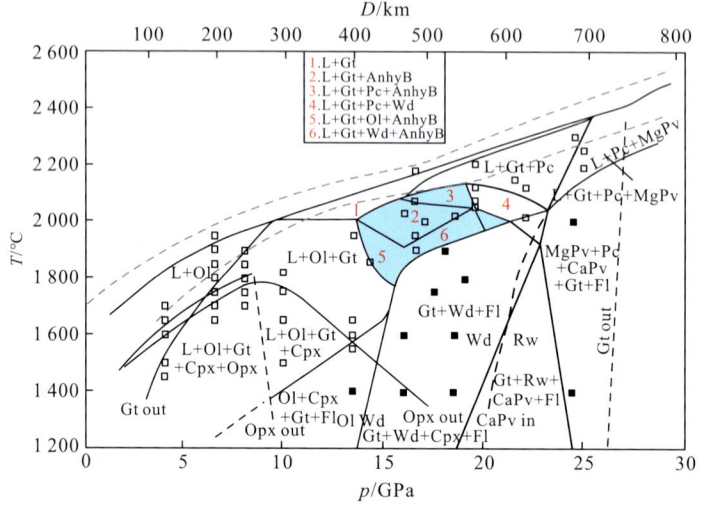

图 5-36　含 2% 水的 CMAS 系统橄榄岩相图

蓝色区是无水 B 相（AnhyB）稳定范围；虚线是 CMAS 系统地幔岩干的固相线和液相线；Fl：流体；L：液体；Gt：石榴子石；AnhyB：无水 B 相；Pc：方镁石；MgPv：镁钙钛矿；CaPv：钙钙钛矿；Wd：β 相 Mg_2SiO_4；Rw：γ 相 Mg_2SiO_4。据 Litasov et al.，2002

第五节　地幔物质熔融与基性岩

一、基本概念

基性岩石的 SiO_2 含量低至中等（45%～52%）。由于岩石中基性斜长石含量较高，导致其 CaO、Al_2O_3 含量明显偏高，FeO、MgO 含量较超基性岩偏低。岩石主要由辉石和斜长石组成，次要矿物主要是橄榄石、角闪石、黑云母、石英、碱性长石。基性喷出岩以玄武岩为主，这是地球上出露面积最大的岩浆岩，可以形成于地球上各种构造环境（包括洋中脊、岛弧、弧后盆地、洋岛、大火成岩省及陆内裂谷）。月球上亦发育大量玄武岩，很多陨石的成分就是玄武岩。玄武岩起源于地幔的部分熔融，因而玄武岩的矿物学、地球化学及包裹体的特征可以提供上地幔物质组成和演化的重要信息。也有岩石学家认为，有起源于下地幔的玄武岩。在岛弧地区，原始的玄武质岩浆可以通过结晶分异作用形成多种中酸性岩浆；玄武岩相对简单的矿物组成是研究地幔源区性质和岩浆演化过程的重要研究对象。

基性侵入岩类，包括辉长岩、苏长岩、苏长辉长岩、斜长岩等，以块状构造为主，还常见层理构造和球状构造。常见结构主要有辉长结构、辉绿-辉长结构、辉绿结构、嵌晶含长结构、反应边结构、包含结构、交生结构和堆晶结构等。

二、基性岩中的矿物

1. 橄榄石

橄榄石在玄武质岩浆中属于早期结晶的矿物，与玄武质岩浆的成分密切相关。如在碱性玄武质岩浆中，岩浆体系中的 Si 不饱和，因而橄榄石的结晶路径较长，可以同时见到橄榄石斑晶和基质中的橄榄石微晶。而在拉斑系列和钙碱性系列玄武质岩浆中，橄榄石结晶发生在早期阶段，在结晶晚期橄榄石可能和残余岩浆不平衡，发生反应，可形成反应边结构等，而在基质中则不发育橄榄石。因此，玄武岩中橄榄石的矿物形态可以作为初步分析其岩浆性质的线索之一（图 5-37）。

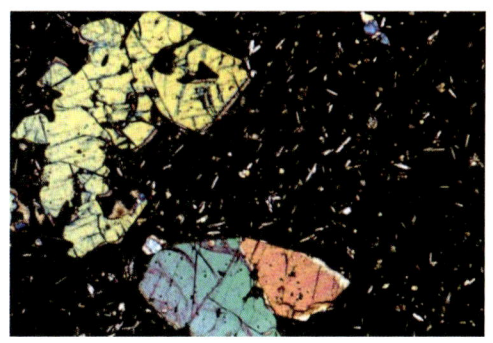

图 5-37　玄武岩中橄榄石斑晶的溶蚀港湾结构
据 Vernon，2004

2. 辉石

单斜辉石的性质和玄武质岩浆的成分密切相关。在碱性玄武质岩浆中常见高 Ti 含量的普通辉石，这类单斜辉石发育环带结构，可用来示踪岩浆演化过程。而拉斑系列玄武质岩浆中则普遍发育富 Ca 的单斜辉石，也会发育一些贫 Ca 的辉石（如顽火辉石和易变辉石等）。顽火辉石通常以斑晶形式存在，而易变辉石则主要存在于基质中。

3. 基性斜长石

玄武岩中基性斜长石既可作为斑晶亦可作为基质，其中基性斜长石斑晶发育典型的聚片双晶。其 An 牌号与玄武质岩浆的 H_2O 含量密切相关；一般早期结晶的斜长石 An 牌号较高，可为培长石，而晚期基质中结晶的斜长石可能为拉长石或中长石等，这与残余岩浆的 H_2O 含量有关。

4. 角闪石和黑云母

角闪石和黑云母这两类矿物在玄武岩中非常少见，但在辉长岩中常见，这主要与岩浆的 H_2O 含量和结晶过程有关。由于其羟基含量较高，经常发育暗化边或熔蚀结构。

5. 石英

石英在玄武岩中通常在基质中发育。由于早期橄榄石的结晶，残余岩浆可能演化为 Si 饱和岩浆。而早期结晶的橄榄石难以快速和 Si 饱和岩浆有效达到化学平衡，因而在有些玄武岩中可以见到橄榄石斑晶和基质中石英共存，这是火山岩中见到的特殊现象。在侵入岩中，由于有充分的时间达到化学平衡，这种橄榄石和石英共存的现象则难以见到。

三、亏损地幔的熔融：洋中脊玄武岩

洋中脊比周边的洋壳高 1 000～3 000m，全球洋中脊的长度超过 6 000km。除了东太平洋隆起，它们发生在海洋的中部，基本上形成了一个海底山脉，上升到其最高海拔时在山脊和斜坡两侧对称。从地形上来看，它们的长度变化很大，东太平洋隆起要宽得多，不像其他山脊那样崎岖不平。一个罕见的陆地洋脊系统在冰岛出现，其中部分地堑是中大西洋洋脊的延伸。洋壳被数百条断裂所切穿，在海底地图上形成了一种半平行的条纹图案，并经常与脊轴相抵消。这种裂缝带呈明显连续的特征，通常延伸很长一段距离，穿过山脊的两侧，在某些情况下延伸至整个海底直至大陆边缘。

直到 20 世纪 60 年代，大多数地质学家都相信，大陆和海洋盆地是永久存在的。1962 年，H. H. Hess 在其经典论文中确立了海底扩张或是板块构造的核心思想。该理论提出，洋中脊是形成洋壳的位置，这是由于软流圈地幔二辉橄榄岩在洋中脊部位上隆，发生减压部分熔融，形成大洋中脊玄武岩（MORB），这些玄武质岩浆向上侵位到洋中脊轴部，形成海山。地表火山活动，有时以枕状熔岩的形式发生，但大多数岩浆在岩脉和更深的层状侵入岩中凝固。不断形成的洋中脊玄武岩导致海底扩张，扩张速率约为 1～10cm/a。由于地球的体积是相对恒定的，既然有洋壳不断形成，那么就有俯冲带洋壳消失。

在地质历史时期，存在多旋回的洋壳形成和消减过程，一般认为洋中脊的存在时限不超过 200Ma。早期的研究认为，洋壳都具有 MORB 的成分特征。20 世纪 70 年代，随着分析数据不断地增加，发现洋壳的成分变化较大（即使在同一个地方也存在成分各异的玄武质洋壳）；特别是，沿着地形"正常"的部分山脊喷发的玄武岩与沿着地形高地或与岛屿相关的平台横跨山脊轴喷发的玄武岩具有不同的同位素和微量元素特征（如 Iceland，Azores，Galapagos，Bouvet and Reunion）。

MORB 主要以橄榄拉斑系列为主，主微量元素和同位素特征相对一致，表明其源区物质组成和熔融条件是相对一致的；洋壳的形成是地球壳幔分异的一种最主要方式。MORB 在微量元素和同位素组成上的差异主要归结为源区物质不均一，或是浅表岩浆房过程导致的。除了通常的成分均匀性，值得注意的例外包括：沿东太平洋海隆、加拉帕戈斯群岛、Juan de Fuca、西南印度洋和东南印度洋山脊的富铁钛玄武岩和罕见的长英质分异位点。在某些情况下，它们与传播裂谷有关，但并非所有富铁玄武岩地点都是如此。异常脊段，如冰岛，由于高岩浆产出率，与正常脊段相比显示出明显的成分差异。

洋中脊玄武岩形成的简单岩石学模型如图 5-38 所示，洋中脊玄武岩岩浆生成在理论上应该代表最简单类型的地表岩浆活动。尽管如此，MORB 的形成过程并非想象的那样简单。洋壳的规模在数百万平方千米，代表持续数亿年持续稳定的岩浆作用。相比之下，详细的 MORB 地球化学研究揭示了明显不均一的源区和复杂的岩浆过程。软流圈地幔物质上隆，发生减压部分熔融形成玄武质岩浆，在这个过程之前伴随着大陆裂解和新洋盆的形成。大洋岩石圈的厚度远离洋中脊时逐渐增厚，最大厚度为60～80km；大洋岩石圈底部为 1 200℃的温度界面，这个界面是个物理界面，但并不是严格意义上的化学界面。大洋岩石圈的下部为相对富集的二辉橄榄岩，而上部由于熔体的抽提则明显偏亏损。洋壳由岩石圈上部 8～10km 处组成，也是由于玄武质岩浆的挤压和侵入而起源于洋中脊轴处。洋壳有典型的层状构造（深海沉积物、枕状熔岩、辉绿岩墙、辉长岩等）。有很多模型解释洋壳的这种层状构造，包括岩浆房分异过程等。

洋中脊喷出的玄武岩为橄榄拉斑系列玄武岩，斑晶矿物组合为橄榄石＋铬铁矿＋斜长石＋普通辉石（依其结晶次序排列），它不是最早结晶的斑晶。斜长石是最常见的斑晶，在海水中快速冷却会形成玻璃质的基质。洋中脊玄武岩（MORB）最具标志的是其特殊的地球化学组成（亏损 LREE）。和洋岛玄武岩相比，N-MORB 一般贫 K_2O、亏损其他不相容元素。MORB 最大的微量元素地球化学特征可以在原始地幔标准化蛛网图上很好地表现出来，它亏损大离子亲石元素，热点附近的 MORB 可能又相对富集 LILEs，称为 E-MORB，可能是源区混入了一些富集组分。快速扩张的洋中脊形成的玄武岩，如东太平洋洋中脊，比慢速扩张的洋中脊（如中大西洋洋中脊）形成的玄武岩成分更偏中性（尽管两者有极大的成分重叠），这可能是由于快速扩张的洋中脊有更持久的岩浆房。海底喷发的玄武岩由于海水蚀变，导致热的玄武质岩石受到低温海水的蚀变，发生绿泥石化蚀变，导致原生岩浆矿物被钠长石、绿帘石、绿泥石、碳酸盐等矿物交代，伴随着岩

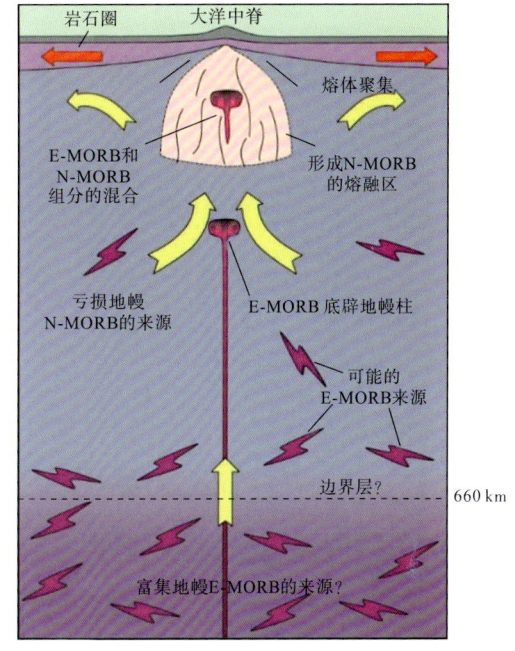

图 5-38 洋中脊玄武质岩浆起源机制图解
据 Wilson，1989

石中 SiO_2 和 CaO 的散失，FeO 和 MgO 含量增加。玄武岩的蚀变称为细碧岩化，在很多蛇绿岩套中经常见到。热液中高粒子强度的元素溶解度更高，如硫化物，富集 Cu、Zn、Pb 等元素，这些热液和冷的海水相互反应，在洋中脊形成黑烟囱构造。

四、岛弧地幔楔的部分熔融：岛弧玄武岩

洋壳俯冲会形成一系列岩浆作用，这些玄武岩在岩相学特征上的区别并不是很大。也有很多成熟岛弧喷出的安山岩，在活动大陆边缘形成英安岩和流纹岩，尽管在野外和镜下的区别不明显，但还是可以根据源区物质不同导致的微量元素特征差异来区分。

岛弧拉斑玄武岩（IAT）或称岛弧拉斑系列，主要发育在洋内弧或是不成熟的岛弧区域（图 5-39），如 South Sandwich Islands，Tonga and the Izu 岛。这种低 K 拉斑玄武岩是很多成熟岛弧的基底物质。和其他俯冲相关的岩石不同，低 K 拉斑玄武岩一般为无斑结构，极少数发育斑状结构，斑晶为橄榄石、斜长石和顽火辉石，可能还含有少量斜方辉石和磁铁矿。岛弧拉斑玄武岩的主要特征是亏损高场强元素、富集大离子亲石元素。相比于 N-MORB 亏损 LREE，岛弧拉斑玄武岩是相对富集 LREE 的。这种平滑的趋势越过 La 和 Ce，导致岛弧拉斑玄武岩的 La/Yb 比值稍低于 N-MORB，但这种平滑的趋势被亏损 HFEs 及 P、Nb 和富集的 LILEs 所打断。这表明，岛弧拉斑玄武岩的源区相比 N-MORB 是亏损的，但由于俯冲流体的交代，使其富集大离子亲石元素。

中 K 岛弧玄武岩一般形成于成熟度较高的岛弧地区，属于钙碱性系列（Wilson，1989）；亦可成为高 Al 玄武岩（Kuno，1960；Seth et al.，2002），这种玄武岩一般含有斜长石、橄榄石、顽火辉石及磁铁矿的斑晶，在极少数情况下发育角闪石。很多成熟岛弧，中 K 安山岩的规模比玄武岩更大。中 K 玄武岩相比低 K 岛弧拉斑玄武岩，其不

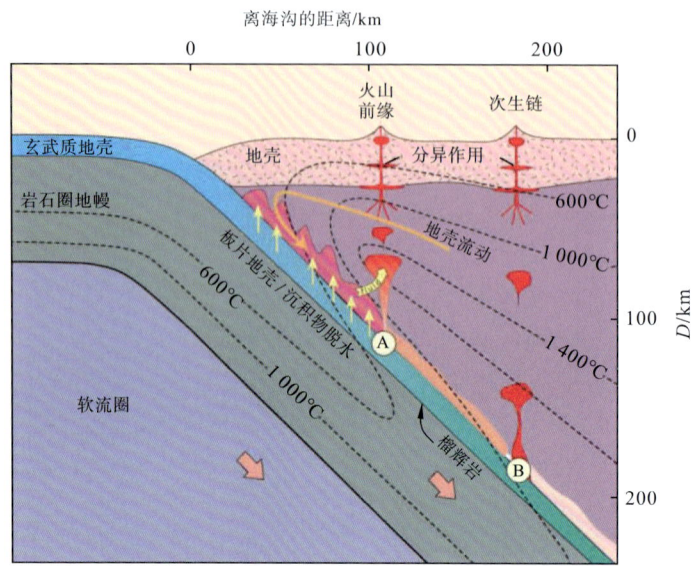

图 5-39　俯冲带岩浆起源机制示意图

相容元素含量变化范围更大，但还是具有相对稳定的地球化学特征，比 IAT 系列玄武岩具有更高的不相容元素含量，高度不相容元素的含量高于中度不相容元素的含量，发育明显的高场强元素亏损和很多成熟岛弧地区 supra subduction zone（SSZ）及汇聚板块边缘的岩浆类似，这种岩浆被认为是交代地幔楔发生部分熔融在壳内发生结晶分异的产物。

高 K 玄武岩或高钾钙碱性玄武岩（Wilson，1989）很少，多数情况下是安山岩和酸性程度更高的富 K 岩石，通常发育在成熟岛弧和活动大陆边缘。这些玄武岩通常含有橄榄石、顽火辉石，有时含有角闪石、磁铁矿及斜长石斑晶。这些高 K 玄武岩更富集 LILEs 及 LREE，如地中海 Stromboli 地区 Aeolian 岛上高 K 玄武岩发育亏损 Nb 和 Ti，高 K 玄武岩通常和富 K 的碱性熔岩伴生。

五、原始地幔的熔融：洋岛玄武岩

洋底平原一般被一系列火山岛链所分割，如夏威夷皇帝岛链，当然这并不意味着所有的洋底火山都和地幔柱或是热点构造有关（Wessel and Lyons，1997）。洋壳较厚处的洋岛火山的成分、年龄都与一般深海洋底平原的海底火山不同。海平面下洋底火山的规模远大于目前出露于海平面之上的火山的规模。洋底火山的存在导致洋底的地形起伏很大，最高处（夏威夷火奴鲁鲁海拔为 4 169m）和最低处（马里亚纳海沟海拔为 −5 000m）的高差接近 10 000m。

自 20 世纪 60 年代开始，有研究（Wilson，1963）用洋岛火山的行迹反演洋壳运移的轨迹，该研究的假设是洋底热点是固定不动的（Christensen，1998；Tarduno，2007）。热点代表大洋地壳下面持续供给的岩浆房，喷出的岩浆形成玄武质洋壳，热点形成的岩浆底侵于大洋地壳底部，如大西洋 Ascension Island 下面的洋壳厚度约为 12～13km（Klingelhöfer et al.，2001），而太平洋上 Marquesas 岛链下的地壳厚度约为 15～17km

(Caress et al.，1995)，明显比正常洋壳的厚度(6～7km)厚得多。运用这些数据可以模拟热点下岩浆形成的总量，如 White(1993)估计出印度洋 Réunion 热点的岩浆形成速率为 $0.05km^3/a$，Hawaiian 岛链下岩浆形成速率为 $0.18km^3/a$。洋岛玄武岩的总体成分为玄武质。所有洋岛的形成过程比较相似：第一阶段是用数兆年形成盾状火山；第二阶段是裂隙式喷发，形成少量碱性玄武岩(这些玄武岩的爆发性更强，一般会破坏早先形成的岛屿)。如夏威夷群岛，第一阶段形成含普通辉石、斜长石和橄榄石的橄榄拉斑玄武岩，晚期阶段形成碱性玄武岩，最晚期阶段为过碱性玄武岩，还可能有演化程度更高的粗面岩。当然，有的洋岛玄武岩中碱性玄武岩始终存在。洋岛海山的玄武岩称为 OIB(oceanic island basalts)。和 MORB 相比，OIB 更加富集 LREE 和 LILEs(至少富集 10 倍以上)，表明 OIB 源于更富集的原始地幔源区。冰岛是一个特例，在洋中脊处存在热点构造，和很多洋岛火山一样，一般都发育裂谷区。但冰岛的裂谷更多地受到洋中脊扩张的影响，冰岛上最古老的玄武岩为 16Ma 的玄武岩，出露于冰岛的 NW 和 SE 两端，后冰期的火山活动集中于一个 λ 形区，沿 NW-SE 方向贯穿冰岛，连接 SW 的 Reykjanes 洋脊和 NE 的 Tjörnes 断裂带。新火山区的岩浆喷发为裂隙式喷发，形成大量岩墙，没有中心式喷发和区域正断层。冰岛玄武岩主体为亚碱性玄武岩，以富 Fe、Ti 为主要特征，具有 MORB 和 OIB 的双重特征。演化程度更高的亚碱性岩石(包括流纹岩)和玄武岩共生。

六、裂谷地区地幔的部分熔融：大陆裂谷玄武岩

在远离热点的区域，洋壳的平均厚度约为 6.5km。但最近 20 多年的洋底地形及地球物理研究表明，在大洋某些区域存在高地，比周围的洋底高 1km 左右，而此处洋壳的最大厚度可达 35km(Mahoney and Coffin，1997)。这些高地多和洋中脊无关，而且发育不规律的磁异常条带；这些高地代表大洋板内岩浆作用，其形成期限较短，一般为数兆年。最大的洋底高原为太平洋上的汤加洋底高原，如果算上周围 Nauru 盆地及 Solomon 岛的火山岩及侵入岩，该高原的岩浆总量约为 $60km^3$(Coffin et al. 1994)，其形成时限约为 122Ma(Fitton et al.，2004)。主体的岩性为橄榄低 K 拉斑玄武岩，这是大洋上大火成岩省的典型代表。其他的例子如太平洋上的 Shatsky 隆起和澳大利亚西南部的 Kerguelen 高原(Coffin et al.，2002)。大陆上的大火成岩省称为大陆溢流玄武岩，它比洋壳大火成岩省的研究时间更早，最近 50 年来有大量的研究成果。和洋壳大火成岩省一样，大陆溢流玄武岩也是由数千米厚的亚碱性橄榄拉斑玄武岩组成，尽管在 Etendeka 和 Yemen 地区存在演化程度更高的火山岩，大陆大火成岩省的初始阶段一般都伴随着规模巨大的地形隆起。对于其他的 CFB，如印度德干高原溢流玄武岩，根据 White(1993)的估计，其喷发时限为 0.5～2Ma；而根据 Courtillot 和 Renne 的估计，其喷发时限小于 1Ma，这样估计出来的岩浆形成速率非常高，可以达到 $5km^3/a$ (White，1993；Courtillot and Renne，2003)，远大于现今全球热点上岩浆的形成速率 ($<0.5km^3/a$)，同时也小于现今洋中脊上岩浆形成速率($20km^3/a$)。绝大多数 CFB 与大陆的裂解有关、与热点及洋中脊相连，德干高原的 CFB 就与 Maldive 洋中脊、与 Réunion 热点相连，尽管后期的洋脊扩张已经导致这种连接关系发生了改变。此外，Ingle and Coffin(2004)提出，汤加洋底高原如此大规模的岩浆形成事件可能和流星的撞

击事件有关，因为该洋底高原难以和任何一个热点构造联系起来。这或许可以解释为什么大规模喷发和隆升基本机制，像在其他海相大火成岩省中，熔岩在喷发物质中所占的比例很少，如 Ontong Java 大火成岩省（Fitton et al.，2004）。关于早侏罗世 Central Atlantic Magmatic Province（CAMP），并没有确切的证据表明其和热点构造有关，与该大火成岩省有关的熔岩散布在 4 个大陆边缘之上，代表着 Pangea 超大陆的裂解。McHone（2000）认为，大火成岩省和地幔柱之间并没有必然联系；规模最大的大陆溢流玄武岩被认为和二叠纪晚期的生物大灭绝事件和环境变迁密切相关（White and Saunders，2005；Kelley，2007）。

关于地幔柱岩浆作用和生物大灭绝事件的联系，争论由来已久。White and Saunders（2005）基于数据统计认为，晚二叠世、晚三叠世及晚白垩世的生物灭绝事件都和大火成岩省的喷发相吻合，而关于海相大火成岩省岩浆喷发的环境效应目前研究得比较少。和 MORB 及 OIB 中相对均一的微量元素特征不同，大火成岩省熔岩中的不相容元素变化范围很大，Ontong Java 高原上发育低 K 玄武岩，类似于 N-MORB，但其 K、Th、Ba 及 Rb 的含量明显不同；而纳米比亚的 Etendeka 溢流玄武岩主要为拉斑玄武岩，和洋岛碱性玄武岩相比，这些拉斑玄武岩具有更富集的不相容元素。这些地球化学演化，可能和岩石圈厚度或玄武岩不同程度同化地壳物质这些因素随着时间的变化而发生变化，导致玄武质熔岩的地球化学特征发生变化有关。

七、辉长岩与辉绿岩

对于岩石学家而言，辉长质代表一个很广的岩石系列（包括苏长岩、辉长闪长岩、橄长岩、斜长岩等），远超辉长岩所指的范围。苏长岩尽管在岩石结构上和辉长岩相似，但其主要由斜长石＋斜方辉石（紫苏辉石）组成（图 5-40），单斜辉石在这中间是次要矿物。由辉长质岩浆发生结晶分异形成的一系列岩石，理论上都可以成为辉长质岩石。对每一类岩石的精确定名，根据国际地质科学联合会的分类命名标准，是依据每一种岩石的矿物组成进行定名的。

（1）斜长岩。主要由斜长石（＞90％）组成的粗粒基性侵入岩。
（2）橄长岩。由基性斜长石＋橄榄石组成的粗粒侵入岩。
（3）苏长岩。由基性斜长石＋紫苏辉石组成的粗粒侵入岩。
（4）苏长辉长岩。由基性斜长石＋普通辉石＋顽火辉石组成的粗粒侵入岩。

辉长结构是中深成基性侵入岩的典型结构，表现为辉石和基性斜长石在自形程度、粒径等方面均相当（图 5-40）；表现在 An-Di 相图中，则是在 p_{H_2O} 较大的条件下，辉石和基性斜长石共结结晶；根据粒度的不同，可以有粗粒辉长岩或细粒辉长岩；由于基性岩浆结晶过程中 H_2O 含量的变化，导致共结结晶的基性斜长石和辉石的比例发生变化，可以形成特殊的层理构造，如层状辉长岩等。

辉绿结构与辉长结构相比，辉绿结构是斜长石优先结晶，而且由于斜长石晶体生长速度较快，发育为自形的板条状晶体，这些基性斜长石晶体构成格架，辉石和橄榄石等矿物填充其中，构成辉绿结构。辉绿结构有粗粒和细粒之分，可以理解为贫 H_2O 的基性岩浆结晶的产物，或是岩浆在结晶过程中的某个阶段 H_2O 忽然逸散，从而有利于基性斜长石的快速结晶导致的。

图 5-40　辉长岩和辉绿岩的结构区别

八、地幔的熔融：玄武质岩浆起源机制

玄武岩的源区应该是更原始的地幔物质，如石榴子石二辉橄榄岩或尖晶石二辉橄榄岩（Yoder and Tilley，1962）。玄武质岩浆低 SiO_2（$<52\%$）、高 MgO（$5\%\sim15\%$）、低碱（$Na_2O+K_2O<5\%$）。从理论上来看，这种岩浆可以由镁铁质岩石发生高程度的部分熔融形成，但地球上的岩石并不存在 100% 的熔融，除非是陨石撞击作用会导致地球表面岩石在瞬间高温发生 100% 的熔融。在多数情况下，地球岩石都是发生部分熔融。当源区的熔体抽提运移时，熔融反应停止，留下难熔残留物质。与源区物质相比，熔体更加富 Si、贫 Mg。因此，玄武质岩浆的源区有可能是上地幔的超基性岩石。有关玄武岩起源于上地幔熔融的证据，可以从碱性玄武岩中携带的橄榄岩捕虏体中找到。目前，岩石学家普遍接受的观点是，如果要研究玄武岩的喷发机制，就要研究地幔的热结构以及地幔发生部分熔融的条件。目前有两种主要手段研究地幔的熔融作用。

（1）通过地表的大地热流值推算地幔深度的温度（Fowler，2005），不同构造环境下大地热流值、地热梯度都是有差异的。

（2）在实验室模拟橄榄岩的熔融条件并研究压力对熔融温度的影响。图 5-41 展示了地幔熔融的机制，该图可分成两个主要区域，蓝色区域代表固相区域，白色区域代表发生部分熔融的区域，两者的分界线为固相线，代表地幔橄榄岩发生部分熔融所需的最低温度。平行线分别代表地幔发生 20%、50% 及 100% 程度熔融的界限。固相线温度和压力密切相关，这意味着更深处的地幔需要更高的固相线温度，但在 H_2O 存在的情况下这一规律会被打破。

图 5-41 中的实线代表远离洋中脊的大洋岩石圈的地热梯度。该曲线可以分为两个部分。上部代表岩石圈，其上岩石呈固态、无法流动，这里只能进行热传导；地球物理学家将岩石圈称为机械边界，如同地质学家所称的岩石圈。陡倾的曲线表明，随着深度增加，温度升高很慢，表明地幔处于塑性状态（软流圈），在这种情况下，地幔可以发生物质对流，其热传递方式的效率远高于单纯的热传导。这样的对流可以是软流圈物质具有相对均一的物质组成和热状态。如果情况是真实的，那为什么随着深度增加温度曲线不是一条直线（随着深度增加，温度无变化）？这是由于地幔橄榄岩在高压状态下体积较小，当对流至浅部时，由于压力释放、体积增大，会推挤周围的地幔物

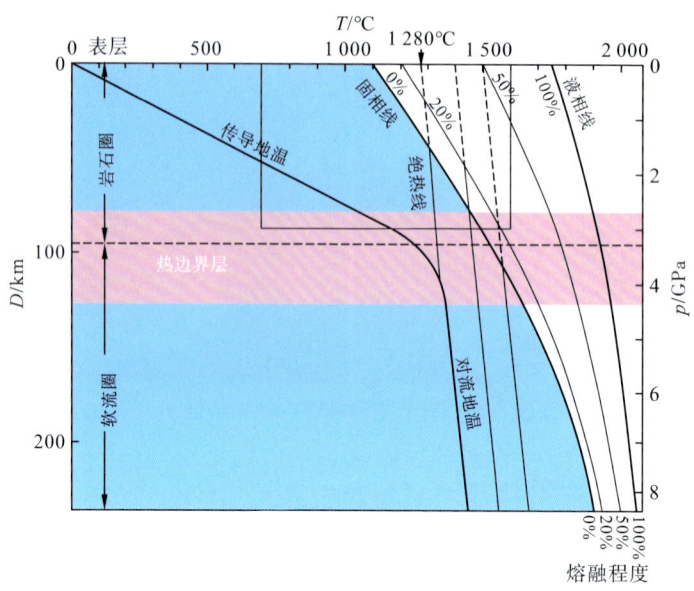

图 5-41　大洋地壳地热和地幔橄榄岩熔融行为的温度与深度的关系

据 McKenzie and Bickle，1988

质，通过这种方式消耗地幔橄榄岩的内能，使其温度稍微降低。因此，地温曲线不是一条直线，而是随着温度升高而慢慢升高，这种对流方式称为绝热对流。在绝热上升过程中，为了表达地幔的温度，用 T_p（potential temperature）表示地幔岩石在地幔深度的初始温度，如果快速上升至地表而且没有发生熔融，这种初始温度会快速降低。根据 McKenzie and Bickle（1988）的估算，软流圈地幔的初始温度为 1 300℃。

　　岩石圈和软流圈地幔的边界并不十分固定。图 5-41 中的红色区域代表热边界层，在该区域，随着温度升高，岩石的塑形程度增加，开始卷入地幔对流。岩石圈底部的部分区域就位于这种热边界层。需要强调的是，地幔对流与地幔熔融及岩浆形成并没有严格的关系。大洋岩石圈的地热梯度在固相线温度以下，与固相线并没有交点，这样就很难解释为什么在洋壳有大规模的火山喷发。

　　图 5-42 提供了解决这种悖论的 3 种可能方式，相应的构造背景在图 5-42d 中进行了详细说明。洋中脊是被动伸展的构造背景，在离散板块边缘软流圈物质上隆，发生减压部分熔融。在图 5-42a 中，X 和 Y 分别代表地幔上隆的方向。如图 5-42a 所示，地幔的初始温度为 1 280℃，即使在上升过程中发生冷却也不足以抵消减压的影响；在到达 Y 之前，软流圈地幔将发生 20％的部分熔融。部分熔体在洋中脊喷出形成 MORB，或是在深部侵位形成辉长岩。难熔残留物增生在离散岩石圈的底部，在弧后盆地中亦有类似的岩浆形成机制，只不过 H_2O 的作用十分关键（Kelley et al.，2006）。在这样的岩浆形成过程中，并不需要额外的热源。但这种机制并不能解释大洋板块内部的岩浆作用，因为这里并不具备大洋中脊那样极薄的岩石圈（图 5-42d 左侧）。在夏威夷地区发现的厚的大洋岩石圈需要额外的热源来诱发熔融，这与地幔柱作用有关。地幔柱为蘑菇头型的地幔对流构造，深部高温低密度的地幔物质会对流至浅层，而浅部低温高密度的地幔物质会沉入底部，这种对流方式会升高地幔的地热梯度（图 5-42d）。

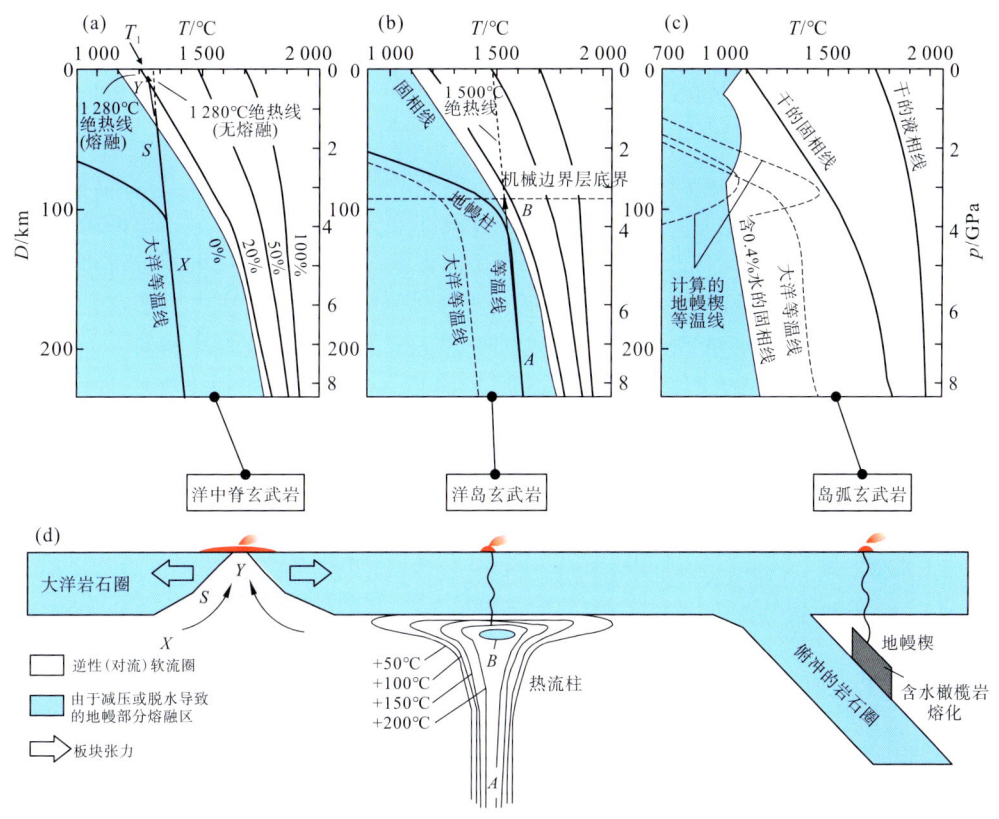

图 5-42　不同构造体制下玄武质岩浆的起源机制

据 Robin，2010

图 5-42b 表示由于地幔柱导致的热异常。在对流情况下，对流地幔物质的温度会与固相线交切，从而导致地幔在比图 5-42a 更深的深度发生部分熔融，但这种熔融被上部厚的冷的岩石圈地幔所阻碍，因此地幔柱深部只能发生低程度部分熔融（White，1993）。若洋中脊存在地幔柱，如冰岛地区，上述情况则不适用。并不是所有的大洋板块内部的火山都和地幔柱热异常有关，多数洋内火山是由于在地幔尺度存在很多易熔的 Blobs（Fitton，2007）。与在大洋板块一样，大陆裂谷地区也有地幔柱上隆导致的岩浆作用。如肯尼亚裂谷的碱性玄武质岩浆就被认为和地幔柱作用有关（Rogers，2006），这些碱性玄武岩与洋岛碱性玄武岩具有相似的地球化学特征。多数板内（大洋板内和大陆板内）岩浆作用都被认为和地幔柱岩浆作用相关，尽管这类岩浆产出的量（<0.5km³/a）与洋中脊相比要小得多。关于地幔柱的起源机制，目前并没有清晰的认识，多数岩石学家及地球物理学家认为，短期大量喷发的大火成岩省，如 LIP 或 CFB，都和地幔柱作用有关。这种蘑菇头型的地幔柱头向下对流，如同黏稠的糖浆。对这种地幔柱模型，在很多被动大陆边缘的溢流玄武岩中可以得到支持，如德干高原及 Paraná-Etendeka 地区的溢流玄武岩。在大洋板块内部，随着洋壳移动，洋底火山不断变得年轻，实际上支持了固定的地幔柱构造机制。而岛弧下地幔楔的部分熔融既不是由于岩石圈减薄，也不是由于温度升高，而是由于俯冲板片脱水，形成的流体交代地幔楔导致其固相线温度降低而发生熔融的（图 5-42 右侧）。在洋中脊附近的热液蚀变中，玄武岩中的原生岩

浆矿物逐渐蚀变为绿泥石、蛇纹石、角闪石等含羟基矿物。实验证明，少量 H_2O 的加入可以明显降低地幔橄榄岩的固相线温度，就像图 5-42 所表明的那样(图中的湿固相线受多种因素影响)。由图 5-42c 可以看出，由于冷的洋壳的俯冲，导致地幔楔的地温梯度发生明显变化。

尽管对地幔楔的熔融还有很多不确定性，然而在流体介入的情况下，地幔楔的固相线温度明显降低，导致其发生熔融，形成与俯冲相关的玄武质岩浆。俯冲带形成玄武质岩浆的机制将在第六节进行详细讨论。其他玄武质岩浆的形成机制，都可以通过其中的一种或两种因素的变化来解释(温度、压力、流体)。大陆裂谷中形成的小规模玄武质岩浆喷发是因地幔上隆和岩石圈减薄所致，也有可能和地幔柱相关。而弧后盆地中的玄武岩则是由于俯冲板片后撤(slab roll back)导致在弧后形成次级扩张中心，从而大洋岩石圈地幔发生部分熔融。

第六节 壳幔物质相互作用与中性岩

一、基本概念

中性岩浆岩的 SiO_2 含量($53\%\sim66\%$)中等，属于硅酸饱和及弱过饱岩石。与基性岩浆岩相比，其 FeO、MgO、CaO 含量明显减少；由于中酸性斜长石含量和黑云母等矿物增加，岩石的 Na_2O 和 K_2O 含量显著增加；其 Al_2O_3 含量为 15% 左右，稍低于基性岩浆岩。主要矿物成分是中性斜长石(以中长石和奥长石为主)和角闪石，单斜辉石和黑云母可作为次要矿物。常见副矿物有磁铁矿、磷灰石、榍石、锆石等。颜色较浅，色率约为 30%。中性喷出岩以安山岩为典型代表，主要形成于俯冲带，常与玄武岩-英安岩-流纹岩关系密切共生，代表弧岩浆分异的产物。而中性侵入岩(闪长岩)经常与辉长岩或花岗岩伴生，很少作为单独的岩体产生。

二、中性岩的矿物组成

中性岩浆岩中暗色矿物含量一般为 $15\%\sim50\%$，以角闪石和黑云母为主，亦可含少量普通辉石。影响中性侵入岩定名的主要是斜长石、碱性长石和石英的比例，若闪长岩中碱性长石含量增加，可过渡为二长岩至正长岩；若石英含量增加，暗色矿物含量降低，可过渡为石英闪长岩至斜长花岗岩；若碱性长石和石英含量同时增加而暗色矿物减少，则可过渡为石英二长岩至花岗闪长岩、花岗岩。闪长岩亦可向辉长岩过渡，若暗色矿物含量增加(辉石增加)、斜长石牌号增大，可过渡为辉长闪长岩至辉长岩。

(1)斜长石。主要以中性斜长石和酸性斜长石为主。中性斜长石可发育韵律环带，形成环带结构。在斜长石中可见平行于环带分布的角闪石等矿物包裹体，这表明斜长石结晶较晚，但晶体生长速度较快，包裹了早期结晶的矿物。不过闪长岩中奥长石含量更高，多发育钠长石双晶和卡钠复合双晶，亦可见到角闪石等矿物呈嵌晶方式存在于奥长石中。

(2)碱性长石。碱性长石在闪长岩中含量很少，有时可作为次要矿物存在；但在二长岩和正长岩中含量较多，为主要矿物，包括正长石、条纹长石、微斜长石、歪长石和钠长石等。侵入岩中的碱性长石为低温系列，由于 Na、K 占位有序度的变化，多发育卡式双晶、条纹结构或格子双晶等。

（3）石英。闪长岩中一般含少量石英，这类石英结晶很晚，常呈他形结构，分布在斜长石和角闪石的矿物颗粒间，在显微镜下呈波状消光。若中性侵入岩中石英含量超过 5％，则可作为次要矿物参与岩石定名，如石英闪长岩、石英二长岩等。

（4）角闪石。多为普通角闪石，在显微镜下呈绿色-褐色多色性，他形或半自形长柱状，可发育简单双晶，个别情况下可在辉石边部呈反应边存在。一般受不同程度的绿泥石化，到时颜色变绿、干涉色等级变低。在正长岩等碱性侵入岩中，角闪石主要为针状的钠铁闪石，其干涉色明显偏高，可达到Ⅱ级顶部或Ⅲ级。

（5）黑云母。在不同类型的中性侵入岩中，黑云母的多色性和自形程度有一定的变化，其颜色一般为褐色或棕红色。黑云母含量较高时，作为次要矿物参与岩石定名，如黑云母闪长岩、黑云母正长岩等。

（6）辉石。以普通辉石为主，属于早期结晶的矿物，一般呈半自形粒状或短柱状，单偏光下无色，可发育简单双晶。在晚期富 H_2O 的中性岩浆中受不同程度的交代和蚀变，可以发育角闪石反应边，可能受一定程度的绿泥石化，导致干涉色等级降低。而在一些过碱性中性侵入岩如正长岩和霞石正长岩中，辉石一般为霓石或霓辉石，与普通辉石相比，这类辉石的长宽比增加，多为长柱状绿色晶体，消光角偏大，干涉色可达Ⅱ级顶部，如果含量较高，可作为次要矿物或主要矿物参与岩石定名，如霓辉正长岩、霓辉二长岩、辉石正长岩等。

（7）副矿物。与基性岩相比，中性岩中含有大量富集稀土元素或微量元素的副矿物含量明显增加，如锆石、榍石、磷灰石、独居石、褐帘石、磷钇矿等，这些副矿物不仅可以作为 U-Pb 定年的对象，而且其含量可以影响岩石的稀土元素或微量元素组成特征。

三、中性侵入岩系列

1. 闪长岩类

闪长岩，不含石英或石英含量＜5％，暗色矿物含量为 20％～40％（平均 30％）。其中，暗色矿物含量＞40％者称为暗色闪长岩，暗色矿物含量＜20％者称为浅色闪长岩。斜长石为中长石（常见环带结构，图 5-43），不含或少含碱性长石。常见的暗色矿物为角闪石、辉石和黑云母，据此可将岩石命名为角闪闪长岩、辉石闪长岩和黑云母闪长岩。石英闪长岩：石英含量为 5％～20％，暗色矿物含量一般为 15％

图 5-43　闪长玢岩中中性斜长石的环带结构

～20％。斜长石（中长石）占一半以上，岩石具有半自形粒状结构。同样可按暗色矿物种类命名，其方式与上述闪长岩相同。辉长闪长岩：辉长闪长岩是闪长岩和辉长岩之间的过渡变种，含较多的辉石（可达 20％）和基性斜长石，但肉眼不易识别。

闪长岩一般与辉长岩或花岗岩共生，构成它们的边缘（顶部）相或岩枝。和辉长岩共生的闪长岩，在云南元谋、四川攀枝花、山东济南均有产出。前述超基性-基性层状侵入体中均有闪长岩层，一般将其视为基性岩浆的分异产物。我国长江中下游的许多闪长岩体与花岗岩相伴而生，在接触带出现矽卡岩，沿该类岩体的接触带上多有铁、铜和铅-锌矿产出。单独产出的岩体多为岩脉、岩床或岩盖，如在江苏南京、安徽马鞍山、太行山东麓安阳-武安一带均有产出，南美洲安第斯山区亦不乏其例。在闪长岩与灰岩的接触带上往往形成重要的矽卡岩型铁、铜、铅-锌矿等，如湖北大冶铁矿、安徽铜官山铜矿、湖南水口山铅-锌矿等均属这一类型。

2. 高镁闪长岩

高镁闪长岩属于一种特殊的闪长岩，其主要特征是 Mg# 值较高，其值大于 60，同时岩石的 Cr、Ni、Ba、Sr 等含量明显偏高，强烈富集轻稀土，不发育 Eu 的负异常。目前认为，高镁闪长岩的成因模式可能有以下 3 种：①富集地幔部分熔融(用来解释如新生代日本Setouchi岛以及许多太古代绿岩带中的 Sanukitoid 的成因)；②在地热梯度较高的俯冲带，俯冲板片未经脱水直接发生部分熔融，形成的熔体与上覆地幔楔发生混染，可以形成高镁闪长岩，这类闪长岩通常与岛弧富 Nb 玄武岩共生(王强等，2020)；③加厚下地壳(榴辉岩相)发生拆沉和部分熔融，所产生的熔体在上升过程中与地幔发生反应。Qian et al.(2010)根据华北中部邯郸-邢台地区早白垩世(130Ma)高镁闪长岩中的单斜辉石原位微区分析，提出中酸性岩浆在地壳深度与地幔橄榄岩发生反应，是形成高镁闪长质岩浆的一种新机制。

四、中性喷出岩系列

(一)安山岩的概念及结构构造特征

1. 安山岩的概念

安山岩呈细粒、斑状结构(图 5-44)，斑晶主要为斜长石＋暗色矿物，典型安山岩中的斜长石发育环带结构。安山岩分布很广，分布面积仅次于玄武岩，特别是在环太平洋的岛弧地带和大陆边缘产出最多，构成所谓安山岩线。安山岩其名源于南美洲的安第斯山。我国东部，北自大、小兴安岭，南达鲁、苏、浙、闽、粤诸省，广泛分布着中生代形成的安山岩。安山岩可与玄武岩共生，还可与流纹岩共生，常为中性喷出岩-次火山杂岩体的喷出岩相部分。安山岩的颜色比玄武岩浅，常呈红褐色、褐黄色、浅紫色、灰绿色等，具斑状结构或隐晶质结构，岩石呈致密块状，有时具气孔构造。斑晶为斜长石(中性斜长石)、辉石、角闪石和黑云母。斜长石呈近等轴形的厚板状，有时显环带构造。根据所含暗色矿物种类可分别命名为辉石安山岩、角闪安山岩和黑云母安山岩。

根据安山岩中斑晶矿物种类，安山岩存在以下几个亚类。

(1)辉石安山岩。它是安山岩中偏基

图 5-44 安山岩的斑状结构
可见角闪石和斜长石的斑晶

性的属种，比较常见。具斑状结构，斑晶斜长石可达到拉长石，而基质中则为中-更长石。辉石斑晶为普通辉石、紫苏辉石，基质中可有普通辉石和易变辉石。石英和碱性长石少见，且存在于基质中。基质中常见交织结构和玻晶交织结构。

（2）角闪安山岩。由角闪石和中长石组成。角闪石通常为棕色玄武闪石，具有暗化边或已全部暗化，仅保留其假象。斜长石环带发育，但边缘与中心成分差异不大。

（3）黑云母安山岩。这类岩石较少见，主要由黑云母和偏酸性的斜长石组成，但一般还见有角闪石斑晶。黑云母常见有暗化边，斜长石以更长石为主，环带不发育，可在基质中出现少量钾长石和石英。

（4）玻基安山岩。基质主要由玻璃质组成，斑晶为暗色矿物和斜长石。火山玻璃常常已脱玻化，可见羽状、球颗状斜长石雏晶及圆粒状磁铁矿雏晶。

2. 安山岩的结构

安山岩几乎均具斑状结构，无斑隐晶者少见。斑晶为斜长石、辉石、角闪石、黑云母等。基质结构复杂且具有典型意义，常见的基质结构类型有以下几种。

（1）暗化边结构。在喷出岩特别是安山岩中，角闪石和黑云母常生成暗化边。这是由于岩浆喷出地表后压力突然降低并发生氧化作用，角闪石不稳定而发生熔蚀、分解形成的，它们是磁铁矿和辉石的细粒集合体，有时整个晶体可被暗化产物所代替，经次生变化后变成棕色氧化铁。经暗化后的角闪石、黑云母皆呈棕色，性脆，易从岩石中剥落。在斑状结构的安山岩中，其基质颗粒很细，在新鲜的岩石断面上，在强光照射下可以看到反光的针状斜长石晶粒。基质中更致密的部分是隐晶质和玻璃质。

（2）交织结构。斜长石微晶呈平行或半平行排列，辉石及磁铁矿分布其中，玻璃质及隐晶质很少见。交织结构表示岩浆冷却速度不太快并具有一定的流动性。

（3）玻晶（基）交织结构。岩石的基质中斜长石微晶呈杂乱-半定向排列，微晶之间有较多的玻璃质或隐晶质充填。该结构亦称安山结构，是安山岩类最常见的结构类型。

安山岩中很少见到玄武岩中常见的间粒结构、辉绿结构，亦很少见到流纹岩中常见的霏细结构。安山岩中最常见的构造类型是气孔构造和杏仁构造，小的气孔和杏仁体多呈圆形和椭圆形，大的气孔和杏仁体常为云朵状或不规则状。

（二）安山岩形成的构造环境

与洋中脊刚好相反，俯冲带代表大洋壳俯冲到地幔深处。洋内弧和陆缘弧是形成安山岩-英安岩和流纹岩最主要的地方，很多岛弧火山就位于环太平洋的火环之上。

据 Crisp（1984）估算，全球每年俯冲下去的洋壳约有 $0.6 \sim 0.4 km^3$，比大洋中脊形成的玄武质洋壳的体积（约 $3km^3/a$）低一个数量级。当然，也有人认为，这个速率估计过低，全球每年俯冲下去的洋壳体积应约为 $2.5km^3/a$。

洋内弧最主要的特征是在洋壳俯冲的地方有很深的海沟，在被俯冲洋壳之上有火山，俯冲带基本平行，距离海沟的距离约为 $50 \sim 150km$。海沟和岛弧火山之间称为弧区。俯冲沉积物被从俯冲洋壳上刮下来，堆积在俯冲带。随着俯冲作用的进行，这个增生楔会逐渐增大，受俯冲带挤压作用的影响，在增生楔内部主要以褶皱和逆冲断层为主，形成增生杂岩（chaotic mélange）；增生楔的底部发生严重的剪切变形；增生楔的顶部很高，形成正地形。

其他的弧前（也可能代表主流）以剥蚀作用而不是以增生作用为主，这种类型以

Mariana，Peruvian 和 Tonga Kermadec 海沟（Clift and Vannucchi，2004）为代表。对于典型的沟弧盆体系，海沟是负重力异常区，此处海水最深、低密度沉积物最多。在海沟，俯冲板片首先发生弯曲，然后伸直向下俯冲，很多地震学家用这种理论解释俯冲带常见的特殊地震成像现象（Fowler et al.，2005）。

俯冲角变化很大，从 40°角到 70°角直至水平俯冲，如太平洋的 Honshu（northern Japan），其俯冲角仅为 25°，而在 Izu-Bonin-Mariana arc 俯冲近于直立。大陆边缘并不能反映俯冲带的形态，因为很多地方位于水下。在一些极端条件下，如阿留申岛弧，俯冲带是一个大型的走滑带。瓦达蒂-贝尼奥夫火山带的"海沟侧链"距离海沟有 $100\sim 120km$ 的深度，在地表测量到的"弧-沟间隙"将明显地随着俯冲倾角反向变化。较不活跃的"弧后侧链"离海沟较远，其距离相当于 $160\sim 200km$ 深的瓦达蒂-贝尼奥夫带。岛弧地区高的大地热流值表明，存在浅部的岛弧岩浆。

（三）玻安岩的基本概念

大多数安山岩，若其成分演化程度高于玄武岩，其 MgO 含量一般低于 5%。但有一类安山岩具有高 MgO 特征，称为高镁安山岩或玻安岩（Crawford et al.，1989）。最典型的例子是来自日本 Bonin 岛的样品：斑晶为斜方辉石斑晶或微晶，基质为玻璃质，部分斜方辉石发育单斜辉石的反应边，岩石中不存在斜长石斑晶，但岩石 SiO_2 平均含量为 57.6%，符合中性岩的范畴，在 TAS 图解中，样品均落在安山岩区域。玻安岩的岩相学和地球化学特征界定如下（Taylor et al.，1994；Le Maitre，2002）：玻安岩，斑晶主要为斜方辉石，基质为玻璃质的火山岩，其地球化学符合以下几个指标：①SiO_2 >52%；②8%<MgO<25%；③TiO_2<0.5%。

很多玻安岩发育玻璃质基质，其斑晶除了斜方辉石，还发育斜顽辉石（clinoenstatite）或橄榄石。玻安岩尽管具有较高的 SiO_2 含量，但其较高的 MgO、低 TiO_2 含量及缺少斜长石斑晶，仍证明其为原始岩浆。大多数玻安岩高的 $Mg^{\#}$ 值，表明其和橄榄石是平衡的。真正的玻安岩经过演化会形成玻安岩系列，其岩石学和地球化学特征会发生一定程度的改变。

四、壳幔物质相互作用的产物：安山质岩浆起源机制

安山岩是俯冲带最重要的岩浆岩类型之一。安山岩的化学成分和矿物成分变化较大，很难用单一模式来解释其成因，目前争论的焦点是安山质岩浆能否代表原生的幔源岩浆。常见的安山质岩主要有以下 3 种：①常见的正常玄武岩-安山岩-英安岩-流纹岩组合中的钙碱性（CA）安山岩。②主要发育在洋内岛弧中的高镁安山岩（high-Mg andesite，boninite）。③埃达克岩（adakite）和 $T_1T_2G_1$ 组合（即 TTG 组合）。关于安山质岩浆的形成与演化，有以下几种观点：①起源于玄武岩浆结晶分异作用。②玄武岩浆对硅铝壳的同化混染作用。③玄武岩的部分熔融作用。④地幔橄榄岩 H_2O 饱和部分熔融。

玄武质岩浆的结晶分异是早期解释安山岩成因机制的一种主流模型。Bowen（1928）依据鲍文反应序列，认为玄武质岩浆的分离结晶作用会导致剩余岩浆中 SiO_2 含量增加，岩石将由玄武岩依次演化为安山岩、英安岩和流纹岩。但该模型并未充分考量原始玄武质岩浆的性质、H_2O 含量及氧逸度变化对不同矿物结晶路径的影响等。Eggler（1976）在对 $CaAl_2Si_2O_8$-$NaAlSi_3O_8$-SiO_2-MgO-Fe-O_2-H_2O-CO_2 体系的结晶分异路径进

行研究时提出，在"正常"的 fo_2 值条件（相当于 NNO 缓冲条件）下，当压力为100～551MPa 时，磁铁矿（或钛铁矿）从玄武质岩浆中结晶分异，可导致残余岩浆向贫 Fe、富 Si 的方向演化，从而形成安山质岩浆。此外，在富 H_2O 的玄武质岩浆中，角闪石的结晶分异可导致残余岩浆 SiO_2 过饱和，从而演化为安山质岩浆。如果是相对富 K 的玄武质岩浆，随着橄榄石和基性斜长石的结晶分异，会逐渐向富 Si、富 K 的趋势演化，从而演化为富 K 的安山质岩浆（Kushiro，1975）。Sisson et al.（1993）提出，在水饱和（200～400MPa）和 NNO 条件下，玄武质岩浆通过橄榄石＋单斜辉石±斜长石（$An_{60～90}$）＋角闪石±紫苏辉石的分离结晶，可以形成钙碱性安山岩。

越来越多的实验岩石学研究发现，镁铁质物质或地幔岩在 H_2O 饱和条件下的部分熔融可以直接形成安山质岩浆（Grove et al.，2003；Bowman et al.，2023）。Green（1982）提出，下地壳榴辉岩发生部分熔融作用时，石榴子石、单斜辉石可作为未熔固相残留，这时熔体成分类似于安山质岩浆（图 5-45）。Kushiro（1972）提出，在 H_2O 饱和条件下、压力至少达到 2.5GPa 时，尖晶石或石榴子石橄榄岩部分熔融形成的熔体，含 Q 分子、成分类似于钙碱性安山岩或英安岩。Grove et al.（2003）则强调，水在控制玄武质岩浆分离结晶趋势中的重要性：①在水饱和条件下，斜长石的稳定性降低，结晶过程受到抑制，橄榄石和单斜辉石的首晶区扩大。②虽然水降低了主要硅酸盐矿物的结晶温度，但对一些氧化物（如磁铁矿）的影响甚微，故此时镁铁质矿物先于斜长石晶出，残余的岩浆向富硅富碱的钙碱性安山质岩浆演化。Hirose（1997）以二辉橄榄岩作为初始物质，当 H_2O 含量为 1%～3% 时，在 1 050℃温度条件下形成的熔体的 SiO_2 含量为 54.4%～60.3%，表明 H_2O 饱和的地幔橄榄岩在高温条件下可以直接部分熔融形成安山质岩浆。Tatsumi（1981）对日本天然高镁安山岩进行了熔融实验，发现获得的熔体能够与地幔橄榄石和斜方辉石达到平衡，进一步证明了含水地幔橄榄岩熔融可以直接形成安山岩。随着俯冲带岩浆作用研究的深入，多数学者都认可安山质岩浆与大

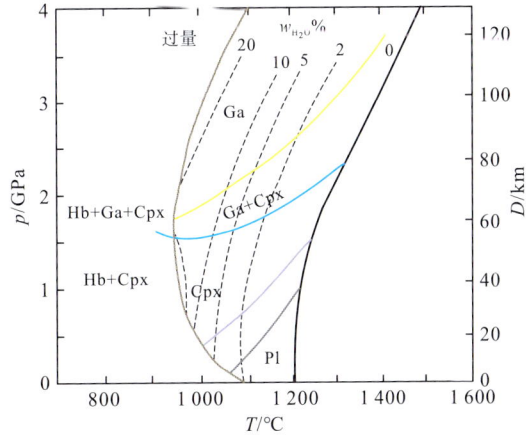

图 5-45　在一定条件下具榴辉岩相的洋壳可直接部分熔融形成安山质岩浆

该图显示，在合理的压力（1.7～2.5GPa）、温度（约 1 100℃）和含水（2%～5%）条件下，具榴辉岩相的洋壳可直接部分熔融形成安山质岩浆。在相同压力条件下，如果含水量很低（约 1%），则温度要高达 1 300℃才行。在较低压力（1.0～1.5GPa）和较低温度、较多水的情况下，安山质岩浆将与 Hb＋Cpx±Ga 残余矿物呈平衡状态

洋俯冲密切相关(Green，1982)。这个模型认为，当俯冲洋壳深入至地幔 100～150km 时，蛇纹岩脱水，在温度700℃以上和高水压条件下，促使石英榴辉岩发生部分熔融，形成流纹英安岩浆。岩浆与上覆地幔楔发生交代反应，使之转变为含水橄榄辉岩，呈底辟上升并发生减压部分熔融，形成钙碱性岩浆。岩浆在上升过程中，同时发生石榴子石、辉石、角闪石等的分离结晶作用，导致岩浆向酸性演变，同时又可激发周围地幔岩局部熔融并产生少量玄武岩浆。这些复杂的部分熔融和同化过程，导致岛弧地区形成以安山岩浆为主的包括基性到酸性的钙碱性岩浆系列。Nicholls and Ringwood (1973)提出，如果地幔楔橄榄岩受到板片熔体的交代形成辉石岩，这些辉石岩在上升过程中发生减压部分熔融可形成钙碱性的安山质熔体。

图 5-46 展示了地幔交代岩熔融形成安山岩关键的 4 个步骤。

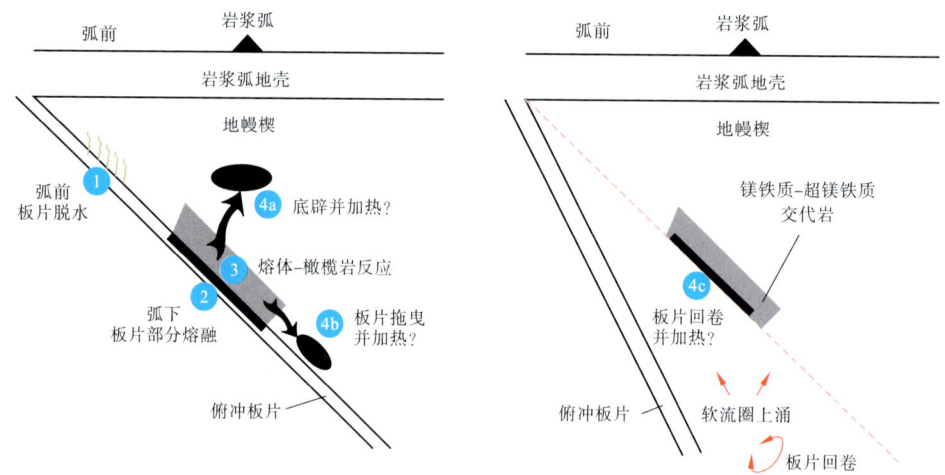

图 5-46 地幔交代岩熔融形成安山岩的概念模型图解

地幔交代岩熔融形成安山岩关键的 4 个步骤：①俯冲洋壳在弧前深度脱水。②俯冲洋壳与俯冲沉积物在弧下深度部分熔融。③富水的长英质熔体与地幔楔橄榄岩反应形成镁铁质-超镁铁质的交代岩。④玄武质交代岩部分熔融形成安山岩熔体，可能的熔融机制包括地幔交代岩的底辟上升(4a)、板片的拖曳作用(4b)以及板片的回卷作用(4c)。据 Chen et al.，2021；张晓智等，2021

随着对安山岩地球化学特别是同位素地球化学特征的深入研究，岩石学家发现安山质岩浆在侵位和结晶过程中，可以受到不同程度壳幔物质的混染。中性岩浆也有可能是基性岩浆和酸性岩浆发生岩浆混合形成的，特别是对一些富晶体的安山岩而言。尽管在一些岛弧地区确实存在原生的安山质岩浆(如 Ownby et al.，2011)，岩石学和地球化学研究表明，岛弧地区的中性岩石是由酸性岩浆和基性岩浆混合形成的，特别是两种岩浆的含量和黏度接近时，发生高程度岩浆混合，形成中性岩石(如 Laumonier et al.，2014)。Eichelberger et al.(1975)根据安山岩中不平衡的岩相学特征，提出安山岩是由于岛弧地区玄武质岩浆与流纹质岩浆混合作用的产物。Hildreth and Moorbath (1993)提出用 MASH 模式来解释智利中部的安第斯弧岩浆活动。该模型认为，幔源玄武质岩浆底侵到大陆岩石圈莫霍深度时，导致上覆地壳发生部分熔融并同化部分地壳物质，从而形成安山岩。这个模型可以解释，部分岛弧安山岩与玄武岩相比具有相对富集的同位素及大离子亲石元素等特征。Feeley and Davidson(1994)提出，这是由于陆缘弧火山岩的结晶分异程度更高，而且受到陆壳物质的同化混染。尽管 NVZ 和 SVZ 火山岩受到陆壳混染的程度较低，但在很多岛弧火山岩中还是有很明显的陆壳物质混染的地球化学证据。其中，著名的例子就是新西兰的 Taupo 火山。该地区处于伸展背景下，大地热流值较高，有一些安山岩火山，但流纹岩的量仍然可以占到 80%，正如 Price et al.（2005）所提出的："随着陆的伸展减薄，陆壳的地温梯度升高发生部分熔融，形成大规模的安山质岩浆，岩浆结晶分异，形成流纹质岩浆，贮存在近地表的岩浆房中。"此外，底侵的幔源玄武质岩浆与下地壳部分熔融形成长英质岩浆的混合，亦被认为是形成安山质岩浆的一种机制（Zhu et al.，2013），这种混合的岩浆在上升过程中会发生角闪石和斜长石的结晶，从而形成安山岩中的斑晶。

实验岩石学证明，在低压含水条件下，与地幔橄榄岩平衡的岩浆在成分上是安山质的，很容易演化为钙碱性岩浆（类似于大陆地壳）；在较高压力条件下，橄榄石液相线范围减小，与地幔橄榄岩平衡的岩浆在成分上是玄武质的，很难直接演化为钙碱性安山岩。弧下地幔楔的部分熔融可导致地幔底辟产生，在地壳薄的地方这些底辟可能会比在地壳厚的地方上升到更浅的深度。因此，在地壳较薄的地方岩浆与地幔橄榄岩分离的压力较低，而在地壳较厚的地方则较高。在前一种情况下，原生安山质岩浆是通过地幔橄榄岩的不均匀熔融产生的；而在后一种情况下，地幔橄榄岩会发生均匀熔融产生原生玄武质岩浆（图 5-47）。如前所述，在不同条件下岛弧岩浆作用可以产生原生安山质和原生玄武质岩浆，此过程主要取决于岛弧地壳的厚度（图 5-47）。

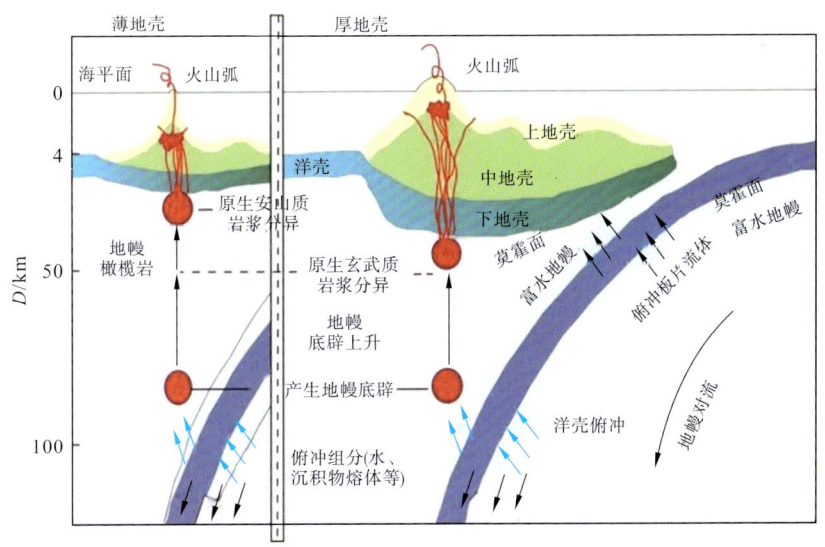

图 5-47　原生安山质及玄武质岩浆生成模式示意图

第七节　地壳物质熔融与酸性岩

一、基本概念

酸性岩浆岩包括花岗岩-流纹岩和花岗闪长岩-英安岩类。本类岩石的 SiO_2 含量高

（>66%），一般为 66%～78%，属于硅酸过饱和岩石。由于碱性长石、酸性斜长石含量增加，导致岩石中 Na_2O 和 K_2O 含量高，可达 7%～8%；而 CaO、Fe_2O_3 和 MgO 的含量明显偏低，和中基性岩浆岩相比，Al_2O_3 含量变化不大，在 15% 左右。在矿物成分方面的突出特点是石英大量出现，大于 20%；钾长石和酸性斜长石亦多，约占 60%；暗色矿物很少，一般小于 10%。由于本类岩石中石英、长石含量可达 90% 以上，故岩石颜色浅、色率低、相对密度小。岩石多具中-粗粒他形粒状结构，常见似斑状结构。其副矿物较多，有锆石、榍石、独居石、磷灰石、磁铁矿等。酸性侵入岩类常见的构造为块状构造，其次为片麻状构造、晶洞构造、球状构造和斑杂构造等。酸性喷出岩类常见构造为流纹构造、气孔构造、杏仁构造、珍珠构造和块状构造等。酸性侵入岩类最常见的典型结构是花岗结构、似斑状结构、文象结构和蠕虫结构。浅成相和喷出相岩石主要为斑状结构，斑晶常见熔蚀结构，基质常为隐晶质结构、球粒结构、霏细结构、微晶结构、显微文象结构、玻璃质结构等。花岗结构亦称半自形粒状结构，其典型特征是暗色矿物和斜长石多为半自形-自形；碱性长石次之，为半自形-他形；石英主要为他形，充填在长石矿物颗粒之间。

二、酸性侵入岩：花岗岩类

花岗岩是大陆地壳中分布最广的岩浆岩，占大陆地壳岩浆岩的一半以上。花岗岩是大陆地壳区别于大洋地壳的标志，也是地球岩石圈区别于其他行星（包括月球）岩石圈的标志。以花岗岩（广义）为标志的大陆地壳平均厚度约为 41.4km，总面积约 199×$10^6 km^2$，覆盖了近 39% 的地球表面。熔融实验证实，地幔物质熔融难以直接形成花岗质岩浆，而几乎所有地壳岩石发生部分熔融都可生成广义的花岗质熔体。近来在大洋壳中已取得花岗岩样品，表明洋壳中也有少量花岗岩分布，如太平洋的斐济、大西洋的阿松岛。花岗岩的成因是地质科学中长期争论和探索的基本问题之一，即岩浆论和变成论（混合岩化）之争，故花岗岩的研究具有重大科学意义。花岗岩类与许多重要矿产资源有关，如 Fe、Cu、Sn、W、Bi、Mo、Nb、Ta、U 等金属及稀有、稀土和放射性元素矿产等，故研究花岗岩对矿产资源的寻找、评价有巨大经济意义。本类岩石的化学成分特点是：SiO_2 含量高（>66%），一般为 66%～78%，属于典型的硅酸过饱和岩石；Na_2O 和 K_2O 含量高，可达 7%～8%；Ca、Fe、Mg 含量低；Al_2O_3 含量在 15% 左右。与化学成分相应，在矿物成分方面的突出特点是石英大量出现，其含量大于 20%；钾长石和酸性斜长石亦多，约占 60%；暗色矿物很少，一般小于 10%。由于本类岩石中石英、长石含量可达 90% 以上，故岩石颜色浅、色率低、相对密度小。岩石多具中-粗粒他形粒状结构，常见似斑状结构。其副矿物较多，有锆石、榍石、独居石、磷灰石、磁铁矿等。花岗岩常见构造为块状构造，其次为片麻状构造、晶洞构造、球状构造和斑杂构造等。

（一）花岗岩的矿物组成与分类命名

1. 花岗岩

花岗岩色浅，一般呈灰白色、肉红色，主要矿物为石英、钾长石和酸性斜长石，次要矿物为黑云母、角闪石，辉石很少见，副矿物有磷灰石、锆石、榍石、磁铁矿等。石英含量一般大于 25%，暗色矿物通常小于 5%。碱性长石含量（平均约 40%）＞斜长石含量(平均25%)。花岗岩可按暗色矿物种类命名，如黑云母花岗岩、二云母花岗岩(含黑云母和白云母)、角闪花岗岩等，其中黑云母花岗岩最常见。若暗色矿物很少(<1%)，则称白岗岩。

2. 英云闪长岩

英云闪长岩颜色略深，常见深灰色、灰色，块状构造或片麻状构造，花岗结构。主要由斜长石和石英组成，无或很少有碱性长石。斜长石主要为中长石或更长石，铁镁矿物含量相对较高，可大于15%，以角闪石和黑云母为主。该岩石在蛇绿岩套中出现时又称斜长花岗岩。

3. 花岗闪长岩

花岗闪长岩颜色比花岗岩深，多呈深灰色或灰绿色。与花岗岩相比，其石英含量低，斜长石含量较高且多于钾长石，暗色矿物含量略增高。典型花岗闪长岩的矿物组合是：石英约占15%，酸性或中性斜长石>40%，碱长石<20%，暗色矿物约占15%，暗色矿物以角闪石为主。同样可依暗色矿物种类来命名，如黑云母花岗闪长岩、角闪花岗闪长岩等。

4. 二长花岗岩

二长花岗岩颜色较浅，呈灰白色、淡红色，常见花岗结构、似斑状结构，块状构造、片麻状构造。碱性长石与斜长石含量相近。一般情况下，两种长石中任何一种长石的含量均不小于20%，石英含量为30%左右。铁镁矿物含量一般为5%~10%，以黑云母为主，其次为角闪石。有的岩石中出现白云母、石榴子石等矿物。

5. 正长花岗岩

正长花岗岩以淡红色为主，块状构造或晶洞构造，花岗结构。主要由碱性长石、石英和斜长石组成，碱性长石含量大于斜长石。斜长石以奥长石为主，其次为中长石或钠长石。铁镁矿物含量较少，一般小于10%，且主要为黑云母，角闪石少见。

6. 碱长花岗岩

碱长花岗岩颜色较浅，呈灰白色、淡红色，发育块状构造和晶洞构造，常见花岗结构、文象结构、条纹结构。主要由碱性长石和石英组成，不含或含少量斜长石，以此与正长花岗岩相区别，斜长石为更长石和钠长石。暗色矿物含量<10%，主要为黑云母，少数岩石中为角闪石。

7. 碱性花岗岩

碱性花岗岩的主要矿物成分和花岗岩相似，其特征是含有碱性暗色矿物，如霓石、霓辉石、铁锂云母、碱性角闪石等，长石为碱性长石。

8. 花岗斑岩

花岗斑岩的矿物成分和花岗岩相同，属于浅成相岩石，以淡红色为主，常具斑状结构，基质为隐晶质-微粒结构，有时见球粒结构。斑晶和基质成分相同，主要是钾长石和石英，可有少量斜长石，含少量黑云母和角闪石。当岩石中的铁镁矿物为碱性暗色矿物时，称为碱性花岗斑岩。

9. 花斑岩

花斑岩是花岗斑岩的一个变种，其矿物成分与花岗斑岩完全相同。花斑岩的最大特征是其基质中的石英和碱性长石构成显微文象结构，该类型的斑状结构亦称花斑结构。

10. 花岗闪长斑岩

花岗闪长斑岩是花岗闪长岩的浅成相岩石，斑状结构，与花岗闪长岩成分相同，为斜长石、石英和少量碱性长石，暗色矿物为角闪石和黑云母。斑晶以斜长石、石英、暗色矿物为主，碱性长石很少。基质同样具有微晶结构、隐晶质结构等。

11. 石英斑岩

石英斑岩也是花岗岩的浅成相岩石，常呈灰白色-白色，与花岗斑岩的主要区别是其岩石中的斑晶几乎全为石英，长石很少见，基质为隐晶质结构。

12. 其他变种

花岗岩类中有两个特殊种属，即奥长环斑花岗岩和紫苏花岗岩。

（1）奥长环斑花岗岩。具似斑状结构，其特征是自形、圆形或卵形的钾长石斑晶的外围生长有酸性斜长石（更长石或钠-更长石）环（图 5-48）。它是发育在前寒武纪的一种特殊岩体，常与其他中、酸性岩类共生，成带状分布于断裂带附近，或构成较大的岩基。北京密云的更长环斑花岗岩岩体东西长 12km、宽约 2km，侵入于前震旦纪片麻岩系中，年代为 1 400Ma。这种岩石的成因问题尚未得到解决：一些人认为是由交代作用的产物；一些人认为是花岗岩浆在深部的结晶作用形成的。秦岭造山带产出三叠纪沙河湾奥长环斑花岗岩，花岗闪长岩和二长花岗岩中都发育环斑结构；寄主花岗岩的年龄分别为 209Ma 和 212Ma，暗色包体的年龄分别为 210Ma 和 211Ma，代表同时代的岩浆作用。矿物化学研究表明，镁铁质岩浆在花岗质岩浆中的溶解是环斑结构的主要成因（Wang et al.，2011）。

图 5-48　秦岭造山带沙河湾奥长环斑花岗岩的野外及手标本照片
引自 Wang et al.，2011

（2）紫苏花岗岩。紫苏花岗岩（含斜方辉石的花岗岩）属于一类矿物组成特殊的岩石，是与斜长岩、苏长岩或麻粒岩等构成高级地体（尤其是前寒武纪克拉通地块）的重要岩石（图 5-49）。自 1908 年在印度首次报道以来，紫苏花岗岩的研究已有百余年的历史，学术界普遍认为它代表一种独特的、"高温贫水"的岩石类型。鉴于紫苏花岗岩的特殊性和重要性，国际地质科学联合会还为其单独制定了一套岩性划分方案（Le Maitre，2002）。

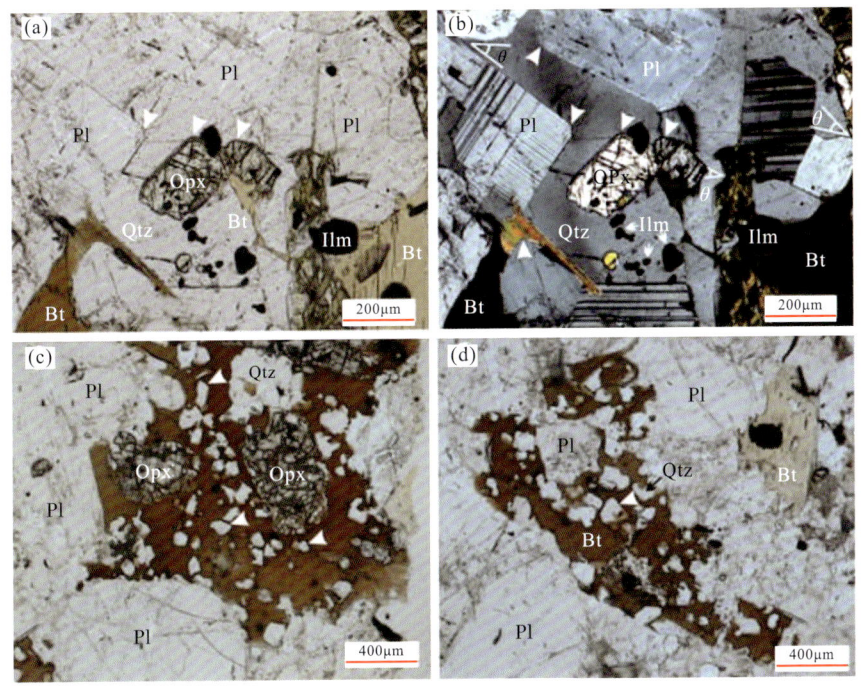

图 5-49　紫苏花岗岩（样品来自华南钦州湾地区旧州岩体）显微岩相学照片

（a，b）自形斜方辉石和斜长石发育良好的晶面由平滑过渡的曲面连接；颗粒间尖凸状石英保留低的二面角（θ），指示熔体充填的孔隙。（c）他形斜方辉石被黑云母、石英和钛铁矿组成的交生体所包围。（d）斜方辉石与富水熔体反应耗尽，遗留黑云母、石英和钛铁矿组成的交生结构。引自 Zhao et al.，2017，2018

（二）花岗岩的成因分类

对酸性岩浆的研究（无论是侵入岩还是火山岩）主要集中在其源岩和起源机制上（壳源与幔源）和形成的大地构造背景上，如花岗岩一般被分成 I 型和 S 型（如 Chappell and White，1974），后来针对富碱的花岗岩，提出了 A 型花岗岩的概念。根据 Chappell and White（1974）的分类，这些火山岩可以被分为两类：①准铝质岩浆岩，具有高 CaO 含量及 Ca/Na 比值，经常含有角闪石，偶见单斜辉石、榍石和褐帘石，这些岩浆岩的源区被认为是未经沉积风化作用的岩浆岩或变质岩，因而称为 I 型花岗岩（Chappell and Stephens，1988）。②该类岩石主要为含堇青石的过铝质花岗闪长岩和二长花岗岩，这些 S 型花岗岩一般具有较低的 Na、Ca 和 Sr 含量，表明它们的源岩为表壳经过沉积风化的物质，由此认为该地区的花岗质岩浆作用涉及古老地壳的重熔作用，而非新生地壳的熔融作用。

（三）花岗伟晶岩与稀有金属矿产

花岗伟晶岩是成分与花岗岩相当的伟晶岩类。花岗伟晶岩主要由粗大的钾长石、石英、斜长石构成，常具文象结构。其附属矿物可达 300 多种。化学成分复杂，特别富含稀有、稀土及放射性元素，如 Li、Be、B、Cs、Nb、Ta、Zr、Hf、Tr 等近 50 种，几乎占自然元素的一半。这些元素可富集成重要的矿床，稀有元素矿物往往富集在厚大的伟晶岩体中。根据其成分特征，又可以细分为两个种属。

（1）简单伟晶岩。简单伟晶岩主要由长石和石英有时有云母组成，交代作用不显著。长石主要是微斜条纹长石、钠长石和更长石。在某些类型中，斜长石（包括钠长石）的含量可以大大超过钾长石；在另一些类型中，斜长石只是呈条纹状分布在钾长石主晶中。黑云母及白云母多呈片状或片状集合体，常常变形或弯曲，电气石通常为黑色长柱状晶体。

（2）复杂伟晶岩。复杂伟晶岩的特点是矿物共生组合极其复杂。除有上述造岩矿物外，还含有一系列含挥发分的矿物和稀有元素矿物，交代作用亦非常显著，而且往往都有完整的、明显的分带性。

关于花岗伟晶岩的成因机制，有两种主要观点：①含水的硅酸盐熔体的结晶分异作用。②花岗质岩石受到含水的硅酸盐熔体的交代重结晶。伟晶岩脉的一个重要特征是发育文象花岗岩结构，这在热液脉中是没有的。概括起来，伟晶岩的成因可分为两大类：与岩浆活动有关的岩浆成因伟晶岩和与变质作用有关的变质成因伟晶岩。但是，不同时空岩浆的形成和演化机理不同，变质程度亦存在很大的差别，从而不同时代和地区产出的伟晶岩脉的结构、成分和产状不同，这样就形成了各式各样的成因假说，当然每种假说在特定的背景下或许是成立的。

岩浆成因的伟晶岩脉一般有 3 种产出形态（Černy，1991）：当渗滤作用、流体迁移和重力对流扩散作用是产生残余岩浆的主要动力时，伟晶岩脉将主要分布在花岗岩体的上部；由岩体冷却诱发的裂隙是岩浆分离的主导因素时，伟晶岩脉将自接触带向内分布；还有一种是伟晶岩熔体在浮力作用下上升，从尚未完全冷却的母岩浆中分离并在岩体内部成脉，这种现象并不常见。概括起来，岩浆成因的伟晶岩型矿床的成因模式主要有脉动模式、岩浆分异模式和液态分离模式 3 种。

岩浆结晶分异成因的含稀有金属伟晶岩可分为 LCT 型和 NYF 型（Černy，1991）。LCT 型伟晶岩的成分表现为过铝，母岩为 S 型和 I 型花岗岩体，伟晶岩来源于岩体的上部，是由中上部地壳岩石首次部分熔融产生的（Černy，1991）。NYF 型伟晶岩的母岩为 A 型花岗岩或成分类似的岩体，下地壳原岩在短时间内二次熔融产生的岩浆和流体参与了较多的 NYF 族伟晶岩的形成（Černy，1991）。这两种伟晶岩反映了母岩浆的结晶过程不同：对于 LCT 型，岩浆自下往上结晶；对于 NYF 型，岩浆则从外往里结晶（London，2005）。

Bea et al.（1994）研究了西班牙 Pedrobernardo 带状岩席往上发展的结晶分异现象，提出了对流和重力分异模型。该模型认为，在岩浆侵位初期，由于高温、低黏度和高瑞利系数，因而发生较为强烈的对流；随后，伴随温度降低、黏度增高，当残余熔体比例达到临界分数（30%～40%）时，熔体的流变学性质发生改变，使各高密度晶体间的较高密度熔体变得不稳定，在重力作用下沉到下层，同时残留的低密度熔体被挤压到上部，从而造成岩体的分带性。该过程涉及对流过程中的结晶作用、静止熔体中的结晶作用、晶体沉降作用和积压排出残余熔体上升的作用。

三、酸性喷出岩

1. 流纹岩-英安岩系列

在俯冲带存在安山岩-英安岩-流纹岩连续的演化序列中，其中的流纹岩＋英安岩属于典型的酸性喷出岩，它有可能是安山质岩浆连续结晶分异的产物，亦有可能是岛弧地壳直接发生部分熔融的产物。

(1) 英安岩。英安岩呈细粒结构，为长英质火山岩，斑晶矿物为酸性斜长石＋石英，含有少量碱性长石。英安岩中含有大量石英，这可以与安山岩相区分，英安岩中暗色矿物主要为角闪石或是黑云母，少数英安岩中含有石榴子石，表明其形成于地壳物质的重熔。碱性长石含量低于斜长石含量。与英安岩明显不同，流纹岩的矿物组合以石英＋碱性长石为主，其基质主要为玻璃质，发育流纹构造或拉长的气孔构造。

(2) 流纹岩。流纹岩的成分相当于花岗岩，岩石呈灰、砖红、灰白等颜色，常见流纹构造、石泡构造、气孔构造、杏仁构造，以斑状结构常见（图 5-50）。斑晶中有透长石、斜长石（更长石）、石英（高温石英）及少量黑云母和角闪石。新鲜岩石中的透长石呈自形晶，长板状，无色透明，石英呈六方双锥或被熔蚀后呈浑圆状；暗色矿物斑晶常出现暗化现象。基质多为隐晶质和玻璃质，可见球粒结构、霏细结构等。根据暗色矿物种类及特征的结构构造可进一步命名，如石泡流纹岩、球粒流纹岩等。流纹岩的主要鉴别标志是含石英斑晶，据此可与其他喷出岩区别之。

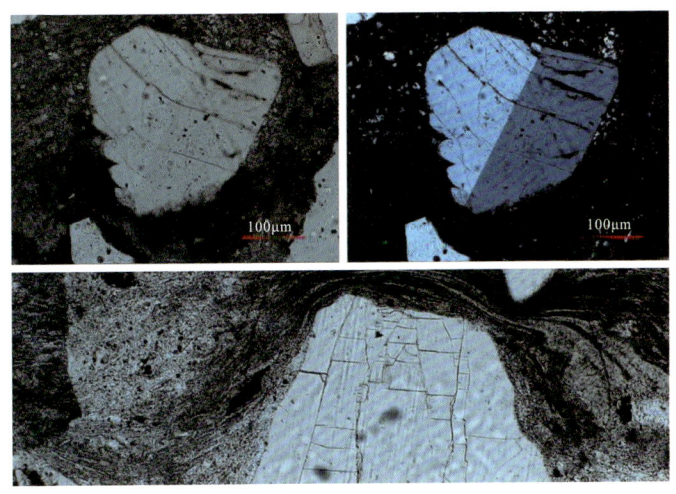

图 5-50 流纹岩的显微镜下照片
可见正长石斑晶发育熔蚀结构

(3) 碱长流纹岩。碱长流纹岩是与碱长花岗岩成分相当的喷出岩类。以碱性长石和石英为主，斑晶矿物为透长石（或正长石）和石英，偶见斜长石和暗化的黑云母。

(4) 碱流岩。碱流岩是与碱性花岗岩成分相当的喷出岩类，以含碱性暗色矿物区别于碱长流纹岩。斑晶主要为歪长石或钠长石、透长石及霓辉石、钠闪石等碱性暗色矿物，石英斑晶较少或无，基质以石英和碱性长石为主，常含少量碱性暗色矿物。基质常具粗面结构，即碱性长石微晶呈平行或半平行的定向、半定向排列。

（5）石英角斑岩。石英角斑岩是酸性岩浆海相喷发的产物，岩石呈灰白色，具斑状结构，斑晶由钠长石和石英组成，基质为隐晶质结构，岩石亦可全部为隐晶质结构。常同细碧岩、角斑岩组成细碧-角斑岩系。关于石英角斑岩的成因，有两种观点：一种观点认为，其中的钠长石是岩浆与富 NaCl 海水反应的产物，代表钠长石化的流纹岩；另一种观点认为，钠长石是原生的，是从富 Na 的岩浆中结晶出来的。

（6）酸性火山玻璃。此类岩石几乎全部由玻璃质构成，晶质矿物很少见，欲准确鉴定必须依据化学分析资料。

2. 黑曜岩

黑曜岩是灰黑、黑色致密的玻璃质岩石，贝壳状断口，玻璃光泽，有时含少量石英和透长石斑晶，局部出现少量球粒和霏细结构。岩石含水量<2%。因酸性玻璃质黑曜岩最常见，一般习称黑曜岩。此外，还有中性玻璃质黑曜岩，但少见。

3. 松脂岩

松脂岩具有特征的松脂光泽，呈黑色、红色、褐色、浅黄绿色等，由酸性火山玻璃组成，可含少量长石斑晶，基质脱玻化后呈球粒结构并出现雏晶。松脂岩含水量高，可达 8%～10%。

4. 珍珠岩

珍珠岩是具有珍球状裂隙的酸性玻璃质岩石，即岩石中出现大量弧形裂纹，有时见流纹构造。呈暗灰、灰绿、红褐色等多种颜色，具油脂光泽。岩石中无斑或少斑，斑晶为石英和透长石。基质中常含球粒或雏晶。含水量 2%～4%。珍珠岩可作为制造膨胀珍珠岩（轻质保温材料）的原料。

5. 浮岩

浮岩是气孔特别发育呈泡沫状、长纤维状或毛发状的玻璃质岩石，密度小而能飘浮于水面上。浮岩的化学成分变化很大，在基性、酸性、碱性等火山岩中均有。浮岩可根据其化学成分进一步命名，如流纹质浮岩、玄武质浮岩等。玻璃质喷出岩多产于火山口附近或火山颈中，同各种火山岩共生，呈层状或岩墙产出，还可作为喷出岩岩体的表皮相或边缘相产出。由于玻璃质是一种不稳定物质，在热液作用下易发生蚀变，或经过长久的地质年代后发生老化，变成不同结晶程度的物质，此即"脱玻化"作用。

四、花岗质岩浆的起源机制

"花岗岩"一词在广义上表示从正长花岗岩到英云闪长岩的岩浆或熔体组成。"产能"（fertility）一词用来表示在一定的物理化学条件（主要是温度、压力和 H_2O 含量）下对于给定的原岩产生花岗质熔体的相对能力。地壳岩石在高角闪岩相到麻粒岩相变质条件下发生部分熔融需要较高的温度，这是讨论麻粒岩变质、花岗质岩浆形成及陆壳分异机制的重要话题（Fyfe，1973；Clemens，1990；Thompson，1990）。地壳部分熔融可能出现在地壳的构造增厚和造山垮塌的各个阶段（Patiño Douce et al.，1990；Harris and Massey，1994）。然而，麻粒岩相变质过程所需要的高温需要来自地壳以外的热源。热模拟计算表明，增厚地壳（有正常的地热梯度）最下部温度达不到部分熔融所需要的高温（在时间尺度上高达 100Ma），除非有大量流体进入 20～40km 深度处（England and Thompson，1984）。England and Thompson（1984）的分析表明，除非在地壳热导率异常低[＜2W/(m・K)]、地表热流密度极高(＞65mW/m²)的地方可以发生部分熔融。因此，除了在一些混合岩区，产生大量的、可运移的花岗质岩浆通常需要有来自地幔的热源。其热量很可能来自镁铁质岩浆的底侵或是内侵，这种垂向增生机制可能是太古代地壳增生的主要机制。一个可能的假设是，地壳内的产热元素异常丰富(Sandiford et al.，1998；McLaren et al.，1999)。但这似乎只在很少的特殊岩层中出现，而不可能是一个普遍特征。无论如何，深部地壳产生大量花岗质岩浆并侵位至上部地壳，会产生两种效应：①形成部分脱水的、镁铁质残留下地壳(Brown and Fyfe，1970；Fyfe，1973；Clemens，1990；Thompson，1990)。这种高密度岩石出露至地表后可能经历二次构造事件(在时间上可能与部分熔融事件无关，如意大利 Ivrea Zone 出露的变泥质岩)，和花岗岩相比，该岩石出露的面积很小，原因可能是这种高密度岩石拆沉进入地幔。②上地壳富集易熔元素和放射性元素，这可能是自太古代以来地壳分异的主要机制(Vielzeuf et al.，1990)。

　　酸性岩浆(SiO₂＞65%)要么起源于陆壳物质的熔融，要么是玄武质岩浆结晶分异的产物。现代实验岩石学一般通过花岗岩/流纹岩的相平衡实验来模拟酸性岩浆的起源机制(如 Scaillet et al.，1995；Clemens and Birch，2012)，或通过可能源岩的熔融实验(Patiño Douce and Harris，1998；Sisson et al.，2005)模拟酸性岩浆的起源和分异机制。这些实验主要是通过控制 p-T-H₂O-f_{O_2} 条件来模拟不同源岩的熔融机理，相关实验总结如下：通过侵入岩和火山岩的系统研究，可以探索侵入岩-火山岩之间的成因联系。由于实验技术的发展，关于花岗岩成因及其实验手段有几个大的里程碑式的进步。Tuttle and Bowen(1958)通过使用人造花岗岩体系(Q-Ab-Or-H₂O)验证了花岗岩的岩浆成因(导致火成论取得决定性胜利)。20 世纪 60 年代通过对地幔岩石的相平衡实验(如 Stern and Wyllie，1981)，验证了地幔岩石直接熔融不能形成中酸性岩浆(SiO₂＝60%～65%，MgO＜4%～5%)。因此，花岗岩是由镁铁质岩浆的结晶分异或是地壳岩石(沉积岩与斜长角闪岩)的部分熔融形成的。太古代 TTG 是由于基性下地壳在高压(1～3GPa)条件下，在石榴子石稳定域形成的。大量实验研究镁铁质岩浆如何通过结晶分异形成花岗质岩浆，若不考虑全岩成分，玄武质岩浆至少需经 80%左右的结晶分异才能形成花岗质岩浆，40%～60%的结晶分异可以形成安山岩-英安岩系列的岩浆(如 Pichavant et al.，2002；Berndt et al.，2005；Sisson et al.，2005)，高 f_{O_2} 有利于形成高 Si 岩浆(如 Berndt et al.，2005)。

　　由于陆壳岩石的成分变化极大，有大量模拟不同类型地壳岩石的熔融实验。实验研究表明，地壳岩石在 1 000℃条件下发生脱水部分熔融形成类似天然花岗岩的熔体(Montel and Vielzeuf，1997)，这些研究提供了地壳岩石熔融温度和形成熔体量的定量数据(如对角闪岩相下地壳而言，800℃时熔体的含量为 10%，在 900℃时增加至 20%)。在碰撞造山带，增厚的地壳可以在没有地幔热供给的条件下发生脱水部分熔融，形成淡色花岗岩，如喜马拉雅造山带；在其他构造体制下，则是由于玄武质岩浆的底侵导致地壳岩石发生部分熔融(Hildreth，1981)。在这样的情况下，有可能是热的玄武质岩浆侵入地壳，地壳岩石在高热条件下发生部分熔融，玄武质岩浆只提供热。在俯冲带，即使是十分原始的岛弧玄武岩，都比较富 H₂O(如 Pichavant et al.，2002)。因此，若岛弧玄武岩底侵至地壳底部，残余的玄武质岩浆是相当富 H₂O 的，地壳岩石

有可能在富 H_2O(甚至是流体饱和)条件下发生高程度部分熔融，形成中酸性岩浆岩。

Beard and Lofgren(1991)用绿片岩相的变质玄武岩，在 H_2O 不饱和条件下进行熔融实验，熔融压力分别为 0.1GPa、0.3GPa 和 0.69GPa，熔融温度为 800～1 000℃。严格地说，这样的实验是不符合 H_2O 不饱和条件的，因为绿片岩相岩石在发生熔融之前会发生脱水反应。Wolf and Wyllie(1991)对简单的拉斑系列(含有角闪石和斜长石)角闪岩进行的无水条件下的熔融实验，当压力为 1.0GPa、温度为 750℃时只有少量熔体出现，当温度高于 850℃时会有大量熔体出现，当温度高于 950℃时角闪石完全消失。温度高于 900℃时熔体的成分相当于高铝英云闪长岩，温度高于 950℃时熔体的成分演变为石英闪长岩，温度高于 1 000℃时熔体的成分相当于高铝玄武岩。Rapp et al. (1991)对角闪岩相的 MORB 和碱性玄武岩在无 H_2O 条件下进行了熔融实验，熔融温度最高可达 1 075℃，可以产生 10%～40%的英云闪长质或奥长花岗质岩浆；当熔融压力高于 0.8GPa 时，源区残留物中会包含石榴子石，熔体的成分类似于太古代 TTG。Rushmer(1991)的实验结果表明，碱性角闪岩相玄武岩在 925℃时开始发生熔融，熔体体积增加得很快，950℃时增至 25%，1 000℃时增至 45%；而岛弧拉斑玄武岩在 800℃条件下就可以发生熔融，温度达到 950℃时熔体体积可增至 35%，这可能是因岛弧拉斑玄武岩中含有较多的含水矿物所致。Sen and Dunn(1994)用基性的碱性玄武岩在压力 1.5～2.0GPa、温度 850～1 150℃条件下进行熔融实验，熔融残留物总是榴辉岩(石榴子石＋富钠辉石)，只有当温度高于 900℃时才会有少量熔体出现。在该实验中，低温条件下产生的熔体为花岗质，随着温度升高，会演化为花岗闪长质-奥长花岗质-英云闪长质岩浆，在 1.5GPa 条件下熔体富 Na_2O，随着压力增高，K_2O/Na_2O 比值会升高。Rapp and Watson(1995)用橄榄石拉斑玄武岩进行的熔融实验表明，发生 5%的部分熔融作用时熔体的成分为花岗质，发生 5%～10%的部分熔融作用时熔体的成分为奥长花岗质，熔融程度达到 40%时熔体的成分为花岗闪长质-英云闪长质到石英闪长质，实验结果和 Sen and Dunn(1994)的实验结果相符。当熔融温度超过 1 100℃时，熔体的成分为高铝玄武岩。这个实验得出的结论为，太古代 TTG 可能由含水的变质玄武岩在温度 1 000～1 100℃、压力>1.2GPa 条件下形成。López and Castro(2001)对角闪岩相的 MORB 进行了等温熔融实验，熔融压力为 0.4～1.4GPa。他们发现，当压力>1.0GPa 时绿帘石为稳定矿物相。同时发现，温度<900℃时熔体的体积一般保持在 5%左右；在温度由 900℃上升至 950℃的过程中熔体的体积会很快增加至 30%，对应于该温度区间发生角闪石和斜长石的熔融反应，熔融反应为：Hbl＋Pl ＝Grt＋Opx＋Cpx＋M(p>1.0GPa)，这时熔体的成分为英云闪长质。

Patino Douce(2005)探讨了英云闪长岩质地壳在陆壳俯冲过程中的情况，实验用 1.5～3.2GPa 压力条件进行模拟，结果表明，tonalite ＝石榴子石＋绿辉石＋钾长石＋蓝晶石＋石英/柯石英＋多硅白云母＋zoisite。影响英云闪长岩发生部分熔融作用的主要是多硅白云母和 zoisite 等含水矿物。发生熔融的条件为：T<900℃，p=1.5GPa；T>1 000℃，p=2.7GPa；T<925℃，p=3.2GPa。当英云闪长岩发生 20%～30%的部分熔融作用时，产生残留体的密度接近地幔岩，但其中仍含有少量含水矿物，这些残留物在地幔交代和成分演化过程中具有重要作用。熔融实验表明，压力>2.1GPa 后，角闪石和黑云母完全消失，含水矿物只有多硅白云母和黝帘石。

在 1.5GPa 压力条件下，黑云母和角闪石发生脱水熔融：

$$黑云母＋角闪石＋斜长石＋石英＝单斜辉石＋石榴子石＋钾长石＋熔体$$

压力高于 1.5GPa 时，脱水反应变为

$$角闪石＋石英＝单斜辉石＋石榴子石＋熔体$$

实验产生的熔体为淡色花岗岩体：$SiO_2 > 70\%$，$Al_2O_3 > 15\%$，$FeO＋MgO＋TiO_2 < 2.1\%$，为过铝质。

压力为 2.1GPa 时（单斜辉石分解），熔体为钠质的；压力 > 3.0GPa 时（多硅白云母和长石分解），熔体为钾质的。

总的来看，可将地壳物质的部分熔融反应，根据地壳的物质成分和 H_2O 的含量，归结为以下几类。

1. 泥质岩石

$$Ms（白云母）±Bt（黑云母）＋Pl（斜长石）＋Qtz（石英）$$
$$＝Als±Grt（石榴子石）±Kfs（钾长石）＋M（角闪岩相）$$

$$Bt（黑云母）＋Pl（斜长石）＋Als＋Qtz（石英）$$
$$＝Grt（石榴子石）±Crd（堇青石）±Kfs（钾长石）＋M（高角闪岩相到麻粒岩相）$$

2. 在贫铝的杂砂岩或长英质岩石中

$$Bt（黑云母）＋Pl（斜长石）＋Qtz（石英）$$
$$＝Hbl（角闪石）＋Cpx（单斜辉石）±Kfs（钾长子石）＋M（高角闪岩相到麻粒岩相）$$

或

$$Bt（黑云母）±Hbl（角闪石）＋Pl（斜长石）＋Qtz（石英）$$
$$＝Opx（斜方辉石）＋Cpx（单斜辉石）±Grt（石榴子石）±Kfs（钾长石）＋M（麻粒岩相）$$

3. 富铝的杂砂岩

$$Bt＋Pl＋Qtz＝Opx±Grt±Crd±Kfs＋M（麻粒岩相）$$

4. 变质基性岩或变质安山岩

$$Hbl＋Pl＝Opx＋Cpx±Grt＋M$$

或

$$Hbl＝Opx＋Cpx±Pl±Grt±Qtz 或 Ol（橄榄石）＋M$$

白云母脱水反应出现在相对较低温度条件下（Storre，1972；Chatterjee and Froese，1975；Peto，1976）。角闪岩相中的白云母含量一般为 0～10vol%，有时可达 25vol%。白云母在第二个矽线石等变质线处分解会产生一些小规模熔体（< 10vol%，或在富白云母的原岩中产生更多岩浆）。黑云母分解反应出现在相似的温度范围内，在除角闪岩外的所有岩石类型中，约在 850℃ 时黑云母开始分解。角闪石脱水温度更高（约 900℃）。钾长石在许多反应中一般以产物出现。在一些简单的模拟系统实验中，钾长石作为产出相产生（Vielzeuf and Clemens，1992）。然而，上述实验均表明，钾长石通常是不存在的，因为在这些复杂的天然岩石实验中会有各种各样的化学作用。随着实验熔体地球化学数据的不断积累，通过实验熔体与天然花岗岩样品对比，对花岗质岩浆的起源机制已提出了很多模式（如 Castro，2013；Clemens and Stevens，2012；Clemens et al.，2011；Johannes and Holtz，1996；Patiño Douce，1999；Roberts and Clemens，1993；Stevens et al.，2007）。这些实验岩石学结果为封闭体系下花岗岩的起源机制提供了基

础的岩石化学制约，但花岗质岩浆中是否存在幔源组分仍有很大分歧。Patino Douce(1999)提出，只有过铝质淡色花岗岩才能代表沉积岩经白云母脱水部分熔融形成的纯壳源熔体。对于其他的花岗岩，包括沉积岩起源的过铝质花岗岩、Cordilleran 型过铝质花岗岩、变火成岩起源的钙碱性花岗岩、准铝质花岗岩、碱性花岗岩及在与溢流玄武岩相关的流纹岩中，即使与高温(>1 000℃)实验熔体相比，这些天然花岗岩都包含较多的镁铁质矿物，其差异被认为是天然花岗岩中含有幔源物质组分所致(Patino Douce，1999)。

第八节 碱性岩及过碱性岩

一、基本概念

(一)碱性岩的概念和定义

关于碱性岩，在地质学发展的不同阶段有不同的定义。Iddings(1982)最开始用"碱性岩组合"和"亚碱性组合"分别描述两个岩石系列：玄武岩-粗面岩-响岩和玄武岩-安山岩-流纹岩。Rosenbusch(1910)提出，含有碱性长石、似长石、碱性暗色矿物(钠质辉石或闪石)的岩石为碱性岩，后来逐渐发展到以全岩化学成分或根据化学成分计算出的指数或标准矿物来划分碱性岩和非碱性岩。其中，应用广泛的是里特曼指数(亦称里特曼组合指数)σ，且$\sigma = w(K_2O + Na_2O)^2 / w(SiO_2 - 43)$(Rittmann，1960)。式中，$w$代表岩石中各主量元素的重量百分比，并且计算时需要去掉百分号。根据定义，将里特曼指数>3.3的岩石称为碱性岩，将里特曼指数>9的岩石称为过碱性岩。根据全岩K_2O与Na_2O的相对含量，碱性岩又可分为钾质碱性岩($K_2O/Na_2O>1$)和钠质碱性岩($K_2O/Na_2O<1$)(图5-51)。

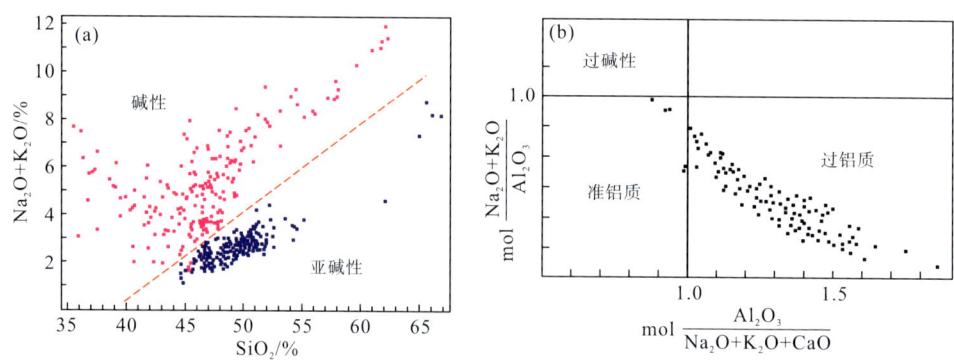

图5-51　(a)碱性系列和亚碱性系列 TAS 分类图；(b)A/CNK vs A/NK 区分过铝质、准铝质和过碱性系列分类图

碱性岩可以通过不同的定义方式来判定，其色率变化很大，从镁铁质到长英质变化，总体上落于 TAS 分类图的上方(在相同 SiO_2 含量条件下，$Na_2O + K_2O$ 含量偏高)，与亚碱性系列相对应。从出露规模来看，碱性岩的出露规模偏小；从全球尺度来看，碱性岩的出露面积约占岩浆岩总面积的1%。碱性岩主要依据以下几个指标来判

定：由于 SiO_2 不饱和，导致一些似长石类矿物和碱性暗色矿物结晶，碱性岩中角闪石和辉石类矿物主要为一些富 Na 的亚种，如霓石、霓辉石、碱性角闪石等，这些碱性暗色矿物一般长宽比较大，在单偏光镜下颜色鲜艳，干涉色等级明显偏高；强烈富集不相容元素和碱土金属元素，而且含有一些特殊的副矿物，如磷铈矿、磷灰石、烧绿石等。由于似长石类矿物的存在，使得碱性岩类的鉴别和命名都存在极大的困难，本书中所用的分类命名方案是相对简化的，更详细的分类命名方案可参照 Le Maitre（2002）。对于基性和超基性的碱性岩类，特别是富 K 的镁铁质碱性岩（煌斑岩类），可从其中大量的捕虏体进行判定，这类岩石代表地幔深处低程度部分熔融形成的富含挥发分、运移速率高的岩浆，从地幔深处直接侵位至近地表，其中含有的幔源捕虏体可以提供岩石圈地幔的重要信息。例如，在金伯利岩和煌斑岩中，经常含有大量幔源捕虏体或捕虏晶甚至金刚石，这对反演岩石圈地幔的厚度和热状态具有重要意义。"酸性"一词并不适宜于演化程度较高的碱性岩，这是因为很多演化程度较高的碱性岩其 SiO_2 含量并不高，甚至是中性的；实际上，用"长英质"或"硅铝质（salic）"来描述碱性岩更合适。

（二）碱性岩的地球化学分类

1. 碱度：过碱性与准铝质

可以通过岩石的 A/NK 值确定岩石的碱度（图 5-51b）。因此，过碱性和准铝质并不矛盾，由图 5-51 可以看到两者间的关系。过碱性或准铝质的性质对于岩石中镁铁质矿物组成有重要的控制作用，过碱性岩石中的镁铁质矿物主要为霓石、霓辉石或富钠角闪石-钠闪石（riebeckite），而准铝质岩石中暗色矿物主要为黑云母、角闪石、Ti-普通辉石。通过矿物的特征可以反演岩浆的成分，同时岩浆的性质可以影响岩石中副矿物的种类。在准铝质熔体中，锆石的溶解度较低，锆石在岩浆中早期结晶分异，因而岩石的 Zr 含量被限制在数百 10^{-6} 量级。而在过碱性岩浆中，Zr 和 Fe、Na 等元素有着复杂的类质同象替换行为，Zr 可以作为不相容元素具有很高的含量。Zr 在过碱性岩浆中最终结晶为异性石 [eudialyte，$Na_5FeZr(Si_3O_9)_2(OH,Cl)$]，或钠锆石 [catapleiite，$Na_2Zr(Si_3O_9) \cdot 2H_2O$]。格陵兰的 Ilimaussaq 和俄罗斯科拉半岛的 Lovozero 霞石正长岩，由于其特殊的碱度和矿物组成，具有极高的 Zr、Nb、U、Th 和 REE 含量。

2. Si 饱和度

由 TAS 图（图 5-51）可知，碱性岩的成分变化范围很大，从 Si 饱和到 Si 不饱和都有。Yoder and Tilley（1962）根据玄武岩的标准矿物组成（图 5-52），更深刻地解释了 Si 饱和度的概念。在该图中，透辉石-霞石-橄榄石-石英代表 4 个端元组分，以石英是否出现可以划分出 Si 过饱和和 Si 饱和，而霞石的出现则代表 Si 不饱和；透辉石和斜

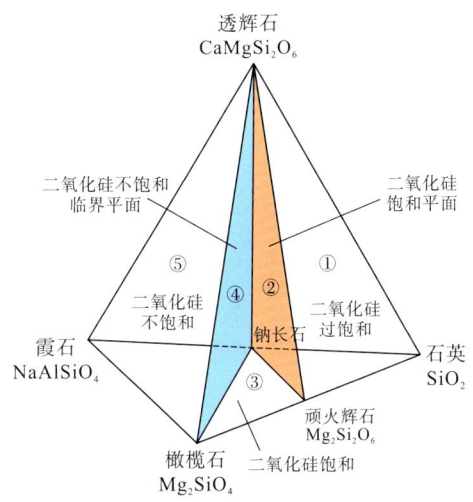

图 5-52　Yoder and Tilley（1960）提出的玄武岩 SiO_2 饱和四面体

长石作为两种最常见矿物，在所有系列中都会出现。钠长石位于霞石和石英的连线上，因为其成分位于两者之间；顽火辉石代表富 Mg 橄榄石和石英反应的产物。由面 2 和面 4 区分出不同的系列，Yoder and Tilley(1962)提出 Di-En-Ab 为 Si 饱和界面(面 2)，将 Si 过饱和(石英出现)和 Si 饱和面区分开。

(三)碱性岩浆的形成机理

碱性岩由于具有规模小、成分复杂，形成的构造环境多样等特性，为我们了解其成因带来了诸多难题。可以合理地假设，在地球中，产生碱性和超碱性熔体系列的熔化过程和条件与玄武岩熔体相似。

1. 地球化学证据：幔源熔体 Si 不饱和度与其形成深度之间的关系

图 5-53 展示了地幔橄榄岩熔体成分与熔融压力之间的关系。由于源岩成分、温压条件和熔融程度变化较大，图中的熔体成分变化亦很大。尽管如此，主体的演化趋势还是比较明显的：在高压条件下，橄榄岩部分熔融形成的熔体具有较低的 SiO_2 含量；在低压条件下，熔体的 SiO_2 含量较高。根据该实验结果，可以认为 Si 不饱和的岩浆是地幔岩石在相对高压条件下形成的；很多碱性玄武质火山都位于厚的岩石圈地幔之上，代表更高压的软流圈地幔物质熔融的产物。如前所述，基性-超基性岩浆的 Si 饱和程度与其演化岩浆并不十分对应(特别是过渡系列的岩浆与不同的演化路径有关)。

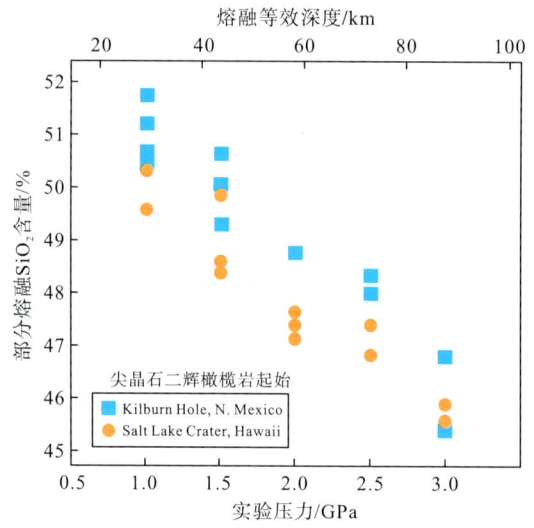

图 5-53　尖晶石二辉橄榄岩熔融压力与熔体 SiO_2 含量的关系
熔体成分根据电子探针测试的玻璃质成分得出。据 Hirose and Kushiro，1993

2. 不相容元素富集程度与部分熔融的关系

很多基性-超基性碱性岩浆都富集不相容元素(包括 LILEs 和 LREE)，一般相对富集 Rb、Ba 和 Th 等元素，富集程度达 40~1 000 倍，可通过对比洋岛玄武岩中不相容元素的富集程度来确定这种趋势；夏威夷碱性洋岛玄武岩比拉斑系列玄武岩明显富集不相容元素。存在这样的差异并不是由熔融程度或结晶分异导致的，因为这两个系列玄武岩的 $Mg^\#$ 值基本接近(分别为 64.4 和 63.3)。一种可能的解释是：这些碱性 OIB 起源于软流圈(原始地幔)的低程度部分熔融，而大洋岩石圈地幔的高程度熔融形成的拉斑系列玄武岩中不相容元素的富集程度不高，但两者的 HREE 配分曲线和富集程度基本一致(拉斑系列中 Yb 含量相对较低)。OIB 较高的 La/Yb 比值可能是由于其源区有石榴子石残留。基性-超基性碱性岩浆低的 SiO_2 含量和低的熔融程度似乎都与厚的岩石圈地幔相关。在固定的温度条件下，软流圈地幔的熔融程度和其熔融压力呈负相关关系；厚的岩石圈地幔-难熔地幔(亏损 Si、Ca、Al 等主量元素)会抑制软流圈地幔上隆，导致软流圈地幔只能在深部发生低程度部分熔融。

二、碱性与过碱性侵入岩

1. 二长岩与正长岩

二长岩属于中性碱性系列向中性钙碱性系列的过渡属种，一般与正长岩密切伴生。其中，斜长石和正长石含量接近，石英含量极低或没有，暗色矿物含量在 30% 左右，可为辉石、角闪石或黑云母等，对应的岩石名为辉石二长岩、角闪石二长岩等。

正长岩主要由碱性长石和暗色矿物组成。其中，碱性长石含量为 65%～90%，可含少量石英，称为石英正长岩。暗色矿物包括辉石、角闪石和黑云母等，还可包含一些碱性暗色矿物，如霓辉石、钠铁闪石等，称为霓辉正长岩或钠闪正长岩。

2. 过碱性侵入岩

过碱性岩类主要是指 SiO_2 强烈不饱和、K_2O 和 Na_2O 含量很高、$\sigma>9$ 的岩类，因而含有较多的副长石(如霞石、白榴石)和碱性暗色矿物的岩石，不含石英。按 SiO_2 含量不同可分为：①中性碱性侵入岩：霞石正长岩。②基性碱性侵入岩：霞斜岩。③超基性碱性侵入岩：霓霞岩。本类岩石岩性复杂、岩体小，多呈碱性杂岩体产出；自然界中很少见，属稀少岩类，特别是霞斜岩(由霞石、基性斜长石和碱性暗色矿物组成)、霓霞岩(由霓石和霞石组成，不含长石)极为少见。

霞石正长岩按 SiO_2 含量属中性岩(图 5-54)。我国和世界上该类岩石的 SiO_2 平均含量为 55.17%；FeO、CaO、MgO 含量低；K_2O 和 Na_2O 含量很高，一般含量 >10%，高可达 16%。大量出现副长石(主要是霞石)，一般含量 >10%，高可达 20%。碱性长石含量可达 60% 左右。碱性暗色矿物的含量通常为 15%～20%。副矿物中常出现含稀土元素的铌钽硅酸盐类。霞石多呈霞红、棕红或灰色，显微镜下无色，常蚀变成沸石和钙霞石等。碱性辉石多为霓石、霓辉石和含钛辉石等。碱性角闪石多为钠闪石和钠铁闪石，常与霓石共生，具有明显的多色性。黑云母多为棕红色的富铁黑云母，常分布于角闪石或辉石颗粒边缘。霞石正长岩类常具有半自形粒状结构和似粗面结构等，常见构造有块状构造、片麻状构造、条带状构造和斑杂构造等。霞石正长岩类岩石颜色较浅，多呈浅灰色、肉红色，相对密度小，一般为半自形粒状结构，有时矿物呈定向排列而成流状构造，主要与稀有、稀土和放射性元素的矿产有关。

三、碱性与过碱性喷出岩

1. 粗面岩系列

粗面岩系列以粗面岩类为代表。粗面岩是在成分上和正长岩相当的喷出岩，因而又可分为粗面岩(相当于正长岩)和碱长粗面岩(相当于碱性正长岩)。粗面岩类常见斑状结构、玻基斑状结构，基质为粗面结构、霏细结构、球粒结构或玻璃质结构。粗面

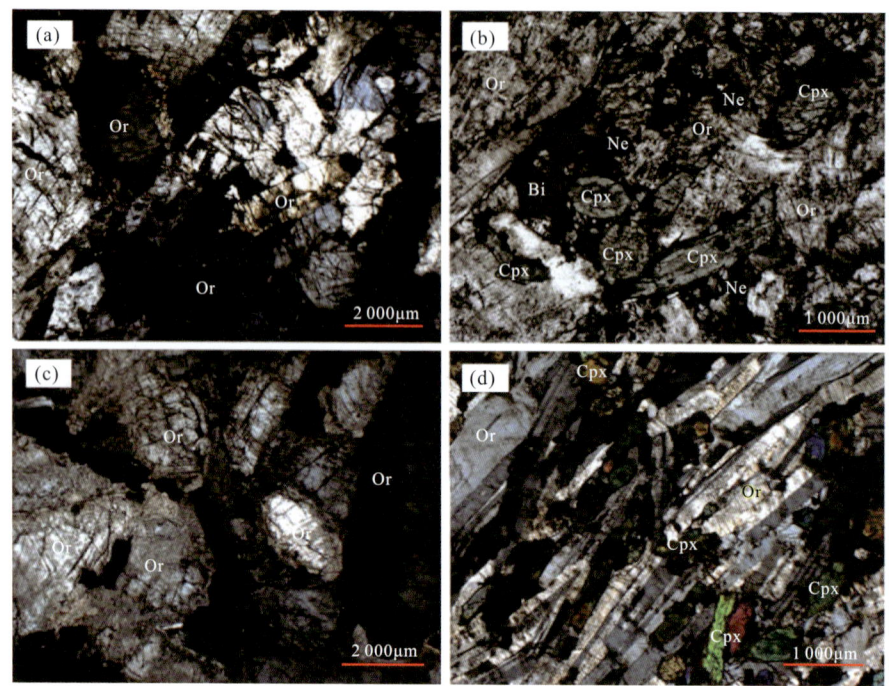

图 5-54　霞石岩的显微镜下照片

Or：钾长石；Ne：霞石。据牛晓露等，2022

结构的特征是碱性长石微晶呈平行或半平行排列，遇到斑晶时微晶绕过斑晶。粗面结构与交织结构类似，但后者的微晶是斜长石，且微晶的定向性不如粗面结构显著。粗面岩类常见的构造类型有块状构造、流纹构造、气孔构造及杏仁构造。

（1）粗面岩。粗面岩因其岩石断面粗糙而得名，是与正长岩成分相对应的喷出岩类。多具斑状结构，斑晶中既有钾长石又有斜长石，钾长石往往是透长石和正长石。暗色矿物为辉石或暗化的角闪石和黑云母。基质是隐晶质（长石等）。岩石均为浅色，一般呈浅绿色、灰色或铁红色，块状构造。根据其暗色矿物种类，粗面岩又可分别命名为云母粗面岩、角闪粗面岩和辉石粗面岩。

（2）石英粗面岩。石英粗面岩是成分与石英正长岩相当的喷出岩类。石英含量为 $5\% \sim 20\%$，石英颗粒大多呈他形粒状充填于基质长石微晶的粒间，构成微嵌晶结构或霏细结构，有时与碱性长石交生形成文象结构。

（3）碱性粗面岩。碱性粗面岩与粗面岩的主要区别是斑晶由碱性长石（钾长石和钠长石）组成，含碱性暗色矿物，如霓辉石、钠闪石等。

2. 响岩系列

响岩是本类岩石的代表，是与霞石正长岩成分相当的喷出岩类。常见霞石、白榴石，其次为方沸石、方钠石、黝方石、蓝方石等。副矿物成分复杂，除了常见的磁铁矿、磷灰石和榍石，还有黑榴石、异性石、萤石等。岩石常呈灰色、浅灰色或灰绿色，具斑状结构或隐晶质结构。在斑状结构的岩石中斑晶主要由霞石和碱性长石组成，暗色矿物斑晶较少。常见岩石类型有霞石响岩和白榴石响岩。

（1）霞石响岩。霞石响岩具斑状结构，斑晶主要由透长石(有时为歪长石、正长石、钠长石)和霞石组成，其次为碱性暗色矿物，基质多由透长石、霞石和碱性辉石微晶组成，构成粗面结构，有时为隐晶质结构。

（2）白榴石响岩。白榴石响岩具斑状结构，斑晶主要为透长石、白榴石和少量碱性辉石，但不具有霞石斑晶。有时白榴石仅在基质中出现，基质为透长石、白榴石、辉石和磁铁矿微晶集合体。白榴石中常含辉石、磁铁矿、磷灰石和透长石等包裹体，呈放射状或同心环状排列。白榴石很不稳定，若全部转变为透长石和钾霞石的混合体而成假晶，则称为假白榴石响岩。

第六章 地球物质沉积循环与沉积岩

沉积岩是一类由松散的沉积物堆积、固结而成的岩石类型，主要分布于地球的表层环境中。现今地球上，陆地表面的沉积岩覆盖率约为 75%，在海底环境中则接近 100%。大多数沉积物起源于先存岩石的物理、化学和生物破坏作用过程中，有些沉积物也可以由火山喷发物质、生物躯体和化学沉淀物质直接形成，少量沉积物来源于陨石、宇宙尘等宇宙物质。沉积岩物质成分的多样性不仅受控于沉积物的来源和类型，同时与沉积物的搬运、沉积和成岩作用过程密切相关。一方面，在本质上，沉积岩的形成过程反映的是地球表层环境中先存物质（包括岩浆岩、沉积岩和变质岩）的破坏和重组过程，即沉积循环过程（图 6-1）。这一过程不仅控制着地球上沉积物的形成、迁移以及最终成岩过程，同时也主导了浅部地壳尺度的物质和元素的再分配，是地球物质多样性形成的关键环节。另一方面，沉积岩中赋存丰富的地下水、天然气、石油、煤炭、金等非金属和金属资源，而且沉积岩本身也是重要的工业建筑原料。此外，沉积岩以及其中保存的古生物化石记录对于重建地球表生环境、气候以及生命的演变历史具有重要意义。

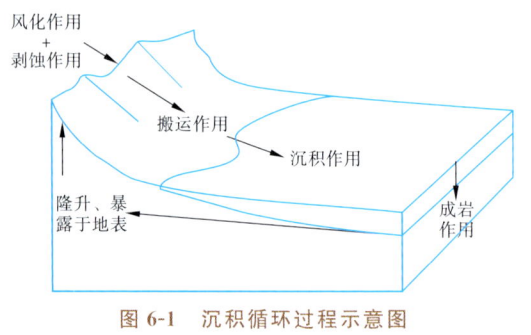

图 6-1 沉积循环过程示意图

第一节 风化作用

地球表层环境中 80% 以上沉积岩的来源均与母岩的风化过程有关。风化作用，是指出露于地表的岩石由于环境温度、大气、水和生物等因素的作用而发生原地机械破碎或化学分解的过程。除此以外，母岩还可能遭受剥蚀作用、侵蚀作用等其他破坏作用。形成沉积岩的初始沉积物大多源自不同地质作用下物源区母岩（包括岩浆岩、沉积岩和变质岩）的物理、化学和生物风化过程，少量来自有机过程和化学沉淀过程。这些沉积物随后会在水、风、冰川等地质营力的作用下搬运至沉积盆地中，最终形成不同类型、不同规模的沉积岩。

一、物理风化作用

物理风化作用，是指岩石发生机械破碎但成分不变的风化作用，常见于温差较大、气候干燥的地区。常见的物理风化作用有以下几种。

1. 胀缩风化

在热胀冷缩效应作用下，由于岩石表面与内部的受热膨胀或受冷收缩过程不同步，导致岩石出现裂缝并发生破碎的过程，即为胀缩风化(图 6-2)。胀缩风化可使岩石逐渐变成球形，形成球形风化，这一特征在花岗岩露头中较为常见。由于花岗岩中不同矿物的热胀冷缩系数不同，岩石表面不同矿物颗粒之间会因胀缩幅度不同而相互脱离，最终导致岩石表层发生解体和破碎(图 6-3)。岩石的

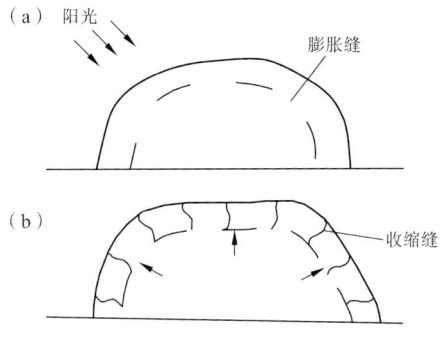

图 6-2　岩石表面胀缩风化示意图

颜色也会影响胀缩风化的速率，通常颜色越深，其吸热能力越强，胀缩风化速率就越大。此外，当上覆岩层因风化或冰川消融而去除后，下伏岩石因应力释放而发生膨胀、破裂，亦可导致岩石表层破碎和解体。

图 6-3　新疆鄯善地区二叠系芦草沟组砂岩的球形风化现象

2. 冰劈风化与晶劈风化

冰劈风化，是指岩石先存的缝隙由于渗入的水结冰后，体积增大而导致岩石发生破碎的过程，常见于四季分明、冷暖交替的地区。岩石中渗入的水结冰，其体积会膨胀近 10%，产生的应力可导致岩石中的裂隙或矿物之间的空隙增大、新的裂隙形成。当冰在融化时，扩大的裂缝可以容纳更多的水。若水再次结冰，裂缝就会再次生长。反复的结冰和融化过程会有效促进岩石的解体和破碎。

晶劈风化，是指岩石缝隙中的水由于蒸发作用，使得其中的溶解物质结晶出来(如石膏)，从而导致岩石发生破碎的作用，这一过程在气候干旱地区较为常见。此外，岩石中的黏土矿物或云母等矿物遇水发生体积膨胀，膨胀产生的应力亦可促进岩石的分解破碎。

二、化学风化作用

化学风化作用，是指使岩石发生分解、破坏，同时岩石成分发生改变的风化作用。化学风化作用主要是通过岩石中的矿物与孔隙间的水(水溶液)或空气发生化学反应过程来完成的。这些化学反应过程改变了岩石原始矿物和孔隙流体的物质组成，通常亦会伴随新矿物的形成。化学风化作用的类型和速率主要受控于原岩物质组成、环境气候条件(如地形地貌、温度范围、降水强度等)、孔隙流体的地球化学性质等因素。常见的化学风化作用类型有溶解作用、离子交换作用、水解作用、水合作用以及氧化作

用(表 6-1)。通常化学风化作用越强，形成的新风化矿物的化学性质越稳定。

表 6-1　常见的化学风化作用类型以及产物

类　型	常见风化的反应类型	风化后的产物
溶解作用	$NaCl + H_2O \rightarrow Na^+_{(aq)} + Cl^-_{(aq)} + H_2O$ $H_2CO_{3(aq)} + CaCO_3 \rightarrow Ca^{2+}_{(aq)} + 2(HCO_3)^-_{(aq)}$	Ca^{2+}、Mg^{2+}、Na^+、K^+、H_4SiO_4、CO_3^{2-} 和 SO_4^{2-} 等溶解质
离子交换作用	$KAlSi_3O_8 + H^+_{(aq)} \rightarrow HAlSiO_4 + K^+_{(aq)}$ $NaAlSi_3O_8 + H^+_{(aq)} \rightarrow HAlSi_3O_8 + Na^+_{(aq)}$	Na^+ 和 K^+ 等溶解质
水解作用	$2KAlSi_3O_8 + 2H^+_{(aq)} + 9H_2O \rightarrow$ $Al_2Si_2O_5(OH)_4 + H_4SiO_{4(aq)} + 2K^+_{(aq)}$	高岭石、伊利石、蒙脱石等黏土矿物
水合作用	$Mn_2SiO_4 + 4H_2O \rightarrow 2Mn(OH)_2 + H_4SiO_{4(aq)}$	新的氢氧化物
	$CaSO_4 + 2H_2O \rightarrow CaSO_4 \cdot 2H_2O$ $Fe_2O_3 + H_2O \rightarrow 2FeO \cdot OH$	新的水合和含水矿物
氧化作用	$2Fe^{2+}_2SiO_4 + 4H_2O + O_2 \rightarrow$ $2Fe^{3+}_2O_3 + 2H_4SiO_{4(aq)}$ $4Fe^{2+}S^{2-}_2 + 15O_2 + 8H_2O \rightleftharpoons$ $2Fe^{3+}_2O_3 + 8S^{6+}O^{2-}_{4(aq)} + 16H^+_{(aq)}$	新的氧化物以及 H_4SiO_4 和 SO_4^{2-} 等溶解质

1. 溶解作用(dissolution)

岩石遭受雨水或地下水淋滤，岩石中的易溶组分(如卤化物矿物)会逐渐被水溶解并被带走，这一过程即为溶解作用。溶解作用能够显著改变岩石和水溶液的化学成分。例如，岩石中的石盐组分与水分子发生反应，会被分解成钠离子(Na^+)和氯离子(Cl^-)并溶解于水中(表 6-1)。另外，水中溶解了来自大气或土壤中的 CO_2 后会形成碳酸(H_2CO_3)，使水呈弱酸性，这会极大地增强其溶解能力。岩石中的方解石与碳酸反应会分解出可溶的钙离子(Ca^{2+})和碳酸氢根(HCO_3^-)(表 6-1)。在一些石灰岩、白云岩或蒸发岩发育的地区，长期的溶解作用可形成溶洞、天坑等岩溶地貌特征(喀斯特地貌)。同时，溶解作用可增加岩石的孔隙度、降低岩石的强度，从而促进岩石的物理风化作用。

岩石中不同矿物的溶解度差异明显，常见的易溶矿物类型有卤化物矿物(如石盐、钾盐等)、硫酸盐矿物(如石膏)和碳酸岩矿物(如方解石)等，富 K、Na、Ca、Mg 的铝硅酸盐矿物(如长石、角闪石、橄榄石等)属于较难溶矿物，而石英以及富 Fe、Al、Si 的氧化物矿物(如褐铁矿、铝土矿、蛋白石)属于难溶矿物。

2. 离子交换作用(ion exchange)

离子交换作用，是指岩石中的矿物与溶液直接发生离子交换，进而改变岩石的成分并逐渐使岩石发生分解和破坏，这一过程在长石类矿物中较为多见。钾长石是地壳中最丰富的矿物类型之一，其常见的离子交换作用类型见表 6-1。当水溶液中的氢离子(H^+)与钾长石接触反应时，会置换其中的钾离子(K^+)，这一离子交换过程会逐渐削弱钾长石的结构，促进其分解。这一过程常见于温暖潮湿的气候环境中，那里土壤中的水通常富含氢离子，pH 值较低，呈弱酸性，这更有利于钾长石的离子交换作用。斜长石亦可发生类似的离子交换过程，其机理是通过氢离子置换斜长石中的钠离子（表 6-1）。此外，钾质填土矿物伊利石中的钾离子也可以与水溶液中的氢离子发生离子交换作用，从而使伊利石逐步转变为高岭土，且这一过程在某些条件下是可逆的。

3. 水解作用（hydrolysis）

水解作用，是指原始矿物与水中溶解的氢离子（H^+）或羟基离子（OH^-）反应并结合形成一种或多种新矿物的过程。在大多数水解作用过程中，原始的矿物是硅酸盐矿物，新形成的矿物为氢氧化物或黏土矿物。以钾长石的水解作用为例，钾长石与水溶液中的氢离子和水分子反应，可形成高岭土以及可溶解的硅酸（H_2SiO_4）和钾离子（表 6-1）。其中，高岭土可进一步通过水解作用分解成 SiO_2 和 Al_2O_3，它们大部分最终会形成蛋白石和铝土矿，少量呈 SiO_2 和 Al_2O_3 胶体随水迁移。斜长石同样可以发生类似的水解作用，形成高岭土、硅酸以及钠离子。由于长石类矿物的水解反应速率较慢，通常自然界中长石通过水解作用最终转换为黏土矿物的过程是一个长期、缓慢的过程。

4. 水合作用（hydration）

水合作用，是指矿物与水溶液中的水分子结合形成新的复合物的过程。在这一过程中，水分子本身未发生断键，如硬石膏通过水合作用转变为石膏的过程（表 6-1）。硬石膏和石膏的水合转化过程是可逆的，主要受控于温度条件。若反应温度＞40℃，石膏便可通过脱水作用转化为硬石膏。通常水合反应形成的新的含水矿物的硬度较低，同时水分子的加入会导致一定程度的体积膨胀，因而水合反应过程产生的胀压力通常会对周围的岩石形成形变破坏。反之，含水矿物脱水时体积会收缩，可能形成收缩缝。可见，岩石中矿物的水合作用过程亦可对岩石的物理风化作用产生重要影响。

5. 氧化作用（oxidation）

氧化作用，是指矿物中的低价元素与水或大气中游离的氧（O_2）化合而转变为高价，这一过程常见于氧化物、硫化物和有机化合物的化学风化作用中。由于氧是地球上最丰富的强负电性元素，因此矿物的氧化作用在风化过程中相当普遍。例如，含二价铁（Fe^{2+}）的橄榄石与水或大气中溶解的氧结合后，可以形成三价铁（Fe^{3+}）氧化物赤铁矿和可溶的硅酸（表 6-1）。此外，黄铁矿（FeS_2）通过氧化作用在形成褐铁矿[$Fe(OH)_3$]的同时，会产生强腐蚀性的硫酸，从而进一步对岩石形成溶蚀破坏，促进岩石风化。在还原条件下，三价铁亦可转变为二价铁。例如，赤铁矿可与硫酸盐和氢离子结合，形成黄铁矿并释放氧气和水。

三、生物风化作用

由于生物的活动而对岩石造成的物理、化学破坏作用，即为生物风化作用。在自然界中，生物生命活动以及有机质分解可以产生大量的有机酸，特别是羧酸（R—COOH）。羧酸的酸性强于自然界中常见的氨酸，它们多以游离状态或盐、酯的形式广泛存在，且不同类型的羧酸酸性差异明显。通常，醋酸＞甲酸＞乳酸＞草酸。在岩石风化过程中，有机酸可通过络合作用将岩石或矿物中的钾、钠、钙、镁、铁等多种离子提取并结合形成可溶的盐类，从而促进岩石和矿物的分解、破坏。此外，有些微生物在新陈代谢过程中也可以将三价铁还原为二价铁。岩石中植物根系的生长可以

图 6-4　植物根系生长对岩石的胀裂作用

直接造成岩石破裂，从而加速岩石的风化(图 6-4)。

四、风化作用的产物

母岩风化的产物可划分为溶解物质和碎屑物质两个大类。其中，溶解物质即溶解度较高、溶于水并随之迁移离开的物质。一部分溶解物质会在土壤中再沉淀；一部分溶解物质则会被携带至地下，并在沉积岩成岩过程中作为胶结物沉淀。本节重点关注风化作用产生的碎屑物质及其特征。

风化作用产生的碎屑物质，主要由母岩机械破碎形成的单碎屑物质以及反应形成的新生物质组成。在地球演化的早期阶段，岩浆岩类是沉积物最主要的源区。但随着时间的推移，沉积岩和变质岩对沉积源区的贡献越来越大。这些不同岩石类型的风化产物基本上是相同的，区别主要在矿物比例上，这与矿物的抗风化能力密切相关。残留的稳定矿物与新产生的风化矿物一起形成碎屑物质。自然界中常见矿物的抗风化能力及产物见表 6-2。由表 6-2 可以看出，石英是抗风化能力最强的矿物，而橄榄石的抗风化能力最弱。以花岗岩为例，花岗岩主要由石英、长石、少量的黑云母或角闪岩以及磁铁矿、磷灰石和锆石等副矿物组成。在风化过程中，这些矿物会发生氧化、水化和碳化反应。由于花岗岩是相对不透水的，因而花岗岩沿节理的风化程度和效率更高。另外，花岗岩露头表面的苔藓亦有助于加速风化作用过程。总体上，花岗岩风化是一个相对缓慢的过程，形成一个厚的花岗岩风化带往往需要数十万年。在热带气候条件下，花岗岩的风化速度明显更快。自然界中风化作用的产物主要包括化学稳定矿物，以及水解、水化、氧化和碳化反应过程中产生的黏土矿物、氢氧化铁和可溶性离子。通常，花岗岩风化后产生的碎屑主要是石英、碱长石、角闪石和磁铁矿等。但对于强烈风化的花岗岩而言，风化产物中会含有大量由长石风化形成的粉砂状、层状高岭石。

表 6-2　常见矿物的抗风化能力及风化后的产物

矿物类型	抗化学风化能力等级	风化特征	中间风化产物	最终风化产物
石英	I	机械破碎、微弱溶蚀	—	石英
长石	III		黏土矿物＋溶解质	蛋白石、铝土矿
白云母	II	机械破碎、蚀变、微弱溶蚀	黏土矿物＋溶解质	蛋白石、铝土矿
黏土矿物	II		—	蛋白石、铝土矿
铁镁矿物	IV		黏土矿物＋溶解质	蛋白石、铝土矿、褐铁矿
碳酸岩矿物	V	机械破碎、较强溶蚀	—	溶解物质
盐类矿物	VI	机械破碎、强烈溶蚀	—	溶解物质

碎屑物质在被运输到低海拔区域的过程中，不同的矿物会因物理、化学特性的差

异，以不同的速率发生磨损或破坏，造成碎屑粒径发生变化。通常碎屑颗粒越细，它就越容易被水或风等介质移动。因此，不同大小的碎屑颗粒最终会在搬运过程中发生分选。碎屑沉积物粒度大小是其最重要的属性之一。粒度的具体量化描述方式和标准可参考伍德-温特沃斯碎屑粒级划分方案（图6-5）。一般地，精确的沉积物碎屑粒度度量通常需要通过不同网径的筛子来完成。但在野外实际工作中，更多的是借助标尺或比例尺进行视觉比对和判断粒度的大小。

特定碎屑沉积物中的碎屑颗粒通常有粒度大小的差异，而不同大小的碎屑在总岩石样本中所占的百分比是样品粒度分布的度量。在水或风的搬运过程中，沉积物颗粒会根据大小的差异而发生分选。若经过搬运的沉积物具有均匀大小的

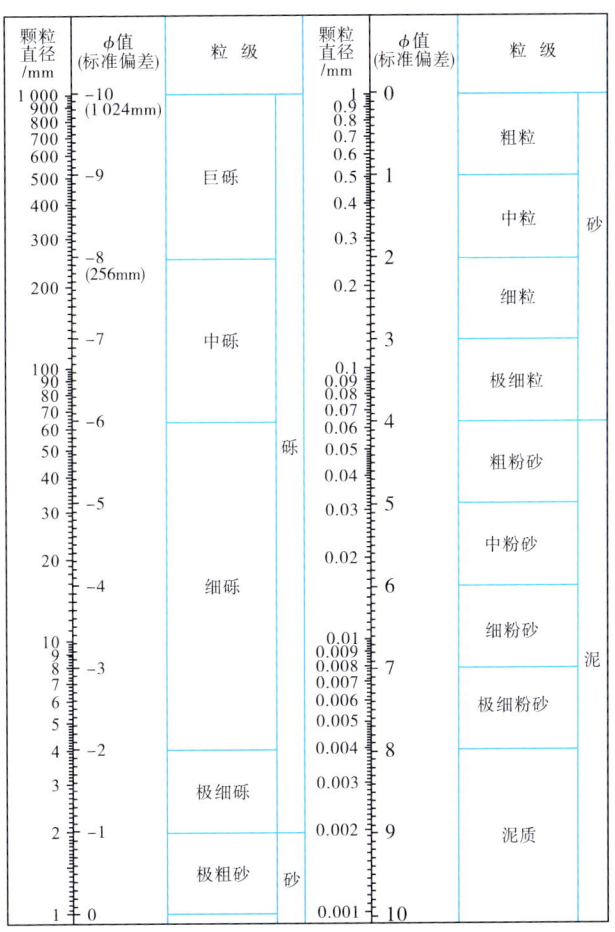

图 6-5　伍德-温特沃斯碎屑粒级划分方案

粒径，即意味着沉积物的分选性很好。反之，颗粒大小变化范围很大，则说明沉积物的分选性较差（图6-6）。通常，大多数海滩和沙漠的碎屑沉积物具有较好的分选性，而大多数冰川沉积物的分选性则很差。

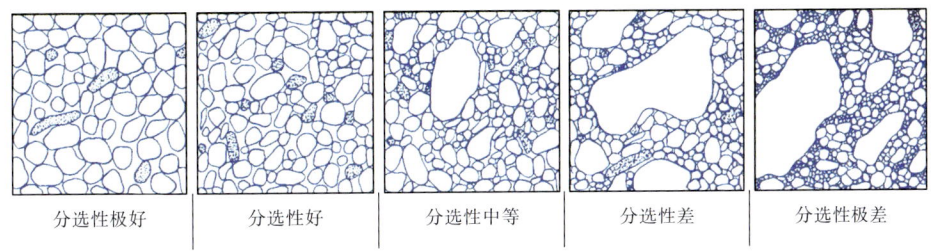

| 分选性极好 | 分选性好 | 分选性中等 | 分选性差 | 分选性极差 |

图 6-6　碎屑沉积物分选性等级划分

据 Hefferan and O'Brien，2010

碎屑在其从物源区搬运至沉积区的过程中，由于物理磨损和进一步的化学风化，在其碎屑粒径减小的同时，其形态也会变得更加圆润。沉积物碎屑外表棱角被磨平的程度或表面的光滑程度一般称为磨圆度。通过与已知圆度的颗粒进行比较，可以直观

地估计出碎屑颗粒的磨圆度，包括棱角状、次棱角状、次圆状和圆状等(图6-7)。碎屑颗粒的磨圆度和分选性反映了碎屑沉积物的结构成熟度。结构成熟度低的沉积物通常呈棱角状且分选性较差，结构成熟度高的沉积物则由分选性良好的圆形颗粒组成，指示了长距离搬运或高能的沉积环境。

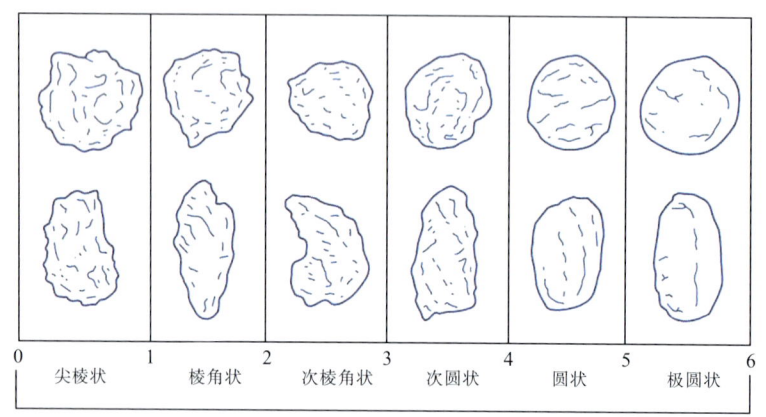

图 6-7　碎屑沉积物磨圆度等级划分

据 Powers，1953

　　随着碎屑沉积物成熟度的提高，颗粒粒径因磨损、破碎、溶解和化学风化而减小并圆化，仅局部会因颗粒破碎而产生新的尖锐边缘。这些过程的发生速率主要受控于矿物自身的特性以及外部气候条件的变化。碎屑颗粒的耐磨性取决于许多因素。裂解性良好的矿物更容易发生断裂，软质地的矿物更容易受到磨损，可溶性和化学活性更强的矿物更容易被溶解。由鲍文反应序列与矿物稳定性的关系可以看出，石英是常见成岩矿物中最耐磨且稳定的(图6-8)。因此，碎屑暴露于磨损环境中的时间越长，石英的占比会越高。如果碎屑来自变质岩类，则石榴子石是另一种耐磨的成岩矿物。由于石英和石榴子石的耐磨性，日常生活中所用的砂纸大多由这些矿物制成。此外，磁铁矿、钛铁矿、锆石和电气石等也是碎屑中较常见的耐磨损矿物。由于某些矿物的耐磨性，它们可以集中在碎屑残留物中。如果该矿物具有经济重要性，则该矿床称为砂矿矿床，如金、钛铁矿、钻石和氧化锡等。

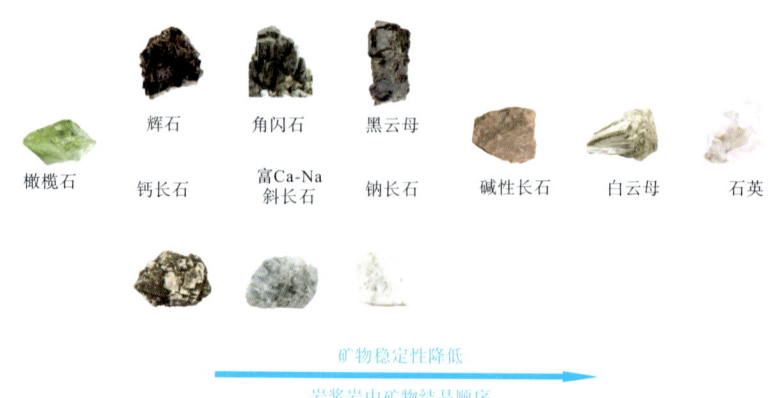

图 6-8　鲍文反应序列与矿物稳定性的关系

第二节　沉积岩中的矿物

与岩浆岩中的高温结晶矿物(约 1 400～600℃)不同，沉积岩中的矿物主要来自物源区母岩与地球大气圈相互作用所导致的成分解体过程。根据抗风化能力的不同，构成沉积岩的矿物可划分为新生矿物和残余矿物两类。新生矿物主要是先存的抗风化能力较低的矿物发生化学分解反应后所产生的新矿物，而残余矿物是指抗风化能力强、不易分解的矿物。

通常岩浆岩中的富镁铁质矿物(如橄榄石、辉石等)的抗风化能力较低，而石英是最稳定的，其抗风化能力极强，不易被分解。同时，由常见矿物的抗风化能力差异可以看出，岩浆岩中结晶温度越高的矿物其抗风化能力越差，而结晶温度较低的矿物(如石英、白云母、钾长石)在风化过程中则相对更稳定(表6-3)，这也是石英和长石等矿物在沉积岩中极为常见的重要原因。此外，溶解度较高的矿物抗风化能力较弱，如石膏、石盐等盐类矿物，这些矿物通常硬度较低且极易被水溶解破坏。在自然界中，构成沉积岩的矿物类型丰富多样，根据其成因差异可划分为以下 3 类：①风化残余物；②风化反应生成的新矿物；③化学沉淀物。

表 6-3　岩浆岩中常见矿物的抗风化能力差异

矿物类型	化学稳定性等级	稳定性变化趋势
石英	极强	
白云母	中等	逐渐增强 ↑
钾长石		
黑云母、钠长石		
角闪石、中等 An 斜长石		
辉石、钙长石		
橄榄石	极低	

一、风化残余物

岩石在风化过程中残留在原地的母岩残余矿物或岩石碎片，统称为风化残余物。风化残余物中通常携带有关于其母岩的成分特征、搬运条件以及成岩构造背景等方面的重要信息。风化残余物的形成主要取决于母岩中矿物的抗风化能力、风化环境的特性(如气候条件等)、风化作用的持续时间等。其中，风化作用的持续时间对于风化残余物的影响可由侵蚀速率表征。若侵蚀速率较高，母岩在物源区被快速清除，风化残余物会被分散并被运移走；若侵蚀速率较低，母岩可在物源区经历的分解时间变长，风化残余物便会逐渐累积(表6-4)。风化环境的侵蚀速率一般与地势高低、岩石露头的植被覆盖程度以及风化的环境条件(如降水)密切相关。通常物源区的地势越高、坡度越陡峭，碎屑物质被流水清除的速度就越快，物源区风化残余物的积累便会减少。

表 6-4　风化过程中常见的铁锰氧化物和氢氧化物类型

矿物类型	赤铁矿	针铁矿	褐铁矿	软锰矿	水锰矿	钡硬锰矿
化学成分	Fe_2O_3	$FeOOH$	$FeOOH \cdot nH_2O$	$Mn(OH)_2$	$MnOH_2$	$BaMnMn_8O_{16}(OH)_4$

二、风化反应生成的新矿物

如前面所述，在风化产生的碎屑物质中通常还会有一部分由原岩经过化学风化作用产生的新矿物，这些新矿物通常集中在成熟土壤的下部，以黏土矿物为主，也会有少量难溶的铁锰氧化物、氢氧化物和方解石、文石等碳酸盐矿物等。

1. 黏土矿物

风化作用新产生的黏土矿物大多为含 Al 的层状硅酸盐矿物，其晶体通常较小（<4μm）。常见的黏土矿物类型有高岭石（图 6-9）、伊利石、蒙脱石、绿泥石和混层黏土矿物。这些矿物都具有片状结构，晶体由片状结构单元层叠置组成，结构单元层之间为吸附的阳离子（如 Ca^{2+}、Na^+、K^+、Fe^{2+}、Mg^{2+} 等）和水分子。黏土矿物的结构单元层由 Si—O 四面体层和 Al(Mg)—(O,OH) 八面体层组

图 6-9　高岭石的扫描电镜照片

据 Ulmer-Scholle et al.，2014

成（图 6-10a）。根据四面体层和八面体层的叠置样式和相互比例，黏土矿物的结构单元层可划分为 1：1 型、2：1 型和 2：1：1 型 3 个类型。其中，1：1 型结构单元层是由 1 层四面体层和 1 层八面体层组成的，如高岭石，故又称高岭石层（图 6-10b）。2：1 型结构单

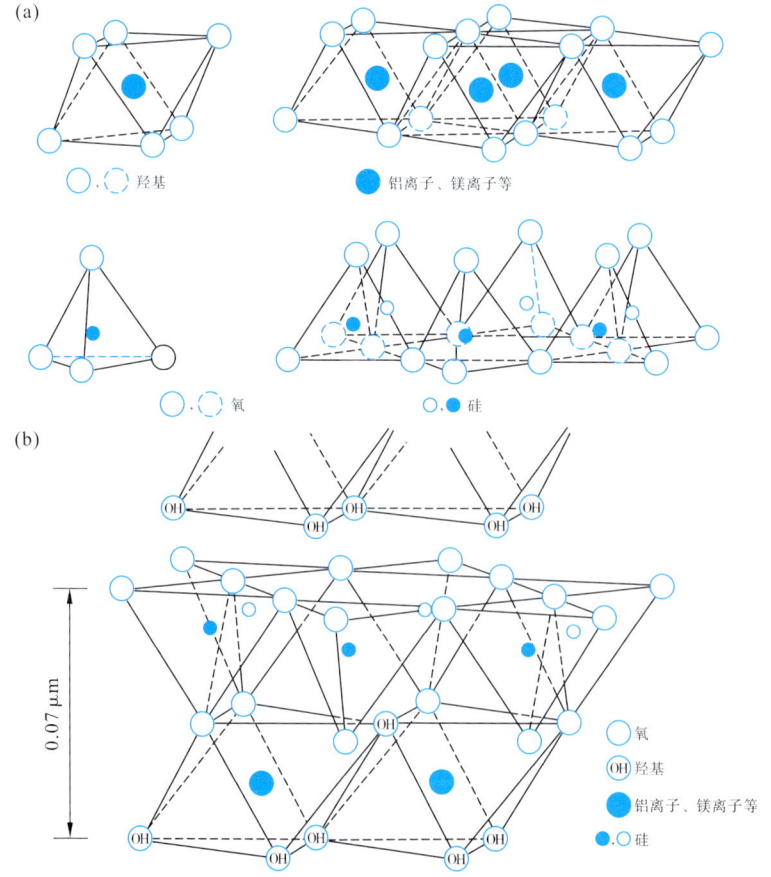

图 6-10　黏土矿物的四面体和八面体结构单元层(a)以及 1：1 型高岭石层模型(b)

元层是由 2 层四面体层和 1 层八面体层组成的，如伊利石和蒙脱石。但由于伊利石和蒙脱石的结构单元层之间阳离子类型和水分子的差异，又可划分出伊利石层(阳离子主要是 K^+，水主要是 OH^-)和蒙脱石层(阳离子主要是 Ca^{2+}、Na^+，水主要是 H_2O 分子)。2：1：1 型是由 2 个四面体层夹 1 层 Al－O 八面体层外加 1 层水镁石层组成的，如绿泥石，故又称绿泥石层。混层黏土矿物是由两种或多种结构单元层混合叠置而成的黏土矿物，如伊蒙混层矿物，它是由伊利石的结构单元层和蒙脱石的结构单元层混合形成的黏土矿物。

黏土矿物主要由硅酸盐矿物风化形成，少量来自孔隙水的自生沉淀过程。黏土矿物的硬度普遍较低，密度通常为 $2.3\sim2.9\mathrm{g/cm^3}$，其中以绿泥石硬度和密度最高。风化作用中黏土矿物的形成类型主要取决于水溶液中阳离子的类型以及 pH 值。通常酸性水介质有利于高岭石的形成，而碱性水介质则有利于蒙脱石的形成。此外，若孔隙水中的阳离子类型、pH 值以及温压条件发生变化，不同类型的黏土矿物之间可以发生相互转化，如蒙脱石随着温压条件的升高可以逐步转化为伊利石。

2. 铁锰氧化物和氢氧化物

铁锰氧化物和氢氧化物主要出现在温暖、潮湿环境下形成的红土层中，常见的矿物类型见表 6-5。这些矿物主要是由铁镁硅酸盐类和含铁的硫化物经过化学风化作用分解产生的，包括溶解和再沉淀、氧化、水解或水化作用等。铁锰氧化物和氢氧化物对风化产物的颜色有重要影响。例如，赤铁矿的出现是红土层呈红色的主要原因，褐铁矿和针铁矿会使土壤或风化岩石表面呈黄褐色，而含锰的矿物通常会呈深灰色到黑色的表面颜色。

表 6-5　自然界中常见搬运介质及其方式所形成的沉积物特征

搬运介质		主要沉积物成分	结构特征	沉积构造	其他特征
水	层流	成分多样化的砂岩	分选性良好或中等；粒度多变	不对称波痕、交错层理；常见水平岩层	小波纹
	紊流			对称振荡波痕、双向交错层理；丘状或洼状交错岩层	常见波状、透镜状或压扁状层理
风		富石英的砂岩	分选性好、磨圆度高；粒度多变	风成波痕、大型交错层理	陆地植物或动物记录
冰川		复成分砾岩以及大量沉积碎屑	分选性差、磨圆度低；基质支撑	无明显分层结构	岩基表面抛光；冰坠石
重力流	泥石流			成层性弱；粒序倒置	
	浊流	泥岩、细砾岩以及成分多样化砂岩	分选性中等；富泥质基质	鲍马序列；块状或层状；砂-泥质互层	尖锐侵蚀基底；常见底痕

3. 易溶的铝氧化物和氢氧化物

在温暖、干旱气候条件下，在一些酸性较高的土壤中可能分解产生铝氧化物和氢氧化物矿物而非黏土矿物。这一过程的主要机理为：黏土矿物中的二氧化硅被溶解，残留的 Al 与羟基离子、氧和一些水结合，可形成铝土矿。大多数铝土矿是由一系列含

Al 的矿物或类矿物组成，并且这些矿物的形成通常与难溶的含铁锰矿物伴生。

第三节　沉积循环过程

在岩石圈、大气圈和生物圈之间相互作用的过程中，地球上先存的岩浆岩、沉积岩和变质岩在不同的地质过程中发生风化破碎、搬运、堆积、压实等作用，最终形成沉积岩的过程，称为沉积循环过程(图 6-11)。沉积循环过程是地球表生地质过程的基本特征，对地形地貌的演化、岩石多样性的形成、全球气候和生态系统的变化有着重要影响。沉积循环过程主要包含以下 3 个关键环节：①沉积物的形成，即组成沉积岩的源物质形成过程。②沉积物的搬运，即沉积物在水、风和冰川等搬运介质的作用下，由物源区向沉积区运移的过程。③沉积与成岩作用，即搬运的沉积物在沉积区沉降、堆积下来，并最终转化、固结形成坚硬岩石的过程。如图 6-11 所示，沉积物从其物源区到最终沉积区的过程中，在沉积物自身物理-化学特性以及环境条件差异和变化等因素的作用下，会经历多样化的演化发展路径，进而形成不同类型和属性的沉积岩。

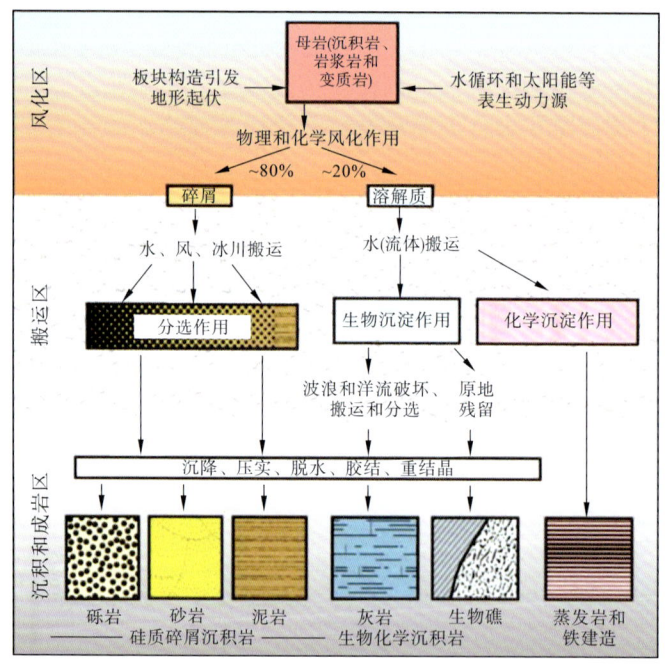

图 6-11　沉积物从形成、搬运到最终沉积、成岩的多样化演化路径

一、沉积物的形成

形成沉积岩的初始沉积物绝大多数源自不同地质作用下物源区母岩(主要是岩浆岩、沉积岩和变质岩)的物理和化学风化、破坏过程，少量来自有机和化学沉淀过程。

1. 风化作用形成的沉积物

物理风化作用包括岩石沿着裂缝的断裂，如节理构造作用、岩浆岩冷却或侵蚀过程中剥露而释放应力。此外，岩石中矿物颗粒之间的边界或单个颗粒中的解理面，也是可能发生物理风化作用的潜在界面。岩石裂隙中水的冻结和解冻过程，抑或是这类裂缝中盐晶体的生长也会使岩石发生破裂。植物的根系在裂缝中的生长可以加剧此类破裂过程。同时，物理风化产生的裂隙为水或流体提供了空间，而它们本身正是重要的化学风化剂。许多矿物与含有溶解氧和二氧化碳的雨水发生反应，会产生水化、氧化或碳酸化反应产物。而其他化学稳定性较强的矿物，如石英，则保持稳定。在风化过程中产生的新矿物和残余的稳定矿物混合形成了沉积物碎屑，并被运送到沉积区固结成岩。母岩遭受风化作用后会产生溶解物质和碎屑两类物质，溶解物质会随水迁移，而碎屑则会暂留在原地。由于岩石的风化产物大多是硅酸盐矿物，故该类型的沉积物通常又称硅质碎屑沉淀物，这是地球上最丰富的沉积物类型。

2. 有机过程形成的沉积物

很多沉积物中不仅含有先存岩石风化产生的物质，还含有诸多有机和化学过程来源的物质。例如，巴哈马群岛海滩上的大部分沉积物都是大洋有机物因波浪作用分裂形成的(图 6-12)。这些有机生物大多有由文石或方解石组成的坚硬部分，这些坚硬部分破碎后会产生由碳酸盐颗粒组成的沉积物，并最终形成石灰岩(或白云石)。此外，一些生物还可以从海水的硅酸中提取硅(主要来自大陆上硅酸盐矿物的风化)，这些生物在深海沉积物的形成中起了重要作用。其他由植被直接积累形成的沉积物，最终可能转化形成煤炭等矿产资源。

图 6-12　巴哈马群岛上的碳酸盐岩斜坡

碳酸盐沉积物主要是化学和生物起源的沉积物。在前寒武纪时期，大部分碳酸盐沉积物来自化学沉淀，但寒武纪大爆发产生了大量具有钙质硬壳的生物群。此后，在整个显生宙时期，生物成因的碳酸盐成为碳酸盐沉积物的重要来源。寒武纪大爆发显著地增加了显生宙时期地球碳酸盐岩的丰度。生物成因的碳酸盐沉积物是由各种生物的坚硬部分分解形成的，它主要包括藻类、珊瑚、软体动物、海绵、棘皮动物和苔藓动物等(图 6-13)。它们是由文石或高镁方解石组成的。文石是碳酸钙在高压下的稳定形式，主要存在于一些高压、低温变质岩中。由生物体生长的文石和高镁方解石随着时间的推移最终会转变为更稳定的方解石形式($Mg<5mol\%$)，这也是大多数灰岩是由方解石组成的原因。

钙质生物最终被波浪和水流作用或者其他以其为食的生物所分解、破坏。由于碳酸盐沉积物的粒径会因搬运过程抑或是其他生物的攻击而快速变小，因而其粒径通常

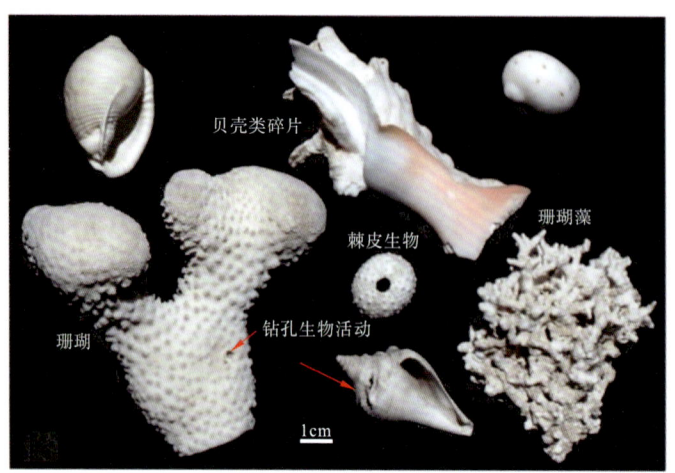

图 6-13　巴哈马群岛生物成因的碳酸盐沉积物的主要来源

据 Klein and Philpotts，2017

具有双峰式分布特征。其中，较粗粒的部分（砾-砂）通常是生物残骸，而较细的泥质部分则是这些残骸的破碎产物或从钙质绿藻死亡和腐烂后所形成的碳酸盐泥。

鲕粒（ooids）是无机成因碳酸盐沉积颗粒的重要类型之一，表现为具有核心和同心圆包壳的球形（图 6-14a），主要由方解石或文石在预先存在的颗粒（核）周围沉淀形成包壳。其中，鲕核常为内碎屑（碳酸盐颗粒）、生物碎屑。大多数鲕粒的包壳层是围绕核心连续、近对称生长的，并不偏向某一侧，这表明鲕粒在形成过程中是持续移动的（水流搅动作用）。在薄片中，鲕粒通常表现出轻微的不整合性，即早期的层受到磨损，然后被随后的层覆盖，在薄片中还可以看到文石晶体的径向生长模式。尽管现代鲕粒普遍是由文石组成的，但在埋葬和锂化后，它们转变为方解石，并破坏原有的层叠和径向结构（图 6-14b）。

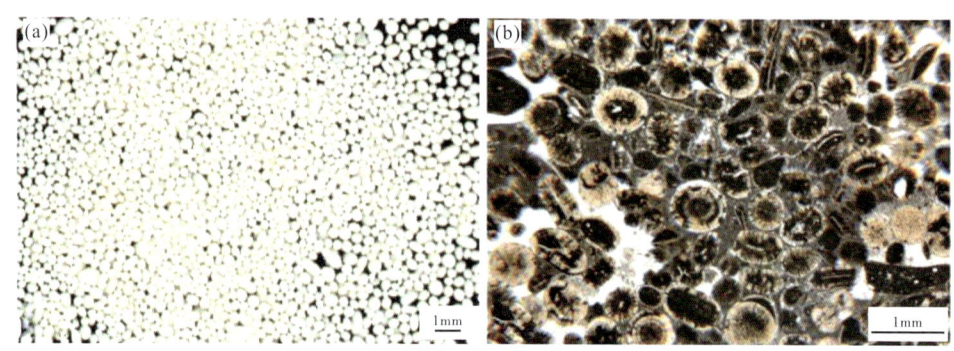

图 6-14　巴哈马群岛的 Joulters Cays 鲕粒（a）以及鲕粒镜下照片（b）

据 Klein and Philpotts，2017

生物粪便颗粒也是碳酸盐沉积物颗粒的来源之一，通常同为团粒或球粒（pellets）。这些颗粒无核心和内部结构，来自不同微生物产生的有机物质。由于这些有机物质最终可能腐烂，因而团粒往往不太稳定，会分解形成碳酸盐泥，但在一些灰岩中可保留下来。此外，在温暖、清澈的水体中，形成碳酸盐岩沉积物的生物体聚集在一起会形成礁（reefs），且大多为珊瑚礁。藻类也是礁重要的组成部分，形成珊瑚礁的珊瑚本身包含着共生的光合原生生物。由于光合生物生长需要阳光，它们通常位于低于 20m 的水深内。珊瑚礁持续向上生长，直到达到在退潮时暴露于波浪作用的高度为止。波浪对珊瑚礁的发育十分重要，不仅能带来生长所需的营养物质，同时也会不断地破坏珊瑚礁。因此，珊瑚礁的发育取决于生长和破坏过程之间的动态平衡。一个健康的珊瑚礁，是碳酸盐岩沉积物的持续来源（图 6-15）。礁的近海侧通常沉积较粗粒的生物碎屑，而较细的碳酸盐物质则通常堆积在潟湖区。

如图 6-15 所示，除了在海岸线附近的生物，大洋中还含有大量浮游生物（plankton），它们可以被带到洋流携带的任何地方。浮游生物死亡时会向底部下沉，形成深海沉积物。其中，浮游生物的钙质硬壳可在海底形成钙质软泥。有孔虫（foraminifera）是在过去的 1.5 亿年里大洋中最丰富的钙质浮游生物之一。浮游藻类分泌的颗石藻（coccoliths）也是一个重要来源。尽管大洋中的浮游生物会产生大量碳酸钙，但并不是所有的都能到达深海海底，这是因为 CO_2 在高压下比在低压下更易溶于水。此外，水在低温条件下比在高温条件下能溶解更多的 CO_2，故随着海洋深度的增加、压力增大、温度降低，CO_2 的溶解度增加，进而产生更多的碳酸。因此，如果钙质浮游生物下沉海洋足够深，便会发生溶解，这个深度称为碳酸盐补偿深度（carbonate compensation depth）（图 6-15）。例如，在大西洋方解石的补偿深度约为 5 000m，而在太平洋则相对减少了 1 000m。这一差异主要是由于太平洋深水中更高浓度的 CO_2 造成的，因为它们比大西洋的深水更古老，经历了更长周期的 CO_2 溶解过程。另外，文石的补偿深度明显小于方解石。

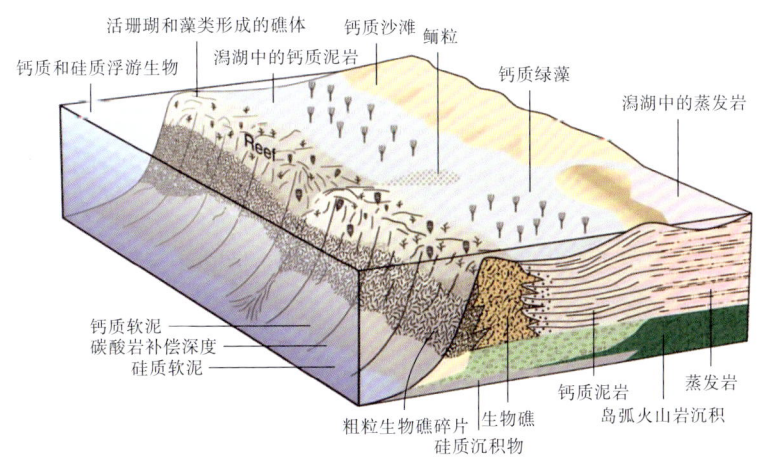

图 6-15 珊瑚礁附近的主要碳酸盐岩沉积区示意图

大洋中的硅藻和放射性珊瑚藻等浮游生物是硅质沉积物的重要来源。它们死亡并下沉后，会在海底形成硅质软泥。与钙质浮游生物情况不同，硅质并无补偿深度的限制。因此，自侏罗纪以来，深海海底（方解石不稳定）基本被硅质渗泥所覆盖。海绵（sponges）是一种具有软果冻状身体的生物，含有二氧化硅或方解石构成的小杆或针状体加强结构，它们通常生活在浅水中。海绵死亡和腐烂后，这些杆状或针状体亦成为沉积物的一部分，并可能被水流输送到更深的水域。海绵针状体在灰岩的燧石结核中较为常见。

3. 化学沉淀形成的沉积物

在风化作用过程中，大约 20% 的岩石会在溶液中以可溶性离子的形式被水溶液携带迁移，如 Ca^{2+}、Na^+、K^+、Mg^{2+}、SiO_4^{2-}、Cl^-、HCO_3^- 等。大部分可溶性离子最终会到达大洋，但也有少部分被困在与被隔绝在陆内盆地的盐湖中（如死海）。如果没有发生其他的移除过程，那么这些可溶性离子在水溶液中的浓度会持续增加，并最终在局限盆地中通过化学沉淀被析出，进而形成蒸发岩（evaporites）。

在蒸发过程中，矿物质的析出沉淀顺序是由水溶液的组成以及沉淀的矿物质本身的溶解度共同决定的。通常情况下，首先从海水中沉淀出的矿物是文石或方解石和白云石等碳酸盐，其次是石膏、硬石膏和天青石等硫酸盐，然后是石盐、钾盐等卤化物。因此，如果海水完全蒸发，盐类将会是最丰富的矿物种类。但由于盐是最可溶的矿物之一，在蒸发不完全的盆地，盐甚至可能不会发生沉淀。若盐发生沉淀，它就会沉积在石膏和硬石膏上。由于

图 6-16　美国新墨西哥州卡斯提尔组中石膏韵律层变化暗色层含少量方解石和有机物

石膏和硬石膏的溶解度低得多，在蒸发岩沉积中比盐更常见。石膏和硬石膏沉淀主要取决于温度和盐度的差异，硬石膏通常伴随较高的温度和盐度条件。在干旱气候下的盐湖中，蒸发岩矿物可能包括硼酸盐，其中最常见的是硼砂。另外，与岩石风化产生的碎屑沉积物以及生物破碎或海水沉淀产生的钙质沉积物不同的是，蒸发岩矿物很少发生搬运，大多数蒸发岩矿物是在它们最终积累的地方沉淀并成岩的。同时，这些岩石通常会由于矿物学、颗粒大小或杂质浓度的变化而显示出一定的韵律层变化特征。

图 6-17　澳大利亚西部 Hamersley Range 中的 Brockman 条带状铁建造

在一些现代蒸发岩中，每一个韵律层即代表一个沉积事件或阶段，如美国新墨西哥州卡斯提尔组中的石膏韵律层（图 6-16）。

条带状铁建造（BIF，banded iron-formation）是另一种十分常见的化学沉积作用的产物，它是世界上铁矿石的主要来源之一（图 6-17）。这种沉积物绝大多数形成于前寒武纪时期，年龄主要为 38 亿～18 亿年，另有少部分形成于 0.8 亿～0.6 亿年。其中，

28亿～22亿年期间形成的条带状铁建造规模可达厘米级，以交替出现的硅质层和富铁层为特征。硅质层由燧石、石英或碧玉（含细赤铁矿夹杂物的燧石）组成，富铁层主要由磁铁矿或赤铁矿组成。一般认为，这些条带状铁建造主要是在缺氧的海洋环境中通过化学沉积过程形成的。此外，在显生宙时期亦存在少量富含赤铁矿的沉积物，由于多数呈鲕粒结构，故又称铁石。

4. 冰川剥蚀过程产生的沉积物

冰川搬运能力巨大，能够移动和运输它所携带的大块基岩。现今北半球北部的大部分地表沉积物是最后一次大陆冰盖消退时沉积下来的产物。另外，在更古老的岩石中亦存在类似的沉积物记录，证明地球上存在更早的与冰川作用相关的沉积作用。冰川沉积物既可直接从冰中沉积，亦可从融水中沉积，后者形成的沉积物通常会显示分层的特征。

冰川在剥蚀过程中，在挖凿下伏基岩的同时，还会留下冰川擦痕。当冰川推动携带的基岩向前运动时，这些岩块会发生摩擦、出现磨损，产生细粒物质。这些较细的颗粒持续累积并进一步打磨它下伏的岩基。若冰川的移动受到来自其底部的阻力，仍可沿着受阻碍冰体的上部逆冲、剪切推进。而这种过程会将沉积物从冰川的底部带到冰盖中。因此，冰川中的沉积物通常分布在整个冰盖上。由于冰川呈固体搬运，故冰碛物分选性、磨圆度极差，更无化学分解，常常是巨大的石块与泥砂混积（图6-18a）。大陆冰川到达低纬度地区或山脉冰川到达较低海拔地区，它们最终会融化，冰中的大部分沉积物被融水冲走并沉积下来形成融水沉积物（图6-18b）。

图6-18　分选性极差的冰川沉积物(a)以及融水沉积物中的分层特征(b)

二、沉积物的搬运作用

搬运作用，是指将物源区形成的初始沉积物向沉积区运移的过程。在悬崖等地势较陡峭的斜坡上，沉积物可以直接通过重力场作用发生移动。但在大多数情况下，沉积物碎屑是需要通过水、风、冰川和生物等介质来搬运的。常见的搬运介质和方式所形成的沉积物特征见表6-6。

自然界中绝大多数沉积物形成后都会经历搬运作用，仅有少数会在原地堆积而形成沉积岩（如风化壳岩、煤层等）。其中，碎屑物质（包括风化残余物和新生成矿物）主

表 6-6   沉积岩的主要结构类型及特征

一级结构类型	二级结构类型	三级结构类型	主要特征
碎屑结构	颗粒支撑结构	胶结型	填隙物为胶结物
		黏结型	填隙物为基质
		嵌结型	颗粒紧密压实在一起
	基质支撑结构	全基质型	颗粒含量<10%
		含颗粒型	颗粒含量约为 10%～25%
		颗粒质型	颗粒含量约为 25%～50%
晶粒结构	砾晶结构		粒度>2mm
	砂晶结构	极粗晶结构	粒度为 1～2mm
		粗晶结构	粒度为 0.5～1mm
		中晶结构	粒度为 0.25～0.5mm
		细晶结构	粒度为 0.1～0.25mm
	粉晶结构	粗粉晶结构	粒度为 0.05～0.1mm
		细粉晶结构	粒度为 0.005～0.05mm
	泥晶结构		粒度<0.005mm
生物结构	格架结构		由造礁生物原地生长形成
	隐形结构		由生物原地生长形成，但无化石
	有机质结构		由植物原地堆积而成

要通过机械方式搬运，而溶解物质则主要以真溶液、胶体溶液等化学方式搬运。例如，灰岩经历溶解作用后产生的 Ca^{2+} 和 HCO_3^- 通常以真溶液方式搬运，长石经历水解作用后产生的 SiO_2 和黏土矿物通常在水体中以胶体质点的方式搬运。此外，生物的生命活动所导致的碎屑物质和溶解质的迁移和堆积亦属搬运作用。由于水是自然界中最普遍、最常见的搬运介质，故本节重点关注与水相关的沉积物搬运作用。

1. 水流的移动形式：层流和紊流

由于水流自身没有剪切强度，因而必须通过施加在流体上的应力来流动。水向下流动，其推动力通常来自地球的重力场作用（即惯性力）。同时，水流自身是有黏度的，若水流各层的流速不同，则相邻的流层之间便会产生内摩擦力（即黏滞力）。根据水流的惯性力和黏滞力的关系，其移动方式可划分为层流和紊流两种类型。

在理想状态下，以层流方式移动的水流可以被认为是由相互平行叠附的流层组成的（图 6-19a），这一特征类似于叠置的纸牌在受到横向剪切应力时的移动状态。以紊流状态移动的水流是紊乱、无序且时刻变化的，其内部存在着许多彼此相互掺混的小漩涡，导致水流在总体向前移动的同时，也存在瞬时的、面向不同方向的局部牵引力作用（图 6-19b）。如果我们在以层流形式移动的水流中滴入一滴染料，染料仅对其所在的流层染色，而其他流层会始终保持原状。但如果水流处于湍流状态（图 6-19b），由于其不规则的流动路径，我们将无法预测染料会流向何处。若再加入一滴染料，它可能会出现另一完全不同的流向。河流中的水在大多数情况下是呈紊流状态流动的。由于空气的黏度远低于水的黏度，因此风通常呈紊流状态移动。

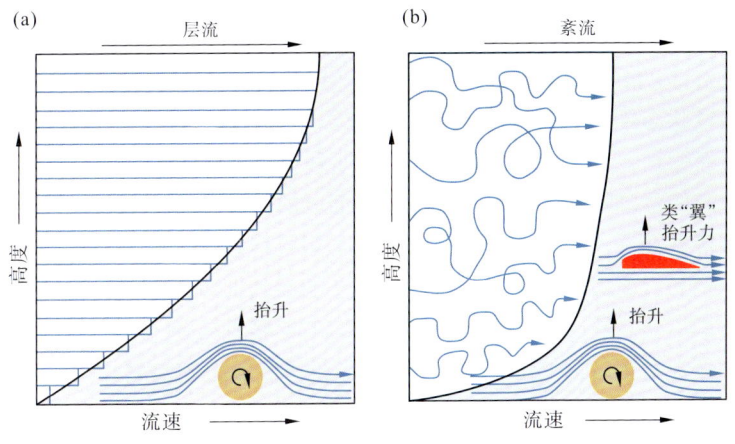

图 6-19　层流(a)和紊流(b)的流动形式差异

2. 水流的搬运方式

水流过一个静止的碎屑颗粒，水流所施加的剪切力往往会使较粗大的碎屑颗粒产生滚动(图 6-20)。通常河流底部和海滩表面的碎屑颗粒会随着水流向前滚动，滚动的速度主要取决于水的流速以及颗粒自身的圆度(球形程度)。若碎屑颗粒的圆度较差，水流有时会推着砾石以滑动的方式前进。

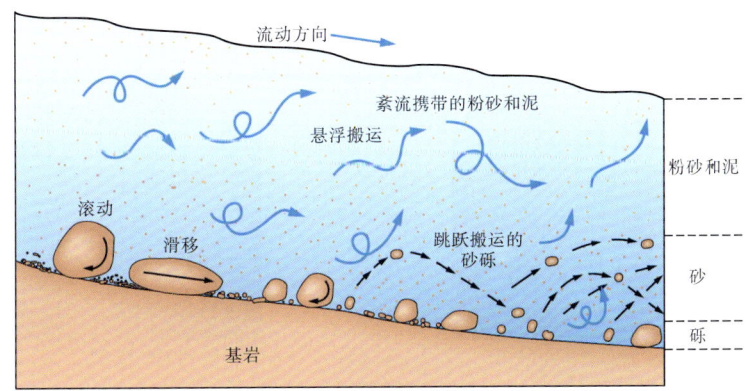

图 6-20　碎屑颗粒在流体中的不同移动形式

跳跃搬运，是指碎屑颗粒以跳跃的方式向前移动。水快速流过静止的颗粒，其流线会发生偏转，导致流过颗粒顶部的水流速度加快。这一过程会进一步导致碎屑颗粒上部压力降低、颗粒被抬升(伯努利效应)，类似于飞机机翼的工作原理。碎屑颗粒被抬升离开底部后，颗粒顶部和底部的流线便会再次趋同，此时伯努利效应消失，颗粒再次下降至底部。这便是碎屑颗粒在水流中发生跳跃移动的基本机理(图 6-20)。跳跃移动常见于河流底部沉积碎屑的搬运过程中。

悬浮搬运，是指碎屑颗粒被抬升离开底床呈悬浮状态向前移动。碎屑颗粒能否在水流中悬浮搬运，取决于水的流速和碎屑颗粒在水流中的沉降速度。通常碎屑颗粒的粒径是决定其沉降速度的关键因素，这就解释了为什么只有粉砂、黏土等粒径较小的颗粒能被水流悬浮搬运的原因。若搬运介质是风，由于空气的密度和黏度均比水要小得多，故只有细小的浮尘能够以悬浮的形式被风搬运(如沙尘暴)。

综上所述，水流对碎屑颗粒的搬运形式主要可分为两类：一类是粒度较大的砾石和砂粒在水流下部以滚动或跳跃的方式移动，即推移搬运；一类是粒度较小的粉砂和黏土颗粒呈悬浮状态随水流移动，即悬浮搬运。在多数情况下，河流中悬浮搬运的规模要远大于推移搬运。这是由于碎屑颗粒的推移搬运通常是不连续的，但颗粒悬浮搬运的速度与水流的运动速度相似，因而推移搬运的速度比悬浮搬运慢。这一差异会导致悬浮搬运的粉砂和黏土组分(泥浆)逐渐与推移搬运的粗碎屑颗粒组分有效分离，即发生分选(图 6-21)。悬浮搬运的黏土质颗粒需要很长时间才能沉淀下来，并且黏土组分比砂粒移动得更快、更远。因此，稳定的水流能够有效地分选搬运的沉积物，最终形成自然界中最常见的 3 种碎屑沉积岩类型：砾岩、砂岩和泥岩。

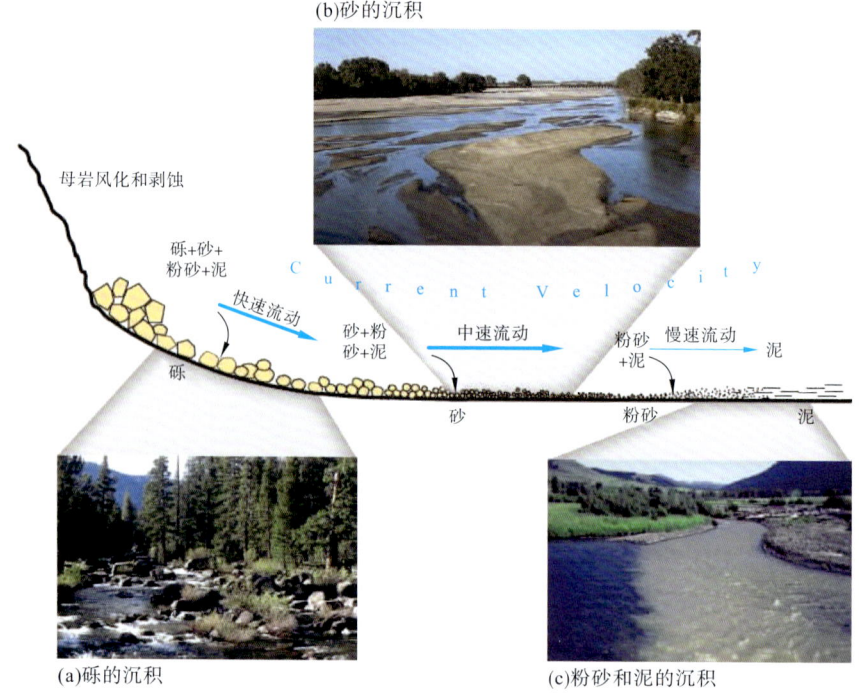

图 6-21　碎屑在河流搬运过程中的沉积特征

据 Plummer et al.，2016

3. 浊流和泥石流的搬运方式

在地势较陡峭的斜坡上，沉积物与流体(水或空气)的混合物在重力作用下向下移动，称为重力流。浊流和泥石流是自然界中常见的重力流。浊流，是指由水、泥、砂等近于均匀混合，呈紊乱状态流动的重力流，以低黏度、高密度为特征，常见于湖泊和海洋盆地中。浊流内部所含的水并不具备移动碎屑颗粒的能力，而只是以搬运润滑剂的形式存在。浊流中的沉积物常常密集悬浮，密度较高，流速较快，流速一般可高达 10m/s。在海洋环境中，浊流可以跨越大陆斜坡迁移数百千米，最终进入海沟的沉积物大都以浊流的形式搬运。同时，浊流自身强大的侵蚀能力也会对大陆斜坡上的海底峡谷造成重大破坏。由于浊流中的碎屑颗粒通常以紊流状态迁移流动，故在快速流动的过程中，几乎不会发生明显的分选。但其流速开始变慢后，较粗的颗粒会先向下沉降并堆积，随后较细的沉积物逐步沉降，直至最细小的黏土质组分完成沉淀。这一过程最终会形成一套从底部到顶部粒度由粗变细的沉积单元，即浊积岩(turbidite)。浊积岩内部有时会保留波痕、波纹等沉积构造现象(图 6-22)。

图 6-22　美国加利福尼亚州 Pigeon Point 组浊积岩中的粒序变化和交错层理

大量碎屑沉积物在达到水饱和状态时重力会不稳定，进而向下移动形成泥石流。泥石流是一种有塑性流变性质和层流流动状态的重力流，其内部沉积物的支撑机制主要是由其塑性流变性质决定的。泥石流中的沉积物分选较差，碎屑颗粒的粒径跨度极大，大到巨石、小到黏土级别。泥石流通常发生在冲积扇环境中，在坡度较大的山区或海(湖)底斜坡上较为常见，它们大多由地震或暴雨诱发。高速流动的泥石流往往会造成重大地质灾害，特别是当泥石流的内部砂粒或更细的碎屑颗粒占比较高时，其速度可高达 100km/h，且流动距离远、破坏力强。

三、沉积与成岩作用

沉积物被运移到最终的沉积区后，持续的沉积物积累和埋深会导致沉积物被压实，并从最低层开始排出压实过程中产生的流体。与此同时，碎屑颗粒被胶结在一起，逐步将未固结的沉积物转化为固结的岩石。随着埋藏作用的继续，压力和温度还会上升，其他过程亦会进一步促进岩石固结。这些过程统称成岩作用(diagenesis)(图 6-23)。若温度升高至 150℃以上，成岩作用过程最终会演变为变质过程(metamorphic processes)。

图 6-23　松散的沉积物转变为固结岩石的过程(成岩作用)

1. 孔隙度与压实作用

沉积初期的沉积物碎屑一般具有很高的孔隙度(porosity)，即空隙在岩石总体积中的占比很高。如果沉积物是由大小相同的球形石英颗粒组成，则其孔隙度约为 33%。相比之下，分选较差的沉积物由于较小的颗粒可以填充较大颗粒之间的空隙，因而具有较低的孔隙度。如果沉积物主要由黏土颗粒组成，这些小薄片状的黏土颗粒在岩石中会呈随机取向分布，可使孔隙度高达 80%，比如许多大洋沉积物的孔隙度均在 60% 左右。此外，黏土矿物表面通常还会吸附水分子，这有助于进一步保持其高孔隙度。

在重力作用下向厚厚堆叠的沉积物底部施加压力，会导致沉积物的压实(compaction)。一方面，如果沉积物主要由圆形且硬质的石英颗粒组成，则只能发生有限的压实。但如果沉积物中存在大量黏土矿物，由于黏土颗粒受力旋转和呈平行状，可使压实率高达 80% 以上。另一方面，只有沉积物中的孔隙流体能够逃逸，压实才可能实现。因此，沉积物的脱水速率决定了其压实速率。同时，当流体穿过压实的沉积物上升时，流体压力的降低可能导致孔隙中矿物质的过饱和及沉淀，并将碎屑颗粒黏在一起，从而进一步促进成岩作用。压实和脱水过程是成岩作用的首要环节。

2. 胶结作用

大多数沉积物的孔隙流体中除了水，还含有大量的溶解离子。对大洋沉积物而言，其形成初期的孔隙流体是被困的海水；对盐水湖泊沉积物而言，其孔隙流体中通常含有大量的溶解离子。这些孔隙流体在沉积后很快便会在其所接触的矿物中达到饱和。随着孔隙流体通过压实作用被排出，压力降低会导致大多数矿物因溶解度下降而沉淀。在某些情况下，它们还会取代周围的不稳定矿物。这种沉淀物类似于"水泥"，会将碎屑颗粒结合在一起。这一过程称为胶结作用(cementation)(图 6-24)。胶结物的组成在很大程度上取决于发生压实作用的沉积物的物质组成。例如，若沉积物中含有大量的火山灰，孔隙流体通常会富含硅，而硅的沉淀不仅可以将碎屑颗粒黏合在一起，同时可以完全取代周围的不稳定物质(如硅化木的形成过程)。当然，在某些情况下，压实过程中排出的孔隙流体也可以溶解胶结物，以至提高了沉积物的孔隙度。

图 6-24　成岩作用中的压实和胶结作用示意图

方解石是沉积岩中常见的胶结物类型之一，尤其是在碳酸盐岩中。由于方解石自身的可溶性较高，压力变化会显著影响其溶解度。随着碳酸盐岩沉积物中孔隙流体的排出、压力降低，其溶解度随之下降，方解石便沉淀形成胶结物。此外，砂岩中的石英有时会扮演胶结物的角色，围绕先存的碎屑石英颗粒生长。在某些情况下，边部的石英胶结物会因含有黏土或氧化铁等杂质而明显区别于其包裹的石英颗粒，这一现象称为尘环(dust rings)。

3. 压溶作用

随着沉积物埋藏深度的增加，压力、温度会逐渐升高，其他的成岩作用过程会活跃起来，如压溶作用(pressure solution)。如果沉积物仍可被排出的孔隙流体渗透穿过，此时沉积物中的碎屑颗粒可视为处于两种状况：一是彼此直接接触的碎屑颗粒；一是存在可供孔隙流体自由通过空间的碎屑颗粒(即高渗透率)。这类沉积物的底部存在两种不同的压力：一是碎屑颗粒受到的压力；一是存在于孔隙流体中的压力。这两种压力的大小与碎屑颗粒和空隙流体自身的密度有关。如果碎屑颗粒是石英，此时碎屑颗粒的密度为 $2\,650\mathrm{kg/m^3}$，空隙流体的密度为 $1\,060\mathrm{kg/m^3}$，则碎屑颗粒所承受的压力将是相邻孔隙流体上的 2.5 倍左右。值得注意的是，碎屑颗粒上的压力通常不是均匀分布的，而是在碎屑颗粒相互接触处相对集中。在压力作用初期，颗粒形态可能相对较圆，碎屑颗粒之间的接触面很小，近似于呈点接触状态，此时颗粒承受的压力相较于相邻孔隙流体远远高于 2.5 倍。相接触颗粒之间的高压会导致局部发生溶解并进入孔隙流体中，随后在相邻孔隙空间中压力较低的部位再次沉淀(图 6-25)。这个过程称为压溶作用，这是沉积物在成岩作用中的常见过程。

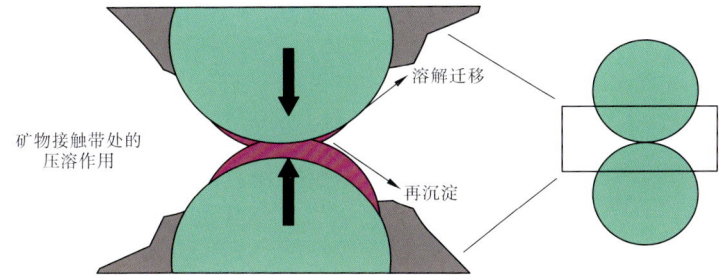

图 6-25 成岩作用中压溶过程示意图

4. 重结晶作用和交代作用

随着温度的升高，在沉积岩中的碎屑颗粒还可以发生重结晶(recrystallization)，这类过程在碳酸盐岩和蒸发岩沉积物中十分常见。与压溶作用相似，重结晶作用可以将沉积岩中的物质从高压点转移到相对低压的区域。重结晶作用可以进一步降低沉积岩的孔隙度，有效地促进其向固结状态转化。对于碳酸盐泥岩而言，在其成岩作用过程中往往出现白云石(dolomite)交代方解石或文石的过程(replacement)，其本质是 Ca^{2+} 离子取代 Mg^{2+} 离子的一类反应过程。白云石一般很少出现在碳酸盐沉积物形成的初期，但由白云石构成的白云岩(dolostone)在地质历史时期十分常见。许多白云岩的形成与白云石的交代反应过程密切相关(白云石化，dolomitization)。与此同时，由于白云石的摩尔体积比方解石小 13%，故白云石化过程还可以有效地提高碳酸盐岩石的孔隙度。

第四节 沉积岩的一般特征

如前面所述，作为陆地表面最常见的岩石类型，沉积岩有着其特定的矿物特征。例如，黏土矿物、石膏、石盐、海绿石等矿物是沉积岩中特有的矿物。此外，生物化石仅会出现在沉积岩中。本节将着重介绍沉积岩的颜色、结构和构造等宏观尺度特征。

一、沉积岩的颜色

沉积岩的颜色多种多样，常见的有灰白色、灰色、深灰色、灰绿色、黑色、黄褐色、红色、暗红色等。沉积岩的颜色中含有诸多关于其沉积环境和沉积物来源等方面的重要信息。根据成因的差异，沉积岩的颜色可划分为自生色、继承色和次生色3类。沉积岩的自生色和继承色通常成层性很好、延续稳定；次生色更多地出现在岩石的风化表面，成层性差且分布不稳定，常常呈斑块状出现或沿裂缝分布。

1. 自生色

沉积岩的自生色是指沉积物在其沉积环境中获得的颜色，可以是沉积初期尚未埋藏阶段的颜色，也可以是在浅埋藏状态时获得的颜色。自生色可以反映沉积环境的特征，如是水上还是水下环境、环境的氧化还原状态等。其中，根据氧化还原条件的不同，自生色可进一步分为氧化色和还原色两种类型。

沉积岩常见的氧化色有红、暗红（血红）、紫红（猪肝色）、黄褐色（铁锈色）等。这些氧化色主要是因沉积物中含有赤铁矿、褐铁矿等Fe^{3+}氧化物以及锰氧化物引起的，代表了强氧化环境。在强氧化环境（如陆相盆地）中，沉积物长期直接与大气接触，由于大气中富氧，可使沉积物中含有的变价金属离子发生氧化（变为高价），进而呈现氧化色。呈氧化色的沉积岩中基本不含有机质。沉积岩的弱氧化色主要为白色，沉积物以砂、砾为主，通常形成于浅水动荡环境中。弱氧化色的形成是由于沉积物内有机质含量较低，且这些有机质的氧化消耗掉了水中的大部分氧气，导致沉积物中的变价元素无法被接续氧化。

沉积岩中常见的还原色主要为灰黑色、黑色、灰绿色、黄绿色、灰色等。还原色通常是因有机质含量较高引起的，反映了水下还原环境，且颜色越深指示水体的还原性越强。在自然界中，泥岩的自生色对沉积环境的氧化还原状态极为敏感，是很好的环境指示标志。此外，砂岩和砾岩中的填隙物对沉积环境亦较为敏感。例如，形成于氧化环境的砂岩通常呈红色（图 6-26），而形成于还原环境的砂岩通常呈灰色、灰绿色（图 6-27）。

图 6-26　陕西靖边的红色砂岩

图 6-27　鄂尔多斯盆地延长组灰色砂岩

2. 继承色

继承色，是指沉积岩继承了矿物本身的颜色，可以反映岩石的成分以及母岩的成分特征。例如，长石砂岩通常呈红色，这是因为钾长石大多为肉红色。同时，其母岩通常为富含钾长石的花岗岩或花岗片麻岩。继承色为白色的砂岩，通常是石英占比较高的石英砂岩或富含斜长石的砂岩类型。

3. 次生色

沉积岩的次生色是指岩石遭受风化后的颜色，其颜色类型主要与风化环境的氧化还原条件有关。次生色常与岩石新鲜面的颜色不同，如深灰色的石灰岩遭受风化后呈浅灰色。在多数情况下，若岩石与大气直接接触，属于氧化性风化环境，其形成的次生色多以红色色调为主；若岩石沉没在地下水中，多属于还原性风化环境，形成的次生色多以绿色、灰绿色色调为主。例如，我国贵州、云南等地区常发育的白垩系红层是沉积岩次生色的典型代表(图6-28)，其中的红色土壤通常是含铁较多的玄武岩、安山岩等火山岩经历风化后形成的颜色。

图 6-28　贵州赤水地区的白垩系红层

二、沉积结构

沉积结构，是指沉积岩结构组分的微观特征，包括各组分的大小、形态、磨圆度、分选性、含量、排列方式等。沉积结构对于认识岩石的沉积环境具有重要意义，如沉积时水体的深浅程度、水动力的强弱、流速稳定性、搬运距离等。

1. 结构组分的类型

沉积岩的结构组分主要有5类：颗粒、泥、胶结物、晶粒和生物格架。

颗粒，是指经过机械搬运或生物搬运而沉积下来的、直径>0.005mm 的粒状物质。颗粒的大小可以反映水动力条件的强弱，颗粒的磨圆度可以反映搬运距离，颗粒的分选性可以反映水流流速的稳定性。泥，是指机械沉积下来的、直径≤0.005mm 的粒状物质。通常泥是低能沉积环境的标志，泥的含量越高，说明水体的能力越低。胶结物，是指从水中沉淀出来的、充填于孔隙中的物质，是动荡、高能沉积环境的标志，主要矿物成分有方解石、自生石英和自生黏土矿物等。通常胶结物的含量越高，说明沉积环境的水动力越强。晶粒，是指从水中原地沉淀的、组成岩石的晶体颗粒。晶粒一旦经过搬运，便属于颗粒或泥的范畴。生物格架是指造礁生物的骨架，在本质上是一种个体庞大的生物颗粒，大小多为十几到几十厘米。地质历史时期能够形成生物格架的主要是珊瑚类、海绵类、苔藓虫、层孔虫和古杯等生物。

自然界中的每一种沉积岩通常只由1~3种组分构成。其中，颗粒、泥和胶结物多见于机械沉积的碎屑岩类中，晶粒多见于化学沉淀形成的岩石(如灰岩)中，生物格架是礁石灰岩的主要组分。

2. 沉积结构分类

根据沉积组分的形成和沉积方式的不同，沉积结构可划分为三大类：碎屑结构、晶粒结构和生物结构。

碎屑结构，是指由来自机械沉积的沉积组分(颗粒、泥和胶结物)组成的结构，以硅质碎屑岩的结构为典型代表。根据支撑特征的不同，碎屑结构还可进一步划分为颗粒支撑结构和基质支撑结构两类(图 6-29)。其中，颗粒支撑结构是指颗粒之间相互接触并形成支架的结构，通常其颗粒含量＞50%，颗粒之间的填隙物主要为泥质成分或胶结物。基质支撑结构，是指以基质为主、颗粒游离在基质中的结构，其颗粒含量在50%以下，且颗粒之间不接触、无胶结物。基质大多为黏土基质，也有灰泥等其他基质类型。

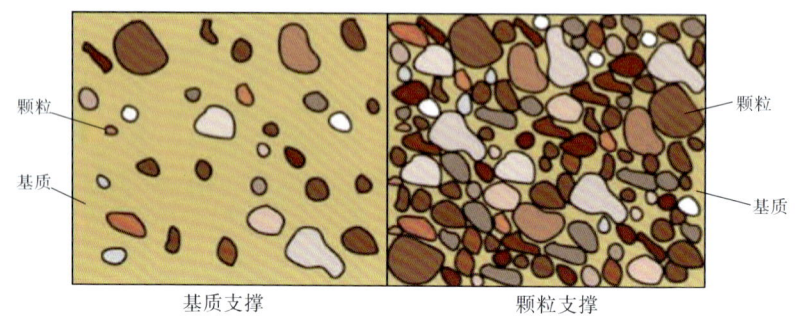

图 6-29　颗粒支撑结构和基质支撑结构示意图

由化学沉淀形成的晶粒所组成的结构称为晶粒结构，常见于化学沉淀或交代成因的白云岩、化学沉淀形成的石膏岩和盐岩中。晶粒结构中的各晶粒相互呈镶嵌状，且无磨圆现象，可以此区别于碎屑结构。但是，具有碎屑结构的石灰岩发生不完全白云岩化后，会出现碎屑结构和晶粒结构共存的情况，如部分白云岩化的鲕粒灰岩。生物结构是指由生物原地生长而形成的结构，可进一步将其划分为格架结构、隐形结构和有机质结构。

3. 结构成熟度

沉积岩的结构成熟度是其沉积环境的直接反映，结构成熟度的级别由沉积碎屑的分选性、磨圆度以及杂基含量来决定(表 6-7)。其中，杂基含量是结构成熟度最重要的参数，若杂基含量≥5%，则结构成熟度较低；若杂基含量＜5%，则结构成熟度属于中、高等级别。以砂岩为例，在自然界中，高结构成熟度的砂岩绝大多数形成于海滩、湖滩、沙漠环境，结构成熟度中等的砂岩多形成于河流和三角洲环境，而低结构成熟度的砂岩多来自洪积扇等重力流或冰川沉积作用过程。

表 6-7　碎屑岩的结构成熟度分级与划分依据

结构成熟度级别	极高	高	中等	低	极低
杂基含量	＜5%			≥5%	
分选性(标准偏差)	＜0.35	0.5~1	1~2	2~4	＞4
磨圆度	极圆状-圆状	次圆状	次棱角状	次棱角-棱角状	棱角-尖棱角状

三、沉积构造

与沉积结构不同，沉积构造表征的是沉积岩的宏观特征，主要是指沉积岩中各沉积组分的空间排布和组合样式。沉积构造的形成一般与沉积岩的成岩作用同时或略早于成岩作用，它能够反映沉积时期的水体能量、水深、氧化还原程度、化学条件、地形地势特征、沉积环境类型等(如湖泊、河流等)重要信息。根据不同的成因,沉积构造可划分为机械成因构造、化学成因构造和生物成因构造 3 类(表 6-8)。

表 6-8　沉积构造的成因分类和常见类型

机械成因构造	波痕	按对称度:不对称波痕、对称波痕
		按波脊形态:直脊波痕、弯脊波痕、断脊波痕(舌状、新月状、菱形波痕)
		按波高:沙纹、沙波、沙浪、沙丘
		其他:双峰波痕、交叉叠加波痕、改造波痕、削顶波痕、冲洗波痕
	层理	水平层理、平行层理、剥离线理、机械纹理、交错层理(板状交错层理、模状交错层理、槽状交错层理、人字形交错层理、丘状交错层理、羽状交错层理、冲洗交错层理)、加积交错层理(侧积交错层理、前积交错层理、退积交错层理)、波纹层理、爬升层理、透镜状层理、波状层理、脉状层理、递变层理(正递变层理、反递变层理)、假递变层理(假正递变层理、假反递变层理)、韵律层理
	其他构造	块状构造、双黏土层构造、拱石孔、流痕、层面(平整层面、波状层面、冲刷面)、再作用面、泥裂、水下泥裂、白齿构造、马蹄纹构造、鸟眼构造、雨痕、冰雹痕、底模(槽模、沟模、锥模、刷模)、准同生变形构造(重荷模、球枕构造、火焰构造、准同生褶皱、包卷层理、准同生断层、碟状构造、柱状构造、砂脉、砂火山、泥火山)、碎裂构造(压实缝、风化缝、垮塌缝)、瘤状构造、眼球状构造、链条状构造、地花瓣构造
化学成因构造		化学纹理、结核、斑状构造(豹斑构造、晶斑构造)、铁丝鸡笼构造、散晶、晶痕、假晶、帐篷构造、叠锥构造、同心环状构造、假褶皱、假松枝化石、洞穴沉淀构造(石笋、石钟乳、石毯、石花)、缝合线(粒间缝合线、毛发丝缝合线、锯齿缝合线)、块状构造
生物成因构造		遗迹构造(居住迹、爬行迹、行走迹、犁食迹、掘食迹、停息迹、印模迹、根迹)、叠层石(生物成因纹理,层状、波状、柱状、丘状、锥状、枝状和墙状)、窗格构造、扰动斑状构造、凝块构造、块状构造

1. 机械成因构造

机械成因构造,主要是指通过机械沉积过程或物理变化所形成的构造,是自然界中最常见的沉积构造类型,如波痕、床面形态、层理和泥裂等。

波痕是波浪、流水或风等搬运介质在非黏性沉积物表面流动而形成的有规律的波状起伏构造,这一构造在砂岩中尤为常见(图 6-30 和图 6-31)。当介质做定向运动时所形成的波痕在纵剖面上为非对称状,其由流水或风引起,指示水流或风从缓坡向陡坡方向运动。此外,波痕还可以用来判断水体能量、古水深以及岩层的顶底面。例如,不对称的浪成波痕通常具有狭窄尖锐的波峰和宽缓的波谷,其中波峰所指的方向为岩层顶面,其相反方向为底面。

河流底部的推移搬运过程,通常会形成具有明显流动强度特征的床面形态或床沙形体(图 6-32)。在低流速条件下,河流底部会形成波长约为分米至厘米级的波纹

图 6-30　现代海滩上形成的波痕构造

图 6-31　沙漠中的风成波痕

(ripples)。水流速度越大，推移搬运砂石的颗粒就越大，从而导致更大的沙波形成（sand waves），最终形成沙丘（dunes），其波长可达 10m。但沙丘波状起伏的形状与水面上的波浪并非完全对应。在更高的水流速度下，河流底部的不规则性流动形态会消失，推移搬运主要呈片状平移的方式进行。当流速达到最大时，会在河床与水面上的波浪起伏相一致的地方形成反沙丘（antidunes）。以上大多数的床面形态会保存在沉积岩中，但反沙丘较为罕见。

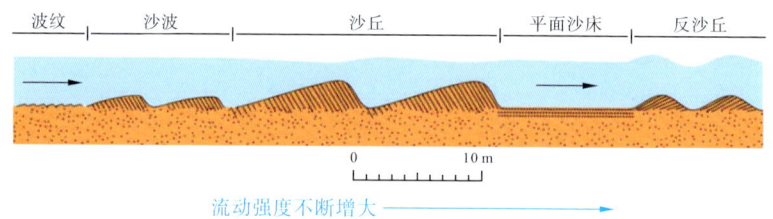

图 6-32　河流底部床面形态发育过程及机理示意图

　　层理是沉积岩由于不同部位的碎屑粒度、成分、颜色等有规律的变化而显示的细微层状构造，它反映的是沉积岩的成层性。相邻层之间的边界可以是突变的，也可以是渐变的。常见的层理构造有水平层理、平行层理、递变层理、斜层理和交错层理等（图 6-33 至图 6-36）。沉积岩的层理构造记录了不同时期沉积作用的变化过程。一个特定的沉积层往往反映出一个特定的沉积物供给速率、气候条件或构造过程的特性。如果这些指标或条件发生变化，则可能形成一个新的层。沉积物的供应速度可以从每年几米（活跃的三角洲）到 1 000 年的几分之一毫米（深海环境）不等。

图 6-33　水平层理

图 6-34　递变层理（粒序层理）

据 Stow，2005

图 6-35 斜层理

图 6-36 大型板状交错层理

泥裂构造，亦称龟裂，以岩层表面垂直向下的多边形裂缝为特征，记录了泥质沉积物暴露后因失水而发生干燥、收缩和开裂的现象。初始的泥裂缝起源于泥浆中的不规则处，通常形成一组夹角约120°的 3 条裂缝。随着裂缝扩大并沿着三联点延伸，最终与其他裂缝相连，然后终止发育。这一过程最终导致多边形泥裂缝的形成（图 6-37）。若一次洪水来袭，这些裂缝会被新的洪水沉淀沉积物填补。通过这种方式，泥裂缝被保存下来，并最终转化为坚实的岩石。此外，洪泛平原上的软泥也是保存化石和生物成因构造（如昆虫和动物的痕迹）的理想介质。

图 6-37 现代海滩上不同阶段泥裂的发育特征

2. 化学成因构造

化学成因构造是通过化学沉积或溶解作用形成的，如结核、缝合线等。

结核是岩石中通过沉淀或交代过程，使某种成分的物质聚积而成的圆球形、椭球形、透镜状或不规则形团块。例如，灰岩中的燧石（chert）结核（图 6-38），大多是在沉积物沉积的同时 SiO_2 以胶体方式凝聚而成的，但也有一部分燧石结核是在成岩过程中由沉积物中的 SiO_2 在局部酸性环境下缓慢自行聚积形成的。结核的内部结构多种多样，有的是均质的，有的呈同心层状或放射状。除硅质以外，钙质、石膏、黄铁矿、菱铁矿等成分的结合亦较常见。

缝合线是灰岩中常见的构造类型，主要表现为岩层剖面上由黏土、有机质、石英等不溶的残余物质形成的锯齿状现象（图 6-39）。缝合线的展布方向大多与层面平行，起伏高度通常为数毫米至数十厘米。缝合线的形态多种多样，大多是在成岩作用期形成的，其机理为：在上覆岩层压力引发的压溶作用下，方解石、白云石被酸性溶液、石英被碱性溶液沿层面两侧溶解并被带走，伴随相同成分沿垂直压力方向被不均匀带进，形成锯齿状起伏的缝合线。缝合线本质上是缝合面，溶解的残余物如方解石或石英常分布于缝合面上。若沿着缝合线将岩层剥离，可见缝合面上参差不齐的锯齿尖峰。

图 6-38 灰岩中的不规则形态燧石团块

图 6-39 灰岩中的缝合线构造

3. 生物成因构造

生物成因构造，是指因生物的生命活动所造成的构造。常见的生物成因构造有遗迹构造、叠层石等。遗迹构造，是指生物活动时在沉积物中留下的痕迹。常见的遗迹

图 6-40 天津蓟州纪叠层石白云岩

构造有虫孔、印模迹、根迹等。遗迹构造本质上是一类化石，可以用作地层划分和对比的古生物化石参考，还可用以恢复古沉积环境。叠层石，亦称叠层构造，它是由蓝绿藻层与其黏结的沉积物层交替叠置形成的一种纹层状构造，常见于碳酸盐岩中（图 6-40）。叠层石的纹层厚度通常在 2mm 以下，沉积物纹层大多为灰泥质。叠层石形态多变，大多形成于水体较深、低能稳定的浅海陆棚环境中。

第五节 沉积岩的常见类型

依据不同的标准，沉积岩可以有不同的类型划分方案。本书根据沉积物来源的不同，划分出硅质碎屑成因沉积岩、生物成因沉积岩和化学成因沉积岩三大类。其中，硅质碎屑沉积岩根据碎屑粒度由小到大可划分为泥岩、砂岩和砾岩。生物成因沉积岩根据碎屑成因的不同可划分为碳酸盐岩、硅质岩和煤等。化学成因沉积岩根据成分及沉积方式的不同又可划分为蒸发岩、碳酸盐岩、磷块岩和条带状铁建造等。以上三大类沉积岩还可根据沉积碎屑颗粒的大小、成分以及沉积作用方式进一步细分。值得注意的是，以上划分方案中有部分重叠，且常常存在过渡类型。特别是，某些石灰岩既可以是生物成因亦可以是化学成因的。因此，本节将生物成因和化学成因沉积岩归纳为生物-化学沉积岩统一加以介绍。

一、硅质碎屑沉积岩

硅质碎屑沉积岩是地球上最丰富的沉积岩类型，它主要由风化后的岩浆岩、变质

岩和较早沉积岩的碎屑形成(图6-41)。若其物源区存在活火山,甚至可能包括大量的火山碎屑颗粒。硅质碎屑沉积岩的物质组成主要取决于其源区岩石的类型、风化作用条件(如热带、高纬度等)以及随后的碎屑搬运过程(分选、磨圆等)。地球上大多数的硅质碎屑沉积物来自大陆,因此有时又称陆缘(terrestrial)碎屑沉积岩。在沉积碎屑的搬运过程中,细小的泥质碎屑会进入悬浮状态,并与更粗粒的砂、砾碎屑发生有效分离,进而形成泥岩、砂岩和砾岩3种主要岩石类型。

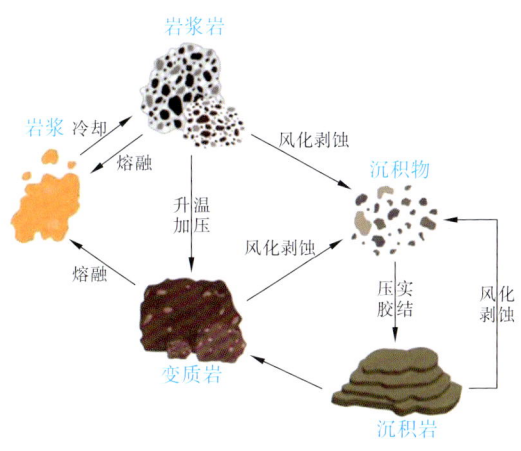

图6-41 沉积岩的主要物质来源以及沉积循环过程

1. 泥岩

泥岩,是指泥级质点(主要指黏土矿物,粒度<0.062 5mm)含量超过50%的硅质碎屑沉积岩。若其中大多数颗粒粒径>0.004mm,则称为粉砂岩(siltstone);若其中绝大多数颗粒为黏土矿物,则称为黏土岩(claystone)。黏土质矿物含量高的泥岩通常会沿着平行于层理的方位分裂成一系列薄片,又称页岩(shale),它是最丰富的一种泥岩类型(图6-42)。

图6-42 广东茂名地区古近系油页岩(a)和陕西延安三叠系延长组富有机质页岩(b)

泥岩约占全球所有沉积岩的2/3。泥岩不仅是形成石油和天然气的有机物质的重要物质来源,同时,泥岩的低渗透特性使其成了良好的封闭油气藏的盖层岩石。大多数泥岩是由风化形成的碎屑石英和黏土矿物组成的。若物源区存在低级变质岩类,形成的泥岩中也可能含有云母颗粒。通常粉砂岩中石英的占比高,而黏土岩中黏土矿物的占比更高。由于泥岩的粒度较细,因而在手标本尺度很难准确识别单个矿物类型。一般情况下,用牙咬泥岩若感觉很坚硬,说明泥岩中石英的含量应该在1/3以上。泥岩中的层理可以是厚层状、层状或纹层状不等的。当细小的黏土矿物板片沉淀时,通常会以其(001)面平行于水平面落下,这一过程类似于纸张掉落地面的过程。随后的压实过程会使这种排列方式更加显著,形成明显的水平层理或裂隙。但事实上,很多泥岩并没有表现层压作用记录(laminations)。有时,在泥岩中埋葬生物可以迅速破坏层理或纹层结构,这一过程称为生物扰动过程(bioturbation)。

构成泥岩的矿物颗粒一般只能在显微镜下才能分辨出来。泥岩中的石英颗粒往往有棱角,这是因为它们通常是在悬浮状态下被搬运的,因而不会经历明显的磨圆过程。泥岩中的黏土矿物(粒径<0.004mm)即使在显微镜下也不易分辨,需要借助扫描电子显微镜、X射线等更精细的手段来识别。另外,在显微镜下有时会观察到泥岩中含有一些平行于层理的不透明或深棕色的条纹。这些纹层通常是一些有机物质。泥岩中腐烂的有机物所释放出的硫化氢气体与铁反应会生成黄铁矿,黄铁矿也是泥岩中常见的不透明组分。含黄铁矿的泥岩暴露并经历风化作用,黄铁矿会被分解(氧化),形成氧化铁、褐铁矿或赤铁矿和硫酸。泥岩的颜色较为多变,常呈黑色、灰色、绿色、棕色、红色等。通常泥岩呈黑色和灰色,表明其中含有有机物质。沉积环境中的氧浓度较高,褐铁矿的出现会使泥岩变成棕色;如果是赤铁矿,则会呈现红色。若泥岩中铁氧化物的含量不高,岩石往往呈灰绿色。泥岩从黑色到红色的颜色变化一般反映了沉积环境的水深逐步变浅、氧浓度逐渐升高。

泥岩的沉积环境多种多样,但厚层的泥岩堆积通常发生在汇聚板块边界的弧前盆地和前陆盆地位置,这与这些盆地环境中丰富的浊流沉积(浊积物)有关,如北美阿巴拉契亚前陆盆地发育的卡茨基尔三角洲(Catskill Delta)。此外,泥岩亦常见于被动大陆边缘的深水沉积环境中,这些泥岩通常是通过浊流运输到大陆架或斜坡上或深海平原上更深区域沉积而成的。值得注意的是,并不是所有的大洋泥岩都沉积在深水环境中,有些可以在浅的陆表海中形成。例如,美国田纳西州的Chattanooga黑色页岩便是形成于一个不足30m深的浅海环境中,其内部大量的有机质表明,该浅海沉积环境是相对缺氧的。陆内裂谷和拉分盆地同样是重要的泥岩沉积区,如东非裂谷和美国死亡谷中沉积的泥岩。

2. 砂岩

砂岩,是指由粒径为2.0~0.062 5mm的碎屑颗粒(石英、长石及其他岩石碎屑)和填隙物组成的硅质碎屑沉积岩。砂岩约占所有沉积岩的1/3~1/4。但由于其抗风化能力较强,因而形成环境多样,是全球最常见的沉积岩类型。砂岩中的碎屑颗粒主要有石英(包括燧石)、长石(碱性长石和斜长石)以及岩屑(沉积岩、变质岩、岩浆岩)3类,这些不同的碎屑在砂岩中的百分比决定了砂岩的具体类型。这3类碎屑颗粒的丰度主要取决于沉积物源区的岩石组成以及沉积物碎屑在沉积前所经历的搬运距离和时间。石英(包括燧石)是最稳定的矿物,这类矿物随着搬运过程会越来越丰富。相比之下,长石和岩屑则不够稳定,往往随着搬运过程会变得越变越少。在图6-43中,三角图由底部到顶部的变化,指示了成分成熟度的增加。同时,砂岩的结构成熟度(分选性、磨圆度等)呈现出类似的变化趋势。假设构成大陆的初始岩浆岩的成分是花岗闪长岩,那么它们风化后形成的沉积碎屑刚开始应含有约30%的石英。在随后的搬运过程中,长石矿物不断风化,其他质地较软的矿物被不断磨损消耗,最终会导致沉积物中的石英含量不断增加。因此,大多数砂岩中含有超过50%的石英。同时,砂岩的成熟度越高,其石英的百分含量就越高,也会更靠近砂岩分类三角图的上部区域(指示更高的石英含量)。

由砂岩分类三角图可以看出,根据岩石中石英、长石和岩屑的不同比例,砂岩还可以进一步划分出一系列细分类型(图6-43)。其中,石英砂岩是指主要由石英组成的

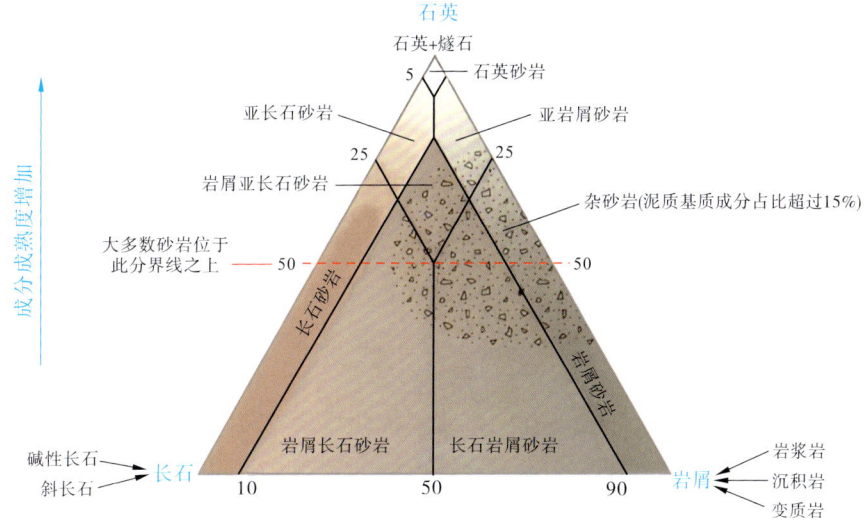

图 6-43　砂岩分类三角图

据 McBride，1963

砂岩(95％以上)，岩屑砂岩中的岩屑含量一般在25％以上，含有大量长石的砂岩称为长石砂岩。另外，泥质含量超过15％的砂岩称为杂砂岩。上述这些不同类型的砂岩都有其特定的沉积环境特征和板块构造意义。其中，石英砂岩是一种高成熟度的砂岩类型，通常形成于大陆周围构造稳定、地形平坦、气候湿热的滨海-浅海地区。长石砂岩在矿物组成上与花岗岩或花岗闪长岩非常接近，说明这些花岗岩类可能是长石砂岩的重要物源区之一。长石砂岩内部的矿物组成和相对较差的磨圆度指示了低成熟度的特性。长石砂岩中发育的层理通常表明其形成环境在河流环境或冲积扇。发育交错层理是长石砂岩的代表性特征之一。大多数岩屑砂岩的成熟度较低，这与其形成时所经历的侵蚀、搬运和沉积成岩过程都较为迅速有关。岩屑砂岩中出现的火山岩和低程度变质岩碎屑，说明其物源区的剥蚀深度较为有限。事实上，大多数岩屑砂岩都被认为是在新生山脉遭受侵蚀和破坏过程中形成的。杂砂岩主要形成汇聚于板块边界的年轻造山带内，造山带内的沉积岩、火山岩和低程度变质岩是杂砂岩主要的物源区，从这些物源区剥蚀的沉积物碎屑可以被快速地搬运至盆地内发生沉积。

3. 砾岩

砾岩，是指主要由砾石大小的碎屑颗粒组成的沉积岩(图 6-44)。如果当中大多数的砾石呈棱角状，则又称角砾岩(breccia)或沉积角砾岩(以区别于火山角砾岩和断层角砾岩)。大多数砾岩属于硅质碎屑沉积岩，但有一部分砾岩是由灰岩的碎块组成的。大多数砾岩形成于相对高能的沉积环境中，比如快速流动的河流或冲积扇，并且流动必须达到足够的速度和规模

图 6-44　陕西汉中地区古近系狮子山组砾岩

才能移动砾石大小的沉积碎屑。但也有一些砾岩是残余成因的，即流水冲走了较细的碎屑，而大量的砾石被残留下来并沉积成岩。此外，部分海滩（靠近陡崖）上的海进和海退过程，以及海底扇、泥石流和冰川沉积过程也可以产生大量的砾岩。砾岩中通常含有大量高密度耐磨矿物，这些矿物有可能形成重要的经济矿体（砂矿矿床）。

二、生物-化学沉积岩类

1. 碳酸盐岩

碳酸盐岩（以灰岩和白云岩为主）在全球所有沉积岩中仅占 15％ 左右，是所有主要沉积岩类型中占比最低的。大多数碳酸盐岩为生物成因，仅有少部分为化学成因或生物-化学混合成因。与全球广泛分布的砂岩不同，碳酸盐岩往往形成于相对温暖的气候条件下。尽管如此，碳酸盐岩仍具有重要的经济和社会价值。例如，灰岩是最常见的建筑材料之一；石灰中提取的石灰可以与混凝土结合制作水泥；地下的灰岩部分溶解后，可形成重要的含水层以及石油和天然气储层；灰岩溶洞是旅游业开发的重点项目；灰岩中可以很好地保留大量海洋化石。

灰岩和白云岩均由碳酸盐矿物组成。岩石中是否存在方解石可以通过滴稀盐酸（盐酸）来判断，若剧烈起泡，则说明存在方解石（白云石与稀盐酸不会发生剧烈反应）。大多数灰岩和白云岩都是纯度较高的碳酸盐岩。根据福克（Folk，1962）的分类方案，碳酸盐岩主要由以下 3 个端元构成：①异化颗粒（allochem），即颗粒。②细粒的灰泥或微晶（carbonate mud matrix）。③亮晶方解石胶结物（sparry calcite cement），简称亮晶（spar）。此外，灰岩中有时还含有少量硅屑碎屑颗粒，如石英砂和粉砂。

邓纳姆（Dunham）的两端元分类方案（图 6-45）认为，灰岩主要由原始颗粒和泥两个组分元构成。其中，后者主要形成黏结岩或造架灰岩（boundstone），如珊瑚礁中的灰岩。而前者还可以细分为含有泥质颗粒和无泥质颗粒。无泥质颗粒与亮晶碳酸盐矿物黏结在一起最终会形成颗粒灰岩（grainstone）。含泥质的碳酸盐岩可进一步细分为泥晶颗粒灰岩（packstone）、颗粒泥晶灰岩（wackestone）和泥晶灰岩（mudstone）。

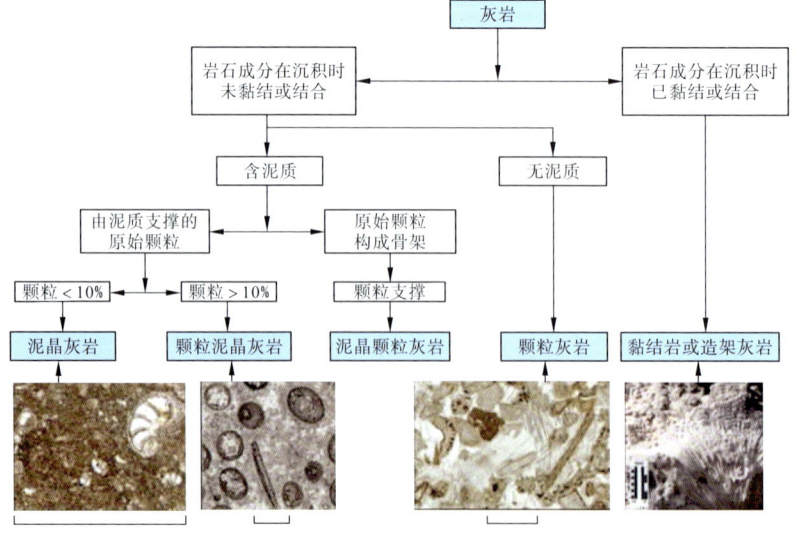

图 6-45　邓纳姆（1962）的灰岩类型划分方案

灰岩在大多数情况下层理较为发育。灰岩的层理既可因其本身的结构变化所致，亦可因其与其他岩石互层而产生。灰岩可与白云岩互层出现（图 6-46a），灰岩层在沉积后会优先发生白云岩化。一些细粒泥晶灰岩有时也会与硅质泥岩互层出现（图 6-46b）。大部分灰岩呈灰白至灰色，有时可见灰黑或紫红色。

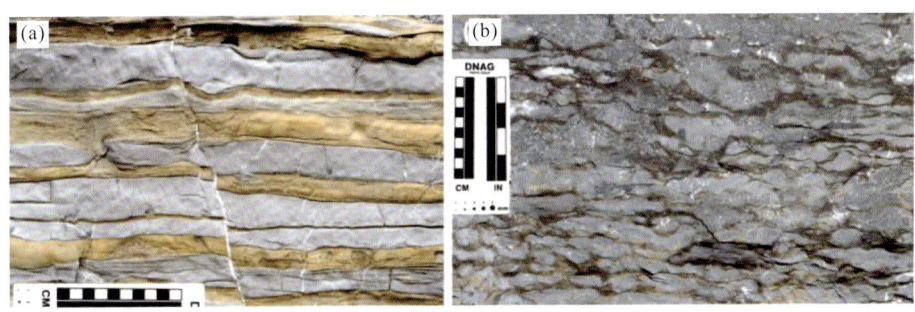

图 6-46　美国宾夕法尼亚州 Great Valley 中互层的灰岩和白云岩
（a）灰岩与风化的浅黄色白云岩互层；（b）瘤状的泥晶灰岩与深色硅质泥岩互层

白云岩与灰岩具有类似的沉积环境。白云岩可与灰岩互层出现（图 6-46a），亦可完全交代灰岩（白云岩化）。地球上几乎所有的白云岩都是由灰岩转变而来的，其本质是先形成的方解石随后被白云石取代。这一交代过程可发生在灰岩沉积后不久，但通常是在其深埋期间。白云岩具有与灰岩相似的结构类型。尽管灰岩的白云岩化通常是一种完全反应过程，但现实中白云质灰岩以及钙质白云岩亦常见。在手标本尺度，白云岩区别于灰岩的一个重要特征是其浅黄色的风化颜色。在显微镜下，虽然方解石和白云石具有相同的高双折射，但白云石通常是规则的菱形六面体晶体，这一特征明显区别于方解石。

与硅质碎屑沉积岩不同，大多数碳酸盐岩并没有特定的构造环境。但灰岩往往形成于低纬度地区，其物源主要来自钙质生物，而这些生物大多生活在温暖、清澈的水域，以获得足够的光照。虽然远洋生物也可以生活在开阔的海域中，但由于它们通常会在低于碳酸盐补偿深度后溶解，因此并不会形成具有一定规模的灰岩。大多数碳酸盐岩都形成于低纬度地区的浅层水域平台。被动大陆边缘和陆表海都是碳酸盐岩最常见的沉积区，通常伴随着成熟石英砂岩的沉积过程。

2. 煤、石油和天然气

煤是一种由植物化石形成的可燃沉积岩。通常植物死亡时，它们会与大气中的氧发生反应，形成二氧化碳和水，从而返回到大气中。但若这些死亡的植物在氧化发生之前就被埋藏起来，那么有机物质就会被石化并转化为煤。若有机物质被埋藏在沉积物中，它就会转化成不透明的非晶质固体。同时，随着温度和压力升高，其碳成分含量会越来越高。虽然这些物质是经过一种自然过程产生的固体，但由于其非晶质且成分多变的特性，并不被认为是一种矿物。根据其埋藏、成岩以及最终的低程度变质作用过程的差异性，煤会被划分为不同的类型。低等级的煤通常称为褐煤（lignite）或棕煤（brown coal）。这类煤露头时易碎、易风化，从其内部可以观察到化石植物遗骸。中等级的煤称为烟煤（bituminous）。烟煤的颜色比褐煤黑，具有更好的成层性（多为毫米级），其反射率和破碎程度与褐煤相比有明显的差异。最高等级的煤是无烟煤（anthracite），它在本质上被认为是一种低程度变质岩。无烟煤普遍呈金属色，具有贝壳状断口，一般呈块状且无明显的成层性。烛煤（cannel coal）是另一种细粒状、块状且具贝壳状断口的煤种，大多具油脂光泽。这类煤主要由极细小的木质物质颗粒和植物孢子组成，且大多并非原地沉积的产物，而是经历过长距离的搬运过程。

富有机质沉积物中的干酪根（kerogen）经历埋藏和加热后逐步发生催化裂解和热裂解，便可转化为石油和天然气。黑页岩是这些烃类化合物中最常见的物源。页岩相对不透水，因此很难从中直接提取烃类化合物。但是，若附近存在岩石储层，烃类化合物便可从物源区逐渐迁移其中。储层岩石通常具有较高的孔隙度（porosity）和渗透性（permeability），如低程度胶结的碳酸盐岩和砂岩。美国康涅狄格州 Hartford 盆地中的粗粒长石砂岩，其孔隙中填充了大量的深色烃类化合物（图 6-47）。石油和天然气的密度均低于水，很容易上升至地表，因此，必须存在一个不透水的盖层（cap rock）结构才能将其长期保存在储层岩石中。

图 6-47　美国康涅狄格州 Hartford 盆地中含固体烃的长石砂岩

3. 蒸发岩

海水溶液中含有许多不同的离子，如果海水完全蒸发，就会有诸多不同的矿物类型发生沉淀。但大多数蒸发岩沉积物具有相对单一的矿物组成，如石膏（gypsum）、硬石膏（anhydrite）和石盐（halite）。这是由于海水很少能够被完全蒸发，在旧的海水蒸发流失的同时，往往伴随着新的海水的流入，这两个过程之间最终会达到一个平衡稳定的状态。一旦这种平衡稳定状态被建立，此时水溶液中不同离子的浓度便决定了哪些矿物会发生沉淀。例如，如果局限盆地中的离子浓度比正常海水中的离子浓度增加了2倍，则方解石沉淀；如果离子浓度增加了5倍，则石膏和硬石膏就会沉淀；钠和氯虽然是海水中最丰富的离子，但只有当离子浓度增加到10倍以上（90%的海水被蒸发）时，石盐才会开始沉淀；而钾盐（sylvite）的沉淀甚至需要更高的离子浓度。

大多数蒸发岩沉积的形成始于碳酸盐的沉淀，然后是石膏和硬石膏。在某些情况下，硬石膏可能先于石膏沉淀，这主要取决于水的温度。石膏通常在较低的温度下形成，而硬石膏更多地形成于 34℃ 以上的水中。此外，有些石膏可能是通过硬石膏的水化作用形成的，这一过程常见于浅埋藏区域（图 6-48）。随

图 6-48　硬石膏经历水化作用后形成石膏

着埋藏深度的增加，石膏会因不稳定而发生脱水，形成硬石膏。

4. 磷块岩

磷块岩是富含 P 的沉积岩，其 P_2O_5 含量通常在 18% 以上。磷块岩主要由磷灰石矿物组成，有时含少量黏土矿物和碳酸盐壳体碎片。大多数磷块岩呈黑色、细粒，层厚多变(数毫米到数米不等)，通常与海相灰岩、硅质碎屑泥岩等互层。磷酸盐矿物可以形成小颗粒(>0.05mm)、结节(几厘米)、鲕粒等，这些物质通过磷灰石、硅质、碳酸盐矿物胶结物或黏土基质结合在一起。事实上，P 在地壳中的丰度不高，形成磷块岩层的 P 可能来自聚集在浅海环境中或湖泊中的动物遗骸等。磷块岩是生产磷肥的重要原料之一。此外，磷块岩还可用以制作黄磷、赤磷、磷酸、磷化物等，在化工、医药和食品等领域被广泛应用。

第七章 地球物质变质作用与变质岩

第一节　变质作用及其影响因素

一、变质作用的基本概念

变质作用，是指早先形成的岩石（包括岩浆岩、沉积岩、变质岩），在不同类型的地质过程中（俯冲、碰撞造山、埋深、岩浆侵位或是陨石导致的冲击变质），为适应新的地质环境和物理化学条件，在基本保持固态的条件下，原先岩石中的矿物发生变形或是形成新的矿物，由此导致其矿物成分、结构构造或化学成分发生变化的过程（图7-1）。变质作用是一个持续进行的缓慢过程，这一点与岩浆作用的幕式特征不同；而且变质作用需要一定的构造应力和温压条件，这一点又与沉积作用有明显差异。若变质作用温度较高，岩石可发生部分熔融，从而出现一定数量的熔体，这些熔体与固态残余物之间可发生混合岩化作用，当熔体数量较多时即转变为典型的岩浆作用。广义的变质作用，包括岩石在固态下的变质作用和有部分熔体出现的混合岩化作用。

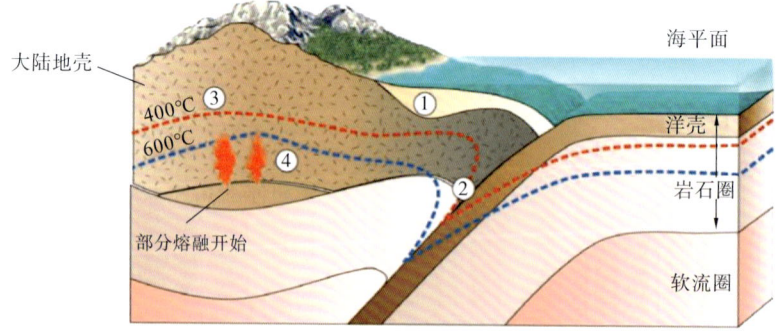

图 7-1　变质作用示意图

构造和变质作用板块构造理论，提供了关于埋藏变质作用①、俯冲带区域变质作用②和碰撞带区域变质作用③的统一观点。接触变质作用④可发生在任何构造背景的岩浆岩侵入物附近。图中虚线是等温线，即温度相等的线

二、变质作用的界限

1. 变质作用的下限

与成岩作用的界限：①埋藏变质作用基于沉积岩观点时，沉积物中相互连通的孔隙完全封闭是成岩作用结束、变质作用开始的标志，因而测定沉积岩的孔隙度就可以确定该界限。②基于变质岩石学的观点时，强调真正变质矿物组合的出现是变质作用开始的重要标志，如葡萄石、绿纤石、浊沸石、硬柱石、钠云母和叶蜡石等。多数实验资料表明，150～200℃可作为变质相平衡的开始，这也与变质流体的性质有关。

2. 变质作用的上限

与岩浆作用的界限：混合岩化作用在温度过高时，变质岩石可能会发生部分熔融，出现混合岩化作用，当熔体达到一定量（＞7%）时就过渡为岩浆作用（图7-1）。岩石发生部分熔融的温度与岩石类型、结构构造、水含量及压力等因素有关。目前，将变质作用的上限温度大致限定为700～1 000℃。不同岩石的变质温度的上限是不同的，如镁铁质岩石发生混合岩化的温度一般为800～1 000℃，而长英质岩石或泥质岩石的混合岩化温度明显偏低，为600～650℃。近年来的研究报道了一些超高温（ultrahigh-temperature，UHT）变质作用，代表中下地壳层次发生的一类最热的变质作用，其变质温度超过了黑云母脱水熔融反应的温度。尽管UHT变质岩的温压比与"正常的"高角闪岩相-麻粒岩相变质岩相似，但其绝对温度高达900℃以上，意味着UHT变质作用形成于更深的地壳层位，接近莫霍面，一般为20～55km（图7-2）。UHT变质作用的发生需要大陆地壳极高的热流值，这与下地壳最下部的流变学性质及其稳定性密切相关。因此，研究UHT变质作用的发生机理，对于我们理解大陆下地壳的改造、造山带演化以及壳-幔相互作用具有重要科学意义。然而，这种极热的变质作用是如何形成的目前仍存在强烈争议。

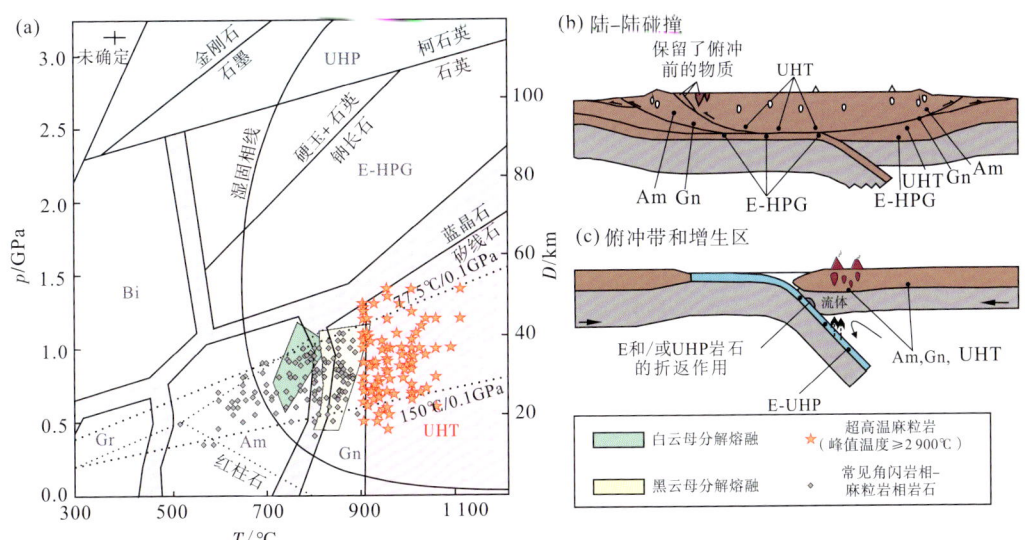

图 7-2 UHT 与其他高级变质作用的 *p*-*T* 条件和可能的构造背景

据 Jiao et al.，2023

关于变质作用的压力上限，目前还存在争议，一般将1GPa(代表变质深度30～40km)作为变质压力的上限。但随着变质岩中高压-超高压矿物(柯石英、斯石英、多硅白云母)(Chopin，1984)和一些特殊的出溶结构的发现(Liu et al.，2007)，表明变质压力最高可达3GPa；甚至有研究表明，陆壳岩石可俯冲到350km(>10GPa)深处而不发生部分熔融。

三、变质作用的温压条件

1. 温度

温度升高可使原岩中一些矿物发生重结晶；温度变化能引起原岩中矿物之间发生

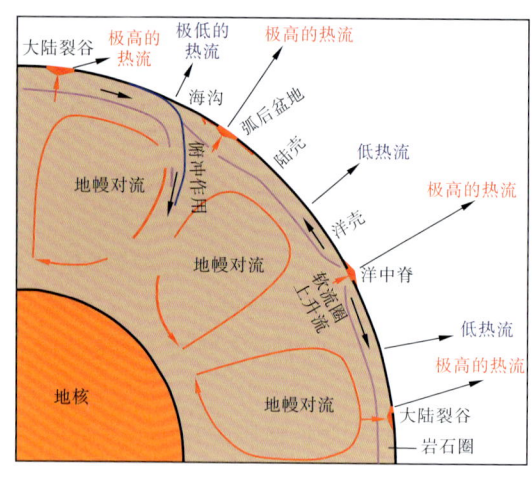

图 7-3　地壳高热流区分布示意图

洋中脊、弧后盆地和大陆裂谷是 3 个典型的高热流区。修改自 Bucher and Grapes，2011

变质反应形成新矿物；温度是变质反应中最重要的热力学参数。温度升高可为变质反应提供能量，并使岩石中流体的活动性增大，促进变质反应进行，使新矿物和新组构能以较快的速率和较大的规模形成；温度持续升高可使原岩在重结晶和变质结晶的基础上发生部分重熔，其中长英质组分成为熔体相，引起混合岩化作用；温度升高还可改变岩石的力学行为，从脆性变形向塑性变形转变。导致变质作用的热源(图7-3)可能有：①地热增温；②上地幔热流的运动；③岩浆活动带来的热；④构造运动所产生的断层摩擦热；⑤岩石中放射性元素蜕变放出的热能。

变质作用的温度变化范围，最高温度为850～900℃，一般矿物在含水条件下的固相线温度很难超过900℃；变质作用的最低温度为150℃左右，多见于埋藏变质作用，与盆地中烃源岩的热演化与生烃过程有关。近年来，随着一些麻粒岩中假蓝宝石等矿物的发现，部分学者认为，这些麻粒岩的变质温度最高为1 200～1 300℃，这是一种特殊的变质作用，与特殊的高地温梯度或是极端无水的变质作用有关。

2. 压力

(1)负荷压力(p_l，lithostatic pressure)。亦称围压或固体岩石所承受的压力，用 p_l(或 $p_围$、$p_岩$、$p_固$)表示，是一种各向相等的静水压力，其大小等于上覆单位岩石柱的重量，即：$p_l=\rho gD$。式中，ρ 为岩石密度，g/cm³；g 为重力加速度，$g=9.81m/s^2$；D 为深度，m。p_l 的大小随着深度增加而增加，它取决于上覆岩层的厚度和密度。负荷压力是变质反应的重要热力学平衡参数之一，它与温度一样，都能独立决定岩石中矿物组合的稳定范围及通过特定变质反应形成新矿物组合的可能性。压力的 SI 制单位为Pa，$1GPa=10^9Pa=10kbar$，$1bar=10^5Pa=0.987atm$，$1kbar=0.1GPa$。超出正常地壳厚度压力范围发生的变质作用，称为超高压变质作用(ultrahigh-pressure metamorphism）。超高压变质作用的指示矿物是柯石英（coe）和金刚石（dia），它们稳定于约 2.7GPa 以上静岩压力范围。1984 年，首先在西阿尔卑斯的变质岩中发现了柯石英变质矿物（Chopin，1984；Smith，1984）；1990 年，又在哈萨克斯坦发现了变质成因的金刚石（Sobolev and Shatsky，1990）。此后，在我国大别造山带变质岩中也陆续找到了柯石英（Okay，Xu et al.，1989；Wang，1989）和金刚石（徐树桐等，1991）。负荷压力的作用：改变变质反应发生时的温度，压力增高，多数情况下可使吸热反应的平衡温度升高，如：$CaCO_3(Cc) + SiO_2(Q) \Longleftrightarrow CaSiO_3(Wo) + CO_2\uparrow$；压力增高有利于形成分子体积较小、密度较大的高压矿物或矿物组合，如硬玉。

（2）流体压力（p_f，fluid pressure）。一般来说，任何岩石在变质前多少都含有一定量的流体，在变质作用过程中，它们充填于毛细孔和微裂隙中，不完全被颗粒所吸附，便成为一个独立的流体相，其所具有的内压称为流体压力，用 p_f 表示。流体压力作用于颗粒表面，起到与 p_1 相反的作用，趋向于使颗粒分开。流体相中各组分的分压分别用 p_{H_2O}，p_{CO_2}，…表示，其数值和各自在流体相中的相对摩尔含量成正比，在理想混合时符合道尔顿定律：$p_f = p_{H_2O} + p_{CO_2} + \cdots$。流体压力在变质反应的热力学分析中能否作为一个独立变量加以考虑，要视具体情况而定。在近地表处，岩层中裂隙发育且与地表连通，体系是开放的，此时 p_f 等于相应深度该流体相本身的重力，常小于上覆岩层的重力，即 $p_f < p_1$。此时，对于有流体相参与的变质反应，p_f 应作为一个独立的变量来考虑。在部分高级变质条件下，由于挥发分被带走或原岩中含水很少，孔隙或裂隙中流体相呈不饱和状态，可出现 $p_f < p_1$ 的情形。对于有这些挥发分参与的变质反应，p_f 亦应作为独立变量来考虑。在地壳较深处（约 1～2km 以下），由于岩层中构造裂隙不太发育，流体处于封闭体系中，当流体相在岩石中又呈饱和状态时，流体相和晶体颗粒受到同样大小的负荷压力，则 $p_f = p_1$，它们都取决于上覆岩层的重力。这时有两种情况：①若流体相为单一组分，如 $p_f = p_{H_2O}$，则它不是决定变质反应热力学平衡的独立参数。②如果流体相为非单一组分，$p_f = p_{H_2O} + p_{CO_2} + \cdots$，对于没有这些组分参与的变质反应，$p_f$ 仍不会影响平衡状态；而对于有这些组分之一参与的变质反应，组分的分压就成为决定平衡状态的独立参数。有时在封闭体系中，随着温度上升，多种变质反应将释放出大量的 H_2O 和（或）CO_2，由于毛细孔体积很小，同时岩石的强度又足够大，则可出现 $p_f > p_1$ 的情形。两者的差值称作流体超压，Winkler 认为，这是"内部产生的气体超压"，一般是局部的。此时，无论变质反应是否有流体相参与，p_f 都是控制变质反应的独立因素。在侵入体附近，由于岩浆结晶过程中析出大量流体相，亦可在局部出现 $p_f > p_1$ 的情形，此时 p_f 也是控制变质反应的独立因素，故可不考虑 p_1。

（3）定向压力（oriented pressure）。定向压力可理解为伴随构造运动、来自一定方向的侧压力。岩石受到定向压力作用时，应力状态可用一定剖面上的垂直直应力 σ_A 和水平直应力 σ_B 表示，但 $\sigma_A \neq \sigma_B$。总应力状态包括两部分：一部分为偏应力，是一种非静水应力，与应力差（$\sigma_A - \sigma_B$）有关，它导致岩石变形，但一般不影响岩石相平衡；一部分为平均应力，即（$\sigma_A - \sigma_B$）/2。构造超压为平均应力与负荷压力之差，是构造作用对总压力的贡献。构造超压的大小与岩石强度有关，后者又因成分、温度、变形速率及其他因素而发生变化。由于变质作用发生在高温条件下，岩石强度通常不大，因而构造超压值通常较小，正常变质条件下小于 0.1GPa。构造超压只有在地壳浅部、岩石处于刚性状态且应变迅速时才有意义。而在地壳较深处，由于温度较高、负荷压力较大，岩石具有一定的塑性，应力可通过塑性变形得以释放，故不大可能起到附加压力的作用。对这方面的问题，仍在争论与探讨中。变质作用过程中，单位岩石的总压力有以下关系：$p_{总}=p_1+$ 流体超压 $+$ 构造超压。一般来说，由于流体超压和构造超压都比较小（$<0.1\text{GPa}$），故在大多数情况下可以假定 $p\approx p_1\approx p_f$。在该假定的基础上，根据矿物组合估计的压力应指示深度的最大值，实际深度有时可能要小约 3km 甚至更多。

3. 流体

（1）流体相的组成。总体上，流体相的成分以 H_2O 和 CO_2 为主，可含有 CH_4、H_2S 等。在变质作用的温压条件下，岩石中的某些组分如 K、Na、Si、Mg、Al、Fe、Cl、F、S 等亦可溶解到流体相中作为流体相的组成部分。通常在上地壳中、低级变质岩中，流体成分主要为 H_2O、CO_2 以及 CH_4，含少量 N_2、H_2S 等，H_2O/CO_2 比值变化大。下地壳麻粒岩相变质岩和上地幔岩流体以 CO_2 为主，含少量 H_2O、H_2S、CH_4 等。

（2）流体相的来源。①原岩中的流体：主要是沉积岩中的孔隙流体，在埋藏变质中起着重要作用。②变质流体：源于变质作用中的脱水及脱碳酸反应，广泛出现在各类变质环境中。③岩浆流体：在接触变质和接触交代变质中起作用。④海水：在洋底变质和俯冲带变质中起着重要作用。

（3）流体相的存在状态。在较低的变质温度和压力条件下，H_2O、CO_2 等呈气态或液态存在；在较高的温度和压力条件下，流体呈超临界状态，是一种具许多流体性质的高密度气体。流体既可存在于矿物颗粒之间被吸附在颗粒边界上，成为不能整体流动的间隙溶液；又可填充在岩石的裂隙之中，成为能够整体流动的裂隙溶液。

（4）流体相起溶剂作用。流体相促进原有矿物中组分的溶解，加快其扩散速度，提高重结晶和变质反应的速率。在一定条件下，流体可将体系内的某些组分带出并将体系外的某些组分带入，引起体系（原岩）化学成分发生变化。水化和脱水反应是常见的最重要的变质反应，H_2O 直接参与了这些反应。反应系统中 H_2O 的化学位或含量对这类反应的平衡温度影响很大。随着升温进行的脱水反应，使矿物中 H_2O 呈 $(OH)^-$ 离子或结晶水析出，结果使含 $(OH)^-$ 的矿物转变成不含水的较高温矿物。在这类反应中，H_2O 的化学位增高将推迟特定反应的进行，即扩大了低温含水矿物的稳定区。含 CO_2 的流体对碳酸盐化和脱碳酸反应的平衡条件影响很大，系统中 CO_2 含量增大将阻碍碳酸盐转变为硅酸盐的脱碳酸反应。以水为主的流体相在岩石中处于饱和状态时，可降低岩石中长英质组分的熔融温度。如在不含水的条件下，长英质低熔组分在温度高达 950℃ 时才开始熔融，而在饱和水情况下，同样的低熔组分在 640±20℃ 时就开始熔融。由于流体相经常存在，因而在中高级变质条件下，常有长英质组分发生不同程度的熔融，形成各种类型的混合岩。

4. 时间

对变质作用的时间，可从两个方面来理解：一是变质作用发生的地质时代；一是变质作用所经历的时间长短。

（1）变质作用发生的地质时代。即通过矿物原位同位素定年和矿物形成条件，来联合约束变质作用峰期的形成年龄。目前最广泛的方法是确定变质锆石的 U-Pb 年龄，亦可用石榴子石的 Lu-Hf 等时线年龄，或是云母类矿物的 Rb-Sr 等时线年龄和 Ar-Ar 年龄等。

（2）变质作用从发生到终止所经历的时间。变质作用的本质等同于化学反应。既是化学反应，就涉及反应速率和持续时间两个因素。在变质温压条件下，如果没有足够的时间，变质作用就难以进行或作用很不明显。变质反应往往极其缓慢，故外界环境要在适宜变质反应的温压条件下保持足够长的时间，反应才得以发生或进行得较为彻底。一般来说，温度和流体性质是控制变质反应速率的主要因素，温度越高，变质反应的速率就越快，其中流体起到了催化剂的作用。

第二节 变质作用的机制及反应类型

一、变质作用的机制

1. 重结晶作用（recrystallization）

重结晶作用，是指在变质作用条件下原岩中的矿物颗粒的重新组合（只涉及同种矿物的溶解、组分迁移和再次沉淀结晶），只有矿物颗粒形状和大小的变化，而不形成新的矿物相。重结晶前后，岩石总化学成分（除 H_2O、CO_2 等挥发分外）保持不变。重结晶作用主要与矿物颗粒的表面能密切相关，同种矿物粒度愈小者其表面能愈高，故在相同的温压条件下，小颗粒稳定性差，易于被溶解，相应组分经迁移后在原来较大的颗粒表面继续生长，使其粒度变得粗大。通过这一过程，原来粒度很细或粗细不均的岩石就会变成粒度较粗、较均匀的岩石。重结晶作用的速率和强度受控于原岩成分和结构，组分较简单的岩石比组分较复杂的岩石易于重结晶，粒度较细的岩石比粒度较粗的岩石易于重结晶。影响重结晶作用的外部因素主要是流体相和温度，以 H_2O、CO_2 为主的流体相对重结晶作用的影响最大，温度升高将增加重结晶的速率，应力增大一般亦有利于重结晶作用的进行。

2. 变质结晶作用（metamorphic crystallization）

在变质作用的温度、压力范围内，原岩在基本保持固态的条件下，新矿物相在形成过程中，同时必然有相应的原有矿物相趋于消失。变质结晶前后，岩石总化学成分（除 H_2O、CO_2 等挥发分外）保持不变。由于这种矿物相的变化过程在多数情况下涉及岩石中各组分的重新组合，故亦称重组合作用。变质岩中新矿物相的形成有多种途径，但都可归结为变质反应，如红柱石、蓝晶石、矽线石间的同质多相转变，而更普遍的是通过几种矿物所含组分之间的化学反应形成新矿物相。

3. 交代作用（metasomatism）

交代作用，是指固体岩石在化学活动性流体作用下通过组分带入、带出而使岩石总化学成分（除 H_2O、CO_2 等挥发分外）和矿物成分发生变化的过程。岩石在交代过程中它的体积保持不变。流体在交代过程中起着媒介和催化剂的双重作用，流体相中的活动组分的浓度或化学位梯度是交代作用的主要动力，压力差亦是组分迁移的驱动力。活动组分（mobile components），是指在系统中可自由带入、带出的组分。由于流体相在变质作用过程中广泛存在，故为完全活动组分。通常的变质作用还会造成岩石的 H_2O、CO_2 和铁的价态变化，这时我们仍将岩石系统看作封闭系统。等化学变质作用(isochemical metamorphism)，是指在封闭系统中发生的变质作用。异化学变质作用(allochemical metamorphism)，是指在开放系统中使岩石总化学成分(除 H_2O、CO_2 等挥发分外)，其他组分也发生变化的变质作用。若变质作用伴随交代作用，系统除 H_2O、CO_2、O_2 等挥发分外，K^+、Na^+、Ca^{2+}、Mg^{2+}、Si^{4+} 等金属阳离子也成为活动组分可带入、带出时，才把岩石系统看作开放系统。

4. 变形和碎裂作用(deformation and cataclasis)

各种岩石受到的应力超过弹性极限时，就会出现变形或碎裂现象。变形和碎裂是变质过程中的一种重要作用。它们的发育程度和特点与许多因素有关，如岩石的物理性质、所处的深度(温度、静压力条件)以及所受应力的作用方式和强度等。变形有脆性变形和韧性变形之分，韧性变形是指地质体在没有总体破裂情况下发生的一种形状改变，脆性变形则是有破裂发生的一种变形。在近地表低温低压和较高应变速率条件下，岩石显示脆性行为，永久变形机制为脆性变形，表现为岩石沿裂缝破裂，产生碎裂和断裂；在地下高温高压条件下，特别是当应变速率较低时，岩石显示其塑性行为，永久变形主要由塑性流动产生，导致矿物发生畸变和褶皱但未破裂。较高温压条件下塑性流动导致的永久变形主要有晶内塑性变形和晶间塑性变形两种机制。晶内塑性变形包括直线滑移、双晶滑移和单个晶体的扭折。直线滑移的特点是晶格滑移距离是结晶学基本单位的整数倍，其结果是改变晶体形状但不改变晶格方位；双晶滑移的特点是晶格滑移距离是结晶学基本单位的分数，其结果是产生机械双晶；扭折则是由于晶内变形不均匀而在滑移中发生旋转，导致滑移面弯曲扭折形成。位错是晶体内原子排列不完整造成的线缺陷。从滑移的角度来看，位错代表了已滑动部分与未滑动部分的分界线。

晶间塑性变形包括颗粒边界的滑移和扩散流动。由于处于较大应力下的颗粒边界区有较大的自由能，与处于较小应力下的其他部位相比不稳定，化学迁移从晶体的较大应力边界区向其他部位迁移，并在那里发生晶体生长，该过程称为扩散流动，它改变了晶体的形状。通过粒间流体相的扩散流动称为压溶(Miyashiro，1994)。发育位错的晶体储集了变形施加的应变能，由于不稳定而力图通过重结晶来消除应变能并恢复到稳定的无应变状态。这种伴随变形发生的重结晶称为动态重结晶，包括恢复和重结晶两个阶段。无偏应力参与的重结晶作用称为静态重结晶。

5. 变质分异作用(metamorphic differentiation)

成分均匀的岩石经过变质作用后出现矿物成分不均匀现象的各种作用，统称变质分异作用。它以组分在空间上有一定范围的迁移而不同于一般的重结晶作用，又以没有组分从系统中带出或从系统外带入而不同于交代作用。变质分异作用主要有两种：压力不均匀引起的侧分泌作用和与应力作用有关的分异作用。例如，绿片岩中的钠长石、绿帘石、石英及方解石脉等可能与侧分泌作用有关。

二、变质反应的类型

变质作用条件下发生的化学反应称为变质反应(metamorphic reaction)。变质反应是在一定的 T、p、x 等物理化学条件下发生的。因此，通过变质反应不仅可以理解变质过程中矿物成分的变化过程，而且还可以获得变质条件的信息，即变质的 p-T 条件。确定变质反应类型是研究变质机理和变质过程的关键步骤。根据变质过程中矿物的变化及是否有流体/熔体参与，可将变质反应区分为以下几种类型。

1. 固-固反应(solid-solid reaction)

固-固反应的反应物和生成物均为固相，不涉及流体相，故平衡条件与流体相无关，影响反应的因素仅是 T 和 p，因而是较好的温压指示计。由于固相的 ΔS 和 ΔV 随着 T、p 的变化很小，近似计算时 ΔS、ΔV 可看作常数，故反应斜率 dp/dT 近似等于常数。因此，固-固反应在 p-T 图解上为一直线。

(1)同质多相转变(isochemical phase transformation)。变质岩中最常见的同质多相转变为 Al_2SiO_5 的 3 个多型变体之间的转变：

$$Ky(Al_2SiO_5)=And\ (Al_2SiO_5)Ky(Al_2SiO_5)$$
$$=Sill\ (Al_2SiO_5)Sill(Al_2SiO_5)$$
$$=And(Al_2SiO_5)$$

另外，如：石英(SiO_2)=柯石英(SiO_2)，石墨(C)=金刚石(C)，都是典型的同质多相的变质反应，它可以有效地反演变质反应的温压条件。

(2)固溶体的溶离反应(solid exsolution reaction)。固溶体矿物在高温时为均一相，当温度降低到固溶体分解曲线之下时，将分解为成分不同的两相，这一过程称为固溶体的出溶。出溶的两相往往呈页片状、条纹状交生体，亦可最终分解为 2 个矿物单晶。高压时相互混溶的固溶体矿物，在压力降低时发生出溶形成 2 个或更多的固体矿物相：

$$2Ca_{0.5}AlSi_2O_6=CaAl_2SiO_6+3SiO_2$$

$$Grt+Ilm=Cpx$$

(3)纯固相间的反应(solid-solid net-transfer reaction)。该类反应的反应物和生成物是化学成分不同的纯固相矿物，如：

$$NaAlSi_2O_6+SiO_2=NaAlSi_3O_8$$
$$\quad\quad Jd \quad\quad\quad Q \quad\quad\quad\quad Ab$$

该类变质反应有较平缓的正斜率，因而是较好的地质压力计，Jd+Q 矿物组合的出现是高压变质作用的标志。

2. 流体相(H_2O 和 CO_2)参加的反应

该类反应涉及流体相，其影响因素复杂。除 T、p 外，流体成分(x_{H_2O}、x_{CO_2})对反应有很大的影响。因此，一般来说，有流体相参与的变质反应不是很好的温压计。在流体相参加的反应中，ΔS、ΔV 明显受到 T、p 的影响，此时 $\Delta S/\Delta V$ 不是一个常数，故在 p-T 图解上，有流体参与的反应是斜率不断变化的曲线。有 H_2O 和 CO_2 参与的 5 种反应类型(Mryashiro，1994)，在 T-x 图上的曲线有不同的形状。

(1)脱水反应(dehydration reaction)。白云母的脱水反应为

$$KAl_2[AlSi_3O_{10}](OH)_2+SiO_2=KAlSi_3O_8+Al_2SiO_5+H_2O$$
$$\quad Ms \quad\quad\quad\quad\quad\quad\quad Q \quad\quad\quad\quad Or \quad\quad\quad Als$$

该反应是重要的脱水反应之一，是中级变质与高级变质的临界反应。Or+Als 组合指示高级变质，而 Ms+Q 组合指示中级变质。由于地壳流体中 H_2O 大量存在，因而通常把流体相近似看作纯水相，分析脱水平衡时仅考虑图解中 $x_{H_2O}=1$ 条件下的 p-T 曲线，把脱水反应作为地质温压计应用。此时，脱水反应通常具有正斜率。但高压时流

体相具有高密度，ΔV 变成负值，从而脱水反应斜率为负值。据 Vernon(1976) 的研究，压力超过 3.0GPa 时，大多数脱水反应具有负斜率。在基性岩石的变质过程中，还存在黑云母和角闪石的脱水反应，这些都代表了更高的变质温度，与高角闪岩相或麻粒岩相变质作用密切相关。

（2）脱碳酸反应（decarbonation reaction）。脱碳酸反应是钙质变质岩中常见的变质反应，代表性的两个反应分别为

$$CaCO_3 + SiO_2 = CaSiO_3 + CO_2 \uparrow$$
$$\qquad Cc \qquad\quad Q \qquad\quad Wo$$

$$CaMg(CO_3)_2 + 2SiO_2 = CaMgSi_2O_6 + 2CO_2 \uparrow$$
$$\quad Dol \qquad\qquad Q \qquad\qquad Di$$

Cc＋Q 组合在低-中级变质条件下稳定，Dol＋Q 组合在低级变质条件下稳定。富 Ca 岩石中 Di 的出现标志着中级变质的开始，而 Wo 是富 Ca 岩石高级变质的指示矿物。它们都不仅受 T、p 控制，而且受 x_{CO_2} 控制。当 $x_{CO_2}=0$ 时，反应的平衡温度最低，平衡曲线为具负斜率的直线。随着 x_{CO_2} 增大，平衡温度增高，平衡曲线逐渐变为正斜率曲线。当 $x_{CO_2}=1$ 时，平衡温度最高，曲线斜率和曲率最大（与脱水反应一样，在高压下变为负斜率）。与 x_{CO_2} 对脱水反应的影响类似，x_{CO_2} 对平衡温度的影响也随着压力增高而显著增大。

（3）脱水-脱碳酸反应。脱水-脱碳酸反应

$$Ca_2Mg_5Si_8O_{22}(OH)_2 + 3CaCO_3 + 2SiO_2 = 5CaMgSi_2O_6 + 3CO_2 \uparrow + H_2O$$
$$\qquad Tr \qquad\qquad\qquad Cc \qquad\quad Q \qquad\qquad Di$$

是钙质变质岩中常见的变质反应，也是低级变质与中级变质的临界反应。Tr＋Cc 是低温矿物组合，而出现 Di＋Tr 或 Di＋Cc 是中级变质开始的标志。当 $x_{CO_2}=n_{CO_2}/(n_{H_2O}+n_{CO_2})=3/(3+1)=0.75$ 时，平衡温度最高。

3. 不连续反应和连续反应

（1）不连续反应（discontinuous reaction）。前面提到的变质反应，反应物与生成物之间的关系是突变的，在给定压力和流体成分的条件下，反应在一个特定的温度下发生。在 p-T、p-x、T-x 等双变量图解上，反应物和生成物只能在单变反应线上共生。偏离了平衡条件，不是反应物消失（生成物稳定）就是反应物稳定（生成物消失）。

（2）连续反应（continuous reaction）。该反应涉及成分可变的固溶体，反应物与生成物之间的关系是渐变的，在给定压力和流体成分的条件下，反应在一个温度范围内连续发生。在 p-T、p-x、T-x 等双变量图解上，反应物和生成物在双变反应区内共存。在双变区内，成分不断调整，反应的 p-T 条件取决于岩石成分。这样的反应称为连续反应或滑动反应（sliding reaction）。

4. 净转移反应和交换反应

前面列举的所有反应，均引起矿物原子数发生变化，属于净转移反应（net-transfer reaction）。还有一类反应仅引起共存矿物间原子（如 Mg、Fe）的交换，而不改变有关矿物的原子数，称为交换反应（exchange reaction）。由于交换反应不改变有关矿物的原子数，仅引起系统很小的体积变化，因而压力对平衡的影响很小（Miyashiro，1994）。交换反应时体积变化很小，$\Delta V \approx 0$，故 $\Delta G° = \Delta H° - T\Delta S°$（$\Delta H$ 为反应的熔变），$\ln K_D =$

$\Delta G°/RT$，故 $\ln K_D=\Delta H°/RT-\Delta S°/R$。若将 $\Delta H°$、$\Delta S°$ 看作常数，则上式为一直线方程。$\ln K_D$ 与 $1/T$ 呈直线函数关系，因而交换反应是较好的地质温度计，在地质研究中应用非常广泛。在很多变质岩中，共存的两个铁镁质矿物间会发生 Fe-Mg 交换反应。Fe 原子从一个矿物向另一个矿物迁移，这种迁移由同样数量的 Mg 原子向相反方向迁移所补偿。例如，共存的黑云母和石榴子石之间的 Fe-Mg 交换反应：

$$Mg_3Al_2Si_3O_{12}+KFe_3AlSi_3O_{10}(OH)_2=Fe_3Al_2Si_3O_{12}+KMg_3AlSi_3O_{10}(OH)_2$$

$$\text{Pyr} \qquad\qquad \text{Ann(羟铁云母)} \qquad\qquad \text{Alm} \qquad\qquad \text{Phl}$$

该反应的平衡常数 $K_D[=(Fe/Mg)_{Gt}/(Fe/Mg)_{Bi}]$ 与 $T(K)$、$p(bar，1bar=0.1MPa)$ 的关系（Ferry and Spear，1978）为

$$\ln K_D=(2\,089+0.009\,6p)/T-0.782$$

即 Gt-Bi 温度计。

5. 氧化还原反应

这类反应的主要控制因素是氧逸度（f_{O_2}），在变质作用过程中，它们的缓冲效应（buffering）控制了变质体系中的 f_{O_2} 值，从而控制了含铁硅酸盐的出现及成分。当 f_{O_2} 值高时，以 Fe^{3+} 为主，它不易进入黑云母、石榴子石和堇青石等矿物晶格，但有利于形成磁铁矿、绿帘石、硬绿泥石和十字石等。元素氧化状态发生变化的反应为

$$6Fe_2O_3=4Fe_3O_4+O_2$$
$$2Fe_3O_4+3SiO_2=3Fe_2SiO_4+O_2$$

第三节　变质带和等变线

一、变质带的基本概念

变质程度不同的岩石在区内呈带状有规律地分布，由此可划分出若干个变质强度带，我们将这些指示变质程度的带称为变质带，将带与带之间的界线称为等变线。英国地质测量学家乔治·巴洛（George Barrow，1893）在苏格兰高地加里东造山带东南部著名的 Dalradian 地区首次成功地绘制出递增变质带图。他以泥质变质岩中随着变质程度（温度）增高依次出现的新矿物（称为指示矿物）为标志，认为较高级变质带都是在前一个变质带组合的基础上发育形成的，并将这一变质带系列称为递增变质带，亦称指示矿物带。苏格兰高地共出现 5 条等变线，将该变质区划分为 6 个指示矿物带，亦称巴洛式递增变质带：绿泥石—黑云母—石榴子石—St—蓝晶石—矽线石。上述指示矿物等变线实际上是发生在自然界中的变质反应线，Winkler（1976）称其为反应等变线（reaction isograd），Miyashiro（1994）称其为真等变线（true isograd）。等变线记录的是岩石在热峰时发生的变质反应。通常一个地区热峰是穿时的，故一个地区的各等变线不是同时形成的而是穿时的。

泥岩以温度递增逐步出现的变质带如下：

（1）黑云母等变线反应：$Stp+Phn=Bi+Chl+Q+H_2O$，为一连续反应，在一个递增变质区，反应从一条线开始，连续进行穿过该线高温侧构成一个带。在此情况下，等变线是指示连续反应开始的线。此外，一个基于连续反应的等变线的温度在一定压

力和流体成分条件下，取决于该地区泥质变质岩的 FeO/MgO 比值。白云母（Ms）通常在泥质变质岩中较多，而黑硬绿泥石（Stp）较少，故该反应标志着 Stp 消失和 Bi 出现、由绿泥石带向黑云母带的转变。

（2）石榴子石等变线反应：Cld（硬绿泥石）＋Bi ＝Gt＋H_2O，这是黑云母带与石榴子石带的分界反应，以泥质变质岩中石榴子石出现为标志。因此，以富铁端元不连续反应：Fe－Cld＋Ann（羟铁云母）＝Alm（铁铝榴石）＋H_2O，标定该等变线。

（3）十字石等变线反应：Ms＋Chl ＝St＋Bi＋Q＋H_2O，这是石榴子石带与十字石带的分界反应，以泥质变质岩中十字石出现为标志，指示中级变质的开始。这也是一个连续反应，反应开始的温度与泥质变质岩的 FeO/MgO 比值有很大关系。

（4）蓝晶石等变线反应：St＋Q ＝Gt＋Ky＋H_2O，这是十字石带与蓝晶石带的分界反应，也是一个连续反应，以其低温限作为等变线。通常泥质变质岩中硅过剩，故该反应造成十字石消失。由于蓝晶石在十字石带已稳定，因此这不是蓝晶石开始出现的等变线。确切地说，该等变线以十字石开始消失为标志。之所以称其为蓝晶石等变线，可能是在该等变线高温侧泥质变质岩中蓝晶石大量出现而容易被观察到之故。

（5）矽线石等变线反应：Ky ＝Sil，这是蓝晶石带与矽线石带的分界反应。该反应是多形转变不连续反应，在一定压力下反应温度是一定的。该等变线以泥质变质岩中矽线石出现、蓝晶石消失为标志。由于反应动力学的原因，反应常常进行得不彻底，导致在矽线石带出现准稳定的蓝晶石。

（6）矽线石-正长石带和董青石-石榴子石-正长石带。矽线石带的温度仍然低于反应：Ms＋Q ＝Sil＋Or＋H_2O 的反应温度，Ms 仍稳定，该反应是中级变质（角闪岩相）与高级变质（麻粒岩相）的临界反应。在其他一些地区，如大别山，泥质变质岩可经受超越该反应温度的高级变质，Ms 不稳定，出现 Sil＋Or 共生组合。基于反应：Ms＋Q ＝Sil＋Or＋H_2O 的等变线称作矽线石-正长石等变线，是矽线石带（中级变质）与矽线石-正长石带（高级变质）的分界。在矽线石-正长石带，黑云母（Bi）仍然稳定。当温度进一步增加到超越反应：Bi＋Sil＋Q ＝Crd＋Gt＋Or＋H_2O 时，Bi 不稳定，出现 Crd＋Gt＋Or 共生组合。基于该反应的等变线称为董青石-石榴子石-正长石等变线，是矽线石-正长石带与董青石-石榴子石-正长石带的分界。

二、变质相及变质相带

1. 变质相

艾斯科拉（1920）提出了变质相的概念：一个变质相，是指在类似的温度、压力条件下达到化学平衡的所有岩石的总和（不论其结晶方式）。在一个变质相内部，随着岩石总体化学成分的改变，其矿物组合做有规律的改变（这在很长时间内没有得到重视）。对变质相的定义，最有代表性的是 Fyfe and Turner（1966）的提法："一个变质相，是指在一定的温度、压力区间内的一套变质矿物的平衡共生组合，它们在时空上反复出现并密切伴生，一个变质相内部其矿物组合和岩石总体化学成分之间有着固定因而也是可以预测的对应关系（图 7-4）。"

2. 变质相的划分

Escola（1920）最初提出的是绿片岩相、角闪岩相、角岩相、透长石相和榴辉岩相

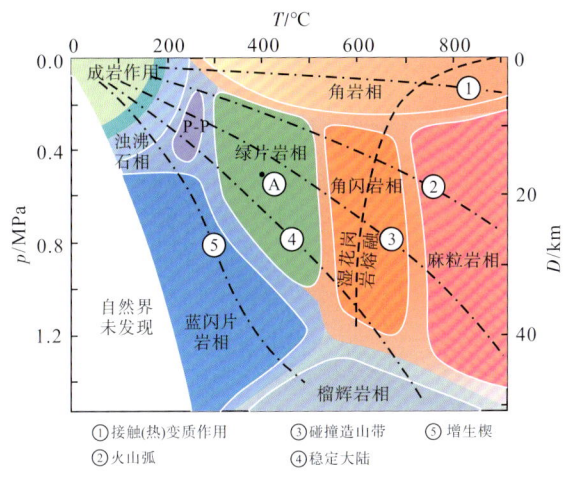

图 7-4　变质相的划分方案及其发生的构造位置

由于两相之间以宽幅带区分，一些角闪岩相岩石和所有的麻粒岩相岩石都是在含水的花岗岩会融化的压力、温度条件下形成的。因此，只有在原岩无水的情况下，这种变质岩才会发育。图中所示相中有一相在文中未提及：P-P(葡萄石-绿纤石)相，该相以两种变质矿物命名。图中数字是指不同的地热梯度

5 个变质相。1939 年，Escola 又增加了绿帘角闪岩相、麻粒岩相和蓝闪石片岩相 3 个变质相，并把角岩相改为辉石角岩相，还附带了一个"沸石的结晶作用"。

区域变质相包括：①浊沸石相(Z)：温度 200(150)～300℃，压力 0.2～0.3GPa。②葡萄石-绿纤石相(P-P)：温度 300～360℃，压力 0.25～0.5GPa。③绿片岩相(LGS)：温度 350～500℃，压力 0.3～0.8GPa。④绿帘角闪岩相(EA)：温度 500～560℃，压力 0.3～1.0GPa。⑤低角闪岩相(LA)：温度 550～650℃，压力 0.3～1.0GPa。⑥高角闪岩相(HA)：温度 650～700℃，压力 0.3～1.0GPa。⑦麻粒岩相(G)：温度 700～900℃，压力 0.3～1.2GPa。⑧蓝片岩相(GL)：温度范围很宽，为 200～500℃，压力 0.4～1.2GPa。⑨榴辉岩相(E)：温度范围很宽，为 400～900℃，压力一般超过 1.0GPa。

接触变质相包括：①钠长绿帘角岩相：温度 300～400℃，压力 0.1～0.4GPa。②普通角闪石角岩相：温度 400～650℃，压力 0.1～0.4GPa。③普通辉石角岩相：温度 650～800℃，压力 0.1～0.4GPa。④透长石相：温度＞800℃，压力 0.1～0.4GPa。

三、变质相系

日本岩石学家都成秋穗(Miyashiro，1961，1976)在研究日本列岛变质作用时，对不同的变质带进行总结，发表了《变质带的演化》一文，最早提出了变质相系的概念。为什么不同变质地区有不同的变质相系列？都成秋穗(1961，1976)认为，变质相系反映的是地热梯度，不同变质地区地热梯度不同导致其变质相系不同。换句话说，在同一变质地带的不同空间上，由变质相系所表达的峰期变质条件在 p-T 图解上构成一条曲线，它们代表当时的某种野外地热梯度，这就与当时固定的大地构造背景联系起来了。变质相系的概念通过变质时的特定地热梯度把变质作用的 p-T 条件与大地构造环

境结合起来，对变质岩石学的发展起了重要作用，不仅为后来的板块构造理论提供了岩石学上的证据，而且成为世界各地区变质岩石学家工作的指导思想，如欧洲变质图就是以这一理论为原则编制的。随着研究的深入，人们发现，变质相系实际上是反映 T/p 比值而不是单纯的地热梯度。都城秋穗划分出以下 5 个变质相系。

(1) 低压相系。红柱石-矽线石型，低压型（领家-阿武隈型），以泥质岩石中出现红柱石（低级）、矽线石（高级）及堇青石等为特征，地热梯度＞25℃/km。

(2) 中压相系。蓝晶石-矽线石型，中压型（巴洛型），以泥质岩石中出现蓝晶石和矽线石为特征，地热梯度为 16～25℃/km。

(3) 高压相系。硬玉-蓝闪石型，高压型（三波川型），以基性岩中出现硬玉＋石英、蓝闪石、硬柱石等矿物为特征，地热梯度＜16℃/km。

(4) 低压过渡型。以泥质岩石中出现红柱石-十字石或红柱石-蓝晶石为特征。

(5) 高压过渡型。以出现蓝闪石和蓝晶石为特征。不同的变质相系代表不同的大地构造背景，如高压相系代表板块俯冲、中压相系代表大陆碰撞造山带，而低压相系代表岛弧、洋中脊和热接触变质作用等。

依据汇聚板块边缘变质矿物共生组合，可将区域变质岩分成 3 个变质相系（Zheng and Chen，2017）：阿尔卑斯式、巴罗式和巴肯式（图 7-5）。阿尔卑斯式相系由蓝片岩相到榴辉岩相高压-超高压变质岩组成，大多形成于低 T/p 比值（＜335℃/GPa）对应的低热梯度（＜10℃/km）条件下。巴罗式相系由中压角闪岩相到高压麻粒岩相变质岩组成，大多形成于中 T/p 比值（335～1 000℃/GPa）对应的中等热梯度（11～30℃/km）条件下，与阿尔卑斯

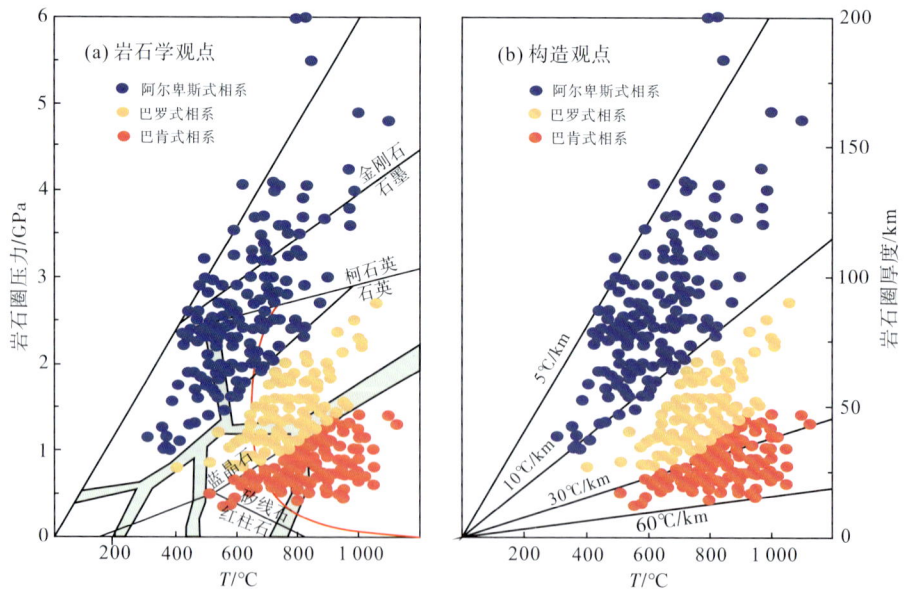

图 7-5 地壳岩石的 3 个变质相系与其相应的 T/p 比值的关系

地壳岩石在 3 种热梯度下形成 3 个变质相系（修改自 Zheng and Chen，2017），对应 3 个不同变化区间的变质 T/p 比值（Brown and Johnson，2019）。阿尔卑斯式相系由超高压榴辉岩和高压榴辉岩蓝片岩组成，巴罗式相系由高压麻粒岩和中压角闪岩组成，巴肯式相系由高温-超高温麻粒岩和低压角闪岩组成

式相系间以钠长石分解成硬玉和石英这个变质反应为分界。巴肯式相系由低压角闪岩-麻粒岩相高温-超高温变质岩组成，大多形成于高 T/p 比值（＞835～1 175℃/GPa）对应的高热梯度（＞25～35℃/km）条件下，与巴罗式相系之间在高温下以蓝晶石/矽线石相变线为分界，在低温下则以蓝晶石/红柱石相变线为分界（Zheng，2021）。

早在板块构造理论提出之前，变质岩石学家就已开始探索变质作用与构造环境之间的关系。其中，最具代表性的成果是都成秋穗（1961，1973）根据热梯度把区域变质作用划分为3种压力类型的方案：①低热梯度下的高压型变质作用；②中等热梯度下的中压型变质作用；③高热梯度下的低压型变质作用。在此基础上，都成秋穗（1961，1973）提出了双变质带的概念，发现在环太平洋地区高压型和低压型变质带是成对出现的，在空间上平行延伸（图7-6）；在大洋一侧是高压型变质带（具有低 T/p 特点），代表古海沟，在那里洋壳曾俯冲到陆壳之下；低压型变质带（具有高 T/p 特点）则位于火山弧-花岗岩带。

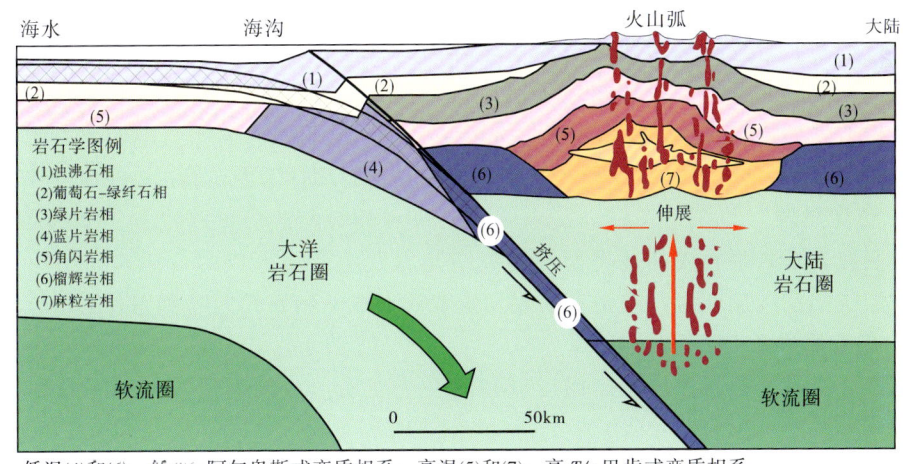

低温(4)和(6)：低 T/p 阿尔卑斯式变质相系；高温(5)和(7)：高 T/p 巴肯式变质相系

图 7-6　汇聚板块边缘双变质带形成的构造位置示意图

高压型阿尔卑斯式变质相系形成于海沟一侧的低热梯度变质作用，低压型巴肯式变质相系
形成于火山弧之下的高热梯度变质作用（Zheng and Chen，2017）。图修改自 Ernst，1976

在板块构造理论发展之初，双变质带的识别和建立成为其地质基础的一部分（Dewey and Bird，1970；Ernst，1976）。随后，Ernst（1971，1973）的研究进一步明确了高压型变质作用与板块俯冲作用之间的联系（图7-6），这方面的研究迅速成为变质地质学最重要的主题。此后，双变质带这个概念被拓展到古老的陆内造山带（Brown，2006，2010；Brown and Johnson，2019；Holder et al.，2019），只是低 T/p 变质带与高 T/p 变质带之间常见构造叠加作用，因此又称其为多变质带。无论是双变质带还是多变质带，两者之间的关系都是构造体制由挤压转变为拉张（Zheng and Chen，2017），这也是低 T/p 变质作用总是先于高 T/p 变质作用出现的基本原因，因此统称其为双峰式变质作用（Zheng，2021）。

越来越多的研究发现，汇聚板块边缘的构造体制随着时间演化会有规律地发生转变，从而形成双变质带。其中，与低压型巴肯式相系配对的高压型变质带在显生宙为阿尔卑斯式相系，在太古宙则为巴罗式相系(Brown and Johnson，2019；Holder et al.，2019)。因此，双变质带是判断板块构造出现的重要标志之一，但高压型变质带相系类型受地幔温度控制(Zheng and Zhao，2020)。根据板块构造过程与区域变质作用之间的关系，发现阿尔卑斯式相系形成于板块俯冲早期的低热梯度阶段，巴罗式相系形成于板块俯冲晚期的中等热梯度阶段(Zheng and Chen，2017；Zheng，2021)。对于巴肯式变质相系，在大洋俯冲带形成于火山弧之下(Ernst，1976)，在大陆碰撞带则叠加在阿尔卑斯式或者巴罗式相系之上(Zheng and Chen，2017)。

第四节　变质岩及其基本特征

一、基本概念

变质岩，是指在地壳发展过程中，早期形成的岩石(岩浆岩、沉积岩、变质岩)，由于构造运动、岩浆活动、地热流的变化等内力地质作用，使原来岩石所处的地质环境及物理化学条件发生了改变；为了适应这种变化，在基本保持固态的情况下，岩石的结构构造、矿物组成发生明显变化形成的一种新的岩石。与岩浆岩不同，变质岩在形成过程中不存在明显的物质迁移和分异，只是在相对封闭体系内矿物的变形和重结晶。

1. 正变质岩

正变质岩是岩浆岩或其他类型的高温结晶岩发生变质形成的变质岩，如花岗岩发生变质形成的花岗片麻岩，或是玄武岩发生变质形成的斜长角闪岩和绿片岩等。

2. 副变质岩

副变质岩是沉积岩在压力、温度较高时发生变质形成的变质岩，如泥岩发生不同程度变质形成的千枚岩、片岩、板岩等。

二、为什么要研究变质岩

1. 反演板块构造及碰撞造山过程

变质岩石记录了地壳演化的热历史，是探讨地壳形成演化的重要方面。尤其是自20世纪80年代以来发展起来的变质作用 p-T-t 轨迹理论，把变质作用过程与地球动力学过程联系起来，使得地质学家能够从一块岩石标本乃至一粒矿物晶体中看到整个造山带的动力学过程。20世纪80年代以来，在世界几个造山带中发现的含有柯石英和金刚石的超高压榴辉岩，大大地拓宽了变质作用的研究范围。此外，热力学数据库和矿物成分活度模型的不断建立和完善，可以扩展矿物形成的温压条件。

2. 变质岩中有大量关键资源

变质岩中产出各种金属资源和非金属资源，如 Au、Ag、Cu、Zn、Pb、Fe 及稀有和稀土等矿产，其中的铁矿储量占全世界铁矿储量的 80% 以上。根据苏联学者 A. B. Сидоренко(1963)的统计，西方国家前寒武纪矿产储量占国家总储量之比分别为：铁矿 70%、锰 63%、铬铁矿 73%、铜 73%～26%、镍硫化物 72%、钴 93%、铀 66%、金云母(白云母)100%；金、铂等贵金属亦占绝大部分。除了传统的金属资源，变质岩中又可产出石墨矿床、高纯石英(美国尤明尼的高纯石英就产于变质的剪切带中)等新型资源。此外，传统的煤、石油等资源在受热变质的过程中，其成分和形状可以发生一些变化，成为特殊类型的新型资源。例如，我国当前就开展大量煤热变质研究，进而开发热变质煤中的稀有元素(Ge、Ga 等)及煤层气和煤成气资源。

三、变质岩中的主要矿物种类及矿物组合

1. 变质岩中的主要矿物

（1）柯石英（coesite）。柯石英是典型的超高压矿物。Coes（1953）在 3.5GPa 压力条件下合成了石英的高压变种——柯石英，故其英文名为 coesite。由此，变质岩中存在柯石英即可证明其曾受到超高压变质作用。不同于低压条件下的石英为一轴晶，柯石英为二轴正晶，单斜晶系，中突起，低干涉色，经常呈包裹体存在于石榴子石、绿辉石或锆石等矿物中。由于柯石英包裹体一般较小，传统的光性矿物学观察难以分辨，故一般用拉曼光谱鉴定柯石英，其在拉曼光谱上的谱峰为 $521cm^{-1}$。柯石英通常以刚性寄主矿物中罕见的残余矿物包裹体形式存在，而且通常已在折返过程中转变为 α-石英（石英低压相）的假象（图 7-7）。

（2）斯石英（stishovite）。美籍华人赵景德在研究美国亚利桑那州陨石坑的冲击变质时首次发现了斯石英，它代表了更高的形成压力，在 400℃ 时为 10GPa，在

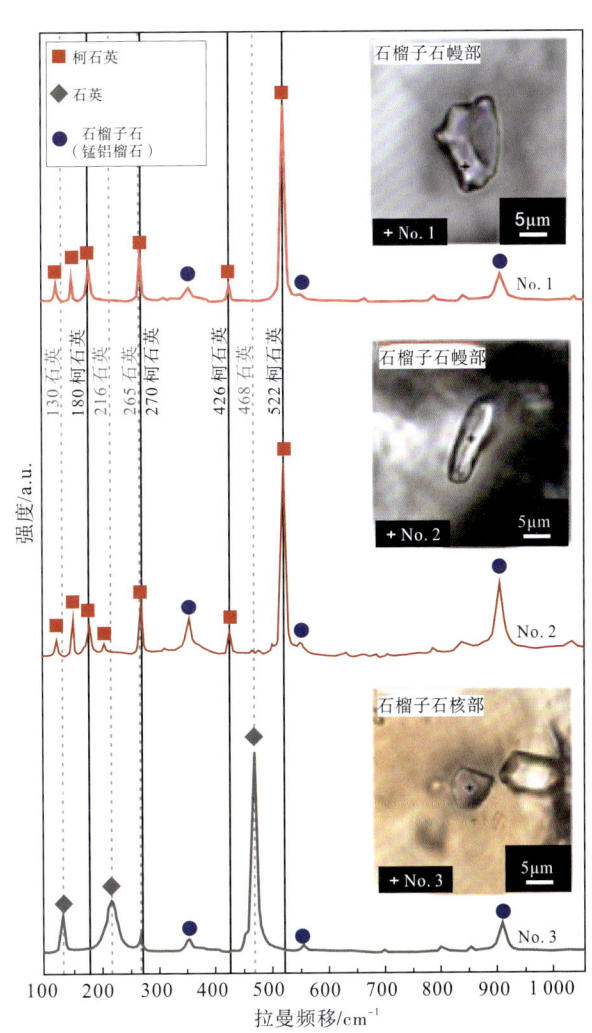

图 7-7　石榴子石中 SiO_2 包裹体及其拉曼峰

800℃高温条件下为 11.5GPa，一般需要通过拉曼光谱分析来鉴定。如果斯石英假象出现在变质矿物中，推测的大陆深俯冲可达 300km（Liu et al.，2018）。

（3）透闪石和阳起石。透闪石（角闪石变种，tremolite），是由白云石和石英混合沉积后形成的变质岩，晶体常呈辐射状或柱状排列。阳起石（actinolite）为硅酸盐类矿物，是透闪石中的镁离子 2% 以上被二价铁离子置换而成的矿物，为闪石系列中的一员，这类矿物常称闪石石棉。透闪石产于矽卡岩、结晶片岩及区域变质的泥质大理岩中，主要产于接触变质灰岩、白云岩中，亦见于蛇纹岩中。透闪石可以是不纯灰岩或白云岩遭受接触变质的产物。在区域变质作用中，可由不纯灰岩、基性岩或硬砂岩等变质形

成。在热液蚀变过程中，亦可形成阳起石，称为阳起石化作用。阳起石常见于片麻岩、千枚岩中，可与滑石、石棉、蛇纹石等其他矿物共生。

（4）假蓝宝石。假蓝宝石（sapphirine，spr）是一少见矿物，常发育在富Mg-Al质的高级变质岩中，而富Mg-Al质麻粒岩一般以团块状或条带状位于大面积的变泥质岩内。假蓝宝石的保存和识别对研究高温-超高温变质作用的热演化历史具有重要意义，尤其假蓝宝石（spr）和石英（qtz）的共生组合是岩石经历了超高温变质作用的标志（>900℃）。

（5）石榴子石。石榴子石是高压-超高压变质岩中重要的变质矿物之一，其成分变化可有效指示变质程度及变质岩在蜕变质阶段的部分熔融过程。变质阶段形成的石榴子石通常含有典型的变质矿物组合，如绿辉石、多硅白云母等，而且边部的锰铝榴石组分会明显降低（夏琼霞，2019）。

（6）红柱石、蓝晶石、矽线石。它们是铝硅酸盐（$Al_{(2)}SiO_{(5)}$）的3种同质多象体，其晶体结构、物理性质和温度、压力稳定范围各不相同。研究其矿物共生组合、相变和变形，可以解析矿物结晶顺序、变质与变形历史。对已有天然样品和实验岩石学研究成果进行综合分析，发现$Al_{(2)}SiO_{(5)}$的多相转变和相平衡关系受化学组成、流体、温度和压力等环境条件的影响；$Al_{(2)}SiO_{(5)}$的双相或三相共生组合通常是亚稳态的；矿物结晶顺序记录着区域的温度压力轨迹和构造演化历史。在变质岩石中，$Al_{(2)}SiO_{(5)}$矿物可以形成不同强度的结晶学优选方位，其中c[001]轴近似平行线理方向，红柱石、蓝晶石和矽线石的主滑移系分别为（110）[001]、（100）[001]和（010）[001]或（100）[001]。目前，红柱石-矽线石转变线位置和三相点的温压条件还存在争议，三相矿物的共生组合是变质过程的亚稳态共存状态，不能代表三相点的温压条件。

（7）蛇纹石。蛇纹石（serpentine）是指蛇纹石族矿物，其定义为含（OH）的具有层状结构的镁质硅酸盐，其理想成分为$Mg_6[Si_4O_{10}](OH)_8$。蛇纹石的主要变种有利蛇纹石（lizardite）、纤蛇纹石（chrysotile）和叶蛇纹石（antigorite）。其中，呈斜方辉石假象的叶蛇纹石或利蛇纹石称为绢石。这些矿物通常呈各种色调的绿色，如黄绿、深绿和黑绿色。蛇纹石族矿物在镜下鉴定比较困难，可用XRD进行区分。

2. 变质岩的矿物组合与矿物共生

变质岩中的每一种矿物都代表其独特的化学成分和温压条件，在化学热力学上称为"相"。变质岩中矿物组合一方面受原岩化学成分的控制，一方面受变质温压条件和变质过程的控制。变质岩中矿物共生组合一般代表在一定的温压条件下稳定平衡的矿物组合，随着变质条件的变化，早期形成的平衡矿物组合会被后期的矿物组合所替代。因此，变质岩中矿物的不平衡结构是研究变质条件演化的有效线索。但是，确定变质岩中的平衡矿物组合相对比较困难，因为岩石中出现的矿物，既有可能是相互平衡的产物，也有可能尚未达到平衡，是多阶段变质作用相互叠加的结果。

（1）特征变质矿物。特征变质矿物是稳定范围比较窄、反映外界条件变化比较灵敏的一类变质矿物，如红柱石、蓝闪石、柯石英、斯石英、假蓝宝石等。

（2）贯通变质矿物。贯通变质矿物是稳定范围比较宽、温压条件变化不敏感的一类变质矿物，如碱性长石、白云母、石英等。

3. 变质岩的化学成分

变质岩的化学成分主要受控于原岩的化学成分及变质作用的程度，由变质岩与原岩的地球化学成分对比，可区分为等化学变质和异化学变质。所谓化学变质，代表变质过程中有外来组分（岩浆岩的烘烤热变质）的加入或是部分组分的迁出（混合岩化过程中长英质熔体的迁移）。多数变质作用被认为是等化学变质，这是变质岩岩石学研究的重要前提之一。变质岩的化学成分在变质成矿作用研究方面具有特殊意义。著名岩石学家程裕淇（1963）曾指出："对某些变质矿床，成矿的控制条件主要是原岩类型（及建造）的地球化学特性及变质作用的性质与程度，而作为外因的后者是通过作为内因的前者起作用的。"越来越多的资料表明，矿床类型往往与其赋存的变质建造（含矿建造）的化学成分密切相关。

（1）等化学变质作用（isochemical metamorphism）。这是在封闭系统中发生的变质作用，变质岩与原岩相比，其化学成分基本不变，仅是矿物组成发生了变化，这是一种相对理想的概念。实际上，在变质过程中，由于流体的存在，其化学成分会发生不同程度的改变，这时需要结合元素的性质研究不同化学元素在变质过程中的行为，从而根据活动性较弱元素的特征来反演其原岩性质。

（2）异化学变质作用（allochemical metamorphism）。这是在开放系统中使岩石总化学成分除了 H_2O、CO_2 等挥发分，其他组分也发生变化的变质作用。当变质作用伴随交代作用，系统除了 H_2O、CO_2、O_2 等挥发分，K^+、Na^+、Ca^{2+}、Mg^{2+}、Si^{4+} 等金属阳离子亦成为活动组分可带入、带出时，才把岩石系统看作是开放系统。

四、变质岩的典型结构构造

（一）变质岩的典型结构

1. 变余结构

变余结构是恢复变质岩原岩最可靠的依据之一，常见于浅变质岩中（图 7-8）。变余结构，是指变质作用不彻底而使原岩的结构部分地被保留下来。原岩结构被保留的难易程度取决于两个方面的因素：首先是变质作用特征，如在低级变质岩石中易于出现变余结构，随着变质程度增加，岩石中的变余结构减少；其次是原岩的结构和成分，如粗粒岩石比细粒岩石易于保留原岩结构，含水少的岩石比含水多的岩石易于保留原岩结构。变余结构的命名方式是"变余＋原岩结构名称"。与沉积岩有关的变余结构包括变余泥质结构、变余砂状结构、变余砾状结构等，与岩浆岩有关的变余结构包括变余斑状结构、变余花岗结构、变余辉长结构、变余辉绿结构、变余交织结构等。在变余结构中，原岩中有些斑晶矿物或性质比较稳定的矿物的化学成分可以有效保留，还有可能随着变质程度增高，新生的变质矿物保留原岩中矿物的假象，如变质基性岩中可以看到绿泥石呈辉石的假象（解理的结构残留）和蛇纹石呈橄榄石的假象（晶型、粒径和裂理保留），这些都是进行变质岩原岩恢复的重要证据。

2. 交代结构

交代结构，是指一个原生矿物被另一个矿物或矿物集合体取代的现象，在取代过程中有物质成分的交换和结构的改组（图 7-9）。

（1）交代残余结构。它是原生矿物被一个次生矿物交代不完全形成的结构，如石榴子石被绿泥石交代，有部分石榴子石残留在绿泥石中。

（2）交代假象结构。原生矿物被一个次生矿物交代彻底，次生矿物取代了原生矿

图 7-8　变余结构的典型显微照片

图片来自网络，桔灯勘探

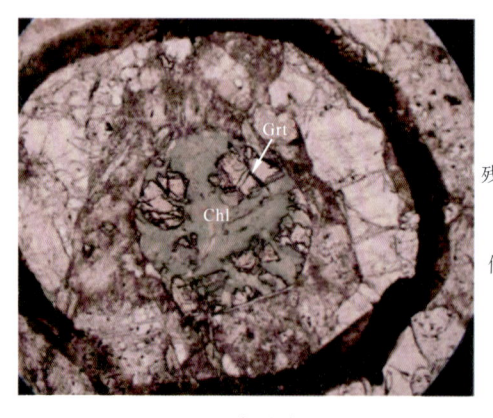

交代
残余结构

交代
假象结构

图 7-9　典型的交代残余结构

石榴子石被绿泥石交代。据苟龙龙课件

物，具有原生矿物假象，如橄榄石的蛇纹石化。

（3）交代净边结构。在钾长石和斜长石接触处，常见受绢云母化或云雾状的斜长石周围有一表面洁净的环带或镶边，称为净边。

（4）蠕英结构。多见于混合岩的淡色体中，钾长石局部被酸性斜长石＋石英取代，在显微镜下呈蠕虫状或菜花状。

3. 变形结构

变形结构是变形机制温压条件的反映，因变形机制的不同而具有不同的特点，除了从岩石薄片或手标本角度去观察，还可从更小尺度的晶内和晶界角度去观察（图 7-10）。晶内和晶界变形结构反映晶粒脆性变形、晶内塑性变形和扩散流动。在低级变质条件下，主要为晶粒脆性变形结构：最初表现为矿物的裂纹，进一步则沿着颗粒边缘或裂纹裂开破碎；随着变质温压条件升高，逐步转变为晶内塑性变形结构，包括波状消光、变形带、扭折带、变形双晶、变形纹和恢复产生的亚颗粒。扩散流动，往往是通过粒间流体相进行的压溶、压力影和压力裙。在剪切带中常见的糜棱结构是一种典型的由脆性到韧性转变的结构，主要为发生韧性变形的隐晶质碎基＋脆性变形的矿物碎斑，在很多矿物碎斑附近可以见到压力影结构。

图 7-10 二辉橄榄岩中的变形破碎结构
图片来自网络，桔灯勘探

4. 变晶结构

在一定的温压条件下，原岩中的矿物会发生变质重结晶。由于变质重结晶的温度、元素活度均低于岩浆中矿物的结晶，故变晶结构形成的矿物多为半自形-他形，而且粒度较小、包裹体多。变质重结晶过程中晶体生长倾向于向应力薄弱处生长，故变晶结构一般会有定向构造(图 7-11)。不同矿物在特定条件下的结晶能力(晶体生长速度、原岩化学组成)称为成面能，这是决定变晶自形程度及包裹矿物的主要因素，而成面能本身受控于矿物性质及变质的温压及流体条件。在描述变晶结构时，主要强调以下几个方面的特征：①变晶矿物的粒度、相对大小，如可命名为粗粒变晶结构或斑状变晶结构。②变晶矿物是否有定向构造，如鳞片状变晶结构、纤状变晶结构或束状变晶结构

（变晶矿物呈放射状生长）。③变晶矿物之间的相互关系，包括穿插关系、包裹关系等，典型结构包括嵌状变晶结构或变质石榴子石形成的筛状结构（石榴子石中包裹大量长英质矿物）。④变晶矿物之间的反应关系。

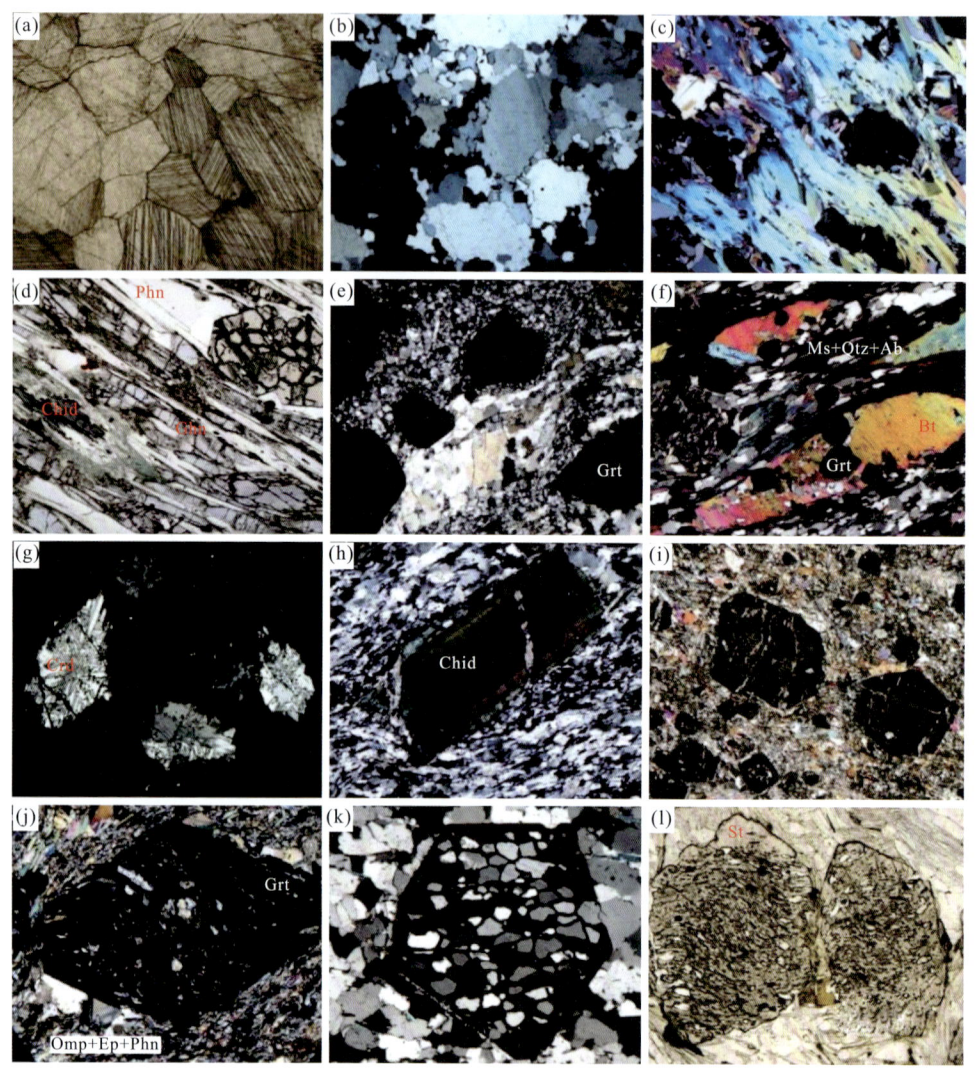

图 7-11　常见的变晶结构
图片来自网络，桔灯勘探

5. 包含变晶结构

包含变晶结构，是指粒度较大的矿物（主晶）包裹了一些不定向的细小矿物（客晶），主晶通常为一些自形程度较好的变斑晶，而其中所包裹的客晶为基质中的矿物或为前一变质阶段的矿物。一般随着变质程度增加，变斑晶中的包裹物减少。若主晶中的包裹物很多，可使主晶呈筛网状，称为筛状变晶结构。若主晶中的包裹物定向排列，称为残缕结构，此时主晶中的内片理或与外片理平行、或与外片理斜交。若在变斑晶形成过程中有应力作用，变斑晶中的包裹物可发生弯曲状排列，表现为 S 形或其他的旋转结构。旋转结构指示变嵌晶生长时发生同构造旋转，可用来判断剪切指向。

6. 反应边结构

反应边结构，是指一种或数种矿物沿某矿物晶体成放射状、似蠕虫状或镶边状，它们彼此在晶形和光性方位上都不连续，亦称冠状体，这种结构的出现是相邻矿物间反应未达到平衡的结果。

7. 后成合晶结构

两种或两种以上的次生矿物共生在一起，它们可以构成原生矿物的反应边，还可以成原生矿物的假象。这种结构在麻粒岩和榴辉岩中很常见。

(二)变质岩的常见构造

1. 定向构造

(1)面状构造(面理)。①板状构造。这是变质泥岩等柔性岩石受压力作用形成的一种构造。它的特点是岩石呈现一种相互平行的破裂面(劈理面)，如同板状，破裂面上有时有微晶绢云母、绿泥石等矿物，但岩石总体上基本没有重结晶，新生矿物很少。②千枚状构造。这是一种低级定向构造。微片理面上因绢云母、绿泥石密集排列而有强烈的丝绢光泽。岩石重结晶程度不高，矿物肉眼难辨，镜下见有较多新生矿物如绢云母、绿泥石、微粒石英等呈密集定向排列，常呈微褶皱状。③片状构造。岩石中含较多片、柱状矿物，这些矿物连续定向排列成面状，称为片理。片理可较平直，亦可呈波状弯曲甚至强烈揉皱状。④片麻状构造。岩石主要由浅色粒状矿物组成，少量暗色片状及柱状矿物呈断续定向排列，或这些柱状及片状矿物集结成宽度和长度都不大的薄透镜体呈断续定向排列。⑤条带状构造。这是由不同成分、不同结构的浅色与暗色"层"或透镜体互层状分布构成的面状构造。

(2)线状构造。线状构造即线理，是岩石中各种线状要素的平行定向排列。按线状要素的不同，线理可分为以下类型：①拉伸线理。由拉长的砾石、岩石碎屑、矿物颗粒或矿物集合体等的定向排列构成。②矿物生长线理。主要由针状、柱状等矿物定向排列构成，是岩石在变形、变质过程中压溶和重结晶的产物，因而矿物长轴方向往往反映岩石重结晶流动的方向。③褶纹线理。它由早期面理发生微褶皱后枢纽的近平行排列构成。④交面线理。即两组面理的交线。

2. 无定向构造

(1)斑点状构造。斑点状构造为接触变质初期形成的斑点板岩所特有。其特点是，岩石中分布一些形状不一、大小不等的斑点，肉眼很难辨别出其矿物成分；在显微镜下观察，斑点由碳质、铁质物或红柱石、堇青石、云母等的雏晶集合体组成。这些斑点状或瘤状矿物，可能是在变质过程中变质热液通过扩散或聚集形成的铁质、碳质、硅质集合体。

(2)块状构造。块状构造的岩石中矿物成分和结构都很均匀，不显示定向排列。

(3)角砾状构造。角砾状构造以含大的棱角状岩石碎块为特征，见于动力变质岩和混合岩中。

(三)混合岩的构造

(1)条带状构造。基体与脉体呈条带状相间分布。

(2)眼球状构造。长英质呈眼球状团块断续分布于基体中(图7-12)。

图 7-12　混合岩中的常见构造

据荀龙龙课件

（3）网脉状构造。长英质脉体不规则地穿切基体，呈细脉状、分枝状、网状分布。脉体数量较少，宽窄不定，有时尖灭。

（4）角砾状构造。基体被脉体分割包围，呈角砾状。

（5）肠状构造。脉体呈肠状褶曲分布于基体之中。

（6）云染状构造。亦称阴影状构造、星云状构造。基体与脉体界线完全不清，有时隐约可见被交代的基体的残留轮廓，呈斑杂状或阴影状分布。

五、变质岩的分类命名

1. 基于矿物组成和变质相的命名

基于岩石的矿物成分、结构构造等岩相学特征将岩石划分成不同类型，不同类型的岩石有不同的基本名称。与岩浆岩和沉积岩的岩相学分类不同，在变质岩分类中，一些岩石类型的基本名称是基于岩石的构造，如片岩；一些则基于矿物成分，如大理岩，这是地质学家约定俗成的结果。变质岩常见以矿物组成和结构构造两类分类方案。以矿物成分分类，通常限于结晶质的区域变质岩，用矿物含量在双三角形分类图解上的投影点位置得出岩石的基本名称，称为矿物学分类，最著名的是 Winkler(1976)的分类方案。以岩石结构构造分类，根据岩石最显著的结构构造等特征划分岩石的基本类型，称为结构分类，以 Best(1982)和 Raymond(1995)的分类方案为代表。

变质岩基于结构构造的命名如下。

（1）片岩。片岩是常见的区域变质岩石。在区域变质过程中，随着温度、压力的增高，变质加深，硅铝质原岩依次变质成为板岩、千枚岩、片岩、片麻岩。因此，片岩（变晶结构）比板岩（一般为变余结构）变质程度高、比片麻岩（粒状变晶结构）变质程度低。片岩具有典型的片状构造，通常会展现出深浅矿物交叠形成的明显分层。片状、板状、纤维状矿物相互平行排列，粒度较粗，肉眼就可辨别。原岩已全部重结晶，由片状、柱状和粒状矿物组成。常见矿物有云母、绿泥石、滑石、角闪石、阳起石等，它们强度较低，极易风化。片岩的类型主要取决于原岩类型，亦与经历的温度压力条件密切相关，主要有云母片岩类、钙硅酸盐片岩类、绿片岩类、镁质片岩类、闪石片岩类、蓝闪片岩类等。云母片岩矿物成分以云母为主，虽然白云母和黑云母同时存在，但通常白云母要远多于黑云母，其次有石英、斜长石、石榴子石、蓝晶石、十字石等。云母片岩分布较广泛，岩石具斑状变晶结构，变斑晶为铁铝榴石。基质为白云母、黑云母、石英及少量斜长石。蓝闪石片岩的特点是有含钠的角闪石和含钠的辉石，其他常见矿物有白云母、绿泥石、绿帘石、石榴子石、石英、钠长石等，主要由基性岩和砂岩变化而来。蓝闪石的出现与应力作用有关。

（2）板岩。板岩是一种呈现亚光质感的细粒变质岩，容易裂成比较薄的平板，故称板岩。板岩的节理是小云母片生长的结果，而非沿着原沉积层分裂。泥岩、页岩或长英岩浆岩被掩埋并遭遇低温低压就会形成板岩。板岩颗粒很细，肉眼不可见。抛光后的板岩呈亚光质感，但摸起来很光滑，以前常用于制作黑板。少量的绢云母会使板岩产生丝绢光泽。板岩中常见的矿物有石英、白云母、伊利石，还可含有黑云母、绿泥石、赤铁矿、磷灰石、石墨、高岭石、磁铁矿、长石、碧玺、锆石等，大部分为隐晶质。板岩一般出现在区域变质地形中，如美国的阿巴拉契亚山脉、德国西部的莱茵山脉和中国河北的太行山脉。因矿物性质和原沉积环境中的氧化条件不同，板岩呈现多种颜色。例如，黑色板岩是在贫氧环境下形成的，而红色板岩是在富氧环境下形成的。板岩形成于低温低压环境中，因而动植物化石可能保存其中，以至一些极为精巧的细节得以保存。

（3）千枚岩。千枚岩是变质程度介于板岩和片岩之间的一种变质岩，通常和板岩、片岩相像，需要认真加以区分。千枚岩是泥岩、页岩等细粒沉积岩被掩埋并遭遇低温低压经过漫长时间后形成的，内部云母矿物呈平行分布，因此趋于裂成板状。但千枚岩的颗粒比板岩大，而且和板岩的亚光质感不同，它的片理面上具丝绢光泽，还常见挠曲和小褶皱。因含有更大的云母颗粒，千枚岩比板岩更具光泽，许多千枚岩中散布着的大晶体称为变斑晶，它们是在变质过程中生长出来的，电气石、堇青石、红柱石、十字石、黑云母、黄铁矿都是千枚岩中常见的变斑晶。因原岩的类型不同，矿物组合亦有所不同，从而形成不同类型的千枚岩。例如，黏土岩可形成硬绿泥石千枚岩，粉砂岩可形成石英千枚岩，酸性凝灰岩可形成绢云母千枚岩，中基性凝灰岩可形成绿泥石千枚岩等。

（4）片麻岩。片麻岩是一种变质程度很深的变质岩，具有片麻状构造。"麻"，说明岩石由粒状矿物（长石、石英、云母等）组成；"片"，说明岩石中有暗色片状或柱状矿物（黑云母、角闪石）定向排列，使岩石显示出明显的分层结构。不同颜色和大型颗粒产生的明显的矿物带，是这种变质岩的特点。深色部分为铁镁质矿物，浅色部分为长英质矿物。片麻岩为中粒至粗粒结构，与片岩不同，片麻岩的叶理发育得很好，但它没有或只有很少的片理(岩层之间的分割面)。大部分片麻岩富含石英和长石，伴有变质矿物(如石榴子石、绿柱石、托帕石)的变斑晶。

(5)变粒岩(granofels)。变粒岩呈灰黑色，中粗粒花岗变晶结构，弱片麻状构造，是一种片理不发育的粒状变晶结构的中等变质程度的区域变质岩。其原岩主要是粉砂岩、硅质页岩、复成分砂岩、中酸性火山岩和火山碎屑岩等，常为细粒粒状变晶结构。矿物成分主要是石英和长石(长石含量＞25％)，有时含有黑云母、白云母、角闪石，其总量不超过30％。若片状、纤状矿物含量较多，可具片状或片麻状构造。当深色矿物含量＜10％时，称为浅粒岩。细粒岩类岩石根据矿物组合及含量可划分为变粒岩和浅粒岩。其中，变粒岩片、柱状矿物含量为10％～30％，浅粒岩其(片、柱状矿物)含量＜10％。变粒岩中可有黄铜矿、黄铁矿、磁黄铁矿，有时可富集成矿。

(6)眼球状混合岩。眼球状混合岩的特征是具有典型的眼球状构造。基体多为片理发育的岩石，眼球通常是碱性长石。碱性长石是一种常见的硅酸盐矿物，常以各种颜色的玻璃状晶体出现，用于制造玻璃和陶瓷，透明、高度着色或彩虹色的品种有时用作宝石。最常见的是微斜长石，其粒度为几毫米至数厘米不等，常大致呈平行片理排列，有时晶形相当好，成为交代斑晶，但多数情况为透镜状。眼球有时可由长石石英集合体组成。眼球状的分布有时较密集、有时较稀疏，密集排列时常呈串珠状，并可逐渐过渡到条带状。基体部分一般含黑云母或角闪石较多，具有较明显的片状或片麻状构造，通常为云母片岩、云母变粒岩、斜长角闪岩和角闪片岩等，眼球状混合岩可渐变为条带状混合岩或其他混合岩。

2. 基于特征变质矿物的命名

(1)斜长角闪岩。斜长角闪岩是主要由角闪石和斜长石组成的中、高级造山变质岩，亦称角闪岩。成分主要为占半数以上的角闪石和稍次要的斜长石，无石英或含量很少，其他常见矿物还有帘石、透辉石、铁铝榴石和黑云母，以及榍石、磷灰石、钛铁矿等副矿物。常为纤状-粒状变晶结构，块状构造，亦可为片状或片麻状。粒度变化不定。有时还可出现条带状、斑杂状、雪花状和芝麻点状等特殊构造，可能与原岩类型关系密切。

(2)麻粒岩(granulite)。麻粒岩是由德国岩石学家 C. C. Weiss(1803)首次命名的，它是指德国 Saxony 地区的一套由无水矿物组成的片麻岩系。麻粒岩相的矿物组成包括石榴子石、蓝晶石(或矽线石)、长石、石英、金红石等。麻粒岩的变质条件为温度 $700 \sim 900$℃，压力 $0.6 \sim 1.2$GPa，一般 $p_{H_2O} \ll p_1$，因为在麻粒岩相的温度条件下，若 $p_{H_2O} = p_1$，将会发生广泛的深熔作用，只有当 $p_{H_2O} \ll p_1$ 时，才发生麻粒岩相变质作用。麻粒岩的变质条件与下部地壳相当，就其地震波速而言，亦与深部地壳相吻合。因此，麻粒岩是研究下部地壳的窗口。麻粒岩主要分布于世界各大陆的结晶基底中，时代为太古宙及早元古代，在显生宙碰撞造山带、岩浆增生弧及大陆裂谷带中也有麻粒岩分布。

(3)泥质麻粒岩。原岩为泥质岩石，主要变质矿物为 Kf(条纹长石)、Pl 和 Q 等，特征变质矿物出现 Crd、Sil、Gt 和 Hy 及假蓝宝石等，为块状构造、弱片麻构造及条痕状构造等，粒状变晶结构。压力较高时，Ky 取代 Sil，为泥质高压麻粒岩。压力较低时，矿物组合中出现 Crd，为低压麻粒岩。在印度及其他很多前寒武纪结晶基底中，麻粒岩相的泥质岩石以出现 Q＋条纹长石＋Pl＋Gt＋Sil 及石墨等为特征，称为孔兹岩。

（4）基性麻粒岩。原岩为代表下地壳的镁铁质岩石，其主要由紫苏辉石、透辉石及角闪石等暗色矿物组成，通常含量可达 30％～85％，浅色矿物以中基性斜长石为主，石英少或无，可含有少量石榴子石、铁矿物、黑云母等。粒状变晶结构，块状构造。其原岩主要为基性岩石及含镁铁较高的泥质灰岩等。常见类型有紫苏辉石暗色麻粒岩、二辉暗色麻粒岩等。

（5）中酸性麻粒岩。原岩较复杂，可以是中酸性火山岩、火山碎屑岩、火山硬砂岩等，主要由浅色粒状矿物（长石、石英）和暗色矿物（紫苏辉石、角闪石、黑云母等）组成，其中暗色矿物含量＜30％，长石可以中酸性斜长石为主，同时包含微斜长石、条纹长石、反条纹长石等，石英可有一定数量，有时还可出现石榴子石等富铝矿物。一般发育鳞片粒状变晶结构，片麻状或弱片麻状构造等。

（6）石英榴辉岩。包括高压型榴辉岩和超高压型石英榴辉岩，其矿物组合为石榴子石＋绿辉石＋石英，若含有柯石英包裹体，则为超高压变质岩；次要矿物包括多硅白云母、蓝晶石和绿帘石；副矿物为金红石和锆石。超高压型榴辉岩中的柯石英一般会发生蜕变质，形成 α-石英，体积发生膨胀，形成微颗粒或栅状集合体，在寄主矿物中会留下发射状裂隙构造。

（7）石榴子石橄榄岩。它代表地幔岩石发生高压变质作用的产物，其矿物组成为石榴子石＋橄榄石＋斜方辉石＋单斜辉石＋粒硅镁石＋钛铁矿等。这类岩石经常发生不同程度的蛇纹石化。

（8）大理岩（marble）。大理岩在中国古代一般称为汉白玉，由碳酸盐岩经区域变质作用或接触变质作用形成，主要矿物为重结晶的方解石和白云石，还含有硅灰石、滑石、透闪石、透辉石、斜长石、石英、方镁石等。具粒状变晶结构，块状（有时为条带状）构造，通常白色和灰色大理岩居多，常见的颜色还有浅灰、浅红、浅黄、绿色、褐色、黑色等。大理岩多为块状构造，也有部分大理岩具有大小不一的条带、条纹、斑块等构造。

（9）蛇纹岩（serpentinite）。主要由蛇纹石类组成，代表橄榄岩、二辉橄榄岩等地幔岩石发生低温低压变质作用的产物。其理想的变质反应为：14Fo（镁橄榄石）＋10En（顽火辉石）＋31H_2O＝atg（页蛇纹石），主要发育纤状变晶结构或鳞片变晶结构；在橄榄石发生蛇纹石化的过程中，其中的 Fe 质会析出，在蛇纹石边部或内部形成散点状的磁铁矿小颗粒。通常在大洋洋底变质过程中，洋壳岩石及下部地幔橄榄岩等在低温海水作用下发生蚀变，转变为蛇纹岩。需要注意的是，蛇纹岩不仅广泛出露于大洋洋底、洋中脊等地，而且在俯冲带亦有出现。同时，在蛇绿岩中也会出露一定比例的蛇纹岩。因此，在研究中对蛇绿岩（ophiolite）与蛇纹岩（serpentinite）要注意加以区分。

（10）红柱石角岩。黑色，分布均匀。致密块状构造，斑状变晶结构，基质角岩结构。主要矿物为红柱石、石英，红柱石约占 45％，石英约占 30％；次要矿物为角闪石、白云母、黑云母，约共占 10％；副矿物为黄铁矿，约占 2％。由富碳富铝泥质岩接触、气液热变质而成。在一些红柱石角岩中，红柱石形成特殊的放射状结构，可以形成菊花石，北京房山岩体附近有产出。

第五节　变质岩的主要类型

一、根据原岩类型的分类

该分类方案主要基于原岩的矿物组成进行分类，是由 Turner(1955)提出的。其中，泥质岩石和变质基性岩对变质温压条件十分敏感，可以详细记录变质过程中温压条件的变化，是当前变质岩研究的主要研究对象。还有根据原岩的化学成分提出的分类方案，如铝质(黏土矿物、云母类矿物较多)、钙质(以碳酸盐为主)、磷质(以磷酸盐为主)等分类方案。为方便开展野外工作，以矿物组成为依据的分类方案有广泛应用(表 7-1)。

(1)变泥质岩石(metapelite)。亦称富铝系列。原岩为泥岩和页岩等，其化学成分富 Al_2O_3、SiO_2、K_2O，贫 CaO 和 Na_2O，$K_2O > Na_2O$，常见的变质矿物有 Bi(黑云母)、Ms(白云母)、Chl(绿泥石)、Ky(蓝晶石)、Sil(矽线石)、And(红柱石)、Alm(铁铝榴石)、Chtd(硬绿泥石)、Cord(董青石)和 St(十字石)。

(2)变基性岩石(metabasite)。亦称铁镁系列。原岩为基性岩浆岩(火山岩或侵入岩)和铁质白云质泥灰岩等，其化学成分富 CaO、FeO^*、MgO，贫 Na_2O 和 K_2O，$Na_2O > K_2O$，常见变质矿物有 Chl(绿泥石)、Ep(绿帘石)、Act(阳起石)、Hb(普通角闪石)、Hy(紫苏辉石)、Di(透辉石)和 Pl(斜长石)。

(3)长英质系列(quartz-feldspathic rocks)。原岩为各种砂岩、杂砂岩、粉砂岩、中酸性岩浆岩，其化学成分富 SiO_2、Na_2O、K_2O，贫 Al_2O_3、MgO 和 FeO，常见变质矿物有 Ms(白云母)、Bi(黑云母)、Kfs(钾长石)和 Q(石英)。

(4)变质碳酸盐岩(metacarbonate)。亦称变碳酸盐系列。原岩为石灰岩和白云岩，其化学成分富 CaO 或富 MgO，常见变质矿物有 Cc(方解石)、Do(白云石)、Tc(滑石)、Tr(透闪石)、D(透辉石)、Wo(硅灰石)、Grs(钙铝榴石)和 Ser(蛇纹石)。在动力变质条件下一般形成各种大理岩，在接触变质条件下形成矽卡岩。

表 7-1　5 个等化学系列特征对比表

等化学系列	原岩类型	化学成分特征	特征变质矿物
富铝系列	泥岩、页岩等	富 Al_2O_3、SiO_2、K_2O，贫 CaO	铁铝榴石、硬绿泥石、蓝晶石、红柱石、矽线石、十字石
基性系列	基性岩浆岩和铁质白云质泥灰岩	富 CaO、FeO^*、MgO，$Na_2O > K_2O$	绿帘石/黝帘石、角闪石、单斜辉石、斜方辉石、石榴子石、绿泥石
长英质系列	各种砂岩、杂砂岩、粉砂岩、中酸性岩浆岩	富 SiO_2、Na_2O、K_2O，贫 FeO、MgO、CaO	石英、斜长石、钾长石、云母等
碳酸盐系列	石灰岩和白云岩	富 CaO 或贫 MgO	滑石、铁铝榴石、透闪石、透辉石、镁橄榄石、硅灰石等
超基性系列	超基性岩浆岩	富 MgO、FeO	滑石、蛇纹石、橄榄石、透闪石

(5)变超基性岩石(metaultra mafic rock)。亦称超铁镁系列。原岩为超基性岩浆岩，其化学成分富 MgO 和 FeO，$SiO_2<45\%$，常见变质矿物有滑石、蛇纹石、透闪石等，会形成一些特殊的石棉等。

二、根据变质条件的分类

(1)高压–超高压变质岩。20 世纪 80 年代以来，陆续在欧洲的阿尔卑斯、中国大别造山带的变质岩中发现柯石英或金刚石的包裹体(Chopin，1984；Sobolev and Shatsky，1990；Xu et al.，1992)等，从而证明陆壳岩石在碰撞造山过程中可俯冲至 80～120km 深，这改变了传统的陆壳岩石难以俯冲到地幔深度的认识，开辟了新的研究方向。目前，在全球的造山带中，陆续发现了 20 多条高压–超高压变质带，包括欧洲的阿尔卑斯造山带、中国的中央造山带及中亚造山带等，常见的超高压岩石包括蓝片岩(原岩为泥质岩石)、石英榴辉岩(原岩为洋壳)和柯石英榴辉岩(原岩为陆壳岩石)。根据超高压岩石组合的不同，可将超高压变质岩分为大陆型和大洋型。其中，在大陆型超高压变质岩中，榴辉岩或石榴子石橄榄岩呈透镜体产出于花岗片麻岩中，如大别造山带中的高压–超高压变质岩就是这样的产状。

(2)超高温变质岩。超高温变质岩代表中下地壳岩石在高温(>900℃)条件下发生变质作用，但未发生明显的部分熔融形成的一种特殊类型的变质岩。以原岩为富 Mg 泥质岩为例，在这样的高温条件下可形成假蓝宝石+石英、富 Al 斜方辉石(紫苏辉石)+矽线石等高温矿物组合(Harley，2008)。Dallwitz(1968)首先报道了在南极地区含假蓝宝石+石英的高温矿物组合。据 Harley(1998)研究，超高温变质作用一般发生在中压(0.7～1.3GPa)、变质温度 900～1 100℃，主要标志是一些指示性矿物组合，如假蓝宝石+石英、尖晶石+石英、紫苏辉石+矽线石+石英等，以及含大隅石的组合出露于富镁铝的变泥质岩中(图 7-13)。理论上超高温变质作用可发生在任何岩石单元，但实际工作发现，只有在富 Mg-Al 的变质泥质岩中才能找到上述特征的矿物组合。目前，全球多处陆续发现了超高温变质岩，它们代表异常高地温梯度背景下的大陆聚合碰撞过程，其形成时代及所代表的地球动力学意义是当前变质岩岩石学研究的热点问题。在我国内蒙古土贵乌拉地区首先发现了超高温变质矿物组合：假蓝宝石+石英、低 Zn/Fe^{3+}尖晶石+石英及高铝斜方辉石+矽线石+石英+高温条纹长石。

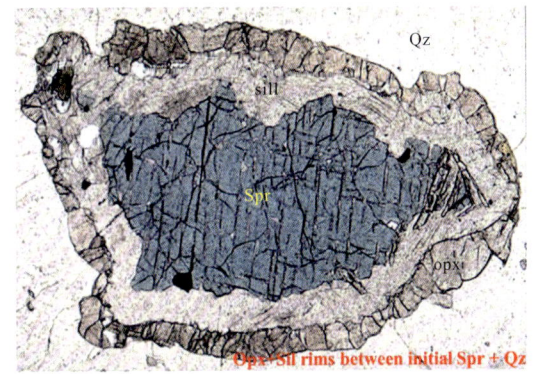

图 7-13　含假蓝宝石超高温变质岩
据苟龙龙课件

三、根据变质作用方式的分类

1. 局部变质作用(local metamorphism)

局部变质作用分布局限(一般体积<100km³)，分布在一个具体的地质构造带，往

往是一个变质因素起主导作用。在局部变质作用发生的地区，可清楚地观察到变质岩与未变质岩石的渐变过渡。它有以下 4 种主要类型。

（1）接触变质作用（contact metamorphism）。接触变质作用（图 7-14）是伴随岩浆作用而发生的一种局部变质现象，是岩浆侵入体周围的岩石受侵入体所散发的热和挥发分的影响而发生的变质作用。这类变质作用以低压为特征，压力一般不超过 0.2～0.3GPa。根据变质作用方式和影响因素可进一步分为热接触变质作用和接触交代变质作用两类，代表性岩石分别为角岩和矽卡岩。

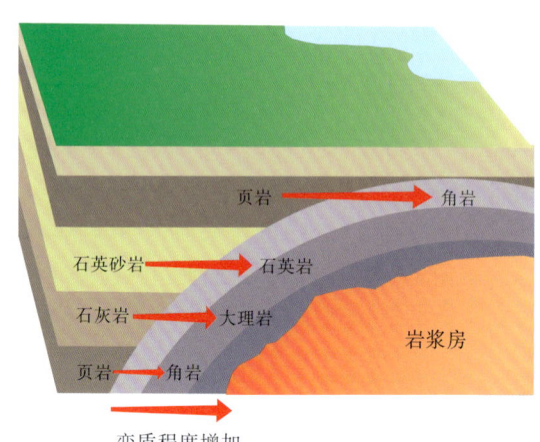

图 7-14 接触变质作用示意图

页岩接触变质作用形成角岩，石英砂岩和石灰岩
接触变质作用分别形成石英岩和大理岩

（2）动力变质作用（dynamic metamorphism）。动力变质作用（图 7-15）是岩石遭受强烈的应力作用而发生的变质作用，其作用方式以碎裂作用为主，发生在断裂带、褶皱区。它是构造断裂带上的岩石在构造应力作用下通过破碎、变形和重结晶作用等所发生的矿物成分和结构构造变化。其岩石以高应变为特征，形成的代表性岩石如构造角砾岩、碎裂岩和糜棱岩等。动力变质作用是局部变质作用的一种，受构造断裂带的控制。

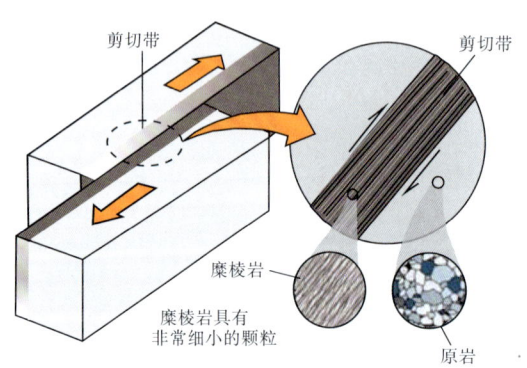

图 7-15 动力变质作用示意图

在变质条件下，岩石的剪切作用会使原始晶体分裂成
微小的晶体而不会破裂形成一种称为糜棱岩的片岩

（3）气-液变质作用（hydrothermal metamorphism）。亦称交代变质作用。具有化学活动性的流体与固体岩石发生交代，从而引起岩石发生矿物成分、结构构造的变化过程，称为气-液变质作用。它可出现在很多地质环境中，特别是在岩体和矿脉等附近，故又称近矿围岩蚀变，亦称蚀变岩。例如，在某些钨锡矿脉附近，花岗岩和片麻岩常常云英岩化而变成云英岩。

（4）冲击变质作用（impact metamorphism）。冲击变质发生在陨石冲击星体表面产生的冲击坑中，它是在极短的时间内发生的，压力可达数十至上百吉帕（GPa），温度可超过 10 000℃（图 7-16）。因此，它是在瞬时高温和动态高压条件下发生的特殊类型的变质作用，出现了一些特殊的高压变质矿物，如柯石英（coesite）和斯石英（stishorite）。变形和伴随的部分熔融是其主要的变质机制。例如，辽宁岫岩罗圈里村发现一直径 1.8km、深度约 150m 的陨石坑（陈鸣，2007），其中发现了震裂锥、超高压矿物、石英颗粒内部的击变面状页理、震击均质体及冲击玻璃等（图 7-17），从而确定是由陨石冲击变质形成的。

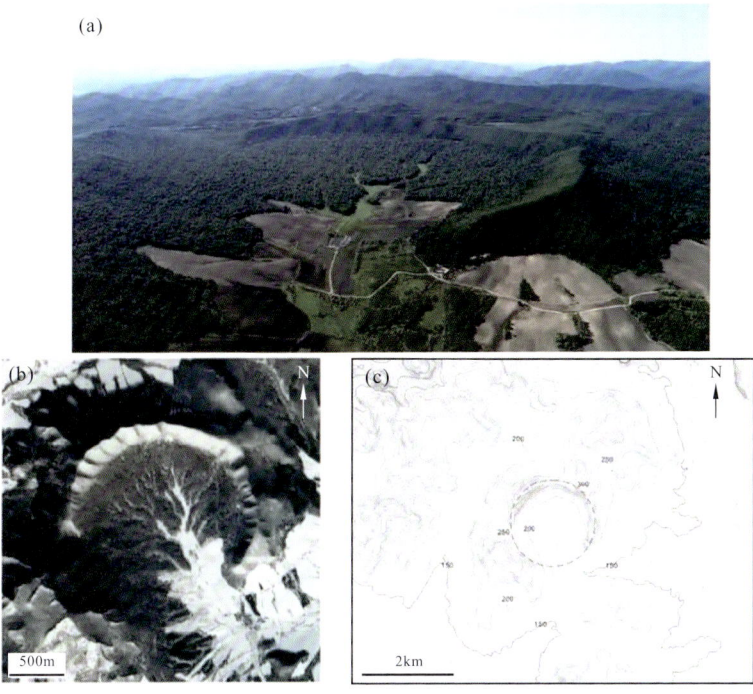

图 7-16　黑龙江依兰地区依兰陨石坑图像

（a）陨石坑全景照片，无人机拍摄。陨石坑大部分区域被密集森林所覆盖。
（b）陨石坑卫星遥感图像，Google Earth，2013。（c）等高线地形图，圆形虚线
表示陨石坑位置，引自陈鸣等，科学通报，2019

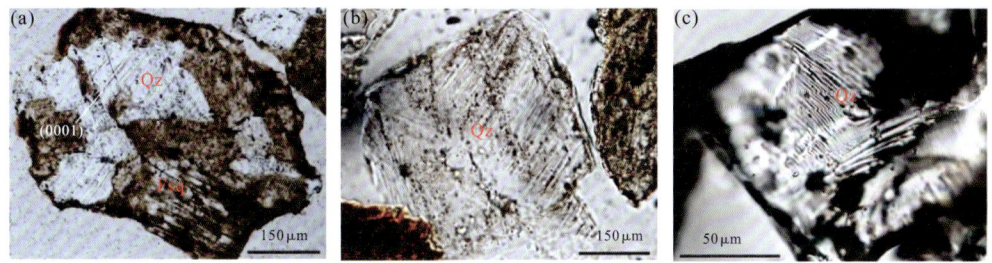

图 7-17　辽宁岫岩罗圈里村陨石形貌

（a）花岗岩碎屑中石英发育一组平行于（0001）PDFs（NE-SW 方向），单偏光。（b）石英晶体碎片
含 2 组 PDFs（分别为 NE-SW 和 NNW-SSE 方向）的石英，单偏光。（c）石英晶体碎片含 3 组
PDFs（分别为 NW-SE、N-S 和 NEE-SWW 方向）的石英，单偏光。Qz：石英；Fsp：长石。引自
陈鸣等，科学通报，2019

2. 区域变质作用（regional metamorphism）

　　区域变质作用是岩石圈大规模范围（Raymond，2002；其体积大于数千立方千米）
内发生的多种因素综合起作用的复杂的变质作用，包括造山变质作用、洋底变质作用、
埋藏变质作用和混合岩化作用。主要变质因素有温度、压力（包括围限压力和应力）和
流体。按变质作用发生时的地热梯度（dT/dp），都城秋穗（1961，1994）将区域变质作
用划分为低压型、中压型和高压型（图 7-18）。

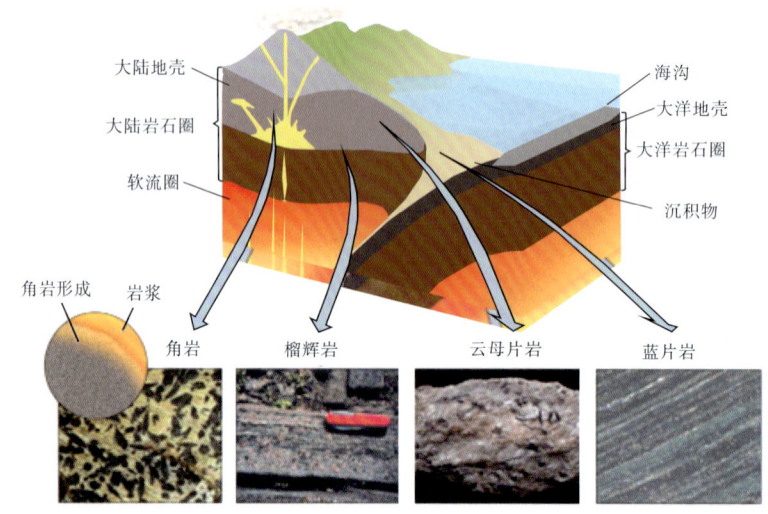

图 7-18　按变质作用发生时的地热梯度划分的区域变质作用类型

接触变质作用发生在邻近岩浆侵入变质热的有限区域。超高压变质作用发生在地壳深处。区域变质作用发生在高压和高温延伸到大区域的地方。高压、低温变质作用发生在大洋地壳俯冲到大陆板块前导脊下的地方。据 Miyashiro，1961，1994

（1）造山变质作用（orogenic metamorphism）。造山变质作用是大规模分布于前寒武纪结晶基底和显生宙造山带的变质作用，与造山作用有密切的成因联系，面积达数百至数千平方千米。在前寒武纪结晶基底呈面状分布，在显生宙造山带呈带状分布。温度、压力、偏应力都是其重要的变质因素，主要变质机制为重结晶、变质结晶和变形，形成的岩石常显示面理和线理。根据造山带深部的物质结构和热结构，以及碰撞造山的样式（俯冲造山或碰撞造山等），可具体区分为高 p/T 型、中 p/T 型及低 p/T 型。其中，温度-压力关系（p/T）是影响造山带岩浆岩类型的关键因素之一。

（2）洋底变质作用（ocean floor metamorphism）。它是洋中脊附近的洋壳岩石在上升的热流和热卤水作用下发生的大规模变质作用。温度和流体中活动组分化学位（或浓度）是主要的变质因素。变质作用机制是变质结晶作用和交代作用，形成的岩石通常不显片理、线理。洋底变质作用不仅使岩石矿物成分、结构构造发生变化，而且可致岩石化学成分发生变化，因而是区域规模的异化学变质作用。变质程度自上而下主要为沸石相、葡萄石-绿纤石相和绿片岩相，深部可出现角闪岩相，为低压相系。由于洋底扩张，洋底变质作用的岩石遍布整个洋底。其主要方式包括两种：一种方式是热的玄武质岩浆和富 Cl、Na 的海水发生气液相蚀变的变质作用，玄武岩中的斜长石组分发生明显的钠长石化，镁铁质组分发生明显的绿泥石化；这样蚀变的玄武岩称为绿片岩。另一种方式是随着洋壳逐渐增厚，洋壳底部的玄武质组分发生温度、压力相对较高的变质，形成斜长角闪岩。该变质作用多通过对蛇绿岩的研究进行详细剖析。

（3）埋藏变质作用（burial metamorphism）。它是沉积盆地中的沉积物（包括火山物质）被埋藏到一定深度，由负荷压力和地热增温引起的一种大规模、很低级的变质作用。埋藏变质作用由埋深引起，应力作用不明显，岩石缺乏结晶片理。埋藏变质的温度、压力条件较低，一般出现浊沸石相和葡萄石-绿纤石相组合，重结晶和变质反应不彻底，普遍发育变余组构，多形成很低至低级变质岩石，是成岩作用与变质作用的过渡类型。

（4）混合岩化作用（migmatization）。高级区域变质伴随的部分熔融形成长英质熔体，这种现象称为深熔作用（anatexis）。当熔体数量较少时，它与固态变质岩石混合形成混合岩的大规模变质作用，这种作用称为混合岩化作用（图 7-19），亦称超变质作用（ultrametamorphism）。混合岩中的长英质部分称为淡色体，呈肠状、脉状不规则分布，残余的角闪石和黑云母部分称为暗色体；当熔体达到一定数量（>7%）时，长英质熔体开始迁移汇聚，就过渡成岩浆作用，形成各种花岗岩。

图 7-19　北秦岭造山带中秦岭群深熔作用形成的混合岩

第六节　由变质岩的矿物组合确定变质温压条件

在变质温度和压力达到平衡的条件下，离子在不同矿物之间的分配遵循一定的规律。依据该原理，根据不同矿物温压计，就可由特征变质矿物的化学特征反演其形成的温压条件。在一块变质岩石中，如果保留了两个世代及以上的矿物组合，应用矿物温度计、压力计，就能得到各个世代变质作用 p-T 条件，进而反演出变质作用 p-T 轨迹（吴春明，2021）。常规矿物温度计、压力计可分为两大类：①单平衡温度计、压力计。绝大多数温度计、压力计均属此类，这是基于单一平衡模式反应建立的温度计、压力计，如石榴子石-黑云母 Fe-Mg 交换温度计（Ferry and Spear，1978）、石榴子石-Al_2SiO_5 矿物-斜长石-石英（GASP）纯转变反应压力计（Koziol and Newton，1988）。②多平衡温度计-压力计组合。如果矿物组合达到并保持了严格的热力学平衡，不同的温度计、压力计曲线在 p-T 空间交叉于一个非常小的 p-T 范围内，经加权处理后交汇于一点。代表性的温度计-压力计组合有 TWQ 程序（Berman，1991）、Thermocalc 程序中的平均 p-T 方法（Powell et al.，1998）。需要说明的是，单平衡温度计、压力计尽管仅仅依赖单个平衡模式反应，但其精度却不一定低（Holdaway，2001）。随着实验岩石学的不断发展，还会不断修正相关矿物的温度、压力计并发展出新的矿物温压计，以便根据变质矿物组合和矿物化学特征更加精确地约束变质温压条件。

（1）适用于变质泥质岩、长英质变质岩的温度计、压力计。它包括石榴子石-黑云母温度计（Holdaway，2000）、石榴子石-堇青石温度计（Nichols et al.，1992）、石榴子石-白云母温度计（Wu and Zhao，2006）、白云母 Ti 温度计（Wu and Chen，2015）、黑云母 Ti 温度计(Wu and Chen，2015)、二长石温度计(Benisek et al.，2010)、石榴子石-董青石-斜长石-石英(GCPQ)压力计(Nichols et al.，1992)、石榴子石- Al_2SiO_5 矿物-斜长石-石英(GASP)压力计(Holdaway，2001)、石榴子石-黑云母-斜长石-石英(GBPQ)压力计(Wu et al.，2004)、石榴子石-白云母-斜长石-石英(GMPQ)压力计(Wu and Zhao，2006)、石榴子石-金红石-钛铁矿-斜长石-石英(GRIPS)压力计(Wu and Zhao，2006)、石榴子石-金红石- Al_2SiO_5 矿物-钛铁矿-石英(GRAIL)压力计(Bohlen et al.，1983；Koziol and Bohlen，1992)、石榴子石-黑云母-白云母-斜长石(GBMP)压力计(Wu，2015)、石榴子石-黑云母-白云母- Al_2SiO_5 矿物-石英(GB-MAQ)压力计(Wu and Zhao，2007)、石榴子石-黑云母- Al_2SiO_5 矿物-石英(GBAQ)压力计(Wu，2017)。

(2)适用于基性变质岩的温度计、压力计。它包括石榴子石-单斜辉石温度计(Ravna，2000)、石榴子石-斜方辉石温度计(Lal，1993；Glebovitsky et al.，2004)、石榴子石-角闪石温度计(Ravna，2000b)、斜长石-角闪石(-石英)温度计(Holland and Blundy，1994；Molina et al.，2015)、石榴子石-角闪石-斜长石-石英(GHPQ)压力计(Dale et al.，2000)、石榴子石-单斜辉石-斜长石-石英(GCPQ)压力计(Eckert et al.，1991)、石榴子石-斜方辉石-斜长石-石英(GOPQ)压力计(Lal，1993)、单斜辉石-斜长石-石英(CPQ)压力计(McCarthy and Patiño Douce，1998)、斜长石-角闪石-石英(HPQ)压力计(Bhadra and Bhattacharya，2007)。

(3)适用于超基性变质岩的温度计、压力计。它包括斜方辉石 Ca 温度计(Brey and Khler，1990)、二辉石温度计(Taylor，1998)、石榴子石-橄榄石温度计(Wu and Zhao，2007)、石榴子石-单斜辉石压力计(Beyer et al.，2015)、石榴子石-斜方辉石压力计(Taylor，1998；Glebovitsky et al.，2004)。

第七节　变质年代学

变质年代学是目前岩石年代学研究最难的领域之一。由于变质作用的温压条件变化范围较大，而且存在复杂的流体活动，由此导致不同矿物中同位素体系的封闭温度、重置温度等都存在相当大的不确定性。变质作用一般是分阶段的，存在进变质阶段和退变质阶段。因此，怎样从变质岩矿物中获得多阶段的变质年龄，是当前变质年代学研究的热点和难点问题。要得到高精度、具有地质意义的变质年龄，一定要结合变质温压条件、变质反应类型及定年矿物在变质岩体系中的稳定性等多重因素综合考量。变质岩中的锆石、榍石、金红石、独居石、褐帘石、磷灰石、磷钇矿等是 U-Pb 原位微束定年的潜在矿物(Wan et al.，2021)。目前变质岩年代学的研究方法较多，如 U-Pb 法、Rb-Sr 法、Sm-Nd 法、Lu-Hf 法、K-Ar 法、Re-Os 法等定年技术方法的日益增多和完善，特别是离子探针质谱、激光[40]Ar-[39]Ar 等原位定年技术方法的应用，对地球动力学演化过程的研究产生了强有力的推动作用(陈文等，2011)。

一、等时线年龄

(1)等时线年龄。该年龄的基本原理为：假设在变质过程中，不同变质矿物同时结晶并达到同位素平衡，而且同位素体系形成之后保持封闭、定年对象的母子体同位素比值具有尽可能大的差异，由此可根据同期形成的不同变质矿物在元素或同位素比值上的差异，得出等时线年龄。但要注意，变质岩通常经历多阶段的变质作用，其组成矿物可能多期生长且早期结晶的矿物很可能在后期发生变质分解或重结晶作用，这是影响等时线年龄质量的重要因素。

（2）Sm-Nd 等时线年龄。Sm-Nd 矿物等时线法是测定榴辉岩及其他含石榴子石高级变质岩变质年龄的最有效方法之一。由于石榴子石是重稀土重要的载体矿物，其 Sm/Nd 比值远高于其他变质矿物，而绿辉石、金红石、多硅白云母等则具有较低的 Sm/Nd 比值，由此可获得一条由石榴子石及其他高压变质矿物确定的高精度的 Sm-Nd 等时线年龄。该方法的重要前提是，Sm-Nd 同位素体系在这些矿物中达到平衡并一直保持稳定。因此，如何确定 Sm-Nd 同位素体系在不同矿物中的平衡温度以及变质矿物的 Sm-Nd 封闭温度，对于 Sm-Nd 等时线年龄的地质意义十分关键（李曙光等，2005）。

（3）Rb-Sr 等时线年龄。变质岩中的白云母、角闪石、黑云母以及多硅白云母等矿物具有较高的 Rb/Sr 比值，但这些矿物的 Rb-Sr 封闭温度存在差异，如多硅白云母的 Rb-Sr 封闭温度为 500℃，而黑云母的 Rb-Sr 封闭温度为 300℃。基于这样的原理，可根据不同矿物的 Rb-Sr 等时线年龄，反演变质岩在退变质过程中的冷却年龄。由于 Rb-Sr 体系的封闭性较差，导致多硅白云母可出现较大的 Rb-Sr 年龄变化范围，这对解释其地质意义造成了一定的困难。因此，在运用过程中，首先要确定 Rb-Sr 体系在不同矿物中的封闭温度，然后还要深入探讨流体对 Rb-Sr 体系封闭性的影响等基础问题。

二、单矿物原位微区年龄

定年矿物结晶的温压条件和同位素体系的封闭程度，是选取定年矿物和解析年龄意义的重要考虑因素（陈安平和张宏福，2023）。这就要求定年矿物形成的温压条件与可以记录变质事件的温压条件相符，从而可以记录变质事件的年龄，而且在后期的叠加变质事件中这种矿物的同位素体系保持稳定。目前的变质年代学一般选择锆石、独居石、金红石、榍石和褐帘石等矿物的 U-Pb 体系来确定变质年龄。

锆石具备富含 U、低普通 Pb、U-Pb 体系的封闭温度高、样品中普遍出现、多种可示踪成因的元素/同位素地球化学体系等优点，是变质作用定年的常用矿物（Rubatto，2017；Wu，2021）。变质锆石的结晶机制包括变质新生和变质重结晶。变质新生锆石由熔/流体或原有含 Zr 矿物分解提供 Zr，并与结晶体系中的 SiO_2 结合形成；变质重结晶锆石是原有锆石发生改造，根据是否有熔流体参与分为交代/溶解重结晶和固态重结晶（Chen and Zheng，2017）。对天然样品的研究表明，锆石可在沉积物成岩的低温/低压条件至超高温/超高压的变质条件下结晶生长（Möller et al.，2003；Rubatto and Hermann，2007；Hay and Dempster，2009；Bojanowski et al.，2012）。根据锆石中包裹矿物组合、微量元素特征等信息确定变质作用的温压条件，再结合其 U-Pb 年龄确定变质作用不同阶段的形成时代（吴元保等，2004；李曙光等，2005；Beckman and Möller，2018）。但要注意，存在流体时，锆石的 U-Pb 体系在高温条件下难以保持稳定，有一定程度的 Pb 丢失，因而这些热液锆石 U-Pb 年龄的地质意义仍然存在一些争议。与锆石相比，金红石和榍石形成的温压条件较宽泛，特别是金红石可在高压-超高压条件下形成，因而其 U-Pb 年龄可以记录高压-超高压变质峰期的年龄，而榍石则记录变质温压条件较低时的年龄。因此，可选择变质岩中不同矿物组合进行精细的原位微区定年，从而恢复变质事件不同阶段的年龄。从流体中生长的变质新生锆石在 CL 图像上发光较好，多呈无分带结构，具有较低的稀土元素含量和 Th/U 比值；生长过程中有深熔熔体参与的变质新生锆石在 CL 图像上常发光较暗，可呈无分带、弱分带至振荡环带结构（Chen and Zheng，2017）。变质重结晶锆石的成因可根据由少到多的流体参与程度，分为固态重结晶、交代重结晶和溶解重结晶，它们依次表现为对原岩锆石改造的程度越来越强。固态重结晶锆石多保留原始岩浆锆石的特征，显示清晰至模糊的振荡环带，具有相对较高的 Th/U 比值和稀土元素含量，其 U-Pb 年龄多不谐和、介于变质年龄和岩浆年龄之间；溶解重结晶锆石在 CL 图像上常呈疏松的孔隙状结构，其年龄接近于变质年龄，微量元素和同位素的特征受控于流体的性质；交代重结晶锆石沿着原岩锆石的颗粒边界或裂隙产生，属于固态和溶解重结晶锆石之间的过渡类型（Chen et al.，2011；陈仁旭和郑永飞，2013）。

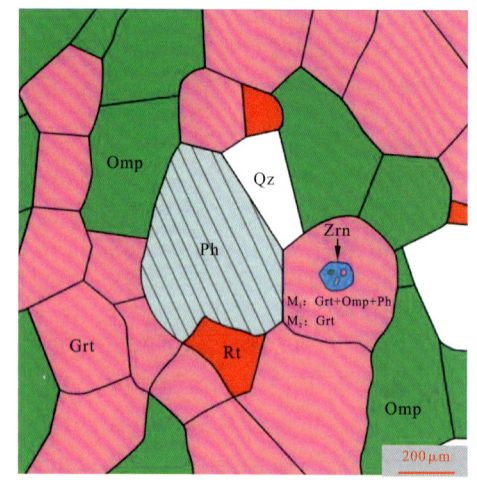

图 7-20　岩相学结构制约锆石结晶条件的示意图
据陈安平和张宏福，2023

石榴子石是榴辉岩中 Lu/Hf 比值最高的矿物，可累积较多的放射性 ^{176}Hf，榴辉岩中变质新生锆石的 Lu-Hf 同位素体系受石榴子石的影响很大。石榴子石的分解可导致结晶体系中 $^{176}Hf/^{177}Hf$ 比值增高，使得同期生长的锆石具有相对高的 $^{176}Hf/^{177}Hf$ 比值和 $\varepsilon_{Hf}(t)$ 值（Zheng et al.，2005）。

图 7-20 中的榴辉岩，峰期矿物组合由石榴子石（Grt）、绿辉石（Omp）、多硅白云母（Ph）、石英（Qz）和金红石（Rt）组成，金红石的结晶温压条件可以通过该峰期矿物组合计算获得。包裹 Gr＋Omp＋Ph（M_1）的锆石本身被包裹在石榴子石（M_2）中，这一结构显示，该锆石（Zrn）的结晶次序介于 M_1 和 M_2（陈安平和张宏福，2023）。

第八节　变质岩原岩恢复

变质岩原岩恢复对研究区域变质构造演化及矿产资源勘探具有十分重要的意义。对变质岩原岩恢复，目前主要依据以下几个方面的证据。

首先，需要确定变质岩的接触关系。如果原岩是火成岩，则可能保留原始的烘烤边等结构；如果原岩是沉积岩，则可能呈层状，与围岩呈整合接触或假整合接触。值得注意的是，上述标志仅限于变质程度较低时的情形，如果变质程度较高、接近混合岩化，则上述标志要慎用。其次，岩石组合也是判断原岩的有效标志，如很多前寒武地体中分布的大理岩-富铝质片岩组合，表明其原岩为碳酸盐-泥岩组合；如果是斜长角闪岩-基性麻粒岩组合，则代表其原岩可能为基性火山岩。

1. 根据变余结构或变余构造推测原岩类型

变质岩若变质程度不高，原岩的结构构造会有不同程度的保留，这成为判断变质岩原岩最可靠的证据之一。例如，绿片岩相变质玄武岩可保留气孔构造，或是基质中可见到绿帘石化的斜长石微晶等；而低级变质的砂岩或泥岩，则可能保留其原始的层理结构。对于高级变质岩，如达到高角闪岩相，此时岩石已发生强烈变形和变质，变余结构和构造保存较差，则难以判断原岩类型。

2. 根据变质岩的矿物成分和地球化学特征推测原岩类型

对变质程度较高的岩石，其矿物成分可以保留原岩性质的关键信息。例如，二云母石英片岩，其矿物成分为白云母＋黑云母＋石英，可推测其原岩的矿物组成为石英＋富 Al 黏土矿物，从而其具体的岩石类型为泥质粉砂岩或长石砂岩等。对于大理岩，其矿物成分主要为 $CaCO_3$，故原岩肯定是富 $CaCO_3$ 灰岩。目前有多种地球化学方法可恢复变质岩的原岩，如尼格里、西蒙南等化学方法。另外，针对长英质变质岩和基性变质岩，也有不同的化学方法来反演其原岩属性。

3. 根据锆石形态学和年代学特征推测原岩类型

变质岩中的锆石形态学是确定其原岩性质的标志之一。如果原岩是岩浆岩，则锆石主要为锥面和柱面发育的自形晶，透明度较高，而且晶型较为单一；相反，如果原岩是沉积岩，则变质岩中的锆石多数经过磨圆，而且表面较粗糙、透明度差。此外，变质锆石的年龄分布图谱也是反演原岩性质的标志之一，岩浆岩中锆石 U-Pb 年龄较一致，而沉积岩中的锆石存在多个年龄谱峰，表明原岩沉积岩的源区是多源的。

第九节　变质岩 p-T-t 轨迹与构造过程的关系

一、p-T-t 轨迹的概念及研究意义

p-T-t 轨迹代表区域变质作用过程中压力(p)和温度(T)随着时间(t)变化的态势和轨迹。这一概念首先由英国岩石学家 England 和 Richardson(P. C. England and S. W. Richardson，1977)提出。变质地体的热模拟和变质岩经历的 p-T-t 轨迹、热演化及构造演化之间的关系研究成果表明，岩石经历的实际 p-T-t 轨迹的特点与变质作用构造环境密切相关。一个大陆碰撞造山带构造演化通常由两个阶段组成：先是陆壳(或岩石圈)增厚阶段，接着是侵蚀阶段。热演化则更加复杂，包括埋藏期、加热期和冷却期3 个阶段，p-T-t 轨迹包括相应的 3 个段落。造山带变质岩石研究和变质作用热模拟表明，变质作用是一个动态过程。岩石在变质作用过程中，p-T-x 条件不是静止不变的，而是随着时间(t)的变化而不断改变。England and Richardson(1977)以阿尔卑斯为例，对大陆内部造山带的大地构造演化过程进行热模拟研究，明确提出了变质作用 p-T 轨迹的概念。因此，p-T-t 轨迹是变质作用 p-T 条件随着时间变化的轨迹，是指岩石从其变质起点到被剥蚀出露于地表所经历的温度-压力变化历史(Spear，1989)。

p-T-t 轨迹概念的提出，人们能使用动态的观点重新审视变质岩石学领域中的一些重大问题和基本概念，标志着变质作用研究进入地球动力学(Geodynamics)阶段，是一

座里程碑。p-T-t 轨迹研究把变质过程中的热体制和构造作用联系起来，反映变质作用的动力学过程。变质作用 p-T-t 轨迹主要用于对变质作用进行地球动力学解释，根据变质作用 p-T-t 轨迹的形态可推断变质作用发生的大地构造环境及其经历的地质动力学过程。热峰条件，是指岩石在变质作用过程中经历的最高温度状态时的条件，包括热峰温度、热峰压力（Miyashiro，1994），亦称顶峰变质条件（Thompson and England，1984），由变质岩矿物组合所记录。热峰条件不等于埋藏停止、岩石处于最大深度时刻的条件。前者具有最高温度 T_{max}，后者具有最大压力 p_{max}。Thompson and England（1984）的研究证实，在碰撞造山带岩石的热峰压力仅为所经历的最大压力的 50%～80%。同样，两样品热峰条件之差并不等于两样品处于最大深度时刻的条件之差，如两样品热峰压力之差（Δp）不能代表二者埋藏停止时刻的深度差（ΔD）。

二、造山带的变质作用

造山带变质岩广泛发育于前寒武纪结晶基底和显生宙碰撞造山带中，通常代表区域性热事件和区域构造应力场综合作用的产物，其岩石类型和构造变形特征十分复杂，代表构造过程中不同构造层次的岩石发生复杂变质变形作用的产物。在造山过程中，由于热场和区域应力场的变化，可能会出现不同期次、不同类型变质作用的叠加和改造。变质因素复杂，是区域性热异常和构造应力场联合作用的产物。温度（T）、压力（p）、应力（σ）和流体（F）等都起着十分重要的作用，且变质条件变化大：$T = 200 \sim 800 ℃$以上，$p = 0.2 \sim 2.0 GPa$，甚至大于 $3.0 GPa$。变质条件受许多地质因素控制，如构造背景、地壳厚度和成分、放射性元素的含量和分布、由地幔至地壳的热流和分布、岩石的导热率、岩浆侵入体的存在以及量的多少、水热流体运动、其他地质体的热效应和侵蚀速率等。因此，对造山带变质岩，一方面要恢复原岩性质；一方面要反演不同期次变质作用在温压条件和区域应力场的变化，以便为反演碰撞造山过程提供关键信息。根据造山带变质作用 p-T 条件的变化，可将造山带变质作用大致分为以下两类。

(一)低 p/T 型(红柱石-矽线石型)和中 p/T 型(蓝晶石-矽线石型)

低 p/T 型(红柱石-矽线石型)和中 p/T 型(蓝晶石-矽线石型)，这类变质作用主要受区域热异常影响，根据温度的变化，可划分为以下几种变质相。

1. 绿片岩相

绿片岩相以低温矿物组合和明显的变余构造为主要特征，代表低级变质作用的产物。其中，泥质岩石和基性岩石在绿片岩相变质条件下变质矿物组合的特征较为明显。

泥质变质岩，原岩中黏土矿物较多，变质矿物组合可有效反映变质温压条件的变化，从绿泥石带(Chl)到黑云母(Bi)带，其重结晶作用逐渐增强，出现从板岩—片岩—千枚岩—片麻岩的变化。

基性变质岩，其典型矿物组合为绿泥石＋滑石＋绿帘石＋钠长石＋石英。其中，钠长石和绿帘石是斜长石发生变质的产物，而滑石和绿泥石是暗色矿物发生变质的产物。经常发育变余构造或变余斑晶，可根据这些变余结构或斑晶推测原岩类型。

2. 绿帘角闪岩相

绿帘角闪岩相变质级别位于绿片岩相和角闪岩相之间，以基性变质岩中出现绿帘石＋角闪石＋两相斜长石(钠长石＋酸性斜长石)为特征，两类长石经常呈叶片状显微交生体(晕长石)，代表变质过程中斜长石出溶的产物。

3. 角闪岩相

角闪岩相为中级区域变质相，以中温矿物组合，少见变余结构构造，基性变质岩的矿物组合为斜长石($An>20$)＋角闪石＋石英。

4. 麻粒岩相

麻粒岩相为区域高级变质相、以高温无水矿物出现为特征($T>700℃$)的各类变质岩石，部分可含有少量富 Ti 黑云母和普通角闪石(呈深棕色)。一般发育粒状变晶结构，对于基性成分的岩石，以出现含紫苏辉石或石榴石＋透辉石＋斜长石＋石英的组合为特征；对于泥质和长英质成分的岩石，以出现石榴子石＋董青石＋条纹长石＋夕线石＋石英±斜长石的矿物组合为特征；对于贫 Al 的 K_2O 过剩成分的泥质岩，以出现紫苏辉石为特征，并形成紫苏辉石＋石榴子石＋条纹长石＋斜长石＋石英的矿物组合。

(二)高 p/T 型(蓝闪石型)

高 p/T 型(蓝闪石型)，主要形成于俯冲带或大陆碰撞造山带，代表地温梯度较低、以构造应力为主导的变质作用(图 7-21)。

1. 硬柱石-钠长石-绿泥石相

该相介于沸石相和蓝片岩相之间，温压范围较小。有学者认为，应该将其作为葡萄石-绿纤石相的高压部分，不作为单独的变质相。

2. 蓝片岩相

蓝片岩相为典型的高压低温变质相，特征矿物是蓝闪石类的钠质角闪石，包括蓝闪石、青铝闪石和镁钠闪石，这些不同端元的矿物构成类质同象系列，统称蓝闪石。由于相对低温，蓝片岩相变质的重结晶作用不彻底，常发育变余构造，在俯冲带不同类型的岩石发生蓝片岩相变质形成构造混杂岩(melange)。

3. 榴辉岩相

榴辉岩相，是指变质压力高($>0.8\sim1.0GPa$)、变质温度较宽泛的变质相，一般与高压麻粒岩呈过渡关系，随着变质压力增高，高压麻粒岩中的斜长石减少，发生 $Ca^{2+}(Fe,Mg)^{2+}=NaAl^{3+}$ 的离子替换。其中，$NaAl^{3+}$ 以硬玉分子进入辉石形成绿辉石(翡翠)，最终形成物主要由石榴子石和绿辉石组成(含量在 70％ 以上)，可含蓝晶石、石英，但无斜长石，原岩相当于玄武质岩石，一般为块状构造。榴辉岩多呈包体产出在高压麻粒或片麻岩中，代表在增厚下地壳或上地幔发生高压变质作用后，随着俯冲板片的折返抬升至地壳层次，如大别造山带的榴辉岩就呈包体产出于花岗质片麻岩中。根据变质温度的不同，可分为以下几类。

(1)低温榴辉岩。与蓝片岩伴生，其成因与洋壳俯冲作用有关，矿物成分中出现冻蓝闪石、斜黝帘石和蓝晶石等，石榴子石中镁铝榴石的分子小于30％，如美国的 Franciscan 杂岩，希腊的 Sifnos，New Caledonia 等，我国的西天山榴辉岩、北祁连山榴辉岩等；代表深源包体随构造侵位至中上地壳层次的蓝片岩或片麻岩等围岩中。

(2)中温榴辉岩。与石榴子石云母片麻岩伴生，成因有"外来"与"原地"之争，如我国的大别山榴辉岩、柴北缘榴辉岩等，经常与角闪石相共生，可见角闪石相的蜕变质作用，石榴子石中镁铝榴石的分子占比为30％～50％。

(3)高温榴辉岩。在金伯利岩、地幔二辉橄榄岩中的包体，成因有高压变质和岩浆

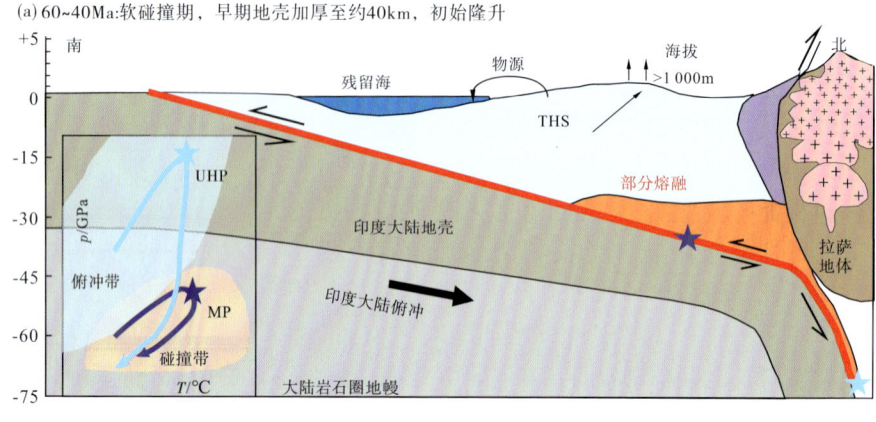

(a) 60~40Ma:软碰撞期，早期地壳加厚至约40km，初始隆升

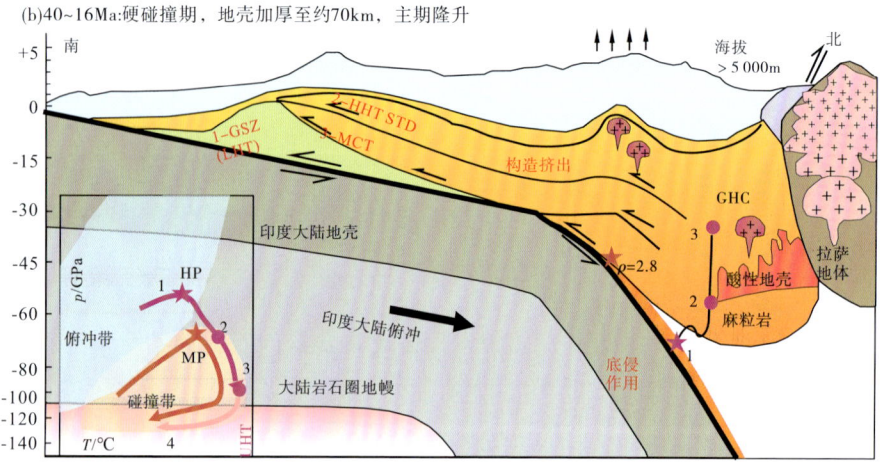

(b) 40~16Ma:硬碰撞期，地壳加厚至约70km，主期隆升

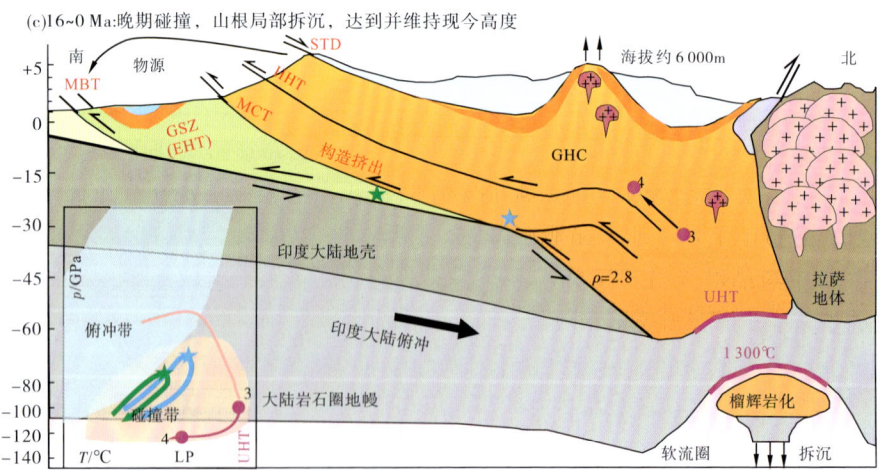

(c) 16~0 Ma:晚期碰撞，山根局部拆沉，达到并维持现今高度

图 7-21　喜马拉雅造山带三阶段演化过程及各阶段典型变质作用类型和 p-T 轨迹

(a)软碰撞期(60～40Ma)，发生早期地壳加厚直至约 40km，对应喜马拉雅山脉的初始隆升至大于 1 000m。(b)硬碰撞期(40～16Ma)，地壳加厚直至约 70km，对应喜马拉雅山脉的主期隆升至大于 5 000m；逆冲断层发育的时间序列分别为：①EHT，35～23Ma；②HHT，25～16Ma；③MCT，19～10Ma。(c)晚期碰撞(16～0Ma)，山根榴辉岩化而发生局部拆沉，对应喜马拉雅山脉进一步隆升至约 6 000 m，达到并维持现今高度。据王佳敏等，2022

结晶作用之说，如我国的大别山、辽东在金伯利岩中的包体等。矿物成分简单，除了金云母，几乎不含原生含水矿物，常见碎裂结构。南非金伯利岩筒中的石榴单辉岩（griquaite）是绿辉石和石榴子石退火重结晶的产物，其中的铝饱和变种可含蓝晶石或刚玉等。

三、超高压变质与大陆深俯冲

温压条件达到石英-柯石英转变线（600～700℃和2.6～2.7GPa，相当于80～90km深度）以上的一种极高静岩压力下的榴辉岩相变质作用（Carswell，2003）。超高压变质岩通常只包括经历过超高压变质作用的表壳岩和相关的镁铁质、超镁铁质岩，在地幔环境中处于稳定状态的地幔岩不包括在内（图7-22）。其矿物学标志为柯石英（coesite）、金刚石（diamond）、矿物多型（金红石Ⅱ和锆石Ⅱ）以及矿物的出溶结构。

随着在阿尔卑斯、大别-苏鲁等造山带中的变质陆壳岩石中陆续发现金刚石、柯石英等高压-超高压变质矿物，从而证明，在大陆碰撞造山过程中，密度较小的大陆地壳可以俯冲到地幔深处100～120km，同时发生快速折返，这一特殊地球动力学体制引发了地质学家广泛的研究兴趣（郑永飞等，2013）。

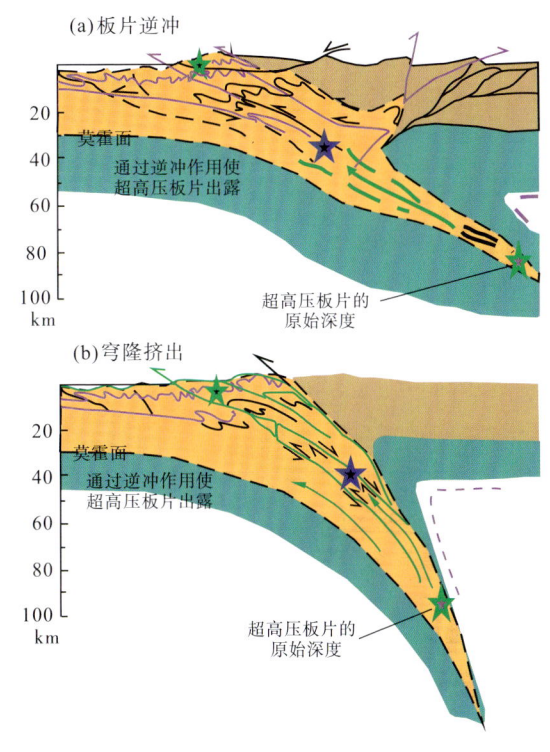

图7-22　超高压变质地体两阶段折返示意图

超高压变质岩折返的第一阶段是以岩片逆冲方式从弧下深度沿俯冲隧道折返，到达莫霍深度后受到巴罗型高压麻粒岩相变质叠加。第二阶段则是位于下地壳深度的高压变质地体受到下伏软流圈地幔加热后发生部分熔融，所产生的长英质熔体将其从莫霍深度以穹隆隆起方式裹带折返到地壳浅部，对应于高温-超高温变质岩的折返。修改自 Zheng，2021

四、俯冲带的变质作用

俯冲带的变质作用一方面受到俯冲带热结构的影响，一方面受到俯冲角度的影响（图7-23）。一般来说，发生俯冲的大洋岩石圈板块具有冷的地温梯度，而上部岩石圈地幔具有热的地温梯度，这样就在俯冲板片的上部和下部形成特殊的双变质带结构：俯冲板片上部为高压低温型变质，以蓝片岩相变质为特征；而俯冲板片下部则为高温型变质，以麻粒岩相为特征。根据俯冲变质发生的深度和地温梯度的不同，还可进一步细分。如果俯冲板块的变质作用发生在5～15℃/km地温梯度下，可进一步划分为冷俯

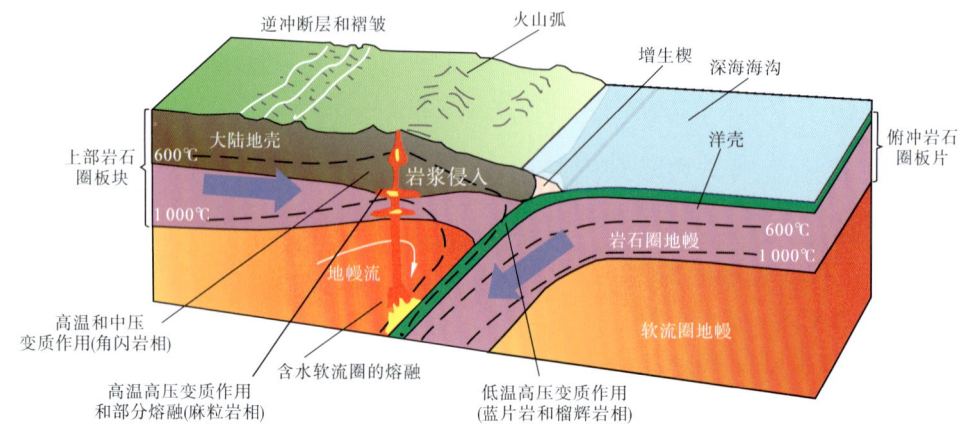

图 7-23 俯冲带的板块组成、热结构、变质作用与部分熔融特征

俯冲带由俯冲岩石圈板块（subducting lithosphere plate）和上（驮）岩石圈板块（upper plate 或 overriding lithosphere plate）构成。由于岩石圈的单边斜向俯冲，俯冲带具有不对称的热结构，俯冲板块具有低的地温梯度，以发生低温、高压蓝片岩相和榴辉岩相变质作用为特征。而上板块具有高的地温梯度，以发生高温、中-高压角闪岩相和麻粒岩相变质作用为特征。两个同时代、不同类型变质带构成双变质带。水化的地幔楔发生部分熔融形成基性岩浆，火山弧下地壳部分熔融形成花岗岩浆。图中标注了 600℃ 和 1 000℃ 等温线的大致位置

冲板块型（5～10℃/km）和热俯冲板块型（10～15℃/km），即西阿尔卑斯型和古巴型。如果俯冲带上板块的变质作用发生在 15～50℃/km 地温梯度下，可进一步划分为冷地壳型（15～25℃/km）和热地壳型（25～50℃/km），统称科迪勒拉型。冷俯冲板块的变质作用是以大洋和大陆地壳岩石深俯冲到地幔、发生低温/高压及超高压变质作用为特征，所形成的低温/高压和超高压变质岩具有顺时针型 p-T 轨迹，其折返过程以近等温或升温降压和部分熔融为特征。热俯冲板块型变质作用发生在年轻板块的正常俯冲和古老板块的平缓俯冲过程中。从大洋岩石圈初始俯冲到成熟俯冲，俯冲板块的地温梯度由热到冷，从热俯冲型转变成冷俯冲型。热俯冲板块的变质岩既可具有顺时针型又可具有逆时针型 p-T 轨迹，可以发生高温和高压下的部分熔融，形成埃达克质岩浆岩。俯冲带上板块的冷地壳型变质作用发生在构造挤压导致的加厚地壳环境，加厚的下地壳发生高温、高压麻粒岩相和榴辉岩相变质作用，可具有顺时针型和逆时针型 p-T 轨迹。加厚新生下地壳的部分熔融形成埃达克质岩浆和高密度的基性残留体（弧榴辉岩）。热地壳型变质作用发生在构造伸展导致的减薄地壳环境。由于强烈的幔源岩浆增生和软流圈上涌，下地壳发生高温或超高温麻粒岩相变质作用和部分熔融，所形成的变质岩可具有顺时针型或逆时针型 p-T 轨迹。在岩浆弧加厚地壳的伸展过程中，早先形成的高温和高压变质岩可以叠加超高温变质作用。俯冲带上板块的岩浆弧可能是超高温变质岩形成的最主要构造环境。上板块下地壳的部分熔融可以形成大体积的花岗岩，由此导致新生地壳组成和成分的分异，是大陆地壳生长和成熟的重要机制。大陆碰撞造山带的加厚下地壳具有冷的地温梯度，可以发生高压麻粒岩和榴辉岩相变质作用。这些高级变质岩具有顺时针型 p-T 轨迹，在其折返过程中叠加中压、高温甚至超高温变质作用。碰撞造山带下地壳的长期部分熔融可以形成不同成分的壳源花岗岩。

第八章　地球物质资源

第一节　资源的概念

自然资源，是指自然界中存在的、未经人类加工的、能够为人类提供价值或效益的物质和能量。这些资源是人类赖以生存和发展的基础，涵盖了多种形式，主要包括土地资源、水资源、矿产资源、生物资源、气候资源、海洋资源和大气资源等。自然资源按其可再生性可分为两类：①可再生资源。它是指通过自然过程或人工手段能够在较短时间内恢复和再生的资源，如太阳能、风能、水力、生物质资源、森林资源等。②不可再生资源。它是指在短期内无法再生或再生周期极长的资源，如化石燃料（煤、石油、天然气）、矿产资源（铁矿、铜矿等）。本课程主要介绍矿产资源。

矿产资源，是指在地球上由地质作用形成的、具有经济价值的矿物或矿石，它们可以被开采和利用，以满足人类的各种需求。矿产资源包括金属矿产、非金属矿产和能源矿产三大类。

（1）金属矿产。金属矿产包括铁矿、铜矿、铝矿、金矿、银矿等。这些矿产主要用于制造金属材料和各种金属制品。

（2）非金属矿产。非金属矿产包括石灰石、重晶石、石墨、石英砂等。这些矿产主要用于建筑、陶瓷、玻璃等行业。

（3）能源矿产。能源矿产包括石油、天然气、煤、可燃冰、铀矿等。这些矿产主要用于能源生产和供应。

矿产资源的开发和利用对于现代工业和经济发展具有重要支撑作用，同时还涉及环境保护和资源可持续利用问题。在开发矿产资源时，合理规划和科学管理是确保其持续供应和环境友好的关键。

第二节　金属资源

一、基本概念

金属资源，是指地球上可以被开采并用于生产及经济活动的各种金属元素和金属化合物。这些资源通过一系列地质过程形成，主要以矿物的形式存在于矿石中。矿石经开采后，通过冶炼和精炼过程，可以从中提取纯金属或金属合金。

二、类型及特点

根据化学性质和用途，金属资源可分为以下几种类型。

（1）有色金属。有色金属包括 Cu、Pb、Zn、Al、Ni、Co、W、Sn、Mo、Bi、Hg、Sb 等。这些金属在电气、电子、建筑等领域有广泛的应用。

（2）黑色金属。黑色金属主要指 Fe、Mn、Cr、V、Ti 等。这些金属是钢铁工业的重要原料，具有巨大的工业价值。

（3）贵金属。贵金属包括 Au、Ag、Pt、Pd、Os、Ir、Ru、Rh 等。这些金属因其稀有及其化学稳定性，主要用于珠宝、货币以及高科技领域。

（4）稀有金属。稀有金属包括 Ta、Nb、Li、Be、Zr、Cs、Rb、Sr 等稀有金属；La、Ce、Pr、Nd、Pm、Sm、Eu、Gd、Tb、Dy、Ho、Er、Tm、Yb、Lu 等稀土金属和 Ge、Ga、In、Tl、Hf、Re、Cd、Sc、Se、Te 等稀散金属。这些金属在航空航天、电子等高科技领域具有重要应用。

金属资源具有以下几个显著特点。

（1）不可再生性。金属资源是不可再生资源，其储量有限，开采后难以再生，因而具有稀缺性。

（2）分布不均匀性。全球金属资源分布极不均匀，不同地区的金属矿床种类和储量差异很大。例如，南美洲盛产铜矿，非洲盛产铬矿和钴矿。

（3）市场波动性。金属资源价格受国际市场供求关系、政治局势等多种因素影响，波动性较大。

三、成因类型

按照成矿地质作用的类型和成因机理划分的矿床类型，称为矿床的成因类型。这是最基本的分类方法。按成因类型逐一讨论每类矿床的形成机理、形成过程、分布规律，是矿床学研究的基本内容之一。主要的矿床类型包括：①岩浆矿床。包括岩浆分结矿床、岩浆熔离矿床、岩浆爆发矿床、岩浆喷溢矿床。②伟晶岩矿床。③热液矿床。包括矽卡岩型矿床、斑（玢）岩型矿床、高中温热液脉型矿床、低温热液矿床。④热水喷流矿床。⑤风化矿床。包括残积和坡积矿床、残余矿床、淋积矿床。⑥沉积矿床。包括机械沉积矿床、蒸发沉积矿床、胶体化学沉积矿床、生物化学沉积矿床。⑦变质矿床。

岩浆矿床的成矿作用过程主要涉及岩浆的形成、上升、结晶分异和矿物沉淀等地质过程。成矿作用详细过程有：①岩浆的形成与上升。在地幔或地壳深处，由于高温高压条件，部分岩石熔融形成岩浆。岩浆由于密度较低，向上运动并在地壳中侵位。②岩浆的冷却与结晶分异。岩浆在上升过程中逐渐冷却，开始结晶分异。不同矿物在不同温度下结晶，早期结晶矿物（如橄榄石、辉石）会富集在岩浆底部或边缘，而晚期结晶矿物（如长石、石英）则会富集在岩浆顶部或中心。③矿物的集中与富集。在结晶分异过程中，某些金属元素（如 Cr、Ti、V、Fe、Ni、Cu、Co、铂族元素）由于化学性质和物理性质的不同，会在特定阶段富集。例如，在基性-超基性岩浆中，Cr 和 Ti 的富集与早期结晶的橄榄石和辉石有关，形成铬铁矿和钛铁矿；在超基性岩浆中，Ni、Cu 与 S 结合形成硫化物，沉积在岩浆底部，形成镍铜硫化物矿床；在基性-超基性岩浆的结晶分异过程中，铂族元素往往与硫化物共生，沉积在早期结晶矿物中，形成铂族元素矿床。

岩浆热液矿床的成矿作用过程(图 8-1)涉及复杂的地质和化学作用，主要包括以下几个阶段：①岩浆上升与侵位。当地壳深处的岩浆由于构造运动或其他地质作用上升时，逐渐侵入到上部地壳中。这些岩浆携带了大量的挥发分(如水、二氧化碳、硫化物等)和金属元素(如 Cu、Au、Ag、Mo 等)。②岩浆结晶分异。随着岩浆的冷却，结晶分异作用开始发生，早期结晶的矿物会沉淀并富集在岩体的底部或边缘，而富含挥发分和金属元素的残余岩浆逐渐富集。③热液活动。残余岩浆中的挥发分(主要是水)在高温高压下变成热液。这些热液携带了大量的金属元素，通过岩石的裂隙、断层或其他通道向周围岩石渗透。这些高温流体在流动过程中，会发生一系列物理和化学变化，包括冷却、减压、混合和反应。④热液交代和矿物沉淀。热液与围岩接触导致围岩发生化学反应，形成新的矿物组合，这个过程称为交代作用。当热液冷却或与地表水混合时，溶解在其中的金属元素会逐渐沉淀，形成矿物。例如，含 Cu 的热液在冷却过程中，铜离子会与硫离子结合，形成黄铜矿等矿物。⑤形成矿脉或矿体。热液在裂隙或孔隙中不断沉淀金属矿物，逐渐填充形成矿脉或矿体。这些矿脉或矿体可能呈现出脉状、浸染状或块状等多种形式。

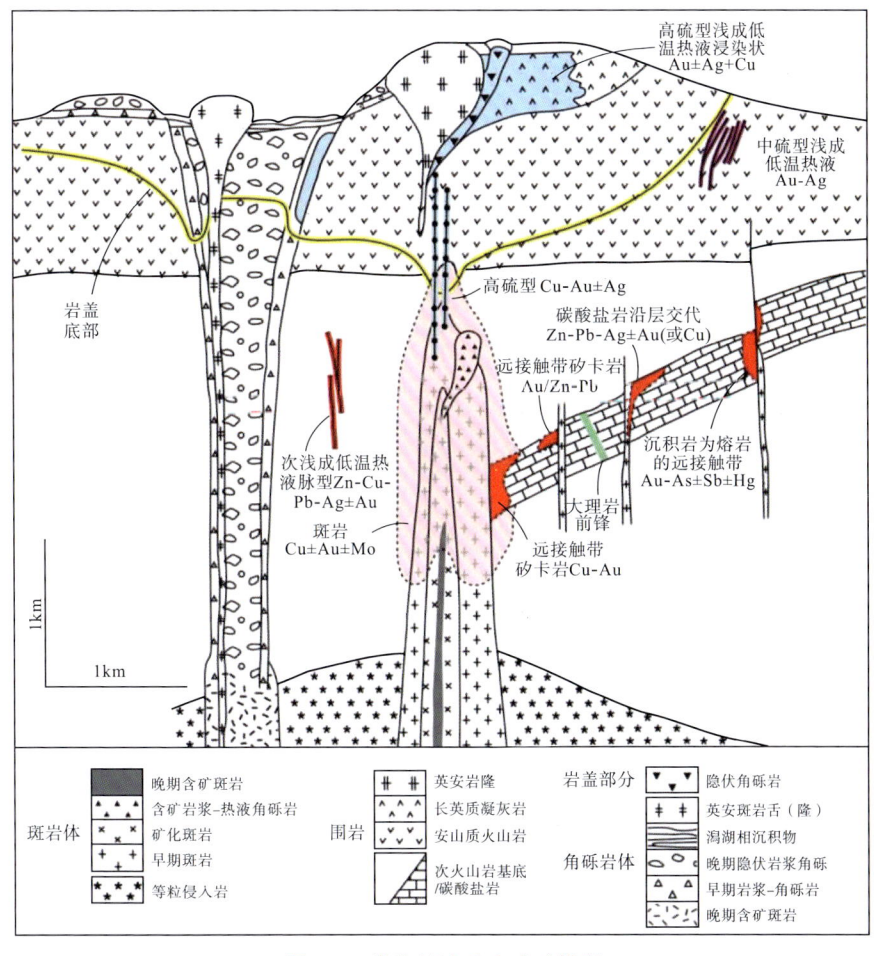

图 8-1 岩浆热液矿床成矿模型

修改自 Sillitoe，2010

1. 铁矿

铁矿是钢铁工业的基础原料，广泛应用于建筑、机械、汽车、船舶、家电等各个行业。铁矿石按其含 Fe 量和矿物类型可分为多种类型，主要包括磁铁矿、赤铁矿、褐铁矿和菱铁矿等。

(1) 条带状铁建造（banded iron formation，BIF）铁矿床。由于其规模大、品位高，成为全球铁矿石供应的主要来源。条带状铁建造，是指由燧石和含铁矿物组成，呈黑白相间具有明显条带状、条纹状和细纹状等构造。矿物组成除石英外，主要为一些含 Fe 的矿物，如 Fe 的氧化物、富铁碳酸盐类、富铁硅酸盐类以及 Fe 的硫化物等。其中，Fe 的氧化物主要为磁铁矿和赤铁矿，富铁碳酸盐类主要为菱铁矿和铁白云石，富铁硅酸盐类主要为黑硬绿泥石、镁铁闪石、铁闪石、透辉石等，Fe 的硫化物主要是黄铁矿、磁黄铁矿等。条带状铁建造（BIF）是 3.5～1.8Ga 前陆架和洋盆的常见沉积物，如图 8-2 所示，记录了前寒武纪古海洋、古环境、大气条件和细菌代谢条件以及 Fe 的来源和沉积过程。铁建造与海底热液体系有关火山物或与陆缘岩石风化的无机物的沉积作用过程，在缺氧的海洋中，通过微生物的光合作用、无氧光合氧化和紫外光线辐射氧化等机制对溶解的二价铁进行氧化，从而形成三价铁氢氧化物和氧化物的沉积。大多数 BIF 矿床，自其在沉积环境中形成以来，岩石常经受绿片岩相到麻粒岩相不同程度的变质作用，致使铁矿的品位由低到高转化。

图 8-2　太阳沟条带状铁建造典型矿石照片

据 Peng et al.，2022

(2) 与基性-超基性岩有关的钒钛磁铁矿矿床。它是重要的铁矿石来源。产于辉长岩-橄辉岩等基性、超基性火成岩体中，矿体呈较规整的多层似层状，产于岩体中下部、韵律层的底部。矿石矿物以钛磁铁矿为主，与辉石、橄榄石、基性斜长石、磷灰石等脉石矿物共生。该类型矿床形成于基性-超基性岩浆的结晶分异过程，在岩浆冷却过程中，铁镁质矿物如橄榄石和辉石先结晶形成早期的结晶矿物，随着岩浆继续冷却，富 Fe 矿物开始结晶并受重力影响沉积到岩浆房的下部，形成层状矿体。

(3) 矽卡岩型铁矿。它提供了大量的铁资源，并常伴生有 Cu、W 及 Sn 等多种金属矿物，具有重要的经济价值。该类型矿床通常呈层状、透镜状或不规则块状产于酸性侵入体与碳酸盐岩的接触带，表现为磁铁矿伴生大量矽卡岩矿物，如石榴子石、辉石、透辉石和阳起石等。该类型矿床形成于接触交代作用，即中酸性岩浆从深部侵位，在岩浆冷却结晶过程中释放出富含挥发分的热液流体，这些流体携带着大量的金属元素如 Cu、Fe、Zn 等与碳酸盐类围岩发生化学反应，导致矿物溶解、迁移和重新沉淀，形成磁铁矿及众多矽卡岩矿物。

2. 铜矿

铜矿的开采和冶炼生产出金属铜。铜具有优异的导电性、导热性、耐腐蚀性和可塑性，因而在电气和电子工业、建筑业、交通运输和通信业中有广泛应用。含 Cu 矿物主要是黄铜矿、辉铜矿、斑铜矿、铜蓝及孔雀石等。

(1)斑岩型铜矿。它是全球铜产量的主要来源，占世界铜产量的 60% 以上，伴生有大量 Au 和 Mo 等金属元素，具有重要的经济价值。斑岩型铜矿在空间上和成因上与斑状中酸性侵入岩有关，具有规模大、矿体连续性好、易开采等特点。矿体主要产在斑岩体内部及其围岩中，矿石主要表现为网状细脉浸染状构造特征。金属矿物主要是黄铜矿、辉铜矿、斑铜矿、黄铁矿和磁铁矿，非金属矿物主要是石英、钾长石、绢云母、黑云母、绿泥石、绿帘石及高岭石类黏土矿物。深部中酸性岩浆上升并侵位于地壳浅部(<5km)，形成斑状侵入体，随着岩浆冷却、经过分离结晶作用，残余岩浆逐渐富集挥发分和金属元素并聚集在侵入体顶部，若流体压力大于静岩压力，侵入体顶部及围岩发生爆破，形成网状裂隙，成矿流体沿着裂隙向周围运移，并在冷却过程中与围岩发生反应，沉淀出铜矿物和其他金属矿物，形成矿体(图 8-3)。岩浆热液与岩石发生反应，形成了典型的中心式面型蚀变矿物分带，这是斑岩型矿床重要的找矿勘探标志，即由内向外分别是钾化带(钾长石和/或黑云母)、绢英岩化带(石英和绢云母)、青磐岩化带(绿泥石和绿帘石)和黏土矿化带(高岭石、蒙脱石及叶蜡石等)。

图 8-3　斑岩型铜矿的典型矿石照片

(2)砂岩型铜矿。它是一种重要的铜矿床类型，主要形成于沉积岩(特别是砂岩和页岩)中，矿体通常呈层状、透镜状或者脉状，沿沉积层分布。主要铜矿物有黄铜矿、赤铜矿、孔雀石和铜蓝，伴生有 Ag、Pb、Zn 等金属矿物。砂岩型铜矿床形成于沉积盆地环境中，通常与河流、湖泊或海洋沉积作用有关，含 Cu 的地表水和地下水通过沉积作用，将铜离子带入沉积盆地并在沉积岩中积累。沉积物中的有机质和氧化还原反应对 Cu 的沉淀有重要影响。此外，后期的热液活动中含 Cu 流体通过沉积岩层或断层对层状矿体进行活化或改造。

除上述两种类型的铜矿外，矽卡岩型铜矿、岩浆型铜镍硫化物矿床和铁氧化物铜金矿床(IOCG)也是常见的铜矿床类型。

3. 金矿

金矿产出黄金。因黄金具有稀有性、易加工、导电性和耐腐蚀性，应用非常广泛，涵盖了多个领域，包括金融、工业、医疗、科技、珠宝等。主要的含 Au 矿物有自然金和银金矿，同时，Au 常与 Te、Bi、Pb 及 Ag 等金属元素形成碲金矿、碲金银矿及黑铋金矿等合金矿物。

(1)造山型金矿。它在全球金矿资源中占据重要地位，形成于地壳变形和构造运动剧烈的造山带。造山带的形成通常与板块构造运动相关，特别是板块的汇聚、碰撞和俯冲过程。这些地质过程导致地壳增厚、变形、变质作用及岩浆活动，从而为金矿的形成提供必要的热源、流体和通道。矿体常呈脉状、透镜状和浸染状分布在构造破碎带、裂隙或剪切带中，具有明显的构造控制特征。矿石矿物主要包括自然金和含金硫化物，如黄铁矿、黄铜矿、闪锌矿和方铅矿等，伴生石英、方解石、白云石等脉石矿物。图 8-4 为典型造山型金矿矿石。传统成矿模型认为，造山型金矿的成矿流体主要来源于地壳增厚和构造挤压导致岩石的深埋和变质作用，这一过程释放大量富含 CO_2、H_2O 以及少量的硫化物和氯化物，并携带了大量的 Au 元素的变质流体，这些流体在高压高温条件下沿着构造破碎带和裂隙上升，向浅部运移。成矿流体在运移过程中，会与围岩发生一系列化学反应，这些反应主要包括流体与围岩的水-岩反应、流体混合和脱气作用等。在水-岩反应过程中，流体中的 Au 元素可以被溶解和迁移并与围岩中的 Fe、S 元素反应生成硫化物，如黄铁矿和黄铜矿。此外，流体在运移过程中还可能混合了其他来源的流体，如岩浆流体或大气降水，从而改变流体的化学性质、促进金的沉淀。

图 8-4　典型造山型金矿矿石照片

(2)浅成低温热液型金矿。它是一种重要的金矿床类型，广泛分布于全球各地。它们主要形成于浅层地壳中低温热液系统中，通常与火山活动、岩浆侵入及其相关的热液作用密切相关。矿体形态多样，常见的有脉状、网脉状、浸染状和角砾状等。矿体通常赋存在断裂带、裂隙或层间破碎带中，呈延展状或片状分布，具有明显的构造控制特征。矿石矿物主要包括自然金和含 Au 硫化物、碲化物，如黄铁矿、黄铜矿、闪锌矿和方铅矿等。此外，还伴生有石英、明矾石、叶蜡石、绢云母、冰长石、方解石、白云石等脉石矿物。浅成低温热液型金矿的热液流体主要来源于岩浆作用和大气降水循环。在火山-岩浆活动区，岩浆侵入或火山喷发释放出大量的热量和挥发分，这些挥发分包括水蒸气、二氧化碳、硫化氢和氯化物等。热液流体在运移过程中，沿着火山通道、断裂带、裂隙和层间破碎带等地质通道向上运移。运移期间，流体的温度和压力逐渐降低，同时与围岩发生化学反应，流体中的金属元素会发生过饱和，从而沉淀形成金矿床。

（3）卡林型金矿。它是指产于碳酸盐岩建造中的微细浸染型金矿床，主要分布在美国内华达州的卡林镇和我国西南部滇黔桂地区。矿石主要呈微细浸染状，Au 品位通常较低，但矿体规模大，具有工业开采价值。矿石中 Au 的存在形式主要为微-纳米级的自然金，称为不可见金，常赋存在砷黄铁矿和毒砂中。成矿元素组合具有特色，除 Au 以外常伴生有 As、Sb、Hg 和 Tl 等元素。卡林型金矿的成矿流体主要为源自深部岩浆的低温、中酸性的热液流体，沿着断裂和裂隙上升，进入较浅部位的碳酸盐地层中。在这一过程中，温度和压力逐渐降低，导致流体中的 Au 和其他成矿元素从溶液中沉淀出来。硅化作用和脱碳作用是卡林型金矿的重要沉淀机制。在硅化作用中，二氧化硅从流体中沉淀，形成硅质脉和角砾岩体。在脱碳作用中，碳酸盐矿物被溶解，留下多孔的残余结构，有利于 Au 的富集。此外，构造作用在卡林型金矿的形成中具有重要意义。断裂、褶皱等构造活动不仅为热液流体的运移提供了通道，还通过地层的破碎和裂隙的形成，创造了有利于矿化的空间。构造应力的变化可以导致流体压力的变化，促进成矿物质沉淀。

除上述类型的金矿外，斑岩型金矿也为全球提供了约 20% 的金资源，其成矿特征和矿化过程与斑岩型铜矿相似。砂岩型金矿大约占全球金产量的 5%～10%，存在于河流砂砾岩层中，经长期风化和水流搬运形成。火山块状硫化物型矿床亦有金矿产出，常见于古代海底火山弧和裂谷中，与海底火山活动和热液喷口有关。

4. 稀土元素

稀土元素在现代工业中应用广泛，涵盖电子、能源、航空航天、医疗、冶金、环保等领域。了解稀土矿床的特征及其应用，对于稀土资源的勘探、开发和利用具有重要意义。主要稀土矿物有磷钇矿、氟碳铈矿、独居石、氟碳钙钇矿、氢氧化物和碳酸盐等，小常伴生 Nb、Ti、Zr、Li、Ta 和 Sb 等稀有金属。

（1）碳酸岩型稀土矿床。它是全球最重要的稀土资源之一，主要形成于碳酸岩岩浆活动过程中。碳酸岩型稀土矿的主要稀土矿物包括氟碳铈矿、磷钇矿、氟碳钙钇矿等，这些矿物富含轻稀土元素（LREEs），如 Ce、La 和 Pr，伴生矿物常包括铌铁矿、钛铁矿和锆石。矿体主要由方解石、白云石、菱镁矿、菱铁矿及众多稀土矿物组成，通常呈脉状、层状或透镜状，沿构造带展布。矿体规模较大，稀土元素的品位较高。碳酸岩岩浆主要来源于地幔的部分熔融，在熔融过程中富集了稀土元素和其他不相容元素，通过深部构造带上升，侵入上地壳。在上升过程中，碳酸盐岩浆经历了分离结晶作用，导致稀土元素在残余熔体中富集，使得稀土元素与其他成分分离，从而进一步提高了矿体中稀土元素的含量。随着岩浆不断冷却，富含稀土元素以及 H_2O、CO_2、F、Cl、S 等挥发分的碳酸质岩浆通过持续的分异演化出溶富稀土流体。热液流体在运移过程中，随着温度和压力的降低，稀土元素在适宜的物理化学条件下从热液流体中沉淀，形成稀土矿物。

（2）离子吸附型稀土矿床。它是世界上重要的重稀土资源，以其特殊的成矿机制和独特的矿物组成而闻名。该矿床主要分布在中国的南方地区，如江西、广东和广西。

通常形成于花岗岩、片麻岩和其他富含稀土元素岩石的风化壳中。在离子吸附型稀土矿床中，重稀土元素（如 Y、Tb、Dy 和 Gd）主要以离子状态吸附在黏土矿物（如高岭石、蒙脱石和伊利石）的表面。矿体通常呈层状或透镜状，沿地表分布，厚度一般从数米到数十米不等。矿石多为松散的黏土，稀土元素品位较低，但矿石的分布范围广，易于开采和处理。除稀土元素外，常伴生有 Li、Rb、Cs 等稀有金属元素。离子吸附型稀土矿床的形成是一个复杂的地质和化学过程，主要涉及风化、淋滤、离子交换和沉淀等多种作用。富含稀土的母岩，在物理-化学风化作用下，岩石破碎并伴随矿物（如长石、云母和稀土磷酸盐矿物）化学分解，释放出稀土元素和其他金属离子。这些元素在酸性条件下溶解，形成可移动的稀土离子，随着水流迁移，从上层风化壳中淋滤出来，进入风化壳下部。在风化壳的下部，黏土矿物（如高岭石、蒙脱石和伊利石）具有很高的表面积比和强大的阳离子交换能力，稀土离子与这些黏土矿物发生离子交换反应，被吸附在黏土颗粒的表面。

（3）花岗伟晶岩型稀土矿床。该矿床主要形成于花岗岩体的边缘和伟晶岩脉中。常见的稀土矿物包括独居石、氟碳铈矿、磷钇矿、氟碳钙钇矿等。这些矿物富含轻稀土元素，如 Ce、La 和 Rb，伴生矿物包括锂辉石、绿柱石、钽铁矿、铌铁矿等。矿体通常呈脉状、透镜状或不规则状，沿构造带展布。矿体规模较大，稀土元素品位较高。矿石多为粗晶质的伟晶岩，晶体颗粒较大，结构均匀，易于开采。花岗伟晶岩型稀土矿床的母岩浆主要来源于地壳的部分熔融，形成富 Si 的花岗岩浆。在地壳深部，花岗岩浆分离结晶，富集了大量不相容元素，包括稀土元素、Li、Be、Ta、Nb 等。随着岩浆的上升和冷却，不同矿物开始结晶，早期结晶的矿物（如石英、长石）将不相容元素富集到残余熔体中，进一步富集稀土元素和其他稀有金属元素。在岩浆演化晚期，在高温高压条件下，残余熔体与流体分离，形成富含挥发分的伟晶岩脉。这些流体具有很高的移动性，沿断裂和裂隙系统运移至上部地壳，迅速冷却结晶，形成粗晶质的伟晶岩脉。随着伟晶岩脉的冷却，稀土矿物和伴生矿物依次结晶沉淀，早期结晶的矿物包括独居石、磷钇矿和氟碳铈矿，随后锂辉石、绿柱石、钽铁矿等矿物逐渐形成，由于流体成分和温度的变化，矿体中常出现矿物分带现象，即不同矿物在脉体的不同部位形成，导致矿体的矿物组成和品位具有一定变化。

四、未来发展趋势

金属资源是现代工业和经济发展的基石。随着全球科技进步、工业化进程的加快以及环境保护意识的增强，金属资源的需求格局正在发生深刻变化。

铁和钢是全球最广泛使用的金属材料，主要应用于建筑、基础设施、汽车制造和机械制造等领域。特别是在发展中国家，城市化进程和基础设施建设将继续推动对钢铁材料的需求。随着环保要求的提升，未来将更多地采用高强度、低碳排放的钢材，推动钢铁工业技术升级。废钢的回收利用将得到进一步重视，从而提升钢铁资源的利用效率。

铜广泛应用于电力、电气、建筑和交通运输领域。电动汽车、电网升级和可再生能源项目（如风力和太阳能发电）的发展，将大幅增加对铜的需求；5G 技术、物联网和智能城市的发展将进一步推动对高品质铜线和铜缆的需求。随着全球城市化进程的持续，建筑和基础设施领域对铜的需求将保持稳定增长态势。

贵金属广泛应用于金融投资、珠宝和工业领域（如催化剂、电子设备）。随着全球经济不确定性的增加，黄金和其他贵金属的避险需求将进一步增加。铂族金属在汽车催化剂和电子设备中的应用将保持增长态势。白银在太阳能电池中的应用将推动其需求增长。

稀土金属广泛应用于电子产品、风力发电、混合动力汽车和军事装备中。稀土金属在高科技产业中的应用将继续增长，如智能手机、计算机和其他电子产品。风力发电机和电动汽车电机中的稀土永磁材料需求将增加。稀土金属在国防和航空航天领域的应用将保持稳定增长态势。

第三节　非金属资源

一、概述

非金属矿是与金属矿相对而言的，它是指除金属矿产和矿物燃料以外的具有经济价值的岩石和矿物等自然资源。地壳中能产出非金属矿产的地质体，被定义为非金属矿床。

我国非金属矿产种类多，应用领域广，市场潜力大。非金属矿产在国民经济中占有十分重要的地位，其开发应用水平已成为衡量一个国家科技、经济水平的重要综合标志之一。伴随着新技术的不断发展，非金属矿产资源在新一轮科技革命和国际产业竞争中发挥着重要支撑作用，因此其资源保障显得尤为重要。

二、分类及用途

我国非金属矿产种类齐全、资源丰富，全国现已探明资源量的非金属矿产地有5 000多处。已发现的非金属矿产资源种类达94种，其中查明资源储量的有93种、亚类164种。根据非金属矿产的用途及在人类活动中的应用范围，可进一步将非金属矿产划分为3类（表8-1）：①工业矿物非金属矿产40种，包括金刚石、石墨、磷、自然硫、硫铁矿、水晶、刚玉、蓝水晶、矽线石、红柱石、硅灰石、钠硝石、滑石、石棉、蓝石棉、云母、长石、电气石、石榴子石、叶蜡石、透辉石、透闪石、蛭石、沸石、明矾石、芒硝、石膏、重晶石、毒重石、天然碱、方解石、冰洲石、菱镁矿、萤石、矿盐、镁盐、碘、溴、砷、硼。②工业岩石非金属矿产49种，包括石灰岩、泥灰岩、白垩、白云岩、石英岩、砂岩、天然石英砂、脉石英、粉石英、天然油石、含钾岩石、含钾砂页岩、硅藻土、页岩、高岭土、陶瓷土、耐火黏土、凹凸棒石黏土、海泡石黏土、伊利石黏土、累托石黏土、膨润土、铁矾土、其他黏土、橄榄岩、蛇纹岩、辉石岩、玄武岩、角闪岩、辉绿岩、辉长岩、安山岩、闪长岩、正长岩、花岗岩、珍珠岩、浮石、霞石正长岩、粗面岩、凝灰岩、火山灰、火山渣、大理岩、板岩、片麻岩、泥炭、麦饭石、赭石、颜料黄土。③宝玉石矿产、观赏石4种，分别为宝石、玉石（砚石）、黄玉、玛瑙。

表 8-1　我国已发现的非金属矿种一览表

分　类	矿　种
工业矿物 非金属矿产	金刚石、石墨、磷、自然硫、硫铁矿、水晶、刚玉、蓝晶石、矽线石、红柱石、硅灰石、钠硝石、滑石、石棉、蓝石棉、云母（片云母、碎云母）、长石、电气石、石榴子石、叶蜡石、透辉石、透闪石、蛭石、沸石、明矾石、芒硝、石膏、重晶石、毒重石、天然碱、方解石、冰洲石、菱镁矿、萤石、矿盐、镁盐、碘、溴、砷、硼
工业岩石 非金属矿产	石灰岩、泥灰岩、白垩、白云岩、石英岩、砂岩、天然石英砂、脉石英、粉石英、天然油石、含钾岩石、含钾砂页岩、硅藻土、页岩、高岭土、陶瓷土、耐火黏土、凹凸棒石黏土、海泡石黏土、伊利石黏土、累托石黏土、膨润土、铁矾土、其他黏土、橄榄岩、蛇纹岩、辉石岩、玄武岩、角闪岩、辉绿岩、辉长岩、安山岩、闪长岩、正长岩、花岗岩、珍珠岩、浮石、霞石正长岩、粗面岩、凝灰岩、火山灰、火山渣、大理岩、板岩、片麻岩、泥炭、麦饭石、赭石、颜料黄土
宝玉石矿产 观赏石	宝石、玉石（砚石）、黄玉、玛瑙

三、成因类型

我国非金属矿产具有多种成因类型，其中部分矿种的成因十分复杂。按其成因进行分类，基本涵盖了岩浆型、沉积型、变质型、伟晶岩型、热液型和风化型等 6 种主要成因类型，且各主类型中又分为 26 种亚类型（表 8-2）。然而，有相当数量的同一矿种具有多种不同矿床成因类型。因此，根据这些不同成因类型对其进行了不同的矿石自然类型划分，如石墨矿成因类型分为区域变质型、混合岩化型、接触变质型、岩浆同化混染型等；滑石矿床成因类型分为岩浆熔离型、生物化学沉积型、区域变质型、接触变质型等；高岭土矿床成因类型分为机械沉积型、低温热液型、残坡冲积型、残余型、淋积型等；石榴子石矿床成因类型分为岩浆分结型、区域变质型、动力变质型、伟晶岩型、矽卡岩型、残坡冲积型等；金红石矿床成因类型分为区域变质型、动力变质型、热液蚀变和热液充填型、残坡冲积型、滨海沉积型等。

1. 金刚石

金刚石为结晶质碳（C），属等轴晶系矿物。自然界中金刚石的晶体形态有八面体、菱形十二面体、立方体、四面体和六八面体等。金刚石是自然界中最硬的矿物，绝对硬度大于石英 1 000 倍，大于刚玉 150 倍，莫氏硬度为 10。金刚石不导电，或具半导体性质。纯净的金刚石无色透明，因含各种杂质或因晶体形变或受放射性影响而呈黄、黄绿、绿、蓝、褐、红、浅玫瑰、紫、灰、黑等不同颜色。金刚石的化学性质的特殊性决定了其对酸很稳定，但在碱、含氧盐和金属等熔体中很容易受到侵蚀。

金刚石矿床可分为两类：原生的金伯利岩型矿床和砂矿床。含金刚石的金伯利岩是原生金刚石的唯一来源，如我国大连地区的金刚石矿床。砂矿床的金刚石来自金伯利岩的风化剥蚀产物，或来自古砂矿的风化剥蚀再沉积。砂矿床的金刚石有相当大的一部分是宝石级的，而且砂矿床分布广、易采、易选、投资少、见效快，往往在开采金刚石时可综合回收金、铂、锆石和锡石等其他矿物资源，因而当今世界砂矿金刚石

表 8-2 我国非金属矿床主要成因类型分类一览表

矿床成因 主类型	矿床成因 亚类型	矿种示例
岩浆矿床	岩浆分结矿床	磷、金云母、石榴子石等
	残浆贯入矿床	磷等
	岩浆熔离矿床	长石、滑石
	岩浆爆发矿床	金刚石原生矿、蓝宝石原生矿、硫铁矿、硼、透辉石等
	岩浆喷溢矿床	金刚石原生矿、蓝宝石原生矿、硅藻土、膨润土、玄武岩、珍珠岩等
沉积矿床	机械沉积矿床	磷、硫铁矿、矿盐、重晶石、毒重石、石膏、硅藻土、石英砂岩、膨润土、高岭土、耐火黏土、石灰岩、白云岩等
	蒸发沉积矿床	矿盐、石膏、白云岩等
	胶体化学沉积矿床	矿盐、萤石、天青石等
	生物化学沉积矿床	磷、滑石、石灰岩、白云岩等
变质矿床	区域变质矿床	石墨、碎云母、透辉石、透闪石、滑石、大理岩、石英岩、千枚岩、菱镁矿、水镁石、金红石、红柱石、蓝晶石、矽线石、硅灰石、石榴子石、方解石等
	混合岩化矿床	石墨、长石等
	接触变质矿床	石墨、硅灰石、滑石、红柱石、蓝晶石、矽线石、硅灰石、方解石等
	岩浆同化混染矿床	石墨等
	沉积变质矿床	磷、硫铁矿、硼、石英岩等
	动力变质矿床	碎云母、金红石、绿泥石、石榴子石等
	变质交代矿床	磷、硅灰石等
伟晶岩矿床	—	脉石英、长石、白云母、黄土、水晶、绿柱石、电气石、石榴子石、萤石、水晶、透辉石等
热液矿床	矽卡岩矿床	硼、硫铁矿、硅灰石、金云母、蓝石棉、石榴子石、透辉石、透闪石等
	热液蚀变、热液充填矿床	水晶、蓝石棉、水镁石、金红石、红柱石、蓝晶石、矽线石、温石棉、蓝石棉、明矾石、方解石等
	高中温热液脉矿床	脉石英等
	低温热液矿床	硫铁矿、重晶石、萤石、石膏、天青石、高岭土等
风化矿床	残积、坡积、冲积矿床	金刚石砂矿、蓝宝石砂矿、磷、重晶石、粉石英、滑石、高岭土、耐火黏土、金红石、石英砂、黏土、红柱石、蓝晶石、矽线石、石榴子石、锆石等
	滨海沉积矿床	金刚石砂矿、蓝宝石砂矿、石英砂、金红石、锆石等
	残余矿床	高岭土等
	淋积矿床	磷、天青石、高岭土、菱镁矿等
	风积矿床	石英砂岩、黏土等

的产量约占金刚石总产量的 3/4 左右。按形成条件，金刚石砂矿可分许多类型：残积砂矿、坡积砂矿、冰碛砂矿、洪积砂矿、河流冲积砂矿、滨海和三角洲相沉积砂矿以及风成砂矿等。

随着金刚石原生矿成矿理论不断发展，金刚石原生矿成矿类型亦不断丰富，又可分为 4 类：①金伯利岩（钾镁煌斑岩）型金刚石。矿源层主要位于古老克拉通范围内的上地幔深部，岩石圈和软流圈交界部位，金伯利岩或钾镁煌斑岩等主岩仅作为将金刚石从上地幔深部携带到地表的载体。含矿的金伯利岩主要发现于克拉通内部，而含矿钾镁煌斑岩则主要发现于克拉通边缘活动带和古、中元古代地台区。②超高压变质型金刚石。含金刚石的岩石为长英质片麻岩、石英岩和大理岩等表壳岩石，表明在板块和地体边界，陆壳物质俯冲到大于 150km 深度之后又折返到地表。③陨石撞击型金刚石。它是陨石撞击地球后，在陨石坑中形成的熔融体中结晶而成的。④蛇绿岩型金刚石。在全球 5 个造山带 10 处蛇绿岩的地幔橄榄岩或铬铁矿中均发现金刚石和在其他超高压矿物的基础上提取的一种新的天然金刚石产出类型。一般认为，早期俯冲的地壳物质到达地幔过渡带后被肢解，加入周围的强还原流体和熔体中，当熔融物质向上运移到地幔过渡带顶部，铬铁矿和周围的地幔岩石以及流体中的金刚石等深部矿物一并结晶。之后，携带金刚石的铬铁矿和地幔岩石被上涌的地幔柱带至浅部，经历了洋盆的拉张和俯冲阶段最终在板块边缘就位。

按用途可将金刚石分为宝石金刚石和工业用金刚石两类。宝石金刚石作装饰用，要求晶体外形美观完整、无色或色彩鲜艳，透明度高，无裂隙和杂质，且晶体越大价值越高。工业用金刚石包括不适于作宝石用的、有缺陷的粗粒级金刚石和不纯（黑）的金刚石、金刚石砂、粉末尘以及人造金刚石等，工业上主要是利用金刚石的高硬度性能，用于砂轮、刀具、岩石钻头、硬度压痕器、拉丝模、半导体和晶体材料的切割片、抛光剂、刻光槽等。随着对金刚石性质的深入研究，其应用范围在不断扩大。利用金刚石对远红外光的良好透光性能，用做地球卫星上的光学精密仪器；利用金刚石的导热性，做固体微波器件和固体激光器的散热片，以提高这些器件的输出功率和性能；利用其半导体性质，制作金刚石整流器、三极管及医疗用温度计等。

我国金刚石矿分布广泛，辽宁、贵州、湖南、山东、新疆、江苏等 17 个省（自治区）均发现金刚石原生矿或与金刚石矿有关的岩体（图 8-5）。我国有计划地开展金刚石找矿工作始于 1952 年，在华北地台、扬子地台、塔里木地台范围内，多个省份发现了金刚石和金伯利岩、钾镁煌斑岩，金刚石原生矿床主要分布于华北克拉通的辽宁瓦房店和山东蒙阴，其次是湖南沅水流域，但主要是金刚石砂矿床。

2. 石墨

石墨是碳结晶产物，主要是由有机质和碳酸盐在一定物理化学条件下分解产生的，呈层状结构，可分为晶质石墨和隐晶质石墨两类。石墨具有导电、导热、润滑、耐腐蚀、耐高温等物理特性。石墨制品和石墨功能材料广泛应用于国民经济各个行业，如冶金、化工、机械、电子、航空航天等行业，且石墨是传统工业和战略性产业必需的矿物原料。

在岩浆作用中，碳酸盐岩石或富含有机质的沉积岩层被岩浆同化，分泌出 CO_2，如再被还原，在岩浆岩中或以后的气水热液的产物中可形成石墨。岩浆对煤层直接加

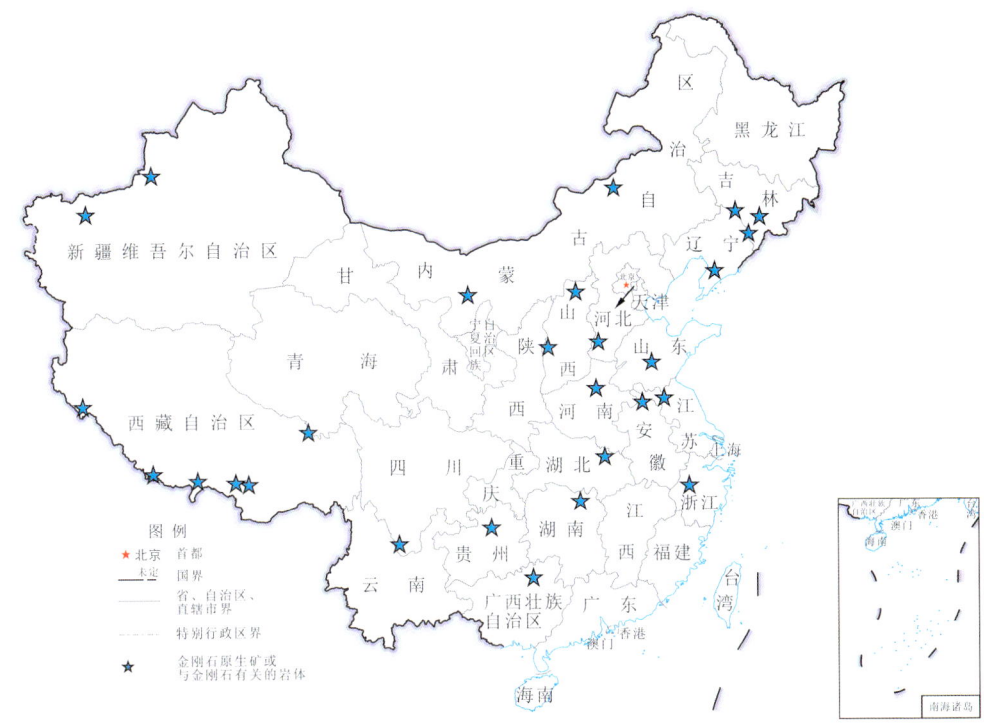

图 8-5　我国金刚石原生矿或与金刚石有关的岩体分布图

热，可使煤层变质成为土状石墨。在区域变质作用中，富含有机质的沉积岩，经变质重结晶作用，可形成含石墨的结晶片岩，其变质相一般达到角闪岩相才能形成具工业价值的鳞片状晶质石墨。可见上述作用可以形成岩浆型的石墨矿床、气水热液（矽卡岩）型的石墨矿床、接触变质型的石墨矿床和区域变质型的石墨矿床。区域变质型石墨矿床含矿岩系的时代从新太古代到早寒武世，其中以新元古代最为重要，北方多为新太古代至新元古代，南方多为新元古代至早寒武世，北方早于南方，其含矿层位有华北的桑干群、胶东的粉子山群、豫西的太华群、龙门-大巴山的火地垭群、黄陵背斜的崆岭群、康滇地轴的昆阳群、南天山的库尔勒群和兴凯湖的麻山群、武夷山的建瓯群及罗峰溪群等变质岩系。接触变质型隐晶质石墨矿床含矿岩系的时代从晚古生代石炭纪、二叠纪至中生代侏罗纪，其中最重要的是晚二叠世及早侏罗世和晚侏罗世，北方以晚、早侏罗世及石炭纪的较多，南方以二叠纪为主，其主要含矿层位北方有石盒子组、二道梁子组、鸡西群，南方有斗岭组、龙潭组及梨山组等煤系地层，产生接触变质作用的岩浆热源体的侵入时代大多为印支期-燕山期，但北方也有海西期的。岩浆热液型晶质石墨矿床的形成则多与海西期的中、酸性岩浆岩的侵入有关。

在表生作用下，碳可以部分地落解水甲，经常与金属形成重樣酸盐参加到地表水循环以至大量搬运入海，构成厚大的石灰岩沉积。大量碳质还参加到生物地球化学循环中，大气中的 CO_2，由于生物光合作用形成有机体的组成，构成有机岩类的堆积。显然，大量碳质的聚积主要发生于表生沉积作用，因而在沉积岩中的含碳量远远超过岩浆岩。但是，大量碳质的堆积并不等于石墨矿床的形成，因为石墨的形成必须是碳质集中过程和一定的热动力条件的结合。人们曾从实验中制造过石墨，如用无烟煤在电炉中绝氧加热至 2 500℃以上得到工业用石墨；用烟煤与 CaF 混入硅酸盐熔融体中，让其缓慢冷却，结果形成六方板状石墨。这些人造石墨的热动力条件都是在高温还原条件下进行的。显然，石墨矿床形成的地质作用应属内生深成作用。因此，由于表生作用、生物地球作用所引起的巨大有机碳质和无机碳酸盐的聚积，经过变质作用强烈的热动力作用的改造，同样可以使这些碳质转变成石墨。

世界石墨矿床分布很广，主要产石墨的国家有中国、乌克兰、斯里兰卡、巴西、印度、墨西哥、奥地利等。

我国石墨矿产资源丰富，已发现石墨资源储量居世界前列，是世界主要石墨生产国和出口国之一。我国石墨矿床广泛分布在黑龙江、山东、内蒙古、湖南、湖北、吉林、四川、河南、云南、广东、福建、江西、新疆和西藏等省（自治区）（图 8-6）。详细地说，石墨矿产产出于大地构造隆起区或断裂岩浆带上，较集中地分布于中国的东部环太平洋构造带、康滇-龙门大巴-黄陵、祁连-秦岭-淮阳、天山-阴山以及金沙江-哀牢山 5 个成矿地带。主要类型是结晶片岩中的层状石墨矿床，为晶质鳞片状石墨，如黑龙江柳毛、山东南墅等的石墨矿床。变质煤层中的石墨矿床，即隐晶质土状石墨，也是我国较重要的石墨矿床类型，湖南鲁圹、吉林磐石等石墨矿床均属此种类型。其他类型或很稀少，如新疆苏吉泉混染花岗岩中的石墨矿床。

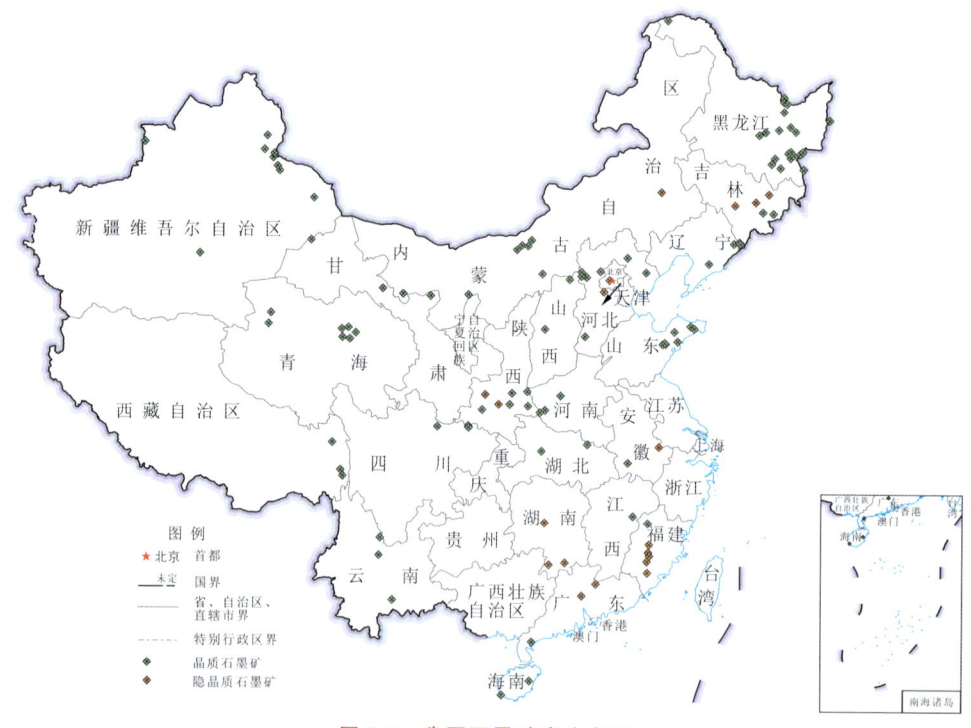

图 8-6　我国石墨矿床分布图

3. 磷

磷矿是在经济上能被利用的磷酸盐类矿物的总称，是一种重要的农肥和化工矿物原料。自然界中已知含磷矿物有 120 多种，分布广泛。但可以开采利用的含磷矿物极少，在工业上作为提取磷的主要含磷矿物是磷灰石。磷灰石的主要化学成分是磷酸钙，其中还含有 F、Cl 等元素。至于 Fe、Al、Mn、Mg 的磷酸盐矿物仅占含磷矿物的 5%。常见的含磷矿物有氟磷灰石、氯磷灰石、氢氧磷灰石、碳磷灰石、细晶磷灰石、独居石、蓝铁矿、天蓝石 8 种。

磷矿石按其成因不同，可分为磷灰（石）岩和磷块岩两种。磷灰（石）岩，是指 P 以晶质磷灰石形式出现在岩浆岩和变质岩中的磷矿石。磷灰石晶体多种多样，从重达几十千克的巨大晶体到在普通显微镜下也观察不到的微晶。磷块岩，是指以含胶磷矿为主的磷矿石，主要是沉积成因或风化淋滤成因的磷矿石。胶磷矿，是指在高倍显微镜下也分辨不出晶体的那些磷酸盐矿物的统称。我国磷矿石，除上述两种外，在南海诸岛尚产鸟粪磷矿，它是一种很好的含 N、P、K 的混合有机肥料。

磷矿石主要应用于磷肥工业。磷肥是农作物不可缺少的养料。磷肥能促进农作物根系发达，吸收更多养分和水分，使作物早熟、提高产量。仅有少量磷矿石用于化学、冶金、国防、医药、农药、纺织、玻璃、制糖等工业。

磷在内生条件下可富集成磷灰（石）岩矿床，而在表生条件下可沉积富集成磷块岩矿床。磷矿床类型有沉积型磷块岩矿床、变质型磷灰（石）岩矿床、岩浆型磷灰（石）岩矿床、鸟粪磷矿。其中，沉积型磷块岩矿床分布广、规模大、品位高，储量居世界第三。这类矿床又可细分为层状磷块岩矿床、砾（砂）状磷块岩矿床、结核状磷块岩矿床。中国磷矿床大部分成矿时代久远，岩化作用强，矿石胶结致密，且约有 75% 以上的矿层呈倾斜至缓倾斜产出，为薄至中厚层。这种产出特征给开采带来了一系列技术难题，往往造成损失率高、贫化率高和资源回收率低等问题。

我国外生-沉积磷块岩矿床主要产出在古生代及新元古代的浅海相-滨海沉积层内，规模大至特大，含矿带沿走向延续几十至几百千米，具有富矿少、贫矿多，易选矿少、难选矿多的特点。在缓倾斜的碳酸盐型磷块岩矿床中，有时形成规模很大的风化带，是获得高质量富矿石的重要矿源。按矿床形成条件，又可分为生物化学沉积和风化淋滤残积两个亚类。

内生-磷灰石矿床主要由岩浆分异或贯入作用形成，按成矿母岩岩石类型的不同可分为基性-超基性和偏碱性-超基性岩两个亚类。此类矿床中磷灰石颗粒粗大，大多与（钒、钛）磁铁矿共生，矿石易选，综合利用价值较高。此类矿床中还有少数岩浆期后接触交代、热液充填和伟晶岩型矿床，但它们规模很小，品位变化大，一般不具工业意义。此外，属岩浆分异作用形成的碳酸岩型磷灰石矿床，在我国有一定线索，是今后值得注意寻找的内生-磷灰石矿床。

变质-磷灰岩矿床主要产于元古宙和太古宙的变质岩层内，规模较大，与内生-磷灰石矿床相比，磷灰石含量较高、颗粒偏细。磷灰岩矿石中的有害杂质是碳酸镁（钙），经选矿后易进入精矿中，不利于生产高效肥料。该类矿床前景广阔，按成因可分为沉积变质与变质交代两个亚类。

世界上几乎所有的国家都有磷矿床分布，但只有为数不多的国家拥有经济意义较大的磷矿资源。世界磷矿资源主要分布在非洲、北美、亚洲、中东、南美等 60 多个国家和地区。我国磷矿床广泛分布（图 8-7），相对集中在云南、贵州、四川、湖北和湖南 5 省，主要为云南滇池地区，贵州开阳地区、瓮福地区，四川金河-清平地区、马边地区和湖北宜昌地区、湖集地区、保康地区 8 个区域。我国磷矿床类型比较齐全，各类磷矿床都有所发现，探明的磷矿居第一位的是沉积型磷矿床，其次是变质型磷矿床，居第三位的是岩浆型磷矿床。

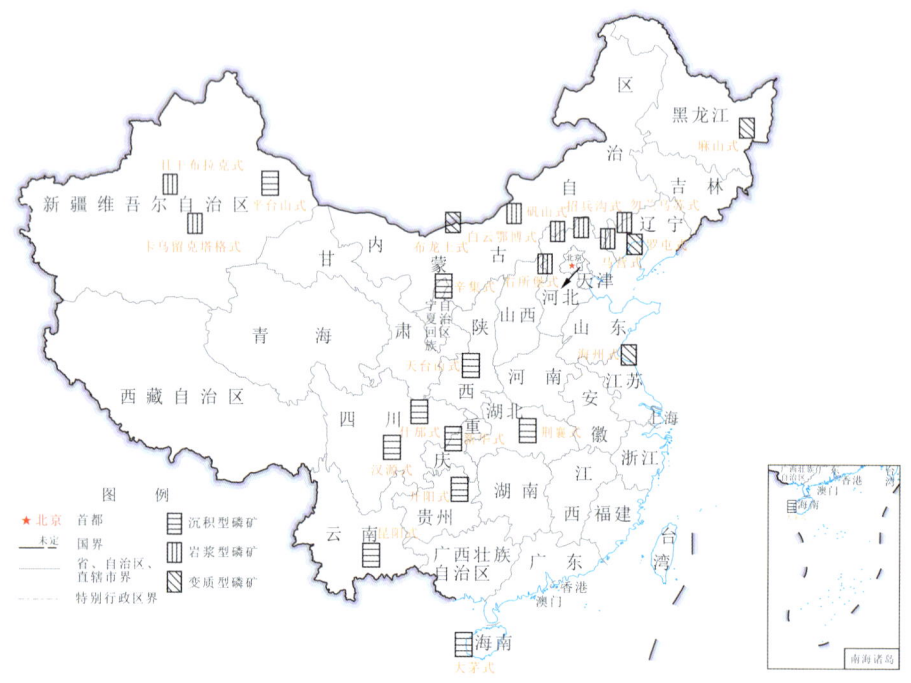

图 8-7　我国主要类型磷矿分布图

4. 重晶石

重晶石是具有化学惰性的含钡硫酸盐矿物，其主要成分为硫酸钡，具有密度大、折射率高、难溶于水和酸、无毒、化学性能稳定等特征。常见产于低温热液矿脉中。重晶石的晶体呈大的管状，晶体聚集在一起有时可形成玫瑰花形状或分叉的晶块，称为冠毛状重晶石。纯的重晶石无色透明，一般呈白、浅黄色，具有玻璃光泽。重晶石在自然界中，晶体常以粒状、结晶块状、结核状、莲座状的集合体形式产出，常呈现细晶质的致密(细-厚)层状。

重晶石在化工、建材、机械、医疗、军事、航空、汽车等领域都有着广泛用途，但主要用作石油钻井泥浆加重剂、钡化工及防核辐射原材料。重晶石也是制造各种钡化工产品的主要来源，这些化工产品被广泛用作涂料、纺织、塑料、橡胶、油脂、荧光粉、屏蔽材料等产品的填料、添加剂、凝结剂或加重剂。

我国重晶石矿床在产出形态、成因、成矿构造背景及形成环境等方面较复杂，长期以来没有统一的重晶石矿床分类标准。根据矿床的成矿机理、产状、矿体与围岩之间的关系等，将重晶石矿床划分为5个成因类型，其中火山-沉积型、岩浆热液型、浅成中-低温热液型归为内生成因矿床，沉积型、风化(残坡积)型归为外生成因矿床。沉积型重晶石矿床，是指在特定的地台边缘附近，由于各种地质作用的影响，携带大量的含 Ba 流体与海水中的硫酸盐发生反应，在强还原环境中进行富集沉积的重晶石矿床。风化(残积)型重晶石矿床，是指在原生重晶石矿床附近，由于受到物理化学等作用，使原生重晶石机械破碎，搬运到低洼地区形成的重晶石矿床。岩浆热液型重晶石矿床，是指在一定的构造作用下，含矿热液通过交代和充填作用在一定的地层中形成的矿床。层控型重晶石矿床，是指受到地层层位的明显控制，含矿物质在某一特定的岩性中富集成矿，具有典型的"层""相""位"集中的特点，形成于盆地边缘或临近控制岩相突变带的同沉积断裂带。火山-沉积型重晶石矿床主要是指在海底火山活动过程中，含矿热液在海底环境下，由于上升流等地质作用，使成矿物质在大陆边缘海相盆地中进行沉淀富集成矿。

全球重晶石资源丰富，截至 2023 年年底已探明储量大约 7.4 亿 t，主要集中分布于中国、哈萨克斯坦、印度、美国、土耳其、摩洛哥、俄罗斯、伊朗、阿尔及利亚等少数国家。

我国重晶石资源丰富，其地理分布广泛(图 8-8)。我国 26 个省(自治区)均有重晶石矿床存在，且以南方居多。主要分布在贵州、湖南、广西、甘肃、陕西、湖北、浙江、重庆、山东、福建等 10 个省(自治区)，占全国查明资源量的 95%。其中，贵州、广西、湖南、湖北、陕西、福建资源最为丰富，以上 6 省(自治区)的总储量占全国的 80%。

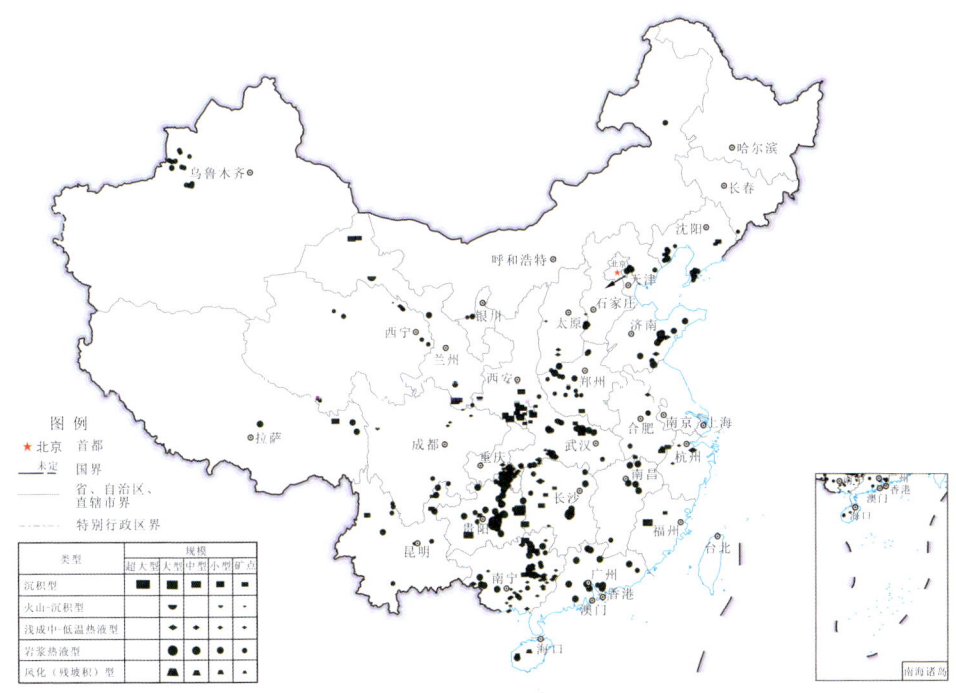

图 8-8　我国重晶石矿矿产地分布图

贵州的重晶石储量居全国之冠，经过多年开采和消耗，仍占全国重晶石储量的40%。广西是我国重晶石最大的生产基地，也是出口量和内销量最大的省份。自 1995 年以来，广西年产量一直超百万吨，矿区主要分布于象州、武宣、三江、永福等地。湖南、湖北、四川、陕西、福建也是重晶石矿的主要开采地区。

5. 石灰岩

石灰岩是碳酸盐岩的主要岩石类型，在地壳中分布较广，约占沉积岩总面积的20%，并且在各时代地层中均有产出。许多金属和非金属矿床以及石油、天然气的产出均与石灰岩等碳酸盐岩有关。同时，石灰岩本身也是重要的非金属矿产，广泛用于建材、冶金、化工、农业、食品等领域。

石灰岩是生产硅酸盐水泥的主要原料之一。石灰岩经煅烧后生成 CaO（生石灰），再经水解后生成 $Ca(OH)_2$（熟石灰），是一种气硬性胶凝材料，广泛用于建筑业。CaO 在化学工业中是制造纯碱、碳化钙、碳化钾、氢氧化钠的原料，在制糖、玻璃、造纸、制革、纺织和有机合成工业中有着重要用途。石灰岩还大量用于冶金工业中做熔剂，与矿石中的脉石成分、燃料中的灰分以及磷、硫等有害杂质形成炉渣而被排除掉。在农业中，石灰岩可中和酸性土壤、改良土壤结构、促肥素的作用，提供 CaO、Mg 等少量肥料元素。石灰岩的块石、碎石和板石在建筑工业中应用广泛。

构成石灰岩的主要矿物成分是方解石，它在地壳中产出较广。主要的工业石灰岩矿床是在海盆中由生物和生物化学沉积作用形成的。生物提供了各种粒级的碳酸钙质碎屑。灰泥的形成是由钙藻、浮游生物遗体的堆积、大的碳酸钙颗粒的磨蚀、藻类光合作用吸收大量 CO_2 引起 $CaCO_3$ 直接沉淀生成的。砂及砾粒的碳酸钙颗粒是由腕足类、介形虫、珊瑚、棘皮动物等的贝壳残体、藻席开裂后的碎片和团块等组成。此外，珊瑚、海绵、苔藓虫等还在其组织内部及周围分泌出碳酸钙，形成坚硬的灰质骨架和包壳并堆积，造成生物礁。上述碳酸钙质沉积物基本上是就地生成的，包括悬浮质点、浮游生物遗体的下沉、底栖生物介壳堆积及生物礁的向上生长。沿岸流和陡的水下斜坡可导致已沉积的碳酸盐碎屑侧向迁移，并被风浪搬运至较远的地方，堆积在深水或浅水盆地内。

碳酸钙质的沉积发生在温暖的气候条件下。钙藻和无脊椎动物在温暖的水中大量繁殖，沉积形成较厚的方解石和文石质的介壳遗体。海水中 CO_2 的含量对碳酸钙的沉积有着重要影响。CO_2 含量高，pH 值下降，使碳酸钙的溶解度加大，不利于碳酸钙沉积物的生成。CO_2 的含量与海水温度有关。在现代两极地区的海水中，因含 CO_2 多而缺少碳酸盐沉积。在赤道两侧南、北纬 30°范围内的热带海域中，碳酸钙是过饱和的，任何 CO_2 的逸出都可导致重碳酸钙转变为碳酸钙而沉积下来。

碳酸钙质的沉积发生在水体清洁的海域。浑浊海水中含有大量悬浮黏土质点和粉砂，减弱了阳光的照射和光合作用，抑制了钙藻的生长。对于底栖动物，黏土质点堵塞了它们的摄食器官，抑制了它们的繁衍生存。

碳酸钙质的沉积主要发生在海盆边缘的浅海环境。浅水和水的上层是大量钙质生物活动的场所，一些提供碳酸钙的重要藻类都生活在深 $10\sim15m$ 的水域中。由于波浪搅动和海水压力的变化，使海水中溶解的 CO_2 迅速释放，这些都是碳酸钙沉积的有利因素。碳酸钙沉积物生成后，便受到水动力条件的影响。沉积物被海流和波浪簸选淘洗，将细粒带走，而在滨海区留下粗粒级的沉积物。被带走的细粒则堆积在比较平静的海域，如礁石、潟湖和陆棚边缘的较深处。在高能环境下，形成较纯净的、分选好的粗粒碳盐钙质沉积物；在低能环境下，形成细粒的、含骨屑很少的碳酸钙质沉积物。

主要的工业石灰岩矿床是在海盆中由生物和生物化学沉积作用形成的。按其成因，石灰岩矿床可分为化学或生物化学沉积矿床、机械碎屑沉积矿床及生物化学沉积矿床 3 种类型。化学或生物化学沉积石灰岩矿床是最主要的水泥石灰岩矿床类型，已探明储量占全国累计探明储量的 90% 以上。按其岩性，石灰岩矿床又可分为泥晶石灰岩矿床和鲕状石灰岩矿床两种。机械碎屑沉积石灰岩矿床主要分布于中国北方寒武系上统和奥陶系下统，南方上泥盆统和下三叠统亦有产出。一般是在海水进退频繁、振荡运动强烈、沉积环境常常变化的条件下，由于潮汐波浪对碳酸盐沉积物反复剥蚀、搬运、沉积，在潮上带或潮间带成矿。生物化学沉积石灰岩矿床常以富含生物碎屑为标志，在南方和北方都有分布，尤其在南方地区的上古生界中最发育。

我国是世界上石灰岩矿资源最丰富的国家之一，石灰岩资源分布范围广、储量大、质量优。石灰岩矿产在每个地质时代都有沉积、各个地质构造发展阶段都有分布，但质量好、规模大的石灰岩矿床往往赋存于一定的层位中。在华北地区，石灰岩矿床几乎全都产在早古生代寒武纪和奥陶纪；在东北地区，石灰岩产在寒武纪、奥陶纪、石炭纪和二叠纪；在华南地区，石灰岩主要产在石炭纪、二叠纪和中生代早期。中上泥盆系石灰岩分布于湖南、湖北、广东、广西、福建和江苏南部。

6. 高岭土

高岭土是一种以高岭石族黏土矿物为主的黏土和黏土岩，亦称白云土，得名于江西景德镇高岭村。质纯的高岭土呈洁白细腻、松软土状，可塑性强，耐火性良好。其矿物成分主要包括高岭石、埃洛石、水云母、伊利石、蒙脱石、石英、长石等。高岭土因其具有分散性、可塑性、烧结性、离子交换性以及物化稳定性等许多优良的工艺性能，广泛用于造纸、陶瓷、橡胶、塑料、耐火材料、化工、农药、医药、纺织、石油、建材及国防等部门。随着工业技术的发展和科技水平的提高，陶瓷制品的种类越来越多，不仅与人们日常生活密切相关，而且在国防尖端技术中的应用也很广泛，如电气、原子能、喷气式飞机、火箭、人造卫星、半导体、微波技术、集成电路、广播、电视及雷达等几乎都离不开陶瓷制品。

高岭土类矿物的生成过程非常复杂，通常认为其有两种生成过程。一种生成过程是：溶解的铝和硅的胶体先生成水铝英石（它与高岭土类矿物组分相似，但属于无定形物质），然后进一步生成高岭土类矿物。另一种生成过程是：其他矿物（如长石、黑云母、蒙脱石等）在一定水介质作用下转化成高岭土类矿物，这一过程似乎不经过水铝英石阶段。

划分高岭土矿床成因类型的方法较多，根据矿床的成因和高岭土矿床形成的不同地质条件，可划分为如表8-3所示的几种类型。

表8-3　我国高岭土的成因类型及典型矿床实例

矿床成因类型		典型矿床实例
风化型	风化残积型	江西景德镇高岭村、湖南衡阳界牌等矿床
	风化淋积型	四川叙永、贵州毕节、湖北丹江口等矿床
沉积型	与煤系地层有关的沉积型	山西大同、河北峰峰、唐山、内蒙古大青山、河南巩义等矿床
	现代河、湖、滨海沉积型	广东清远、福建同安等矿床
热液型	热液蚀变型	福建峨嵋、浙江温州仙岩等矿床
	含硫温泉水蚀变型	西藏某地

在这些成因类型中，风化型高岭土矿床是我国的主要的矿床类型，也是我国主要的矿产资源类型。形成这一类型矿床的主要地质作用是风化作用，因而可进一步分为风化残积型和风化淋积型两类。残积型高岭土矿床是在发生风化作用的地方聚集形成的；而淋积型高岭土矿床是在风化作用过程中由酸性水介质溶解围岩的铝硅酸盐矿物，大量的Si、Al组分随水介质迁移到适宜的成矿环境中沉淀、结晶而成。沉积型高岭土矿床是原生的高岭土或后来形成的高岭土黏土岩，通过地表水的搬运作用，在沉积水盆地(湖泊、河流、滨海)中经分选、沉积而富集形成的。热液型高岭土矿床是与岩浆侵入、火山喷发活动有关的低温热水溶液作用于各种成矿原岩而形成的高岭土矿床。本类型不能单独成矿，而需与某些多金属矿或非金属矿伴生。除高岭土化外，热液蚀变还常造成叶蜡石化、硅化、绢云母化以及黄铁矿化、明矾石化等，它们往往具有一定的分带性。

全球高岭土资源丰富。储量较大的地区有美国佐治亚州，巴西亚马孙盆地，英国康沃尔和德文郡，中国广东、广西、福建、江西和江苏等。我国高岭土资源储量居世界第二位，分布广泛，分布在六大区21个省(自治区、直辖市)，成矿时代有70%形成于中、新生代。广东是探明高岭土储量最多的省份，其次为陕西、福建、江西、广西、湖南和江苏，其他高岭土储量较大的省(自治区)有河北、山西、内蒙古、辽宁、吉林、浙江、安徽、山东、河南、湖北、海南、四川、贵州和云南。

四、工业意义及用途

现代城市建筑需要具有轻质、高强、隔热、隔音、防震等性质的非金属原料，因此非金属矿产广泛应用于建材工业，用做建材的矿物原料占整个非金属矿产量的90%。在冶金工业的辅助材料方面，冶金工业高速发展，需要非金属矿产用以制造耐火材料、熔剂、球团矿黏合剂的原料；陶瓷工业方面，如高岭土、叶蜡石、硅灰石等为生产陶瓷的原料；处理三废、保护环境方面，采用某些非金属矿产来消除污染、清洁环境，尤其是天然沸石被广泛用于环保方面；农业方面，大量使用磷、钾矿石生产磷肥、钾肥；其他工业方面，如原子能等尖端技术工业以及光学、钻探、玉器等方面均需要非金属矿产资源。

世界各国根据用途对非金属矿产进行了分类。例如，美国分为磨料、陶瓷原料、化工原料、建筑材料、电子及光学原料、肥料矿产、填料、过滤物质及矿物吸附剂、助熔剂、铸型原料、玻璃原料、矿物颜料、耐火原料及钻井泥浆原料等14类。苏联分为化学原料、黏结原料、耐火-陶瓷原料和玻璃原料、集合原料和晶体原料等5类。我国通常分为化工原料、建筑材料、冶金辅助原料、轻工原料、电器和无线电电子工业原料、宝石类和光学材料等6类。具体地说，我国非金属矿产资源按不同工业用途划分为不同的亚矿种(表8-4)，如石灰岩按工业用途划分为9个亚矿种：电石用灰岩、制碱用灰岩、化肥用灰岩、熔剂用灰岩、玻璃用灰岩、水泥用灰岩、建筑石料用灰岩、制灰用灰岩、饰面用灰岩；天然石英砂按工业用途划分为6个亚矿种：玻璃用砂、铸型用砂、建筑用砂、水泥配料用砂、水泥标准砂、砖瓦用砂。但我国非金属矿产资源普遍存在同一矿种具有多种不同工业用途的现象，多数矿产具有多种用途，故按用途分类并不确切，往往造成一种矿产同时属于不同种类的现象。

表 8-4　不同用途的非金属矿产一览表

矿　种	依据工业用途划分的亚矿种
水晶	压电水晶、熔炼水晶、光学水晶、工艺水晶
萤石	普通萤石、光学萤石
石灰岩	电石用灰岩、制碱用灰岩、化肥用灰岩、熔剂用灰岩、玻璃用灰岩、水泥用灰岩、建筑石料用灰岩、制灰用灰岩、饰面用灰岩
白云岩	冶金用白云岩、化工用白云岩、玻璃用白云岩、建筑用白云岩
石英岩	冶金用石英岩、玻璃用石英岩、化肥用石英岩
砂岩	冶金用砂岩、玻璃用砂岩、水泥配料用砂岩、砖瓦用砂岩、化肥用砂岩、铸型用砂岩、陶瓷用砂岩
天然石英砂	玻璃用砂、铸型用砂、建筑用砂、水泥配料用砂、水泥标准砂、砖瓦用砂
脉石英	高纯石英原料、冶金用脉石英、玻璃用脉石英、水泥配料用脉石英
页岩	陶粒页岩、砖瓦用页岩、水泥配料用页岩、建筑用页岩
黏土	铸型用黏土、砖瓦用土、陶粒用黏土、水泥配料用黏土、水泥配料用红土、水泥配料用黄土、水泥配料用泥岩、保温材料用黏土
橄榄岩	耐火型橄榄岩、化肥用橄榄岩、建筑用橄榄岩
蛇纹岩	化肥用蛇纹岩、熔剂用蛇纹岩、饰面用蛇纹岩
辉石岩	饰面用辉石岩、建筑用辉石岩
玄武岩	铸石用玄武岩、岩棉用玄武岩、饰面用玄武岩、建筑用玄武岩、水泥混合材用玄武岩
角闪岩	建筑用角闪岩、饰面用角闪岩
辉绿岩	水泥用辉绿岩、铸石用辉绿岩、饰面用辉绿岩、建筑用辉绿岩
辉长岩	建筑用辉长岩、饰面用辉长岩
安山岩	饰面用安山岩、建筑用安山岩、水泥混合材用安山玢岩
闪长岩	水泥混合材用闪长玢岩、建筑用闪长岩、饰面用闪长岩
花岗岩	建筑用花岗岩、饰面用花岗岩
凝灰岩	玻璃用凝灰岩、水泥用凝灰岩、建筑用凝灰岩
大理岩	饰面用大理岩、建筑用大理岩、水泥用大理岩、玻璃用大理岩
板岩	饰面用板岩、水泥配料用板岩

五、未来发展趋势

我国是世界上非金属矿产种类比较齐全的少数国家之一，目前已探明储量的非金属矿产约 80 种、产地 4 500 多处，其中硫铁矿、石墨、重晶石、高岭土、叶蜡石、石膏、硅藻土、玻璃原料、水泥原料、大理石和花岗岩等 20 多种在国际上占有优势。沸石、珍珠岩、蛭石、硅灰石、凹凸棒石、海泡石、黏土等 10 多种非金属矿产可望成为国际优势矿产。金刚石、蓝宝石、天然碱和钾盐也有较好的发展前景。因此，我国非金属矿产开发利用潜力巨大。近年来，我国在非金属矿床地质工作方面已取得巨大成绩，但也应该看到，非金属矿床地质工作还不能满足国民经济发展的需要，主要表现在：至今还有不少非金属矿产资源情况不清；有些重要矿种储量不足或无可利用的储量，供需矛盾日趋突出；非金属地质工作队伍不大，地质科研和测试能力薄弱。加强非金属矿产地质工作，已是当务之急。

我国需要加强非金属矿产的普查找矿工作，充分发挥非金属矿产资源优势。要积极寻找国家短缺的钾盐、金刚石、天然碱、高中档宝石等矿产；对有重要用途而地质工作做得很少的钠质膨润土、海泡石和高铝矿物原料等矿产要加强工作，提供产地。国际市场销售颇有发展前途的石墨、石棉、优质高岭土、重晶石、滑石、硅藻土、萤石、优质大片云母、优质石料等应积极安排找矿工作。要开创寻找非金属矿产工作的新局面，加强对非金属矿物的物理、化学性能研究，扩大矿产的应用范畴。总之，我国应全面加强非金属矿产地质工作、查明非金属矿产资源，把我国的优势矿种资源转变为巨大的社会财富。

第四节　石油资源

一、基本概念

石油被称为工业的血液和黑色金子，亦称原油，是以液态形式存在于地下岩石孔隙中的可燃有机矿产。在地下油气藏中，石油无论在成分上还是在相态上都是极其复杂的混合物：在成分上以烃类为主，含有数量不等的非烃化合物及多种微量元素；在相态上以液态为主，溶有大量烃气及少量非烃气，并溶有数量不等的烃类和非烃类的固态物质。

石油的元素组成主要是 C 和 H，其次是 N、S、O。不同产地的石油元素组成存在一定的差异，但有一定的变化范围。根据 Hunt(1996) 的统计，石油的平均元素组成为：C 85%、H 13%、N+S+O 2%。C、H 这两个元素主要呈烃类化合物存在，是石油组成的主体。N、S、O 元素组成的化合物大多富集在渣油或胶质和沥青质中。石油中 C 含量一般为 81%～87%，H 含量一般为 11%～16%，C、H 这两个元素在石油中一般占 95%～99%。

二、类型、特点及分布

1. 类型

石油的分类常因其用途的不同而采用的参数各异。石油化学家侧重于各馏分含量及其化学组成和物理性质，地球化学家和地质学家则注意原油组成与生油岩及其演化作用的关系。后者有代表性的分类方案是由 Tissot and Welte(1978) 提出的，该分类主要依据石油中各种结构类型烃类化合物——烷烃(石蜡)、环烷烃、芳香烃和含硫、氧化合物(胶质和沥青质)的含量，同时考虑 S 的含量。目前石油地质学上较为流行的是后者的分类方案，下面对该分类做一简要介绍。

考虑到饱和烃含量对石油性质有重大影响，且饱和烃分布在50％含量处为两个众数的最小值，可明显地把重质降解原油和芳香-中间型原油与石蜡型、环烷型和石蜡-环烷型原油分开。以饱和烃含量50％为界，在饱和烃含量＞50％的区域内，以石蜡烃和环烷烃含量40％和石蜡烃与环烷烃含量相等处建立分类界线，将饱和烃含量＞50％的区域分为石蜡型、环烷型和石蜡-环烷型3种基本类型(图8-9)。

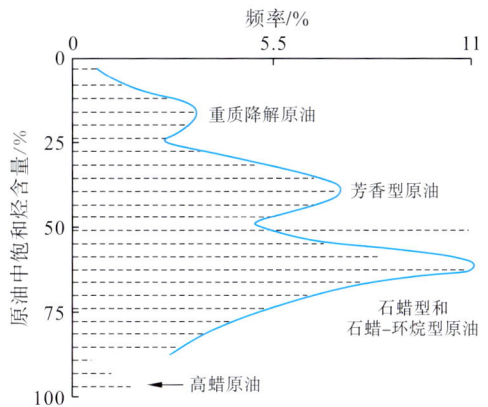

图 8-9　636 个正常和重质降解原油样品中饱和烃的分布图

据 Tissot and Welte，1984

在芳烃＋氮、硫、氧化合物含量＞50％的区域内，以石蜡烃含量10％建立分类界线，将石蜡烃含量＞10％的区域划为芳香-中间型原油，而石蜡烃含量≤10％的为重质降解原油。在重质降解原油中以环烷烃含量25％处建立分类界线，将环烷烃含量＞25％的称为芳香-环烷型，而含量≤25％者称为芳香-沥青型(图8-10)。

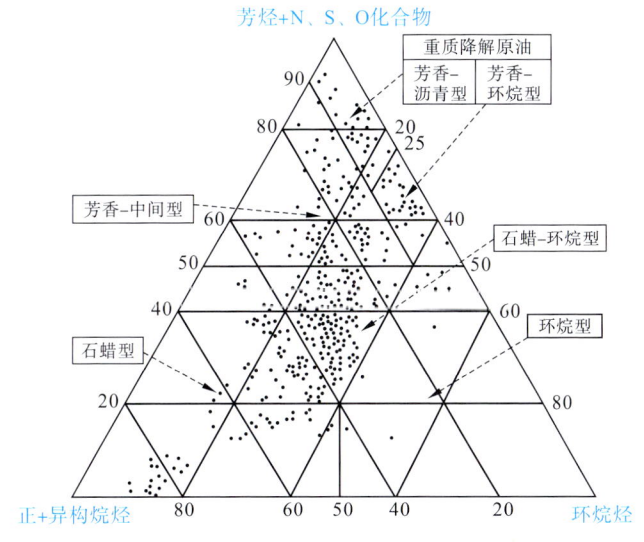

图 8-10　541 个油田中 6 种石油类型的三角图解

据 Tissot and Welte，1978

2. 特点

(1)颜色。石油的颜色变化范围很大，从淡黄色、黄褐色、深褐色、黑绿色直至黑色，而不同程度的深色石油占绝大多数，几乎遍布世界各含油气盆地。石油的颜色与其组成有关，烃类等轻质组分含量越高，颜色越浅；胶质、沥青质含量越高，颜色越深。

(2)密度。单位体积石油的质量称为石油的密度。由于石油的密度受到温度和溶解气的影响，因而常使用相对密度。我国和俄罗斯使用的相对密度，是指在 1atm(1atm

≈10^5 Pa)下 20℃单位体积原油与 4℃下同体积纯水的质量之比。石油的相对密度一般介于 0.75～1.00，如大庆石油相对密度为 0.857～0.860，胜利石油为 0.90～0.93。自然界中也存在相对密度大于 1.00 及小于 0.75 的石油，如伊朗发现了相对密度为 1.016 的石油，我国孤岛油田馆陶组石油的相对密度为 0.93～1.026，而苏联发现了相对密度为 0.71 的石油。相对密度小于 0.87 的石油为轻质石油，介于 0.87～0.92 的为中质石油，大于 0.92 的为重质石油。

（3）黏度。黏度，是液体本身分子相对运动时所引起的内部摩擦力的度量。石油黏度表征石油的流动性，影响到石油的运移、井下油气动态分析以及地面石油运输，是一个重要参数。

（4）溶解度。由于烃类难溶于水，因而石油在水中的溶解度很低。若以碳数相同的分子进行比较，烷烃溶解度最小，芳香烃最大，环烷烃居中。除甲烷外，各族烃类在水中的溶解度均随相对分子质量增大而减小。

（5）荧光性。石油及大部分石油产品，除轻汽油和石蜡外，无论其本身或溶于有机溶剂中，在紫外光照射下均可发荧光。轻质油的荧光为浅蓝色，含胶质较多的石油呈绿色和黄色荧光，含沥青质多的石油则发褐色荧光。石油的荧光是一种冷发光现象，当有紫外光照射时，石油中的不饱和烃及其衍生物能吸收紫外光中波长较短、能量较高的电子，随后放出可见光，这种低能量的可见光即为荧光。石油的荧光性取决于其化学结构，石油中的多环芳香烃和非烃发光，饱和烃并不发光。

（6）旋光性。当偏光通过石油时，偏光面会旋转一定的角度，这个角度称为旋光角。具有能使偏光面发生旋转的特性，称为旋光性。如偏光面向右转，是右旋物质；向左转，则为左旋物质。旋光性是天然石油的一种重要特性。

3. 分布

世界石油证实储量和待发现资源量分布很不均衡且相对集中（图 8-11）。据英国石油公司发布的 *Statistical Review of World Energy* 2020，截至 2019 年年底，世界石油证实储量为 2 446 亿 t，主要分布在中东（1 129 亿 t）、中南美（509 亿 t）及北美地区（363 亿 t）；其次为独联体（198 亿 t）和非洲地区（166 亿 t）；亚太和欧洲地区较少，分别为 61 亿 t 和 19 亿 t。石油证实储量前十位的国家分别是委内瑞拉、沙特阿拉伯、加

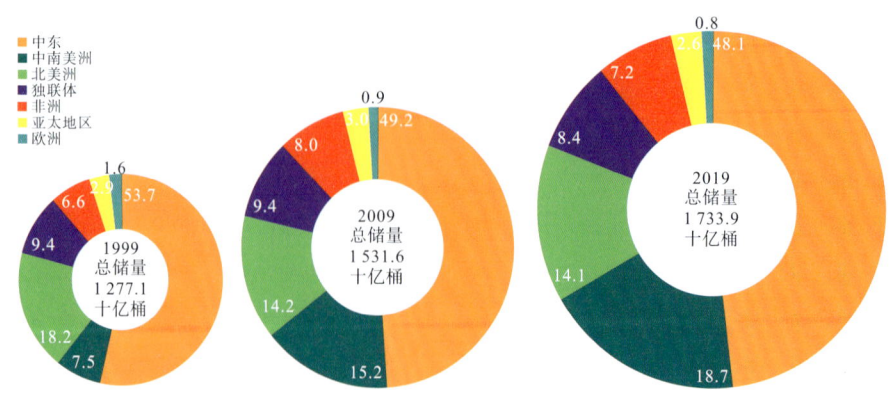

图 8-11　1999 年、2009 年和 2019 年原油探明储量分布图

据 *Statistical Review of World Energy* 2020

拿大、伊朗、伊拉克、俄罗斯、科威特、阿联酋、美国和利比亚，它们的证实储量共计 2 134 亿 t，占世界总量的 87.2%。2019 年世界石油产量为 44.845 亿 t，主要产自中东(14.174 亿 t)、北美(11.165 亿 t)和独联体地区(7.149 亿 t)；其次是非洲(39.91 亿 t)、亚太(3.618 亿 t)和中南美地区(3.170 亿 t)；欧洲地区产量最少，仅为 1.578 亿 t。美国、俄罗斯和沙特阿拉伯为三大超级产油国，号称千万桶俱乐部(日产超 1 000 万桶)，它们的年产量都在 5 亿 t 以上；其他前十位产油国依次为加拿大、伊拉克、中国、阿联酋、伊朗、巴西和科威特。世界前十位产油国累计年产量为 31.913 亿 t，占世界总产油量的 71.2%。

三、成因

石油成因是石油地质学的基本原理之一，是自 19 世纪中叶以来长期争论的问题。争论的核心是起源物质和油气生成过程，出现了无机起源和有机起源两大学派 100 多年的长期对垒。在有机学派中，主要有早期成油说和晚期成油说两种观点。由于油气起源物质的多样性、油气成分的复杂性和可流动性及其形成的地质生化过程的研究极为困难，不同学者基于各自的观察和理解，提出了不同的油气成因假说。19 世纪中叶以来，近代石油工业兴起，引起了许多学者对石油成因的研究兴趣，随之关于石油成因众说纷纭。事实上，石油成因的研究也是近代石油工业发展的客观要求。有机学派与无机学派在激烈的争论中不断去伪存真，自身的理论得到不断完善和发展。19 世纪后半叶，石油无机成因起源说颇为盛行。20 世纪，尤其是 20 世纪中叶以来，石油有机成因起源说占据上风。20 世纪 80 年代以来，有机学派中的早期成油说和晚期成油说形成相互补充，使得石油有机成因理论日趋完善。

油气有机成因说之所以能够确立，除了对油气的起源物和生成过程能做出合理的解释，还在于无论从油气的性质、数量和分布去考察，还是对油气生成过程进行模拟实验，都为有机起源说提供了极其有力的地质和地球化学论据。其主要论据如下。

(1)世界上 90% 以上的油气都产自沉积岩。产自古老基岩或岩浆岩中的油气也是来自邻近沉积岩系中富含有机质的母岩。灰岩晶洞和介壳以及封闭的砂岩透镜体中的油气只能源于沉积有机质。而在与沉积岩没有空间关系的大片岩浆岩和变质岩发育地区，如所谓的地盾区则没有发现油气聚集。

(2)油气在地壳中的出现和富集程度与地史上生物的发育和兴衰具有相关性，油气储量的时代分布与地层中分散有机质以及煤和油页岩等有机矿产的时代分布具有较好的一致性。据估计，自寒武纪以来的 6 亿年中，古生代占 60%，拥有已知石油的 15%、天然气的 28%，而中新生代却占已知石油的 85%、天然气的 72%。

(3)在油气田剖面中，含油气层位总与富含有机质的层位有依存关系，而不像无机的内生矿床那样与岩浆岩和变质岩有关。

(4)石油中检测出的卟啉、类异戊间二烯烷烃、甾萜类化合物被有机地球化学家称为生物标记化合物或分子化石或指纹化合物，这类化合物的碳骨架仅为生物体所特有。另外，石油普遍具有旋光性，这主要与其含有化学结构不对称的生物标志化合物有关。

(5)石油的元素组成，包括微量元素组成，都与有机物质和有机矿床相近似。此外，石油的碳稳定同位素组成与沉积有机质的碳稳定同位素组成接近。

(6)热模拟实验表明,从富含有机质的沉积岩和沉积有机质中可得到油气中的烃类产物。利用现代化测试分析技术,可从现代和古代沉积物中分离鉴定出各种油气中的烃类。

油气无机成因的观点主要认为,油气起源于地球深部的简单非烃物质或地球形成早期就已存在的甲烷,经过合成等无机化学反应生成。

油气有机成因的观点则认为,油气起源于生物有机体。在地球显生宙以来的演化历史中,生物有机质仅有很小一部分进入沉积物中得以保存,形成沉积有机质。沉积有机质经过埋藏、热催化降解以及热裂解等复杂的生物化学和地球化学变化,演变生成石油和天然气。沉积有机质演化生烃具有明显的阶段性,在埋藏较浅和地温较低(<80℃)的未成熟阶段,沉积有机质在微生物的作用下可形成生物成因气以及继承烃的同时本身转变成地质有机大分子(地质有机聚合物),即干酪根;在埋深较大和地温较高的成熟阶段,干酪根可热降解和热裂解生成大量的液态石油和天然气;在地温更高(>200℃)的过成熟阶段,干酪根生烃潜力枯竭,只能热裂解生成甲烷气体;干酪根本身将最终聚合成为富碳的残余物。受原始生物有机质的发育、保存条件的影响,通常只有那些低能环境和成煤环境条件下的富含沉积有机质的细粒暗色泥质岩、煤系地层和碳酸盐岩可成为烃源岩。油气成因及烃源岩的研究,不仅具有重要的理论意义,而且对油气勘探具有重要的指导意义。

石油地质学家总结实践经验,提出油气田形成要具备生、储、盖、圈四大要素,要经历运移、聚集、保存等过程。生、储、盖、圈四大要素,系指生油层、储集层、盖层和圈闭。生油层生成的油气,运移到储集层,再在储集层经过横向和纵向运移,进入圈闭中即形成油气藏。在受单一局部构造控制的同一面积内,若干个油气藏组成一个油气田。油气田形成后,还要经受地壳运动的"考验",有的油气田的盖层或圈闭遭到破坏,油气逸散到地表;有的则保存至今,成为能源生产基地。

油气主要生成于富含有机质的黏土岩和碳酸盐岩等生油岩中,这些源源不断地生成的油气必须经过一定的运移,才能到达具有较大孔隙、较好渗透性的储油层,而后在适宜的环境和条件下,最后聚集成油气藏。

储集层,是指能够储存和渗滤流体的岩层。这里只强调具备储存和允许流体通过的能力,而并非指所有的储集层都一定含有油气。如果储集层中储存了油气则称其为含油气层,已经开采的含油气层称为产层。目前世界上绝大部分油气储量集中在沉积岩储集层中,其中又以碎屑岩和碳酸盐岩储集层最为重要,只有少数储集在其他沉积岩、岩浆岩和变质岩中。石油地质学常按岩石类型,将储集层分为碎屑岩储集层、碳酸盐岩储集层和其他岩类储集层三大类。

圈闭,是指能够阻止油气继续运移并储集遮挡油气使其聚集的场所。这里有两个含义:要有适于油气运移、聚集和储存的储集层;能够阻止油气溢散的盖层和遮挡层。当分散的油气在圈闭中聚集到具有工业生产价值时便形成油气藏。根据控制圈闭形成的地质因素,可将圈闭分为构造型、地层型和复合型圈闭三大类。构造圈闭是世界上发现最多、最常见的一种圈闭,它是由地壳运动使地层发生变形和变位而形成的。其中,油气聚集后就称为构造型油气藏。构造圈闭中较为重要的有背斜圈闭和断层圈闭。地层圈闭是因地层变化而形成的圈闭,如地层被削蚀、超覆,砂体或多孔储集层的楔入或尖灭，侧向渗透性变差等。地层圈闭的主要类型有岩性圈闭、不整合圈闭和生物礁圈闭等，是由多种因素（构造、地层等）共同作用形成的复杂圈闭。复合圈闭油气藏广泛存在于各个含油气盆地中，并在实际勘探中日益显示出它的重要性。我国渤海湾地区有大量这类圈闭形成的油气藏。

烃类的运移是在地质历史中发生的，现在不可能直接对其进行观察和研究，因此存在许多尚待解决的问题，但烃类的运移在石油聚集中又确实起着极其重要的纽带与桥梁作用。这是因为最初在生油层内生成的油气是分散状态的，只有这些分散状态的油气经过一定距离的运移而富集起来，才能形成有开采价值的油气藏。一般认为，油气都要经过两次运移：第一次，从生油层运移到储油层，称为初次运移；第二次，油气进入储油层以后的运移，称为二次运移。油气的初次运移，是指油气从富含有机质的成熟源岩中向储集层的运移，在储集层中油气聚集为连续相的滴珠或细流。油气的二次运移，是指油气以连续相的形式在储集层中的运移，它是沟通油源与聚集区的纽带和桥梁，是工业性油气聚集形成所必需的。因此，加强对于油气二次运移的理解将有益于油气勘探。

油气在圈闭中聚集形成油气藏的过程称为油气聚集，它是油气生成、运移、储集层和圈闭构造等多种因素有机配合的结果。充足的油气来源是一个盆地能否形成储量丰富的油气藏的物质基础。衡量一油源丰富程度的具体标志是生油凹陷的面积、生油层系的厚度及有机质的丰度等。良好的储集层的存在是油气运移、聚集的基本条件，但要形成油气藏还必须具有通向生油层的输导层和良好的封盖层，也就是通常所说的要具有良好的生储盖组合，其含义是指生油层中生成的油气能够及时运移到储集层中，同时，盖层的质量和厚度又能保证运移到储集构造中心的油气不会逸散。有效的圈闭是指圈闭形成的时间、与油源的关系及圈闭的闭合度和保存条件等，即具有距油源较近、形成时间早、圈闭闭合容量大、保存条件好等条件。

四、工业意义及用途

能源是推动经济和社会发展的重要物质原动力。人类社会离不开能源的支撑，它推动着社会的快速发展。人类经过了漫长的农业社会的"柴薪时代"，于19世纪进入工业社会的"煤炭时代"；随着石油工业的迅速发展，人类于20世纪进入"石油时代"；由于天然气具有洁净、高效的优点，天然气工业已迎来快速发展期，实际上当今社会已进入"石油天然气时代"。石油天然气工业已成为当代社会发展的经济支柱之一。自1993年起，我国已成为石油纯进口国；2004年，我国的石油消费首次超过日本，成为世界第二大石油消费国。我国石油工业的发展和油气产品的利用不仅对我国的国民经济建设，也对国际社会产生着越来越重要的影响。

石油工业是以原油为生产对象并以原油为原料发展起来的工业体系，包括原油的勘探与生产（上游）和石油炼制与石油化学工业（下游）两大部门。现代世界石油工业已走过140多年的风雨历程，对世界产生了重大影响。由于世界石油生产和消费的地域分布极不平衡，故石油工业从一开始就是一个国际性极强的行业，受国际环境的影响极大。石油工业的盛衰与世界政治、经济和军事格局紧密联系在一起，常常有联动效应，由石油争端引发的政治、经济、军事冲突事件时有发生。

石油被炼制成汽油、煤油、柴油等油品，用来作为汽车、飞机、轮船、内燃机车等的燃料，从而交通运输业得到了前所未有的大发展。交通运输业处于生产和消费的中间环节，在整个国民经济中占有十分重要的地位。一旦交通运输业陷于瘫痪，整个国民经济将无法运转。润滑油、润滑脂、石蜡等润滑油品在减少机器部件之间的磨损、保护机件、节约能耗等方面大显身手。石油是现代工业"流动的血液"，是现代工业的主要能源，也是现代交通运输的主要动力燃料。离开了石油，现代工业将陷于瘫痪。

汽油是无色透明液体，比水轻，密度大体为 $0.71 \sim 0.75 g/cm^3$，相当于水的密度的 3/4。汽油可以分为车用汽油和航空汽油两种，主要用于点燃式汽油发动机，如用于轻型汽车、摩托车、螺旋桨式飞机、快艇等。以汽油为主要燃料的汽车的出现，极大地改变了现代人的生活方式，汽车工业及公路交通得到了飞快发展。汽车不仅成为当前消耗石油最多的交通工具，也成为一个国家发达程度的重要标志。

煤油除了点灯照明外，还在工业上被用作洗涤剂，在农业上用作杀虫药的溶剂，在交通运输业中作为喷气式飞机的燃料。航空煤油具有较高的热值和密度、良好的燃烧性能、良好的低温性能、良好的润滑性能以及良好的防静电性。此外，航空煤油还有较好的安定性、较好的洁净度以及无腐蚀性等。

柴油是压燃式柴油发动机的燃料，主要用于农用机械、重型车辆、坦克、铁路机车、船舶快艇等。柴油内燃机带来了铁路运输的快速发展，促进了农业机械化的实现。由于柴油机的热效率大于汽油机，同时油耗比汽油机低 20% 左右，且温室气体 CO_2 的排放量比汽油机低，再加上近 10 年来柴油机逐渐轻量化，因而发展了一系列柴油汽车。

燃料油是石油中的重油部分，由于它的沸点比较高、挥发性差，故不能像汽油、煤油、柴油那样作为高速内燃机的动力，但却可以代替煤，并且比煤的热值高、燃烧完全、灰分少，还可用它代替焦炭来冶炼金属。

由于沥青具有很好的黏结性、绝缘性、不渗水性，能抵抗许多化学药品的侵蚀，因而广泛用于铺路、建筑工程、水利工程及保持水土、改良土壤等领域，其中以道路沥青的用量最大。

润滑油又称机油，在日常生活中应用广泛。凡是运动着的机器、转动着的部件，都离不开起润滑作用的润滑油。润滑油可以大大减轻机器的磨损，使机器运转灵活，不但能保护机器，还能节约燃料、节约能量。美国国家材料政策委员会在一份报告中曾指出，由于摩擦、磨损而引起的损失，使美国每年需要支付 1 000 亿美元的巨款。

石蜡具有优良的绝缘性、热溶性、润滑性、可塑性、可燃性和密封性，广泛应用于轻工、化工、电子、建筑、交通运输、医药、农业、林业等领域。石蜡耐腐蚀，可利用该性质在玻璃制品上刻出花纹和刻度。石蜡还是重要的化工原料。人们用石蜡制成洗衣粉，甚至制成食用蛋白。随着科学技术的不断进步，人们还对石蜡进行改质，制取符合特种要求的产品，即特种蜡或称专用蜡。这些蜡可用作黏结剂、保鲜剂、抛光材料、防锈剂、脱膜剂、包装材料组分、成型剂、分散剂等。

石油炼制产品大都是多种性质相近的烃类化合物的混合物，而化工产品大都是单一的化合物，故化工产品讲求纯度、分子结构等。生产石油化工产品，第一步要从石油或石油气中制造出一级基本有机原料；第二步要用一级基本有机原料制造醇、醛、酮、酸、胺等基本有机原料；第三步才能进行各类石油化工产品的有机合成，制成一系列石油化工产品，如合成树脂、合成纤维、合成橡胶、合成洗涤剂、化学肥料、炸药等。

用石油能制得炭黑，它是一种蓝黑色粉末。用炭黑可以制造胶木、鞋油、复写纸、打字机上的打字带、铅笔等。石油还能通过特殊的加工手段制造出糖精，它的甜度是白糖的 500 倍。以石油炼制过程中得到的甲苯为原料，首先制成邻甲基苯磺酸，然后与氨作用得到甲基苯磺酸铵，再经过氧化、脱水就制成了糖精。

用石油可以制成炸药。黄色炸药（TNT）的制取也是以甲苯为基本原料，由甲苯和硫酸与硝酸按一定比例配成的混合液进行化学反应，生成三硝基甲苯的晶体，再经过压缩成型而成。以石油为原料生产的炸药还有硝化甘油及硝酸铵等。用硝酸处理甲苯，就能制造极猛烈的炸药三硝基甲苯。甘油炸药的主要成分是硝化甘油。甘油可以从石油中提取。用石油可以制成化肥。以氢气和氮气为原料，在高压和催化剂作用下就可制得大量的氨。这就叫作"油中取氢，空中取氮"。

五、未来发展趋势

随着我国社会经济的快速发展，特别是改革开放以来，我国对石油资源的依赖性更强，很多领域的经济发展都离不开石油资源的支撑。然而石油是一种不可再生资源，当今世界上已经出现了石油短缺的情况，如何提高石油的开采率这是需要探索的重要课题。我国石油储量比较丰富，然而大多分布在沙漠、山地等地形和气候复杂的地区，分布也很分散，开采难度较大。目前，我国石油开采技术发展还不够先进，且已进入中后期开采阶段，石油储量正在日益减少，因而必须在提高石油开采率和开采质量方面下功夫，破解石油开采中存在的各种难题。传统石油勘探开发技术存在着很多不足，在应对复杂地形上的应用效果不佳，不断创新石油勘探开发技术是一项重要任务。

作为一种十分重要的能源，石油在我国的生产和生活中占据着十分重要的地位，因此必须重视石油开采。随着这些年来石油勘测开发技术的不断完善和创新，未来石油将朝着现代化、自动化、智能化方向发展，必须不断探索和研发，改变传统开发技术中存在的弊端，有效提高石油的开采率和开采质量，从而为石油的开发利用创造广阔的发展空间。

在石油开采过程中，测井技术能够减少测井人员的工作量、提升工作效率，是一种较为先进的技术手段。准确把握石油测井技术的发展趋势并以此为依据，采取针对性完善措施，提升石油测井技术水平，对于实现整个石油行业稳定发展有着极为重要的意义。

运用三维表现技术再现三维世界中的物体，从而表示出三维形体的复杂信息，这种技术就是可视化技术，这是近几年计算机图形学的快速发展所产生的一门新型技术，应用前景广阔。石油从最初寻找到最终利用需要经历很多环节，其中有 4 个主要环节，分别为石油勘探、油田开发、油气集输和石油炼制。这些环节涉及的学科和技术众多，具有特殊的复杂性，而可视化技术在这些环节上的应用，可以大大缩减成本、降低难度、增加安全性等，因而它在石油行业的应用较为广泛。

人工智能在石油勘探开发领域的应用刚刚起步，尚未形成颠覆性成果，但已显现出巨大潜力。已有的研究成果可归纳为以下 3 个方面：一是智能装备初步应用，无人机、机器人等代替人类进行巡检操作，初步应用到管道巡检、无人值守平台等场景中（图 8-12）。二是大数据、机器学习等技术应用到勘探开发数据的分析处理上，但现阶段大多是"点"上的应用，尚未形成"面"上的推广。三是多数企业已意识到数据共享的重要性，开始研发一体化分析平台、集成软件等。人工智能在石油勘探开发领域已开展的应用探索主要集中在测井处理解释（如岩性识别、曲线重构等）、地震处理解释（如初至波拾取、断层识别等）、水驱开发实时调控、产量预测等方面，智能算法的应用提升了一体化分析软件的智能化水平，智能芯片的嵌入实现了装备智能。由于人工智能算法需要建立在大数据基础上，对算法的输入和输出之间的映射关系要求明确、清晰，而油气储集层地下条件复杂多变，石油勘探开发面临多解性、小样本等问题，人工智能的应用推广难度较大，因而人工智能在石油勘探开发中的落地应用，应以点带面、逐渐推动。未来石油勘探开发领域人工智能的发展重点包括数字盆地、快速智能成像测井仪、分层注采实时监测与控制工程等技术。

  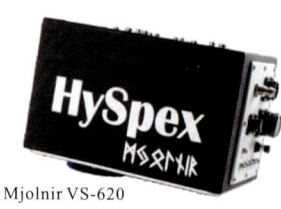

Headwall　　　Rikola　　　Mjolnir VS-620

图 8-12　可用于无人机的超光谱成像传感器

第五节　天然气资源

一、概念

天然气，是指自然界中天然存在的一切气体，包括大气圈、水圈和岩石圈中各种自然过程形成的气体。从能量角度出发的狭义定义，天然气是一种蕴藏在地下多孔隙岩层中的烃类和非烃类气体的混合物。其主要成分是烷烃，其中甲烷（CH_4）占绝大多数。它也可能含有一些较重的烃分子，如乙烷（C_2H_6）、丙烷（C_3H_8）和丁烷（C_4H_{10}）。此外，一般有硫化氢、二氧化碳、氮和水汽和少量一氧化碳及微量的稀有气体，如氦和氩等。部分气田所产天然气中还含有二硫化碳和羰基硫等有机硫。

二、类型

沉积圈中的天然气，依其存在的相态可以分为游离气、溶解气（溶于油和水中）、吸附气和固体水溶气，依其分布特点可以分为聚集型和分散型，依其与石油产出的关系可以分为伴生气和非伴生气。

1. 聚集型天然气

游离气是常规气藏中天然气存在的基本形式。只有大规模的游离气聚集，才能有效地开发利用。聚集型天然气可以是气藏气、气顶气和凝析气。气藏气，是指在圈闭中具有一定工业价值的单独天然气聚集。特别是巨大的非伴生气藏(田)是气藏气的主体，但也有些气藏气可以存在于油气田中，在垂向或横向上与油藏或油气藏有一定的联系。气顶气，是指与油共存于油气藏中呈游离态位居油气藏顶部的天然气。这种天然气不仅在分布上而且在成因上与石油都有着密切联系。凝析气是一种含有一定量凝析油的特殊的气藏气。在地下较高温度、压力条件下，凝析油因逆蒸发作用而气化或以液态分散(溶解)于气中，呈单一气相存在，称其为凝析气。

2. 分散型天然气

分散型天然气主要以油溶气、水溶气、煤层气、致密地层气和固态气水合物形式赋存。任一油藏内总是溶有数量不等的天然气，称为油溶气，每吨油内溶解气的量少则几到几十立方米，多则可达数百到上千立方米。水溶气包括低压水溶气和高压地热型水溶气。低压水溶气一般很难单独开采，但可以综合利用。高压地热水溶气中含气量较高，特别是在异常高压带以下的地下水中，含气量特别高，其综合开采较有价值。煤层气，是指煤层中所含的吸附和游离状态的天然气，煤矿将这种天然气称为瓦斯。致密地层气，主要是指致密砂岩和裂缝性含气页岩中的天然气。广义的致密地层气还包括煤层气，统称非常规天然气。固态气水合物是一种白色的固态似冰状的结晶化合物，又称气水化物或固体气，亦称天然气水合物，还俗称可燃冰。在该化合物中，冰的晶体格架扩展为包括气分子的晶体。

3. 伴生气与非伴生气

天然气按照与石油的产出关系，又可分为伴生气和非伴生气两种。伴生气伴随原油共生，是与原油同时被采出的油田气。伴生气通常是原油的挥发性部分，以气的形式存在于含油层之上，凡有原油的地层中都有伴生气，只是油、气量比例不同而已。即使在同一油田中石油和天然气的来源也不一定相同，它们由不同的途径和经不同的过程汇集于相同的岩石储集层中。非伴生气包括纯气田天然气和凝析气田天然气两种，在地层中都以气态存在。凝析气田天然气从地层流出井口后，随着压力的下降和温度的升高，分离成气、液两相，气相是凝析气田天然气，液相是凝析液，称为凝析油。若为非伴生气，则与液态集聚无关，可能产生于植物。此外，在天然气勘探开发中，将天然气分为常规天然气和非常规天然气。非常规天然气被定义为油气藏特征与成藏机理方面有别于常规油气藏，采用传统开采技术通常不能获得经济产量的油气矿藏。

三、成因

天然气中烃类气体的来源有多种途径，可以是由沉积物中分散有机质经微生物降解、热解作用所形成，也可以由石油、油页岩和低阶煤(泥炭及褐煤)等可燃有机矿产的进一步热解所形成。此外，还有数量不等的烃气是深部无机成因气。天然气中常见的非烃气有 CO_2、N_2、H_2S、H_2、He、Ar 等气体。它们可以由有机质在微生物降解、热解过程中形成，也可以是岩石或地壳内部物质的化学反应、放射性蜕变、脱气作用的产物，部分还可能源于大气的渗入。

根据其形成机理，天然气可划分为有机成因气和无机成因气两大类。所谓有机成因气，是指分散的沉积有机质或可燃有机矿产(油、煤和油页岩)，在其成岩成熟过程中，由微生物降解和热解作用形成的以烃气为主的天然气，就目前的研究程度来看，现今发现的天然气绝大部分属于有机成因气。根据成气的主要作用因素，可进一步将有机成因气分为生物成因气（包括成岩气）和热解气，后者是有机成因气的主体。还可根据成气有机质类型的不同再进一步划分：将由成油有机质（Ⅰ、Ⅱ型干酪根）形成与石油相伴生成的天然气称为油型气，而将Ⅲ型干酪根和成煤有机质在成煤变质过程中形成的天然气称为煤型气。这样就将天然气划分为 4 种基本的成因类型，即生物成因气、油型气、煤型气和无机成因气。

1. 生物成因气

生物成因气是有机质在还原环境下主要由微生物降解、发酵和合成作用形成的以甲烷为主的天然气，有时也包括（或混有）部分早期低温降解作用形成的甲烷气和数量不等的重烃气。生物成因气形成过程包括一系列复杂的生物化学作用。这一过程从浅处的微生物喜氧呼吸的代谢作用开始，游离氧被消耗，从而进入硫酸盐还原带的厌氧呼吸阶段，使硫酸盐还原为 H_2S；当继续进入缺硫酸盐的碳酸盐还原带时，在严格的厌氧环境中，微生物发酵作用使不溶有机质（生物聚合物）在酶的作用下变成可溶有机质，进而在产酸菌和产氢菌的作用下变为挥发性有机酸、H_2 和 CO_2；H_2 和 CO_2 在甲烷菌的作用下，最终合成甲烷（图 8-13）。

富含硫酸盐的强还原环境，特别是沉积腐泥型有机质的强还原环境，对产甲烷菌有明显的抑制作用，有机质不易分解出 H_2 和 CO_2，使生物成因气不能大量生成。在陆相环境中，由于淡水湖泊的盐度低，缺少硫酸盐类矿物，腐殖型和混合型有机质易被分解成 H_2 和 CO_2，有利于甲烷菌繁殖。甲烷在靠近地表不深的地带即可形成，但由于埋深太浅，大部分被散失或氧化，不易形成

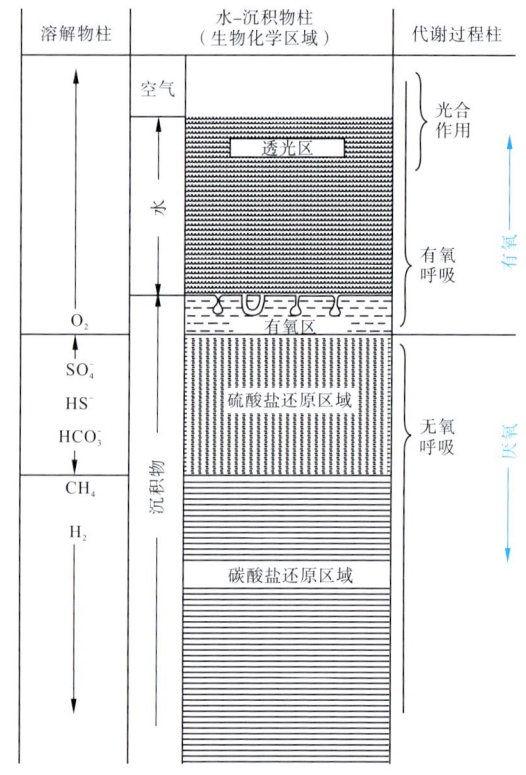

图 8-13　富含有机质的敞开海沉积物中微生物代谢作用的生化环境剖面图
据 Rice and Claypool，1981

规模较大的生物成因气藏。在低气温的极地和深海，浅层形成的烃气可与水结合形成固态气-水合物。在半咸水和咸水湖，尤其是碱性咸水湖，有利于有机质保存。直到埋藏至一定深度后，有机质才大量分解并使产甲烷菌大量繁殖，合成的甲烷在适当的条件下可聚集成较大规模的气藏。因此，富含腐殖型和混合型有机质的浅海和海陆交互相带，寒冷的极地和深海以及大陆干旱-半干旱的咸水湖泊都是生物成因气形成的有利沉积环境。

2. 油型气

油型气，是指成油有机质（腐泥型和混合型干酪根）在热力作用下以及石油热裂解

形成的各种天然气，主要包括石油伴生气、凝析油伴生气和热裂解干气。成油有机质成熟演化过程中产生的天然气以烃气为主，但仍有数量不等的非烃气。CO_2 主要形成于深成作用阶段的早中期，N_2 主要形成于深成作用阶段的中期，H_2S 主要形成于深成作用阶段中期到准变质阶段。产气高峰在深成作用的中晚期，这是因为深成作用中晚期成油有机质液态烃产率明显降低，而产气率逐渐增加，与此同时已生成的液态烃开始裂解成气，两种成气作用叠加使产烃气率大增，从而形成产气高峰(图 8-14)。

3. 煤型气

煤型气是腐殖煤及腐殖型煤系有机质在变质作用阶段形成的天然气。其含义与腐泥型有机质在成油演化过程中形成的天然气称为油型气相对应，又称煤系气、煤成气等。在腐殖有机质成煤的过程中会经历泥炭化作用和煤化作用两大阶段，后者又可

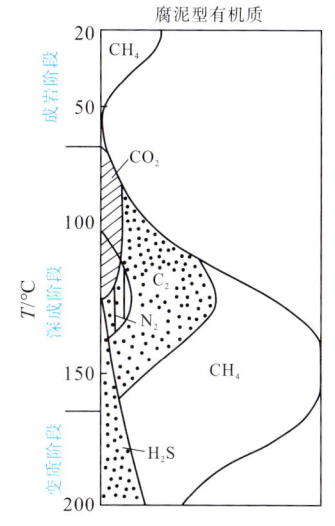

图 8-14　与成油有机质演化有关的天然气(烃和非烃)生成模式

据陈荣书，1994

分为成岩作用和变质作用阶段。泥炭化阶段所生成的生物成因气因缺乏保存条件而难以形成聚集。与成油母质相比，腐殖型有机质在成岩作用阶段形成的生物成因气，非烃气含量较高。进入变质作用阶段所形成的天然气称为煤型气。

4. 无机成因气

在东太平洋海隆热液喷出口和加勒比海深大断裂附近都观测到规模很大的甲烷气。此外，在海洋沉积物中广泛分布的甲烷水合物难以单用细菌作用生成甲烷来解释。关于深源无机成因气的形成机理，前人研究认为，地壳内部甲烷的稳定性取决于温度、压力和氧逸度。高逸度值有利于形成 H_2O、CO_2 和 SO_2，低逸度值有利于还原型化合物如 H_2S、H_2 和 CH_4 等的形成和保存。对地幔排气作用的综合研究结果认为，地幔排气过程依其特点可分为两种基本类型，即较高温度、较高氧逸度、较小压力的热排气过程和较低温度、较低氧逸度、较大压力的冷排气过程。前者地幔气以 H_2O 和 CO_2 为主，后者则以 CH_4 和 H_2 为主；前者相当于火山喷气，后者相当于岩浆侵入上覆岩层中的脱气作用。

四、分布

全球天然气储量分布相对集中。截至 2018 年年底，全球天然气剩余探明可采储量为 196.9 万亿 m³，约 72% 分布在中东和独联体国家(图 8-15)。探明剩余可采储量前五名的国家分别是俄罗斯(38.9 万亿 m³)、伊朗(31.9 万亿 m³)、卡塔尔(24.7 万亿 m³)、土库曼斯坦(19.5 万亿 m³)和美国(11.9 万亿 m³)，合计占全球探明剩余可采储量的64.5%。我国天然气探明剩余可采储量为 6.1 万亿 m³，占全球探明剩余可采储量的3.1%，全球排名第七。常规天然气主要集中分布在欧亚大陆和中东地区，非常规天然气主要集中在北美洲和亚洲地区。

全球天然气生产并不平衡。2000 年，北美、独联体、中东、亚太四大区天然气产

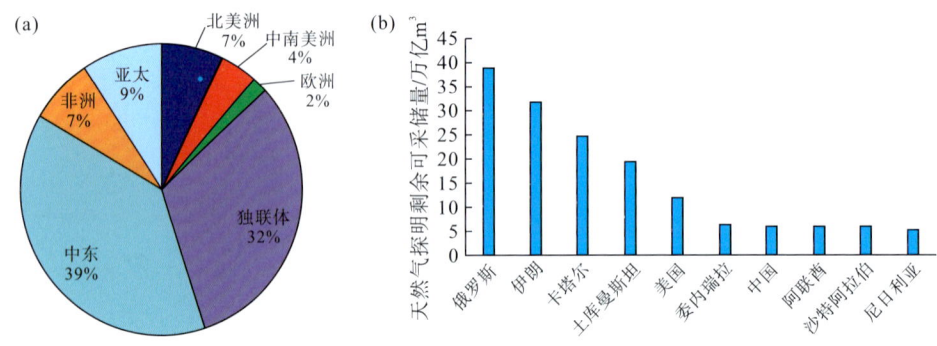

图 8-15　全球天然气探明剩余可采储量分布图

（a）全球天然气探明剩余可采储量分布情况；（b）全球前十名国家天然气探明剩余可采储量。

据陈骥等，2019

量共占世界总量的 78.1%，2010 年、2020 年分别上升至 78.9% 和 83.8%（图 8-16）。作为产量的第一梯队，北美和独联体产量增加但所占比例有所降低；其中，北美 2020 年产量比 2000 年增加了 45%，所占比例却降低了 2.8%。独联体的以上 2 个数据分别为 25% 和 6.3%。作为产量的第二梯队，中东、亚太产量和所占比例均有所增加；其中，中东产量增加了 230%，所占比例增加了 9.2%，亚太以上 2 个数据分别为 139% 和 5.6%。

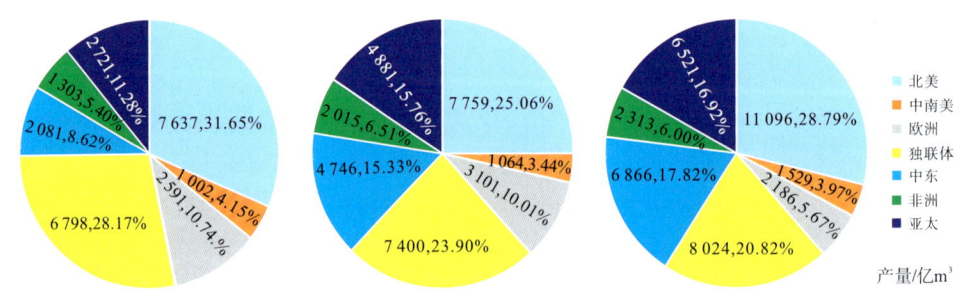

图 8-16　2000—2020 年世界分地区天然气产量及占世界份额对比

据张抗等，2023

　　凡年产天然气在 60 亿 m³（相当于年产油 500 万 t）以上的盆地（地区）称为大产气区。中国陆上按年产量从大到小排列分别是鄂尔多斯盆地、四川盆地、塔里木盆地和柴达木盆地 4 个大产气区（图 8-17）。

　　鄂尔多斯盆地油气分布的格局为古生界聚气，主要气田分布在北部；中生界聚油，油田分布于南部。截至 2017 年年底，该盆地发现了苏里格、靖边、大牛地、神木、延安、榆林、子洲、乌审旗、东胜、柳杨堡和米脂 11 个地质储量 300 亿 m³ 以上的大气田，还有宜川、黄龙、胜利井、直罗和刘家庄 5 个小气田，共计 16 个气田。所有气田中仅直罗气田产层在中生界，且为唯一的油型气田，气源岩为中生界延长组。靖边气田是以下古生界马家沟组碳酸盐岩储层为主气田，天然气类型既有煤成气又有油型气与两者混合气。其他所有气田均为煤成气，储层为砂岩，气源岩为本溪组、太原组和山西组煤系。鄂尔多斯盆地截至 2017 年年底已累计探明气层气储量 4.16 万亿 m³，年

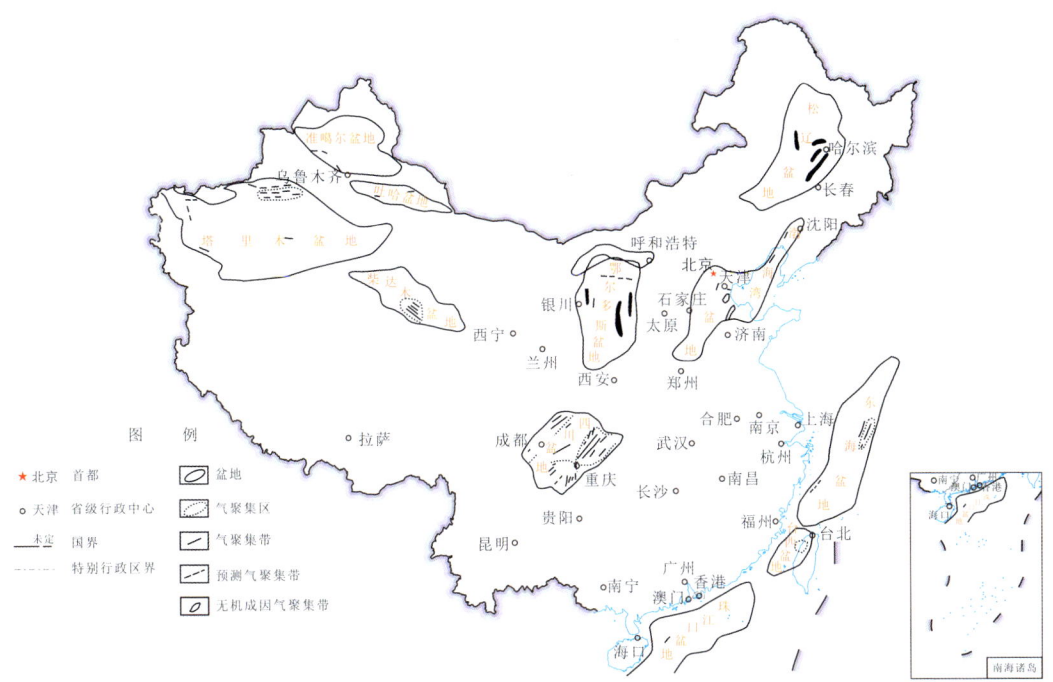

图 8-17　我国天然气聚集区带分布图

据戴金星等，1997

产气层气 435.36 亿 m³，分别占中国气层气地质储量和年产量的 34.4％和 35.3％，成为中国第一产气区。

四川盆地是世界上最早勘探开发天然气的盆地之一，早在秦汉时期就出现了人工钻凿盐井且伴随天然气生产的记录。盆地工业性油气层系多，常规、致密油气产层 25 个（海相 18 个），页岩气产层 2 个，是中国迄今发现工业性油气层最多的盆地。四川盆地产气区是中国陆上大产气区中天然气类型最多的，产出气中以油型气最多、页岩气其次、煤成气最少。截至 2017 年年底，产气区共发现探明地质储量 300 亿 m³ 以上大气田 23 个（包括涪陵、长宁、威远 3 个页岩气田）。

塔里木盆地是中国最大的含油气盆地，是个典型的叠合盆地。2017 年累计探明气层气地质储量 1.83 万亿 m³，当年产气层气 258 亿 m³，累计共产气层气 2 496 亿 m³。盆地探明大气田 10 个（克拉 2、迪那 2、大北、克深、柯克亚、阿克莫木、玉东、和田河、塔中 1 号和塔河），大气田探明总储量为 1.63 万亿 m³，年产气量为 218 亿 m³。2017 年盆地气层气储量和年产量中，煤成气分别占 69.7％和 86.0％。由此可见，煤成气在塔里木盆地产气区中起主宰作用。

柴达木盆地是世界上海拔最高的大型含油气盆地。截至 2017 年年底，累计探明天然气地质储量 3 700.75 亿 m³，当年产气 62.52 亿 m³，历年累计产气 713.67 亿 m³，共发现 4 个大气田（台南、涩北 1 号、涩北 2 号和东坪）。其中，台南、涩北 1 号、涩北 2 号是目前世界范围内第四系中 3 个最大的气田，主要产出煤型生物气。

第九章 地球的圈层结构与物质循环

一、地壳

1. 上地壳与下地壳

传统观点认为，下陆壳成分是相对镁铁质的。但经过深入研究发现，中、下陆壳含有大量的长英质岩石，其 SiO_2 含量平均为 64%，显示下陆壳不是镁铁质的；整个陆壳比普遍认为的更富 Si，而且地壳分为上、下两层而不是三层（Hacker et al.，2011）。大量最新研究表明，约 $20\sim40km$ 深度下陆壳（LCC，lower continental crust）的成分更接近于整个陆壳，代表了整个地壳的下半部（BCC，bulk continental crust；Kelemen and Behn，2016）。

2. 陆壳与洋壳

大陆地壳和大洋地壳在物质组成、厚度和分布上存在明显的差异。其中，大陆地壳的化学组成以硅铝质为特点，可分为两大类岩石：一类是地壳上部相对未变形的沉积岩或火山岩；一类是大陆地壳中下部已经变形变质的沉积岩、岩浆岩和变质岩等。与大洋地壳相比，大陆地壳由于经历了复杂的板块构造和造山运动并发生多阶段的构造变形和部分熔融等，其物质组成和内部结构要复杂得多。它自上而下由沉积岩层、硅铝层和硅镁层组成，平均厚度为 35km，在构造稳定区厚度较小，在构造活动区厚度则急剧变大，如中国的青藏高原地区，厚可达 $70\sim80km$。岛弧虽在海洋中，但其地壳性质近似大陆型，故有人称其为过渡地壳。大陆地壳的上部，其平均密度为 $2.7g/cm^3$，地震纵波的速度在此为 6.2km/s。而大洋地壳形成于大洋中脊，并从脊轴处向外运移，经过深洋盆最后在海沟处向下俯冲并消亡于地幔之中。大洋地壳的物质组成主要包括 3 部分：上部是深海沉积物和枕状熔岩；中间是席状杂岩体，主要是一些辉绿岩，代表玄武质岩浆快速冷却的产物；下部是堆晶成因的辉长岩，因此可以认为洋壳整体成分是玄武质的。与大陆地壳的复杂成分和结构不同，大洋地壳的成分和结构都相对单一，并且随着海底扩张和板块俯冲多数大洋地壳都随着俯冲带俯冲到地幔深处。因此，地球上多数洋壳的年龄都相对年轻，一般不超过 200Ma。只有少量洋壳由于一些特殊构造，保存在造山带形成蛇绿岩套，故通过确定这些蛇绿岩的形成时代和岩浆源区的性质，就可以重建地球历史时期的洋陆格局和大地构造演化历史。

3. 地壳的增厚和变形

两块大陆地壳碰撞，伴生的挤压作用会使碰撞区的地壳在水平方向上变短、在垂直方向上变厚，结果是地壳表面上升、地壳底部和岩石圈底部下降。例如，在喜马拉雅山脉，地壳表面已上升至大约 8km 的高度，地壳底部的深度现已超过 60km。地壳的向下突出称为地壳根（crustal root），岩石圈的向下突出称为岩石圈地幔根（lithospheric mantle root）。

二、地幔

1. 软流圈地幔

软流圈地幔通常是指位于岩石圈之下、地幔过渡带之上的地震波低速带，这一地震波低速带广泛分布于全球上地幔 60～400km 深度，对其的普遍解释是由地幔部分熔融所致。软流圈地幔代表地球内部一个"承上启下"的圈层。软流圈地幔在大洋中脊被动上涌而发生减压熔融，形成的熔体向上抽取进入岩浆房并经历一系列演化后形成洋壳，熔融残留即为大洋岩石圈地幔。软流圈地幔是大部分岩浆作用的发源地，亦是大宗矿产资源的重要源区。依据大洋中脊玄武岩（MORB）较为均一的化学成分，早期研究推测，地幔对流可有效导致软流圈化学组成的高度均一化。然而，最近 20 多年深海橄榄岩的同位素研究成果表明，软流圈在不同尺度上存在高度的不均一性。前人基于大洋玄武岩的地球化学研究，识别出几类不同化学成分的地幔储库，包括亏损的 MORB 型地幔（DMM）、Ⅰ 型富集地幔（EM-Ⅰ）、Ⅱ 型富集地幔（EM-Ⅱ）、高 U-Pb 值地幔（HIMU）等（Hofmann，1997；Zindler and Hart，1986）。各种富集型地幔端元可能是由俯冲作用带入地幔内部的沉积物、地壳物质以及富集岩石圈地幔组分形成（Gao et al.，2008；Jackson et al.，2007；Sobolev et al.，2005）。

2. 岩石圈地幔：大陆岩石圈地幔和大洋岩石圈

（1）大洋岩石圈。一般来说，显生宙大洋板块在垂向上，从上到下由两个厚度差别很大的层次组成（图 9-1）：①岩浆岩洋壳，平均厚 7km，上部是玄武岩，下部是辉长岩。②岩石圈地幔，平均厚 90km，自上而下分别是方辉橄榄岩、残留二辉橄榄岩和正常二辉橄榄岩，指示软流圈地幔在浅部降压熔融产生玄武岩浆。对于太古宙大洋板块，虽然在垂向上从上到下亦由两个层次组成，但由于软流圈地幔温度较高，岩浆岩洋壳的厚度高达 30～40km，因而岩石圈地幔相对较薄，其中的方辉橄榄岩相对于二辉橄榄岩的比例要大得多。在洋壳之上有海底沉积物，其厚度一般小于 100m。与显生宙洋壳相比，太古宙海底沉积物中相对缺乏大陆地壳风化剥蚀产物。

（2）大陆岩石圈。对于显生宙大陆板块，从上到下在垂向亦由两个厚

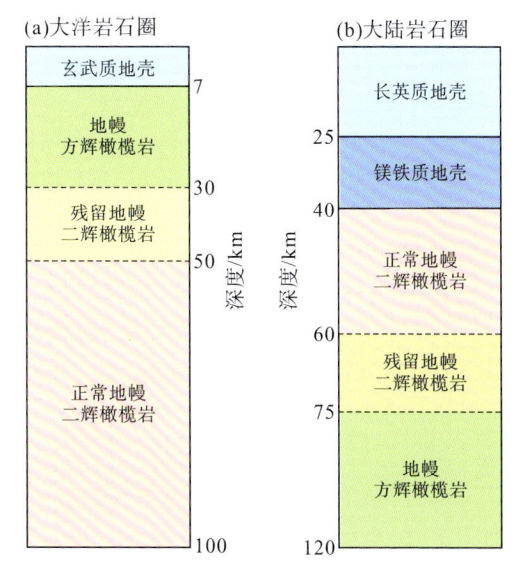

图 9-1　大洋岩石圈与大陆岩石圈结构及其组成示意图
据郑永飞等，2023

度不同的层次组成(图9-1)：①结晶地壳，平均厚40km，上部是长英质花岗岩和片麻岩，下部是镁铁质角闪岩和麻粒岩。②岩石圈地幔，平均厚80km，一般自上而下是从正常二辉橄榄岩经残留二辉橄榄岩到方辉橄榄岩，只是地幔楔在深部加热熔融产生玄武质-安山质岩浆。如果在局部地区这些不同类型的橄榄岩的产出顺序出现差别，那只是这个局部岩石圈在成因机制上与众不同而已。对于前寒武纪大陆板块，虽然在垂向从上到下亦由两个层次组成，但厚度在比例上差别较大。由于太古宙时期软流圈地幔温度较高，出露海面的大陆地壳依然具有大洋地壳成分，因而在克拉通化之前岩石圈地幔的厚度基本正常(70～80km)。一旦大陆发生克拉通化，地壳加厚到60～70km，岩石圈地幔厚度可高达200km，其中的方辉橄榄岩相对于二辉橄榄岩的比例大得多。在结晶地壳(亦称地壳基底)之上常有沉积盖层，其厚度变化很大(可从小于1km到大于5km)。与显生宙陆壳相比，太古宙陆壳沉积盖层的厚度要小得多。

3. 地幔楔

地幔楔为俯冲板片之上、上覆板块地壳之下的楔形地幔区域(图9-2)，其厚度可从约200km(小地幔楔)到约500km(大地幔楔)。由于上覆板块的厚度可从100km变化到300km，总体来说地幔楔的上部属于岩石圈地幔，下部属于软流圈地幔，两者之间的分界深度随俯冲带属性而变化，在洋-洋俯冲带为80～100km，在洋-陆和陆-陆俯冲带之上可从100km变化到250km。在板块俯冲的晚期阶段，俯冲板片在弧下深度发生回卷，软流圈地幔发生侧向对流，将高的热流传导到地幔楔底部和板片表面，结果俯冲带热结构沿板片/地幔楔界面亦呈对称分布，但在这个界面上的温度显著提高。正是这个原因，不仅地幔楔中的交代岩可通过加热熔融形成镁铁质弧岩浆，而且经历过变质脱水的板片地壳可在弧后深度发生加热熔融产生熔体从而

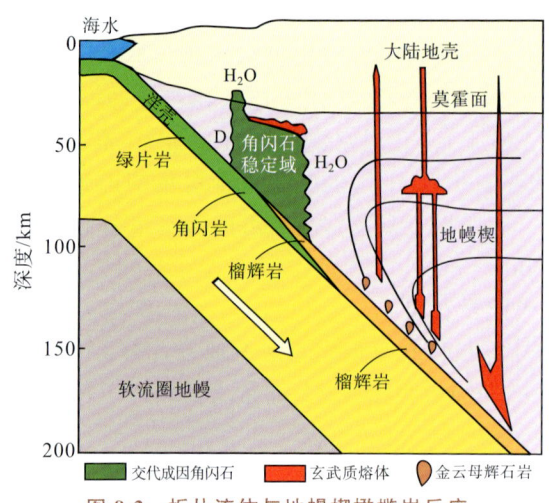

图9-2 板片流体与地幔楔橄榄岩反应形成交代成因矿物集合体示意图

地幔楔受交代的机制模型假设，板片流体交代地幔楔橄榄岩形成岩石化学上饱满、地球化学上富集的交代岩，虽然其固相线较低，但由于板片/地幔楔温度较低而不会立即发生部分熔融。修改自Wyllie，1988

交代新生的地幔楔，形成洋岛型玄武岩的岛弧源区(Zheng，2019)。因此，地幔楔熔融经历了先受俯冲带流体交代然后再发生加热熔融的两阶段过程(Grove et al.，2009；Zheng，2019)。

三、地核

地核是地球内部最为神秘的存在。地核的物质组成、温压状态以及一些较轻元素的含量等，一方面保留了地球形成初期的关键信息，一方面对现今地球的磁场、物质循环机制及宜居环境的形成有着至关重要的作用。因此，探测地核的物质组成和温压

状态，是地球科学最为前沿的科学问题之一。对地核的精细结构和演化过程的研究，可以让我们认识地球乃至行星的演化历史。例如，通过不同行星内部结构的对比，可以推测太阳系或宇宙的演化过程。

1. 地核的物质组成

1936 年，Lehman（莱曼）在 P 波的影区发现了当时认为本不该出现的地震波震相（地震图上显示的性质不同或传播路径不同的地震波组称为震相），从而提出"地核里面还有一个固态内核"的重大发现，从此地核模型变成了液态外核和固体内核的双层模型。现今的理论认为，在地球形成大约 3 000 万年后，Fe 和 Ni 等金属元素在地球内部聚集形成地核，此时等量的低密度热物质会向上运移，从而导致地球从深部到浅部存在大规模的物质和热对流，这种机制对地球的演化具有至关重要的意义。根据地震学资料，地球的半径为 6 371km，其中近一半（3 483km）被金属地核占据，地核主要由 Fe 和 Ni 组成，但还必须含有少量轻元素，如 Si、O、S 和 H。地核从下向上缓慢结晶，实心内核半径为 1 220km。

2. 地核的温压状态

地核的外部是由 Fe 和 Ni 组成的液态金属，这一层的温度大约为 4 000～6 000℃。内地核主要由固态的 Fe 和少量 Ni 组成，其温度可能高达 7 000℃。尽管内地核的温度比外地核的温度高，但由于其压力巨大，Fe 和 Ni 仍然保持固态。为了更精确地测量地核内部的温度，需要精确测量 Fe 在不同压强下的熔点。欧洲同步加速器辐射研究所、法国原子能安全委员会和法国国家科学研究中心等机构的研究人员将几微米大小的铁微粒置于两块金刚石的尖端模拟高压环境，通过激光对 Fe 加热。最终，借助欧洲同步加速器辐射研究所的高速 X 射线衍射技术，研究人员测出压强为 220GPa 时 Fe 的熔点为 4 800℃。由此估算，压强为 330GPa 时 Fe 的熔点约为 6 000℃，且误差＜500℃，相当于地核内部温度约为 6 000℃。

3. 地核与地磁场的关系

地核在地球磁场的形成中扮演着关键角色，这个磁场不仅保护地球免受太阳风的侵袭，还为指南针的指向提供了依据。目前的研究认为，地球磁场的产生主要与外核的运动有关（图9-3）。地球内部的高温使得外核的液态铁镍合金产生热对流，即热的物质上升、冷的物质下降。由于地球自转，科里奥利力（Coriolis force）使这些对流运动变得复杂，并在地球的旋转方向上发生偏转。运动的液态 Fe 和 Ni 是导电的，这些导电的流体在运动过程中切割磁力线产生电流，这些电流又产生磁场，这一现象称为地磁发电机理论。

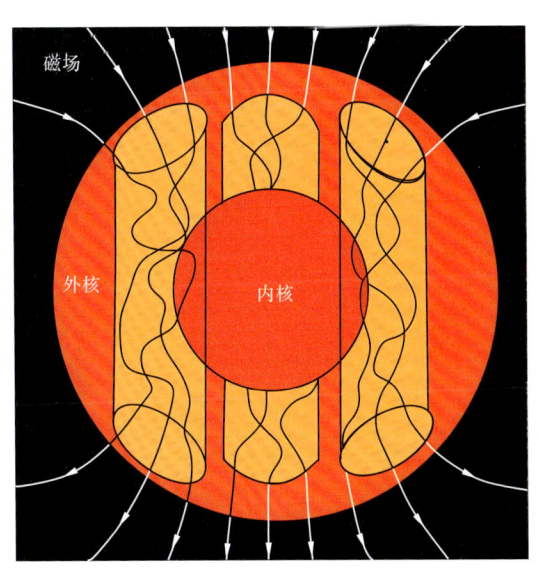

图 9-3 地核旋转与地磁场形成机制示意图
图片来自网络

第二节　地球不同圈层相互作用的方式

一、俯冲带的物质循环

俯冲带地壳组分可以以宏观岩石或微观元素的形式发生再循环(图 9-4)。折返到地表的阿尔卑斯型高压-超高压变质岩是大洋/大陆板块俯冲地壳以固体物质形式的宏观岩石再循环,大洋俯冲带之上镁铁质弧岩浆岩是大洋板块俯冲物质以液体物质形式的微观元素再循环,大陆碰撞带同折返或碰撞后岩浆岩也是大洋/大陆板块俯冲物质以液体物质形式的微观元素再循环。

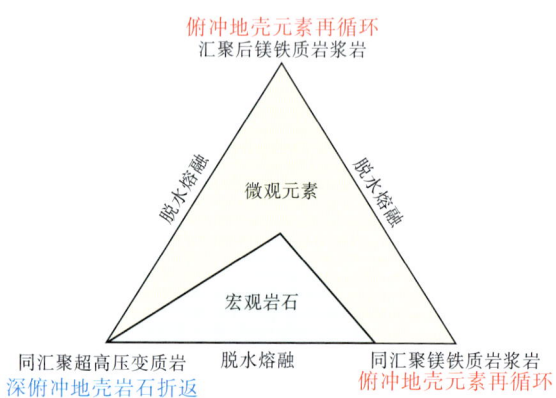

图 9-4　俯冲带地壳组分可以以宏观岩石或微观元素的形式发生再循环

据郑永飞等,2021

在这个模型中,第一步是产生俯冲带流体交代地幔楔橄榄岩(图 9-5),第二步是地幔交代岩部分熔融产生镁铁质岩浆。俯冲地壳物质的再循环,是引起地幔成分不均一性,C、H、N、S 等挥发性元素从地球内部进入外部循环,内生金属矿产资源形成的重要因素(Stern,2002;Bebout et al.,2018;Zheng,2019)。

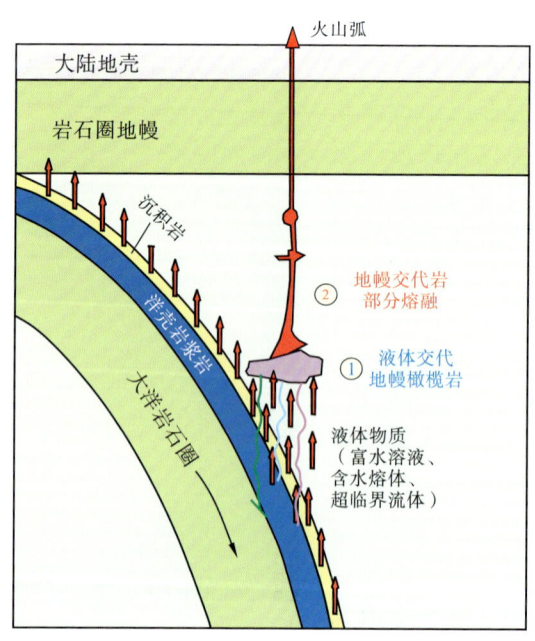

图 9-5　俯冲带地壳物质液体再循环模型

修改自 Nielsen and Marschall,2017

二、洋壳俯冲

随后的实验岩石学研究表明，以硬柱石、硬绿泥石、多硅白云母、黝帘石-斜黝帘石为代表的含水矿物在弧下深度是稳定的（Poli and Schmidt，2002），能够把可观的水量通过俯冲地壳迁移到超过角闪石稳定深度的地幔（图 9-5）。俯冲洋壳部分熔融会产生 3 种长英质熔体：①变玄武岩脱水熔融产生的水不饱和熔体。②变沉积岩脱水熔融产生的水不饱和熔体。③变玄武岩和变沉积岩加水熔融产生的水不饱和熔体。

1. 洋壳熔体的性质及其对地幔楔的交代机制

一般认为，俯冲洋壳一般会先变质脱水，经过脱水的洋壳固相线温度明显升高，难以直接发生部分熔融。Kay（1978）在美国阿留申群岛中的 Adak 岛上发现了显生宙的板片熔融事件和岛弧火山岩组合，但当时并没有引起足够重视。20 世纪 90 年代初，Defant et al.（1990）将这种岩石组合称为埃达克岩（adakite）。与绝大多数来自地幔楔（受俯冲大洋板片流体交代过）的火山弧岩浆岩不同，Defant et al. 认为，其是形成于火山弧环境、由俯冲的年轻（<25Ma）大洋板片熔融形成的岩浆岩。埃达克岩具有如下特征：岩石类型为中酸性钙碱性岩石，缺失基性端元，岩石组合为岛弧安山岩、英安岩、钠质流纹岩及相应的侵入岩；主要矿物组合为斜长石＋角闪石±黑云母±辉石±不透明矿物；$SiO_2 \geqslant 56\%$，$Al_2O_3 \geqslant 15\%$，通常 $MgO < 3\%$（很少 $>6\%$）；与正常的岛弧安山岩-英安岩-流纹岩相比，低重稀土元素和 Y（如 $Y \leqslant 18 \times 10^{-6}$，$Yb \leqslant 1.8 \times 10^{-6}$），高 Sr（大多数 $>400 \times 10^{-6}$），但高场强元素（HFSEs）含量相似（王强等，2001）。实验岩石学表明，玄武质角闪岩在 $1.5 \sim 2.0 GPa$、$850 \sim 1\,150℃$ 下熔融形成与埃达克岩成分相似的熔浆，但熔浆中 MgO、CaO 含量偏低（Sen，1994），说明埃达克岩岩浆与地幔之间存在反应。与埃达克岩伴生的富 Nb 玄武岩，是受埃达克岩熔浆交代的地幔楔再发生部分熔融的产物。Schiano 等在菲律宾 Batan 岛钙碱性熔岩的超基性岩包体中，发现橄榄石晶体含有埃达克岩的玻璃质包裹体，证明埃达克岩岩浆与地幔岩之间存在反应（Schiano，1995）。

2. 熔体与地幔楔橄榄岩的交代机制

在板片来源的含水长英质熔体与地幔橄榄岩反应的过程中，先形成富 Si 的石榴辉石岩，由于其固相线温度较低，因而在地幔楔中优先发生部分熔融（Straub et al.，2011；Zheng，2019）。但是，目前对富 Si 辉石岩部分熔融的实验岩石学研究相对不足，已有实验主要关注洋岛玄武岩和洋中脊玄武岩源区的贫 Si 辉石岩（Hirschmann et al.，2003；Kogiso et al.，2004），对交代成因辉石岩的部分熔融研究亦相对缺乏（Chen et al.，2020）。不过，根据辉石岩与橄榄岩在矿物组成和化学成分上的差异，可以预计辉石岩的固相线温度主要与其全碱含量负相关并与 $Mg^{\#}$ 值正相关，整体比橄榄岩固相线约低 $100 \sim 300℃$。

还有一种交代作用发生在俯冲带深部的地幔内部，是地幔来源的玄武质熔体对地幔橄榄岩的交代，属于地幔衍生物质对地幔的交代作用，对应于地幔交代作用（Zheng，2012；O'Reilly and Griffin，2013）。在汇聚板块边缘，这个过程一般发生在俯冲板片断离或岩石圈地幔减薄的过程中，是俯冲带从挤压体制变成拉张体制过程中或软流圈地幔降压熔融形成的玄武质熔体交代岩石圈地幔，或地幔交代岩部分熔融形成的镁铁质熔体交代周围地幔橄榄岩。

三、陆壳俯冲

1. 起源于俯冲陆壳的熔体

在深俯冲陆壳折返阶段部分熔融比较普遍，产生的长英质熔体不仅可形成同折返花岗岩，而且可作为交代介质交代不同层位和性质的地幔。大陆碰撞造山带既经历了先前的洋壳俯冲，也经历了随后的陆壳俯冲，这些熔流体活动与板片内外的岩石反应会记录在不同类型的变质岩和岩浆岩中。经历超高压的变质岩在折返过程中由于含水矿物如多硅白云母、帘石等的脱水作用，可能发生减压部分熔融。地壳深熔作用产生的长英质熔体组成受控于原岩性质、熔融条件以及反应机制等，同时伴随的副矿物的溶解和生长行为对熔体产物的微量元素亦有重要影响。

2. 起源于俯冲陆壳的超临界流体

超临界流体是一种不同富水溶液和含水熔体的具有特殊物理化学性质的流体，其形成要求体系的温压条件接近或超过体系的第二临界端点，这时流体中的含水熔体与富水溶液之间呈连续完全互溶的状态（Hermann et al.，2006；Zheng et al.，2011）。一般来说，富水溶液含有小于30%的硅酸盐溶质，含水熔体溶解小于30%的水，这样溶质和水含量介于二者之间的中间成分流体最有可能是超临界流体（Hermann et al.，2006；Zheng and Hermann，2014；Ni et al.，2017）。但是，超临界流体在物理化学性质上最关键的一点就是溶质与溶剂之间达到完全混溶（Zheng et al.，2011）。因此，如果溶质与溶剂之间未达到完全混溶，即使在成分上介于二者之间也还不是超临界流体（Zheng，2019）。这涉及超临界流体形成热力学和动力学的双重控制：在特定的温度和压力下，只要溶质与溶剂之间达到完全混溶即成为超临界流体，与溶质和溶剂之间的相对含量无关；在进入超临界流体热力学稳定域后，即使溶质和溶剂含量介于两个30%之间，但只要溶质与溶剂未完全混溶就还不是超临界流体。超临界流体具有溶解迁移元素能力强的特点，使其成为俯冲带元素迁移的重要载体（Zheng et al.，2011）。例如，超临界流体可以迁移流体不活动性元素，伴有锆石的溶解再沉淀。然而，超临界流体一旦与其他介质反应或离开它稳定的温压条件，就会发生相分离或相转换而失去超临界流体的特性（Kawamoto et al.，2012），导致其识别存在很大的困难。虽然天然样品观察指示了俯冲带超临界流体作用产物的存在（Ferrando et al.，2005；Zhang et al.，2008；Xia et al.，2010），但能确切指示超临界地质流体存在的地球化学证据还很缺乏（Zheng，2019）。对某些硅酸盐-水体系超临界流体的形成条件还存在很大的争议，如对基性岩-水体系的第二临界端点不同的高温高压实验给出的结果存在显著差异，对天然样品的研究也给出了不一样的结果（Ni et al.，2017）。

四、地幔楔的熔融与深部物质循环

1. 大地幔楔

全球地震层析成像显示，俯冲板片进入地幔过渡带后主要有两种形式：一种形式是直接穿越地幔过渡带进入下地幔，甚至可能到达核幔边界；另一种形式是平躺滞留在地幔过渡带。根据板片俯冲的深度及其在地幔中的形态，可以把板片与地幔相互作用的区域划分为由俯冲板片-上地幔-岩石圈地幔-岛弧构成的小地幔楔系统（图 9-6），以及从小地幔楔系统发展而来、由俯冲/滞留板片-地幔过渡带-软流圈地幔-岩石圈构成的大地幔楔系统。大地幔楔是地球内部的常见构造，全球有近一半的深俯冲板片在地幔过渡带附近出现了几百到上千米的滞留，其中以东亚地区最为显著。国际上先后启动了"边缘带（MARGINS）""地质棱镜（GeoPRISMS）""聚焦板块边界（Zooming in between Plates）"等重大研究计划或项目，以推动对地幔楔结构、物质属性、元素循环、变形、地震和演化过程的研究，但这些研究多偏重于小地幔楔系统，缺乏从地质、地球物理、高温高压实验与计算和数值模拟角度综合阐明大地幔楔系统的板片-地幔相互作用过程及其效应的相关研究。相对于小地幔楔，大地幔楔作用范围更广，是研究地球深部板片与地幔相互作用的重要突破口。

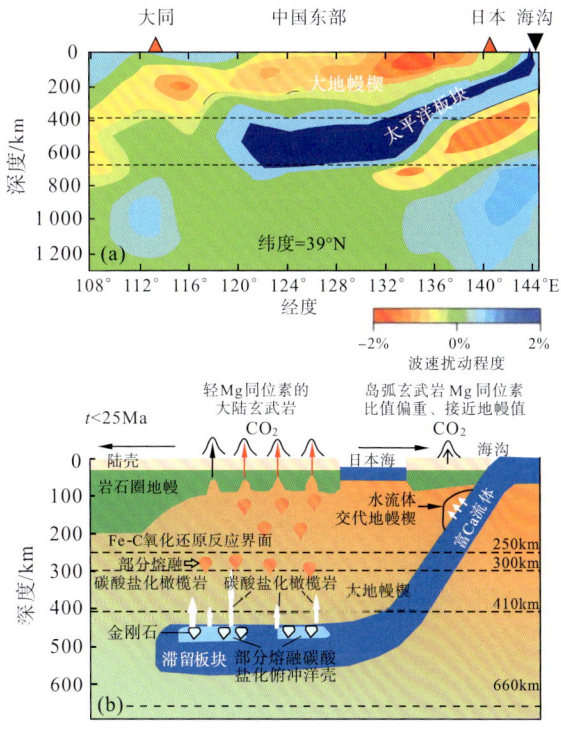

图 9-6　东亚大地幔楔形成机制示意图

（a）地震波速层析成像显示西太平洋俯冲板片在地幔过渡带滞留形成的大地幔楔结构；

（b）东亚大地幔楔两个深部碳循环圈模型卡通图。引自李曙光等，2024

2. 地幔楔中的物质循环

　　岛弧火山系统碳循环圈，是俯冲板片在 $70\sim120\text{km}$ 深度经历高压-超高压变质，脱水流体部分溶解俯冲富 Ca 碳酸盐并向上渗滤交代岛弧小地幔楔，导致其 H_2O+CO_2 固相线温度大幅下降而发生部分熔融，产生钙碱系列岛弧玄武岩浆，并通过岛弧火山向大气释放 CO_2。只要板块俯冲连续进行，岛弧火山就连续向大气释放碳，可将其视为连续碳源，其碳释放量约占俯冲碳酸盐的 27%，可抵消板块俯冲输入地幔的俯冲碳酸盐通量的 1/4。俯冲板片没能溶解的碳酸盐以富 Mg 碳酸盐为主，并随俯冲板片进入深部对流上地幔并滞留在地幔过渡带。若深度 $>250\text{km}$，俯冲碳酸盐经历歧化反应，部分碳酸根被还原成金刚石。若碳酸盐化洋壳俯冲深度 $>410\text{km}$，会发生部分熔融，产生含碳酸盐的富 Si 熔体。该熔体密度小于地幔，可向上渗滤交代上覆的对流上地幔，形成碳酸盐化橄榄岩。这部分熔融熔体在向上聚集的过程中，金刚石因其密度高于熔体而与熔体脱离，留在地幔过渡带。俯冲板片进一步后撤，引发大地幔楔的岩石圈引张和大地幔楔对流上地幔的上涌。碳酸盐化橄榄岩地幔上涌到深度<300km 时开始发生部分熔融并产生超碱性的黄长岩-霞石岩熔体。随着地幔进一步上涌，部分熔融比例扩大，熔体成分进一步向碧玄岩和碱性玄武岩转化并向上聚集成熔体带。上涌的熔体在深度<50km 时，因熔体不含金刚石，故反向的金刚石被氧化成碳酸根的歧化逆反应不会发生，熔体的高 $Fe^{3+}/\sum Fe$ 不会改变。因此，大地幔楔板内深部碳循环圈对维持显生宙大气氧含量水平具有重要意义。

3. 地幔楔的熔融与弧岩浆作用

地幔楔的熔融与弧岩浆作用模型假设，板片流体通过交代地幔楔橄榄岩使其固相线降低，从而引起所谓的流入熔融(flux melting)。弧下地幔楔熔融机制有单阶段(加水后立即熔融)和两阶段(流体交代后再加热熔融)机制之分。单阶段机制只考虑俯冲板片

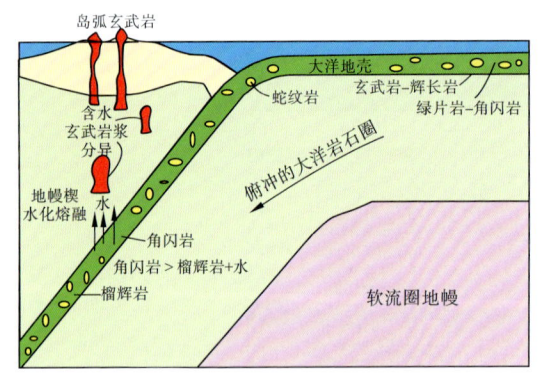

图 9-7 俯冲板片脱水引起地幔楔熔融产生岛弧玄武岩浆经典模型

修改自 Ringwood，1974

热结构与含水矿物稳定性之间的关系(Peacock，1990)，假定地幔楔受到水化后立即发生部分熔融(Tatsumi，1989)，这是岛弧玄武岩成因的经典模型(图 9-7)。这一机制只是考虑俯冲板片脱水的温压条件，只受板片热结构控制。虽然板片流体交代地幔楔橄榄岩后，其中交代岩的水饱和固相线得到了显著降低，但那时俯冲带热结构沿板片/地幔楔界面呈对称分布，在这个界面上温度最低(图 9-7)，因而加水熔融几乎不可能作为岛弧岩浆作用的启动机制(Zheng，2019)。

4. 源自软流圈的熔体对上覆地幔楔的交代改造

岛弧岩浆成分的变化通常归因于俯冲板片物质的脱水及循环。地球物理研究发现，深部软流圈物质可以通过板片撕裂及边缘上涌并对岛弧岩浆产生贡献。冲绳海槽火山岩具有轻微高于地幔的 Mg 同位素组成，表明其地幔源区主要受到板片来源流体的影响。龟山岛安山岩来源于大陆地壳熔融，具有较高的放射性 Sr-Nd 同位素及与地幔相似的 Mg 同位素组成特征。中国台湾北部火山带安山质火山岩 Mg 同位素高于地幔，表明其演化过程受到板片来源流体的影响。值得注意的是，中国台湾北部火山带的玄武岩具有显著低的 Mg 同位素组成，这种低的 Mg 同位素组成与矿物分离结晶、晚期蚀变等过程无关，而与富 Mg 碳酸岩(白云岩)熔体在地幔源区的加入有关(图 9-8)。然而，台湾北部火山带对应的板片俯冲深度<80km，远低于俯冲板片上白云岩的熔融深度(>300km)。因此，台湾北部区域正常板片俯冲无法提供碳酸岩的熔融条件。然而，地球物理资料显示，区域内具有板片撕裂及板片边缘存在，板片以下深部软流圈沿板片撕裂及边缘上涌，提供热量及物质，导致俯冲板片上的碳酸岩熔融，释放低 Mg 同位

素熔体进入上覆地幔，进而产生低 Mg 同位素组成的岛弧岩浆(图 9-8)。

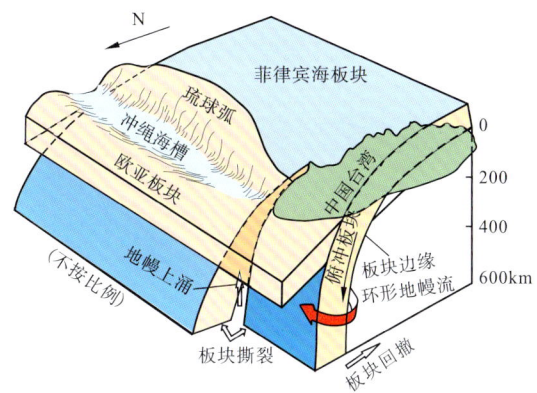

图 9-8　琉球俯冲带深部软流圈物质沿板片撕裂及板片边缘上涌导致碳酸岩熔融模式图

据 Li et al.，2024

高 Mg 安山岩是在汇聚板块边缘出露很少的一类弧火山岩，具有富 Si、Mg、Ni 和 Cr 以及高 $Mg^{\#}$ 值(>45)和低 FeO^T/MgO 比值(<1.5)等地球化学特征，一直以来都是俯冲带岩浆作用研究的热点。根据其成分和成因，高 Mg 安山岩可分为高 Mg 埃达克岩、玻安岩、巴哈岩和赞岐岩型高 Mg 安山岩等 4 类。

五、地幔柱岩浆作用的地质效应

(一)地幔柱的概念及岩浆作用的特征

地幔柱(mantle plume)是地球等行星地幔热对流的一种方式(图 9-9)。1971 年，Morgan 提出地幔柱理论，认为较热的物质由地幔底部一路上升至地幔顶部，此时热流顶部会部分熔融，进而岩浆喷出地表，而这可能是热点或溢流玄武岩的产生机制。地幔柱是将地核的热缓慢携带至地表的一种方式。20 世纪 70 年代早期模拟地幔热柱的流体力学模型显示，热柱由两部分组成：主体呈长细柱状，底端连至地幔底部，顶端则膨大成球状并随着其上升而膨胀，整体就像有细长柄的蘑菇。顶端呈蕈状，是由于细柱的热物质上升速度较热柱本体快，使物质累积于顶端所致。20 世纪 80 年代晚期至 90 年代早期的模型显示，球状顶上升膨胀时可能会挟带入周围的软流圈物质。当热柱顶抵达岩石圈底时，会开始摊平并因减压而大规模熔融形成玄武岩岩浆(图 9-9)。这些岩浆可能在短时间内(短于 100 万年)大量喷发至地表，于大陆地壳形成溢流玄武岩、于海洋地壳形成海底高原。溢流玄武岩的例子，如亚洲的西伯利亚玄武岩、峨眉山玄武岩，加拿大不列颠哥伦比亚省的卡尔马森层(Karmutsen Formation)，南非的卡露玄武岩(Karoo basalts)，南极洲的费勒粗玄岩(Ferrar dolerite)，南美洲的巴拉那玄武岩(Parana basalts)和非洲的艾坦德卡玄武岩(Etendeka basalts)(两者在南大西洋形成前为一玄武岩区，即 Paraná and Etendeka traps)，北美洲的哥伦比亚河玄武岩(Columbia River basalt group)。地幔柱活动可在不超过 2Ma 的时间内产生巨量的幔源岩浆，不仅造成大面积的玄武岩浆喷发，还形成相应的镁铁-超镁铁质岩体和放射状基性岩墙群及中酸性侵入岩体，这些岩浆岩构成了所谓大火成岩省。大火成岩省的规模差异很大，如西伯利亚大火成岩省的面积达450万km²，是我国峨眉山大火成岩省面积的9倍。地幔柱活动还有可能导致全球性环境剧变，如二叠纪末约90％的生物物种灭绝可能与2.5亿年前西伯利亚地幔柱活动导致的巨量岩浆爆发有关。

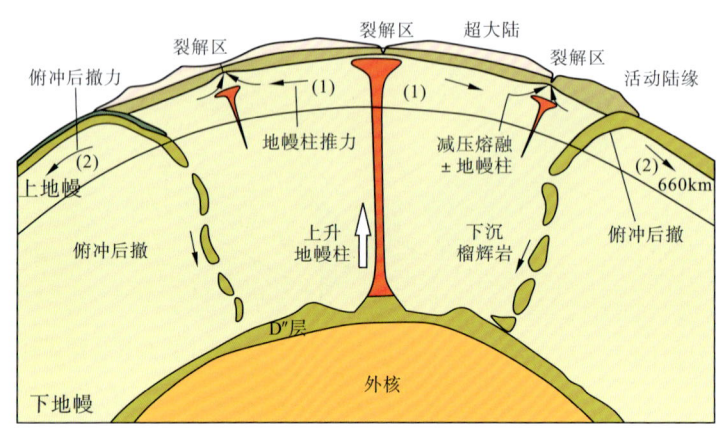

图9-9 地幔柱与超大陆裂解示意图
据徐义刚等，2024

（二）地幔柱岩浆喷发引发的资源环境效应

1. 金属成矿

地球核-幔-壳结构形成过程中的物质分异，决定了Ni、Cr、Co、V、Ti、铂族元素（包括Os、Ir、Ru、Rh、Pt、Pd这6种元素）等在地幔中的含量远高于地壳。因此，地幔柱活动是将这些元素带到地壳，并在极短时间内在岩浆房发生超常富集和成矿的地质前提。地幔柱活动主要形成岩浆矿床，包括铜镍硫化物矿床、钒钛磁铁矿矿床和稀有金属（Nb、Ta、Zr）矿床。地幔柱部分熔融程度的差异，可导致岩浆成分特别是成矿元素含量的不同。因此，不同大火成岩省成矿作用的特点和规模均存在差异（图9-10）。一般而言，部分熔融程度越高，越有利于形成Ni、Cr、铂族元素含量较高的苦橄质岩浆；部分熔融深度越大、熔融程度越低，越有利于形成Fe、Ti含量较高的铁苦橄质岩浆。据统计，全球90％以上的铂族元素、约80％的Cr、40％的Ni、70％的V和80％的Ti资源产于与地幔柱有关的岩体中。世界上3个最大的铜镍硫化物矿床中的两个矿床是地幔柱活动

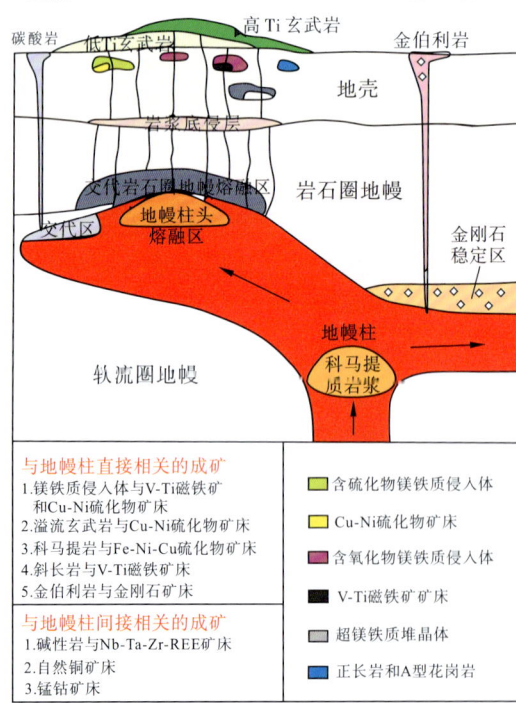

图9-10 地幔柱成矿系统示意图
据徐义刚等，2017

的产物，包括俄罗斯的诺里尔斯克和我国的金川。地幔柱还诱发热液活动，导致美国基维诺大火成岩省玄武岩中的 Cu 发生活化、迁移和聚集，形成储量超过 1 000 万 t 的巨型自然铜矿床。因此，地幔柱岩浆活动具有重要的成矿意义。另外，尽管我国拥有世界级的金川超大型铜镍矿床，但约 50% 的镍矿石、90% 以上的铂族元素和 Cr 仍依赖进口。因此，对地幔柱成矿规律的深入研究关系我国经济的可持续发展。巨量的玄武岩浆进入地壳后，还需要经历特殊的化学演化及物理机制才能导致成矿物质的超常聚集。因此，仅有个别大火成岩省发生了显著的成矿作用。例如，俄罗斯西伯利亚大火成岩省的诺里尔斯克超大型铜镍硫化物矿床，其 Ni 金属储量达 2 300 万 t（是我国 Ni 总储量的 2 倍以上）、铂族元素储量达 6 000t（是我国铂族元素总储量的数十倍）。

2. 油气资源演化

地球内部不同层圈相互作用过程中的物质循环和能量传递，对浅层盆地内部多种类型资源的形成及富集具有显著影响（刘全有等，2024）。朱传庆等（2010）提出，峨眉山超级地幔柱对四川盆地中二叠统之下的烃源岩热演化有着十分重要的影响。作者系统地研究了峨眉山超级地幔柱对盆地内烃源岩，特别是中二叠统之下的古生界烃源岩热演化的影响。结果表明，中二叠统及下伏烃源岩的热演化受中晚二叠世发生在盆地西南方向的峨眉山超级地幔柱的影响巨大，在靠近峨眉山地幔柱中心的地区，有机质迅速成熟并达到其成熟度的最高值，古生界烃源岩迅速进入过成熟，此后未有二次生烃；而远离峨眉山地幔柱的盆地大部分地区，古生界烃源岩在二叠纪以来具有多次生烃过程。

3. 气候环境突变与生物灭绝

来源于深部的超级火山在驱动地球宜居性演化中发挥了重要作用（图 9-11）。超级火山系统，是指由地壳、地幔来源的岩浆汇聚于岩浆储库（即岩浆房）并经过一定时间的演化后在短时间内释放巨量岩浆及挥发分，形成猛烈喷发的超级火山（火山爆发指数 VEI≥7~8 级），或形成规模巨大、以基性岩浆为丰的大火成岩省（面积＞16 万 km²，体积＞10 万 km³，75% 以上的主体岩浆在约 1~5 百万年形成）。欧亚大陆上的大火成岩省，包括西伯利亚暗色岩系、德干高原和峨眉山大火成岩省等（图 9-11），其分布面积分别达 200 万 km²、100km² 万和 100 万 km²，在时间上分别与二叠纪末、白垩纪末和瓜达卢普末的生物大灭绝吻合。地幔柱引发的大规模岩浆喷发为何会导致全球性生物大灭绝，可以从以下几个方面来理解：①大规模的岩浆喷发导致大量 CO_2、SO_2 等有害气体进入大气层。②超大规模的火山灰引发全球变冷和"雪球事件"，从而导致生物大灭绝。③火山喷发改变了大气和海洋的盐度、温度等条件，致生物不适应而灭绝。可能还有其他的假说和机制，需要进一步验证。

4. 西伯利亚地幔柱

西伯利亚大火成岩省面积约为 390 万 km²，为典型的大陆溢流玄武岩省，其组成包括玄武岩、苦橄质玄武岩和相伴共生的浅成侵入体。据 Courtillot et al.（1999）估算，该地幔柱产生的岩浆的体积可能高达 400 万 km³，其形成时限为二叠纪-三叠纪界限期，约 251Ma（Saunder et al.，2007）。同位素测年数据揭示，西伯利亚克拉通北部诺里尔斯克地区熔岩和侵入岩总体上形成时限<1Ma，但对该大火成岩省活动的总体延续时间还不清楚。在诺里尔斯克地区观测到的最大熔岩厚度约为 3 500m（Wooden et al.，

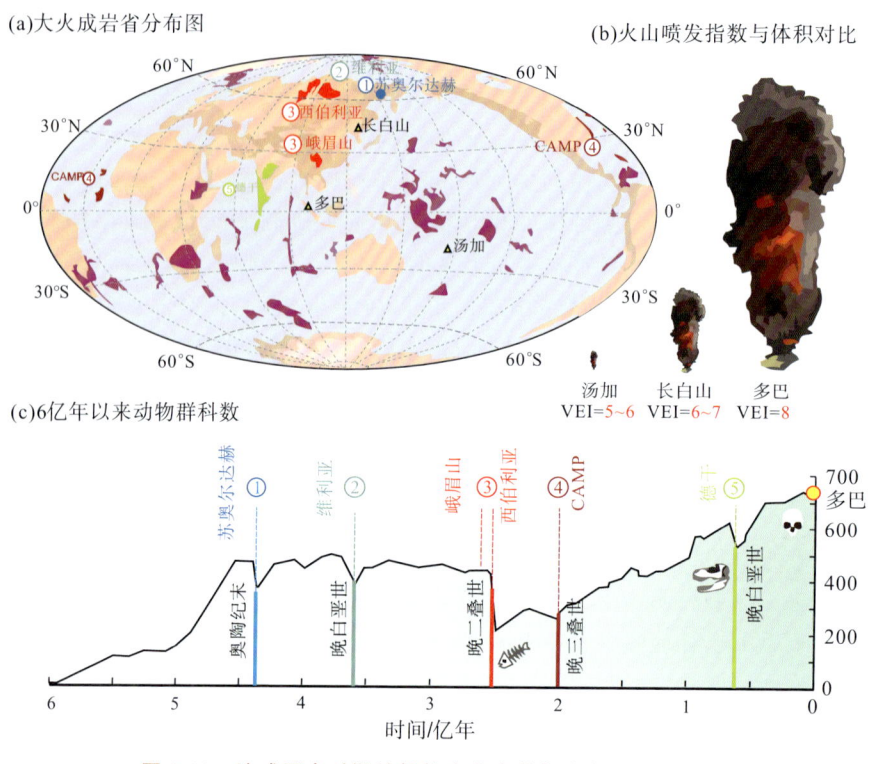

(a)大火成岩省分布图

(b)火山喷发指数与体积对比

汤加　长白山　多巴
VEI=5~6　VEI=6~7　VEI=8

(c)6亿年以来动物群科数

图 9-11　地球历史时期地幔柱岩浆事件与生物灭绝关系图
据徐义刚等，2024

1993)，钻探资料显示，西伯利亚盆地之下的深地堑构造中亦存在几千米厚的隐伏玄武岩。目前的定年资料显示，西伯利亚大火成岩省岩浆作用的时限约为 6Ma(Bryan and Ernst，2008)。西伯利亚大火成岩省主要由玄武岩和苦橄玄武岩构成，根据 Ti/Y 比值，它们可划分为高 Ti/Y 型($>$500)和低 Ti/Y 型($<$500)。其中，高 Ti/Y 型岩石仅由玄武岩组成，全部属于拉斑系列。而低 Ti/Y 型岩石大多属于拉斑系列，主要岩石类型有玄武岩和玄武安山岩，其次有少量碱性玄武岩和玄武粗安岩。目前，在西伯利亚大火成岩省发现大量含 Ni-PGE(铂族元素)硫化物矿床，如诺里尔斯克侵入体。该岩体呈扁平拉长状，尽管其面积仅是西伯利亚玄武岩的极小部分，但它们却含有世界上最大的镍矿床，其矿藏量大约相当于世界已知 Ni 和 Pd 储量的 1/4。

5. 峨眉山地幔柱

峨眉山大火成岩省分布于中国西南扬子克拉通西部，面积超过 50 万 km²，由大陆溢流玄武岩和共生的镁铁质-超镁铁质层状侵入体构成。火山岩系的总厚度，在西部超过 5 000m，在东部只有几百米，主要由玄武质熔岩组成，苦橄岩和火山碎屑岩次之。在西部，火山岩系的最上部主要由厚层熔岩流和粗面质、流纹质凝灰岩组成(Chung and Jahn，1995；Xu et al.，2001)。与火山岩系共生的侵入岩(包括正长岩和层状辉长岩)，同样显示了这种双峰式成分组成。峨眉山火山岩系不整合覆盖在中二叠世晚期的茅口组灰岩之上；火山岩系的上覆地层，东部为宣威组和龙潭组，中部为上三叠统沉积岩。地层学关系揭示，峨眉山玄武岩的喷发应当早于二叠纪-三叠纪之间的界限，最有可能发生于中-晚二叠世界限上（相当于卡匹敦期/吴家坪期；260Ma；Gradstein et al.，2004），因而峨眉山玄武岩的喷发年龄推断为约260Ma。镁铁质和碱性侵入岩（Xu et al.，2008）以及玄武岩（Fan et al.，2008）的SHRIMP锆石U-Pb年龄进一步证明，有关峨眉山玄武岩喷发年龄的这一推断是正确的。峨眉山溢流玄武岩可区分为高Ti/Y型（>500）和低Ti/Y型（<500）（徐义刚等，2001），高Ti/Y型熔岩几乎全部属于碱性系列，其岩石类型有碱性玄武岩、苦橄岩和极个别玄武岩；低Ti/Y型熔岩大多属拉斑系列，其岩石类型有玄武岩、玄武安山岩和少量碱性玄武岩。高Ti/Y型熔岩与规模巨大的V-Ti磁铁矿矿床（如攀枝花和白马矿床）共生（图9-12），低Ti/Y系列与Ni-Cu-PGE硫化物矿床（如金宝山、力马河和朱布矿床）共生（Zhou et al.，2008）。

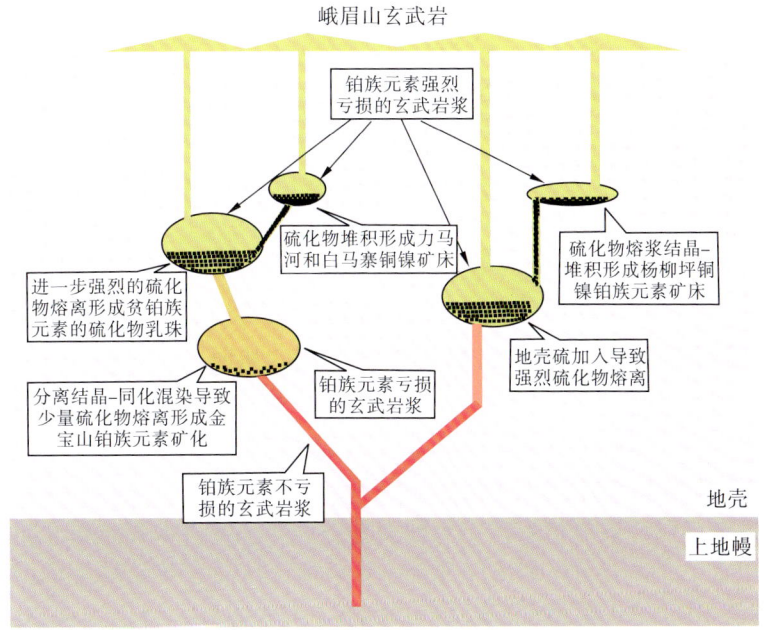

图9-12　峨眉山大火成岩省不同类型岩浆硫化物矿床的形成机制

据张召崇等，2022

第三节　圈层相互作用中的物质循环

一、水循环

由海沟俯冲的水量大约为24×10^{16} t/百万年，进入地幔深处的水量估计为9×10^{14} t/百万年。最新的估算显示，整个地幔的H_2O含量相当于1.3～6.9个全球大洋这么大的水量。一般来说，水在大气圈滞留的时间为几天，到海洋里可达上千年。地表的水随着板块俯冲进入地幔深处，滞留时间需要以亿年计，故地幔的水循环一次的时间是行星尺度的。当然，地球表层系统以液态水为主，在地球深部主要为名义上无水矿物的水，以及以熔/流体的形式存在，包括地幔矿物中的OH和H、H_2以及超离子相中的高流动性H等。矿物晶格水通过俯冲可到达下地幔底部，在核幔边界释放出来后会与地球外核的 Fe 发生反应，形成一层 Fe 的氧化物。俯冲板片所携带的水与深地化学作用，该反应具有双重结果，即持续堆积富氧物质并释放氢。一方面，富氧物质在核幔边界长期累积过量，将发生间歇性爆发，形成富氧超级地幔柱。富氧物质抵达上地幔和地壳，能显著降低地幔岩石熔点，产生大量岩浆，是大火成岩省、大氧化事件和后续的氧波动引起的环境变迁及生物灭绝的根源。另一方面，深下地幔释放的氢以多种途径上升返回地面：可能与金属元素化合成金属氢化物，也可能与其他非金属元素化合，变成碳氢、氮氢、硫氢、磷氢等挥发分或与氧化物反应成水回归地表，或以单质氢气回到地表。氢气由于其极高的活性会逃逸掉，但在马里发现的氢气储层与辉绿岩相间，说明在某种地质条件下，部分氢会储集到地质储库中。

二、碳循环

碳是地球上最重要的元素之一，它的行为对于全球气候变化、生命的起源和演化、能源消耗以及物质材料生产至关重要（图 9-13）。地表的 CO_2 通过沉积碳酸盐岩、有机碳埋藏（如煤、石油和黑色页岩等）及碳酸盐交代作用被固定在地层和岩石中（Walker et al.，1981；Zondervan et al.，2023）。其中，部分碳酸盐会随着洋壳及大洋沉积物等俯冲物质自地表迁移至地幔楔，甚至被带入深部地幔（如地幔转换带或下地幔）（Bulanova et al.，2010；Chen et al.，2022），这些俯冲碳的"再活化"会影响幔源岩石形成的物理化学条件及化学成分，熔出的岩浆 CO_2 量显著增加，从而对大气中的 CO_2 浓度造成影响（Foley and Fisher，2017）。固碳和脱碳反应是影响碳在固体地球、海洋和大气圈转换的主要反应。碳的固定，包括硅酸盐风化作用、玄武质洋壳的热液交代、海沟外隆的蛇纹石化、有机碳的埋藏和逆风化作用等过程。碳的运输，包括沉积成因和交代成因沉积物的俯冲过程；当俯冲碳被输送到地球内部时，它可能被保留在板块内，或转移到地幔楔中，又或再被循环到地球深部，这将取决于特定构造环境的温压条件和氧

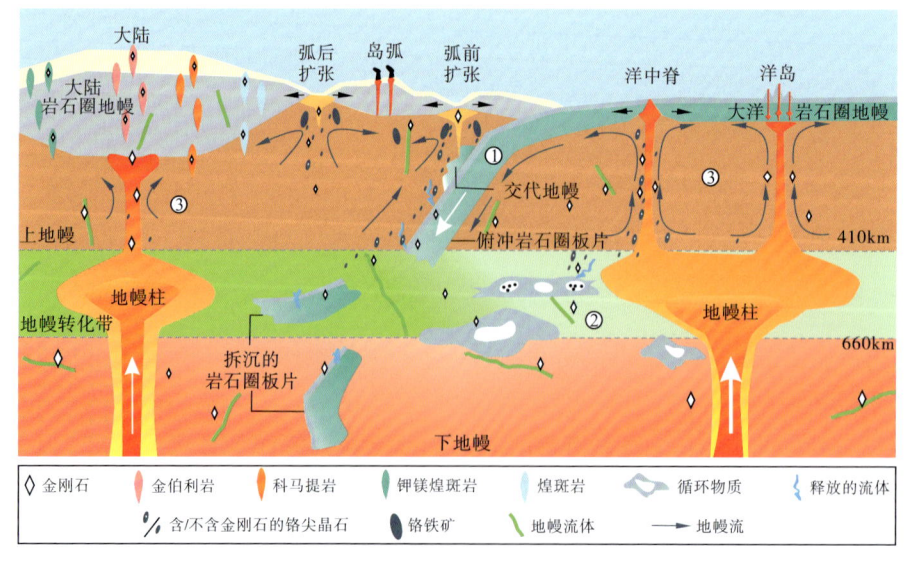

图 9-13　地球地幔中金刚石和铬铁矿的形成和深部物质循环模式

据 Yang et al.，2021

化还原状态等。碳的排放，包括火山作用、弧前扩散脱气、溶解脱碳、变质反应脱碳和熔融脱碳等过程，这些过程将俯冲下去的碳再次返回大气，能够平衡俯冲带的碳输入。火山气体，如 CO_2、CH_4 和 SO_2 等，快速释放到大气圈，会对全球气候和生物系统造成毁灭性的影响(Clapham and Renne，2019)。在地质记录中最好的实例就是大火成岩省的岩浆活动，它们与显生宙一些重要的生物灭绝事件同时发生，说明大火成岩省(通过释放挥发分)是全球性气候和环境变化的潜在诱因之一。除了扰动气候，火山 CO_2 对岩浆的贮存、上升和爆发亦起到关键的控制作用，而且会驱动岩浆储库的稳定性和演化，控制溢流玄武岩的岩浆作用和与之相关的气体释放量。由于 CO_2 的出溶会改变岩浆的物理性质(如密度、黏度和浮力)，因而对岩浆上升过程亦至关重要。然而，至今并没有直接证据表明大火成岩省喷发的深部岩浆中含有大量的 CO_2。

三、硫循环

硫循环，对深部地幔的氧化还原演化、浅部矿床的形成以及全球大气变化都有重要影响(Li J L et al.，2022)。俯冲带是地壳和地幔物质循环的重要场所，俯冲带流体是俯冲板片与地幔楔元素迁移和物质交换的主要介质(Zheng，2019)。其中，硫可通过板片俯冲转移到深部地幔，亦可通过弧岩浆返回到地表(图 9-14)。目前，俯冲带硫循环的主要认识来自对弧火山岩的相关研究。弧火山岩具有高的 S 含量和 δ^{34}S 值，被认为是俯冲板片产生富 S 且高度氧化的流体的证据。但是，一些弧火山岩表现出与地幔类似的 δ^{34}S 值，好像俯冲地壳对地幔硫循环的贡献并不显著。此外，目前的研究多集中于 S 含量和对 S 同位素的定性判断上，还缺少定量地球化学认识。总体而言，目前

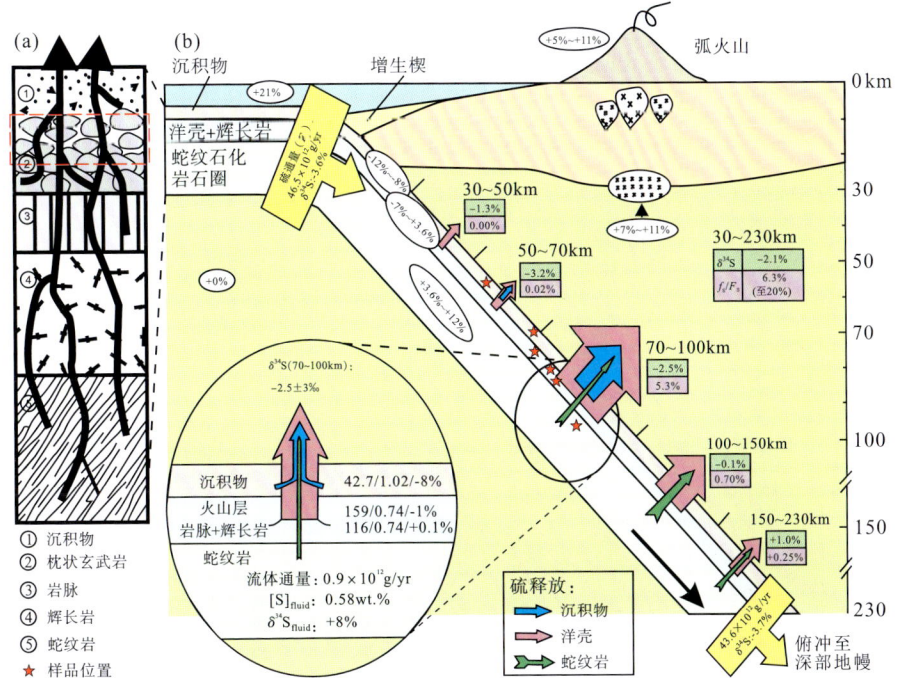

图 9-14　板块俯冲过程中 S 元素循环机制

据 Li J L et al.，2020

对板片流体中硫的种类、通量和同位素成分都还不清楚，直接地球化学证据相对缺乏。俯冲板片包括沉积岩、蚀变洋壳和水化地幔（蛇纹岩），它们可以在俯冲过程中发生变质脱水（Zheng and Chen，2016）。硫化物在这些岩石的变质产物中很常见，比如在榴辉岩、蓝片岩、高压变泥质岩、蛇纹岩以及一些相关的高压脉体中都有发现（Li J L et al.，2016；Su W et al.，2019）。俯冲带变质岩是俯冲带硫循环的主要载体，它可以直接记录板片脱水释放流体这一过程中硫的地球化学行为。研究板片脱水序列相关的含 S 高压岩石和其中的脉体，可以对俯冲带硫循环提供新的认识。Li J L et al.（2020）针对中国西南天山晚古生代高压-超高压变质带中的一套含硫的高压岩石和脉体样品，对其中的全岩和硫化物进行原位 S 同位素分析，结果提供了一套全面的俯冲带硫循环解析（图 9-14）。

四、岩石循环

由于地质环境的改变和地质作用的进行，一种类型的岩石会在新的成岩作用条件下转变为另外一种类型的岩石。因此，不同岩石类型之间因所处地质条件的变化而发生转变，称为岩石循环（rock cycle；图 9-15）。概括地说，先存的变质岩（包括变沉积岩）、岩浆岩可以在高温等条件下发生熔融或部分熔融而形成岩浆，岩浆冷凝固结形成岩浆岩；先存的岩浆岩、沉积岩和变质岩暴露于地表后经过风化、剥蚀、搬运和沉积而形成沉积岩；先存的岩浆岩、沉积岩甚至变质岩在不同的温度、压力、剪切应力和活动性流体的作用下会发生化学成分、矿物成分、结构构造等的改变，这就形成与原先岩石特征不同的变质岩（一般将由岩浆岩、沉积岩、变质岩转变而成的变质岩分别称为正变质岩、副变质岩和复变质岩）。从全球角度来看，岩石循环其实揭示了壳幔相互作用和岩石成因机制。例如，由于板块的俯冲作用，可使地幔岩石部分熔融，形成的岩浆添加到大陆地壳而实现地壳生长（crustal growth）；洋中脊的岩浆活动，也是地幔通过岩浆作用产生新洋壳的过程。反过来，大洋地壳和大陆地壳的岩石亦会通过拆沉作用（delamination）和俯冲作用（subduction）返回到地幔之中，从而实现地壳物质的再

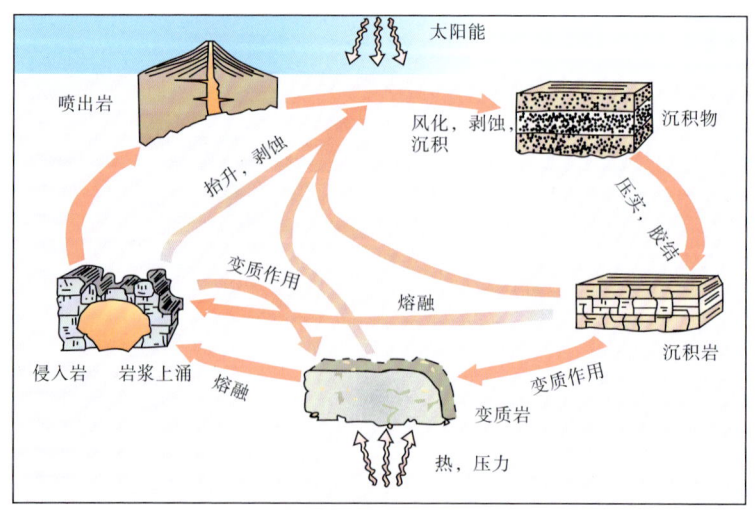

图 9-15 不同类型岩石循环机制示意图
来自网络

循环(recycling)，并导致地幔组成的不均一性。岩石会随着时间发生地质变化。经过成千上万年，岩石会破碎、运移，然后沉积在不同的地方，在地下遭受压实、埋深，之后岩石受到高温、高压，发生熔化和变形，然后再次抬升至地表。所有的这些过程组成了岩石旋回(rock cycle)。岩石旋回是基础地质概念，描述了沉积岩、变质岩和岩浆岩 3 种主要的岩石类型随着地质时间的变化过程。如果处于不稳定环境中，每一种岩石类型都可能发生变化。例如，玄武岩等岩浆岩，暴露在空气中会发生分解或溶解，俯冲到大陆之下会部分熔融。由于岩石旋回、板块构造和水循环的驱动力作用等，岩石处于不均衡状态，将随着所处环境的变化而发生地质变化。岩石旋回揭示了三大岩类相互间的有机联系，即随着时间的推移，如何从一种岩石类型转化为另一种岩石类型。在这个循环中，岩石变化成为地质周期，在这个有生命的行星上成为生物化学演变的周期。岩石旋回包括地壳岩石成分缓慢但持续的转变过程。岩石旋回有两种驱动力：①地球内部的热能，使核部和地幔物质发生运动，亦导致地壳内部缓慢但重大的地质变化。②水循环，使地表水、冰、空气产生运动，由太阳提供驱动力。地球上的岩石旋回仍在运行，因为地核温度足以维持地幔运移，且大气圈较厚，同时存在液态水。而在太阳系的其他许多行星和卫星上，如月球上岩石旋回实际上已经停滞，因为这些行星核心的热量已不足以驱动地幔对流，也没有大气层和液态水在运行。

第四节　圈层物质循环与宜居地球

　　地球是太阳系中目前已知唯一具有水圈、大气圈和生命活动的行星，不同圈层之间的物质循环对地球宜居性有怎样的贡献和影响，是地球系统科学关注的热点问题，同时也是影响人类未来的关键科学问题。

　　自 38 亿年前起，地球上就开始出现生命，这得益于地球拥有液态海洋、陆地、磁场、稳定的大气组成和适宜的地表温度等有利于生命繁衍生息的条件。地球是如何演变出生命宜居环境的？地球是如何拥有强大的自我调节/修复功能并维持宜居环境的相对稳定的？地球是如何形成人类赖以生存的资源和能源的？这些问题均涉及多个层圈间的相互作用。根据 Maruyama et al.(2014)的研究，我们可从以下几个层面来理解圈层物质循环与宜居地球的形成(图 9-16)。

　　(1)地球深部的巨大热量、物质循环和岩浆活动是维持地球生命存在的根本保证。

　　外核的对流导致地磁场的形成，阻挡了太阳风和宇宙射线的辐射，保护了地球大气圈、生物圈和水圈。地幔对流是板块运动的主要驱动力，而板块运动又形成了巨型造山带、地震带、岛弧岩浆带和成矿带，对表层系统的三大层圈状态和运行产生了巨大影响。板块俯冲穿越地球各层圈，将地球表层的物质送达地球深部，地幔柱则将核幔边界的物质和能量向地球表层输送，二者共同构成地球内部的主要物质循环途径，是联系地球深部和表层间的重要纽带(图 9-17)。

　　(2)地球深部存在大量的 C、N、S、H 和 O 等生命元素，这些元素随着深部物质循环和岩浆活动，对地球表面的生态和气候系统有着重要影响。

　　从原核向真核再到多核生物的演化进程至少经历了两次大的增氧事件，即距今 24 亿年前后的古元古代大氧化事件(great oxidation event，GOE)和距今 6 亿年前后的

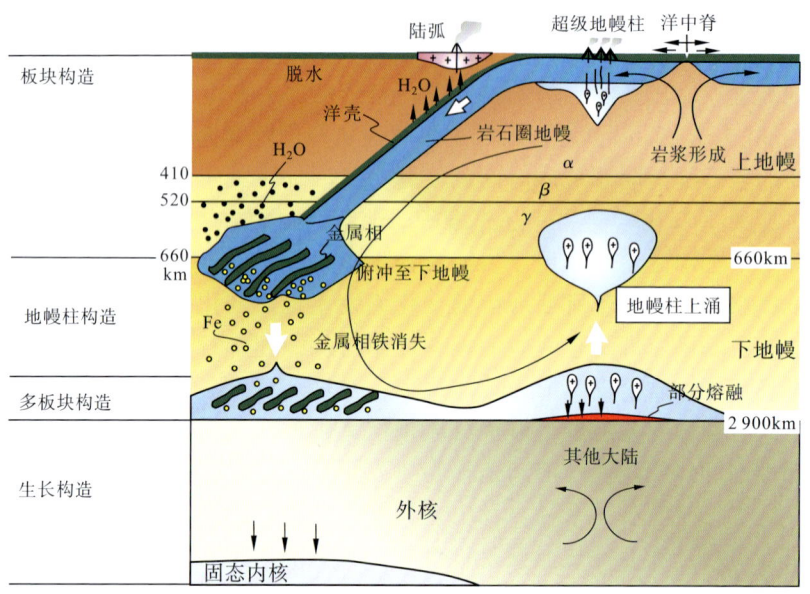

图 9-16 地球不同圈层物质循环与宜居地球的形成

据徐义刚等，2024

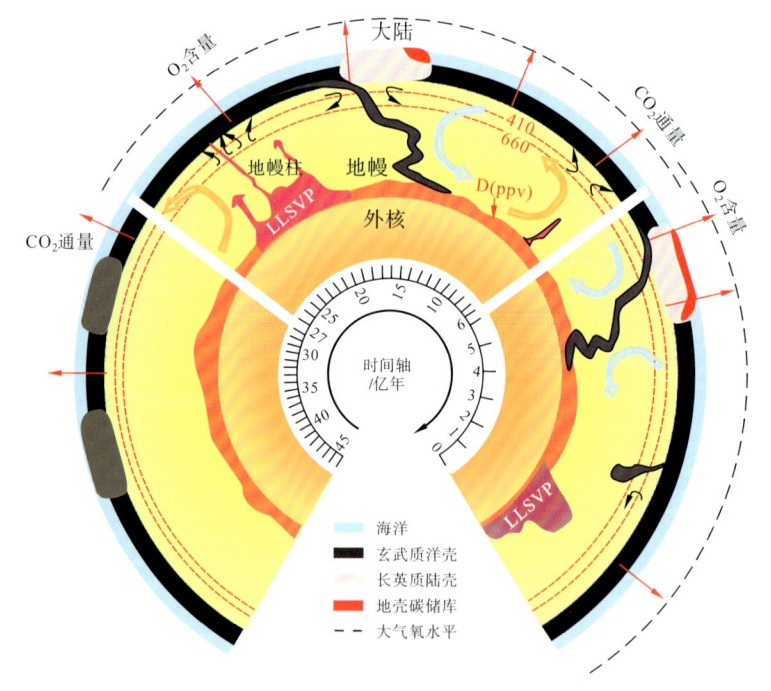

图 9-17 地球深部过程对深部与浅表系统间物质和能量交换过程控制示意图

据徐义刚等，2024

新元古代大氧化事件（neoproterozoic oxidation event，NOE）（图 9-17）。由于大氧化事件前后地幔岩石的氧逸度快速上升，因而地球大气增氧可能是深部驱动的。大气圈组成的演变很可能与地球深部氧化还原状态的变化以及地幔持续的去气作用相关。

（3）来源于深部的超级火山在驱动地球宜居性演化中发挥了重要作用，超级火山喷发向地表提供了大量的热量、岩浆和挥发分，对地表的气候环境有着重要影响。

（4）地球液态外核的带电流动，是生命起源和演化的重要保障条件之一。

地球液态外核的带电流动，即地球发电机的运转产生了地球磁场，形成了人类及地表生命的保护伞，地磁场抵御了太阳风和高能宇宙射线的辐射，是生命起源和演化的重要保障条件之一。地球磁场的出现至少可追溯至 35 亿年前，而长期维持这一稳定的磁场需要持续的能量输出驱动地球液态外核的对流。目前，液态外核的对流被认为主要由内核结晶生长释放轻元素以及潜热而形成的成分对流驱动的。另外，液态外核热传递中形成的热对流可予以辅助。

参考文献

[1] 艾光华.非金属资源开发项目驱动实践教学教程[M].北京:冶金工业出版社,2017.

[2] 陈安平,张宏福.造山带榴辉岩的变质作用 p-T-t 轨迹研究进展[J].岩石学报,2023,39(1): 170-186.

[3] 陈骥,吴登定,雷涟邻,等.全球天然气资源现状与利用趋势[J].矿产保护与利用,2019,39(5):118-125.

[4] 陈鸣,肖万生,谢先德,等.岫岩陨石撞击坑的证实[J].科学通报,2009,54(22):3507-3511.

[5] 陈鸣,谢先德,肖万生,等.依兰陨石坑:我国东北部一个新发现的撞击构造[J].科学通报,2020,65 (10):948-954.

[6] 陈仁旭,郑永飞.大陆俯冲带变质过程中熔/流体活动的锆石学记录[J].科学通报,2013,58(22): 2227-2232.

[7] 陈荣书.石油及天然气地质学[M].武汉:中国地质大学出版社,1994.

[8] 程裕淇,沈其韩,刘国惠,等.变质岩的一些基本问题和工作方法[M].北京:中国工业出版社,1963.

[9] 戴金星,宋岩,张厚福.中国天然气的聚集区带[M].北京:科学出版社,1997.

[10] 黄思静.碳酸盐岩的成岩作用[M].北京:地质出版社,2010.

[11] 金振奎,王金艺,梁婷,等.沉积地质学:上册[M].北京:石油工业出版社,2021.

[12] 李春辉.行星科学导论[M].桂林:广西师范大学出版社,2024.

[13] 李胜荣,孙丽,张华锋.西藏曲水碰撞花岗岩的混合成因:来自成因矿物学证据[J].岩石学报,2006 (4):884-894.

[14] 李胜荣.结晶学与矿物学[M].北京:地质出版社,2008.

[15] 李曙光,汪洋,刘盛遨.大地幔楔的两个深部碳循环圈:差异及宜居效应[J].地学前缘,2024,31 (1):15-27.

[16] 刘全有,朱东亚,孟庆强,等.地球多层圈有机-无机相互作用的资源效应[J].天然气地球科学, 2024,35(5):741-762.

[17] 马昌前,邹博文,高珂,等.晶粥储存、侵入体累积组装与花岗岩成因[J].地球科学,2020,45(12): 4332-4351.

[18] 牛耀龄.全球构造与地球动力学:岩石学与地球化学方法应用实例[M].北京:科学出版社,2013.

[19] 宋谢炎,侯增谦,黄永健,等.峨眉火成岩省地幔热柱稀土元素标志[J].地质论评,1999,45(S1): 872-875.

[20] 汪云亮,侯增谦,修淑芝,等.峨眉火成岩省地幔热柱热异常初探[J].地质论评,1999,45(S1): 876-879.

[21] 王佳敏,吴福元,张进江,等.喜马拉雅碰撞造山过程:变质地质学视角[J].地质学报,2022,96 (9):3128-3157.

[22] 王强,唐功建,郝露露,等.洋中脊或海岭俯冲与岩浆作用及金属成矿[J].中国科学:地球科学, 2020,50(10):1401-1423.

[23] 吴春明,刘嘉惠.活度在矿物温度计与压力计中的作用:以 GB 温度计与 GASP 压力计为例[J].岩 石学报,2021,37(1):35-51.

[24] 吴元保,陈道公,郑永飞,等.北大别漫水河混合岩化片麻岩中锆石微区微量元素特征及其地质意

义[J].岩石学报,2004(5):152-161.

[25] 徐树桐,苏文,刘贻灿,等.大别山东段高压变质岩中的金刚石[J].科学通报,1991(17):1318-1321.

[26] 徐义刚,黄小龙,王强,等.地球宜居性的深部驱动机制[J].科学通报,2024,69(2):169-183.

[27] 徐义刚,钟孙霖.峨眉山大火成岩省:地幔柱活动的证据及其熔融条件[J].地球化学,2001(1):1-9.

[28] 徐义刚,钟玉婷,位荀,等.二叠纪地幔柱与地表系统演变[J].矿物岩石地球化学通报,2017,36(3):359-373.

[29] 张抗,孟凡洋,张立勤.21世纪初期世界天然气格局变化及启示[J].世界石油工业,2023,30(1):20-29.

[30] 张旗,潘国强,李承东,等.花岗岩混合问题:与玄武岩对比的启示:关于花岗岩研究的思考之一[J].岩石学报,2007(5):1141-1152.

[31] 张晓智,周怀阳,钱生平.俯冲带岩浆弧安山岩的成因研究进展[J].地球科学进展,2021,36(3):288-306.

[32] 张艳飞,安政臻,梁帅.石墨矿床分布特征、成因类型及勘查进展[J].中国地质,2022,49(1):135-150.

[33] 张招崇,侯通,程志国.大火成岩省的成矿效应[J].地质学报,2022,96(1):131-154.

[34] 郑永飞.21世纪板块构造[J].中国科学:地球科学,2023,53(1):1-40.

[35] 郑永飞,张立飞,刘良,等.大陆深俯冲与超高压变质研究进展[J].矿物岩石地球化学通报,2013,32(2):135-158.

[36] 朱传庆,田云涛,徐明,等.峨眉山超级地幔柱对四川盆地烃源岩热演化的影响[J].地球物理学报,2010,53(1):119-127.

[37] 朱筱敏.沉积岩石学[M].4版.北京:石油工业出版社,2008.

[38] Aitken B G, Echeverria L M. Petrology and geochemistry of komatiites and tholeiites from Gorgona Island, Colombia[J]. Contributions to Mineralogy and Petrology, 1984, 86: 94-105.

[39] Artur B, Herbert K, Lado C. New developments in two-feldspar thermometry[J]. American Mineralogist, 2004, 89: 1496-1504.

[40] Bea F, Pereira M D, Corretgé L G, et al. Differentiation of strongly peraluminous, perphosphorus granites: The Pedrobernardo pluton, central Spain[J]. Geochimica et Cosmochimica Acta, 1994, 58(12): 2609-2627.

[41] Beard J S, Lofgren G E. Dehydration melting and water-saturated melting of basaltic and andesitic greenstones and amphibolites at 1, 3, and 6.9 kb[J]. Journal of Petrology, 1991, 32(2): 365-401.

[42] Beckman V, Möller C. Prograde metamorphic zircon formation in gabbroic rocks: The tale of microtextures[J]. Journal of Metamorphic Geology, 2018, 36: 1221-1236.

[43] Benisek A, Dachs E, Kroll H. A ternary feldspar-mixing model based on calorimetric data: Development and application[J]. Contributions to Mineralogy and Petrology, 2010, 160: 327-337.

[44] Berman R G. Thermobarometry using multi-equilibrium calculations: A new technique, with petrological applications[J]. The Canadian Mineralogist, 1991, 29: 833-855.

[45] Beyer C, Frost D J, Miyajima N. Experimental calibration of a garnet-clinopyroxene geobarometer for mantle eclogites[J]. Contributions to Mineralogy and Petrology, 2015, 169: 1-21.

[46] Bhadra S, Bhattacharya A. The barometer tremolite＋tschermakite＋2albite＝2pargasite＋8quartz: Constraints from experimental data unit silica activity, with applications to garnet-free natural assemblages[J]. American Mineralogist, 2007, 92: 491-502.

[47] Blundy J D, Sparks R S J. Petrogenesis of mafic inclusions in Granitoids of the Adamello Massif, Italy[J]. Journal of Petrology, 1992, 33(5): 1039-1104.

[48] Bodinier J L, Menzies M A, Thirlwall M F. Continental to oceanic mantle transition: REE and Sr-Nd isotopic geochemistry of the Lanzo Lherzolite Massif [J]. Journal of Petrology, 1991, 2: 191-210.

[49] Boggs S J, Boggs S. Principles of sedimentology and stratigraphy[M]. 4th ed. New Jersey: Prentice Hall, 1995.

[50] Bohlen S R, Wall V J, Boettcher A L. Experimental investigations and geological applications of equilibria in the system $FeO-TiO_2-Al_2O_3-SiO_2-H_2O$[J]. American Mineralogist, 1983, 68(11-12): 1049-1058.

[51] Bojanowski M, Bagiński B, Clarkson E, et al. Low-temperature zircon growth related to hydrothermal alteration of siderite concretions in Mississippian shales, Scotland[J]. Contributions to Mineralogy and Petrology, 2012, 164: 245-259.

[52] Bowen N L. The evolution of the igneous rocks[M]. Princeton: Princeton University Press, 1928.

[53] Bowman E E, Ducea M N. Pyroxenite melting at subduction zones[J]. Geology, 2023, 51(4): 383-386.

[54] Brown GoCo, Fyfe W S. The production of granitic melts during ultrametamorphism [J]. Contributions to Mineralogy and Petrology, 1970, 28(4): 310-318.

[55] Brown M, Johnson T. Metamorphism and the evolution of subduction on Earth[J]. American Mineralogist, 2019, 104(8): 1065-1082.

[56] Brown M. Duality of thermal regimes is the distinctive characteristic of plate tectonics since the Neoarchean[J]. Geology, 2006, 34(11): 961-964.

[57] Brown M. Melting of the continental crust during orogenesis: The thermal, rheological, and compositional consequences of melt transport from lower to upper continental crust[J]. Canadian Journal of Earth Sciences, 2010, 47(5): 655-694.

[58] Bryan S E, Ernst R E. Revised definition of Large Igneous Provinces (LIPs) [J]. Earth-Science Reviews, 2008, 86(1-2), 175-202.

[59] Bucher K, Grapes R. Petrogenesis of metamorphic rocks[M]. Berlin: Springer-Verlag, 2011: 428.

[60] Bucher K, Martin F, Helmut G F W, et al. Petrogenesis of metamorphic rocks [M]. Berlin: Springer, 2002.

[61] Bulanova G P, Walter M J, Smith C B, et al. Mineral inclusions in sublithospheric diamonds from Collier 4 kimberlite pipe, Juina, Brazil: Subducted protoliths, carbonated melts and primary kimberlite magmatism[J]. Contributions to Mineralogy and Petrology, 2010, 160(4): 489-510.

[62] Caress D W, McNutt M K, Detrick R S, et al. Seismic imaging of hotspot-related crustal underplating beneath the Marquesas Islands[J]. Nature, 1995, 373(6515): 600-603.

[63] Carswell D A, Compagnoni R. Ultra-high pressure metamorphism [J]. European Mineralogical Union Notes in Mineralogy, 2003, 5: 1-508.

[64] Castro A. Tonalite-granodiorite suites as cotectic systems: A review of experimental studies with applications to granitoid petrogenesis[J]. Earth-Science Reviews, 2013, 124: 68-95.

[65] Černý P. Fertile granites of Precambrian rare-element pegmatite fields: Is geochemistry controlled by tectonic setting or source lithologies[J]. Precambrian Research, 1991, 51(1-4): 429-468.

[66] Chappell B W, Stephens W E. Origin of infracrustal (I-type) granite magmas [J]. Earth and Environmental Science Transactions of the Royal Society of Edinburgh, 1988, 79(2-3): 71-86.

[67] Chen C F, Liu Y S, Foley S F, et al. Paleo-Asian oceanic slab under the North China Craton revealed by carbonatites derived from subducted limestones[J]. Geology, 2016, 44(12): 1039-1042.

[68] Chen L, Zheng Y F, Xu Z, et al. Generation of andesite through partial melting of basaltic metasomatites in the mantle wedge: Insight from quantitative study of andean andesites[J]. Geoscience Frontiers, 2021, 12 (3): 101124.

[69] Chen Y X, Zheng Y F, Chen R X, et al. Metamorphic growth and recrystallization of zircons in extremely ^{18}O-depleted rocks during eclogite-facies metamorphism: Evidence from U-Pb ages, trace elements, and O-Hf isotopes[J]. Geochimica et Cosmochimica Acta, 2011, 75(17): 4877-4898.

[70] Chopin C. Coesite and pure pyrope in high-grade blueschists of the Western Alps: A first record and some consequences[J]. Contributions to Mineralogy and Petrology, 1984, 86: 107-118.

[71] Chung S L, Jahn B M. Plume-lithosphere interaction in generation of the Emeishan flood basalts at the Permian-Triassic boundary[J]. Geology, 1995, 23 (10): 889-892.

[72] Clapham M E, Renne P R. Flood basalts and mass extinctions[J]. Annual Review of Earth and Planetary Sciences, 2019, 47: 275-303.

[73] Clemens J D, Stevens G, Farina F. The enigmatic sources of I-type granites: The peritectic connexion[J]. Lithos, 2011, 126(3-4): 174-181.

[74] Clemens J D, Stevens G. What controls chemical variation in granitic magmas[J]. Lithos, 2012, 134: 317-329.

[75] Clemens J D. The granulite-granite connexion[M] // Granulites and crustal evolution. Dordrecht: Springer, 1990: 25-36.

[76] Clift P, Paola V. Controls on tectonic accretion versus erosion in subduction zones: Implications for the origin and recycling of the continental crust[J]. Reviews of Geophysics, 2004, 42(2).

[77] Coes L. A new dense crystalline silica[J]. Science, 1953, 18: 131-132.

[78] Coffin M F, Eldholm O. Large Igneous Provinces: Crustal structure, dimensions, and external consequences[J]. Reviews of Geophysics, 1994, 32(1): 1-36.

[79] Courtillot V, Jaupart C, Manighetti I, et al. On causal links between flood basalts and continental breakup[J]. Earth and Planetary Science Letters, 1999, 166(3-4): 177-195.

[80] Crawford A J, Falloon T J, Green D H. Classification, petrogenesis and tectonic setting of boninites [J]. Boninites and Related Rocks, 1989, 1: 1-49.

[81] Crisp J A. Rates of magma emplacement and volcanic output[J]. Journal of Volcanology and Geothermal Research, 1984, 20(3-4): 177-211.

[82] Dale J, Holland T, Powell R. Hornblende-garnet-plagioclase thermobarometry: A natural assemblage calibration of the thermodynamics of hornblende[J]. Contributions to Mineralogy and Petrology, 2000, 140(3): 353-362.

[83] Dale S. British petroleum statistical review of world energy[M]. British Petroleum, 2020.

[84] Dallwitz W B. Co-existing sapphirine and quartz in granulite from Enderby Land, Antarctica[J]. Nature, 1968, 219(5153): 476-477.

[85] Daniela R, Jörg H. Experimental zircon/melt and zircon/garnet trace element partitioning and implications for the geochronology of crustal rocks[J]. Chemical Geology, 2007, 241(1-2): 38-61.

[86] Defant M J, Drummond M S. Derivation of some modern arc magmas by melting of young subducted lithosphere[J]. Nature, 1990, 347(6294): 662-665.

[87] Dick H J B, Bullen T. Chromian spinel as a petrogenetic indicator in abyssal and alpine-type peridotites and spatially associated lavas[J]. Contributions to Mineralogy and Petrology, 1984, 86: 54-76.

[88] Duncan C H, Tim J D. Zircon alteration, formation and preservation in sandstones[J]. Sedimentology,

2009,56(7): 2175-2191.

[89] Dunham R J.Classification of carbonate rocks according to depositional texture[M]//Ham W E. Classification of carbonates rocks: A symposium. American Association of Petroleum Geologist Memoirs,1962.

[90] Eckert J O, Newton R C, Kleppa O J. The ΔH of reaction and recalibration of garnet-pyroxene-plagioclase-quartz geobarometers in the CMAS system by solution calorimetry [J]. American Mineralogist,1991,71: 13-22.

[91] Eggler D H.Does CO_2 cause partial melting in the low-velocity layer of the mantle[J].Geology, 1976,4(2): 69-72.

[92] England P C,Thompson A B.Pressure-temperature-time paths of regional metamorphism I: Heat transfer during the evolution of regions of thickened continental crust[J].Journal of Petrology, 1984,25(4): 894-928.

[93] Erling K R.Distribution of Fe^{2+} and Mg between coexisting garnet and hornblende in synthetic and natural systems: An empirical calibration of the garnet-hornblende Fe-Mg geothermometer[J]. Lithos,2000,53(3-4): 265-277.

[94] Ernst W G.Blueschist metamorphism and p-T regimes in active subduction zones[J].Tectonophysics, 1973,17(3): 255-272.

[95] Ernst W G.Petrologic phase equilibria[M].San Francisco: W H Freeman,1976: 333.

[96] Escola Normal: As festas de formatura-sessão solenne no Theatro Santo Estevam-conferencia do Sr.dr.Sampaio Dória-outrasnotas[J].Jornal de Piracicaba,Piracicaba,21(7.562): 25.

[97] Fan W M, Wang Y J, Wang Y L, et al. Geochronology and geochemistry of Permian basalts in western Guangxi Province, Southwest China: Evidence for plume-lithosphere interaction [J]. Lithos,2008,102(1/2): 218-236.

[98] Ferrando S, Scambelluri M, Philippot P, et al. Multiphase solid inclusions in UHP rocks (Su-Lu, China): Remnants of supercritical silicate-rich aqueous fluids released during continental subduction [J].Earth and Planetary Science Letters,2005,234(3-4): 343-356.

[99] Ferry J M,Spear F S.Experimental calibration of the partitioning of Fe and Mg between biotite and garnet[J].Contributions to Mineralogy and Petrology,1978,66(2): 113-117.

[100] Foley S F,Fischer T P.An essential role for continental rifts and lithosphere in the deep carbon cycle[J].Nature Geoscience,2017,10(12): 897-902.

[101] Fowler C M R,et al.A database of physical properties of rocks from the Trans-Hudson Orogen, Canada[J].Canadian Journal of Earth Sciences,2005,42(4): 555-572.

[102] Francis A. Geochemistry an introduction [M]. 2nd ed. Cambridge: Cambridge University Press,2009.

[103] Frank S S,Simon M P.Metamorphic pressure-temperature-time paths[M].American Geophysical Union,1989.

[104] Gao S,Rudnick R L,Xu W,et al.Recycling deep cratonic lithosphere and generation of intraplate magmatism in the North China Craton[J].Earth and Planetary Science Letters,2008,270(1-2): 41-53.

[105] Gao W, Hu R Z, Hofstra A H, et al. U-Pb dating on hydrothermal rutile and monazite from the Badu Gold Deposit Supports an Early Cretaceous Age for Carlin-type Gold Mineralization in the Youjiang Basin,Southwestern China[J].Economic Geology,2021,116:1355-1385.

[106] Gary S, Villaros A, Moyen J F . Selective peritectic garnet entrainment as the origin of geochemical

diversity in S-type granites[J]. Geology, 2007, 35(1): 9-12.

[107] Gill R. Igneous rocks and processes: A practical guide[M]. New Jersey: Wiley-Blackwell, 2010.

[108] Gradstein F M, Ogg J G, Smith A G, et al. A new geologic time scale, with special reference to Precambrian and Neogene[J]. Episodes, 2004, 27(2): 83-100.

[109] Grove T L, Till C, Lev E, et al. Kinematic variables and water transport control the formation and location of arc volcanoes[J]. Nature, 2009, 459(7243): 694-697.

[110] Grove, T L, Elkins-Tanton L T, Parman S W, et al. Fractional crystallization and mantle-melting controls on calc-alkaline differentiation trends[J]. Contributions to Mineralogy and Petrology, 2003, 145: 515-533.

[111] Hacker B R, Kelemen P B, Behn M D. Differentiation of the continental crust by relamination[J]. Earth and Planetary Science Letters, 2011, 307(3-4): 501-516.

[112] Harley S L. On the occurrence and characterization of ultrahigh-temperature crustal metamorphism [J]. Geological Society, London, Special Publications, 1998, 138(1): 81-107.

[113] Harley S L. Refining the p-T records of UHT crustal metamorphism[J]. Journal of Metamorphic Geology, 2008, 26(2): 125-154.

[114] Harris N, Massey J. Decompression and anatexis of Himalayan metapelites[J]. Tectonics, 1994, 13 (6): 1537-1546.

[115] Hastie E C G, Kontak D J, Lafrance B. Gold remobilization: Insights from Gold Deposits in the Archean Swayze Greenstone Belt, Abitibi Subprovince, Canada[J]. Economic Geology, 2020, 115: 241-277.

[116] Hefferan K, O'Brien J. Earth Materials[M]. New Jersey: Wiley-Blackwell Publishing, 2010.

[117] Hess H H. A primary peridotite magma[J]. American Journal of Science, 1938, 5(209): 321-344.

[118] Hirose K, Ikuo K. Partial melting of dry peridotites at high pressures: Determination of compositions of melts segregated from peridotite using aggregates of diamond[J]. Earth and Planetary Science Letters, 1993, 114(4): 477-489.

[119] Hirose K. Melting experiments on lherzolite KLB-1 under hydrous conditions and generation of high-magnesian andesitic melts[J]. Geology, 1997, 25(1): 42-44.

[120] Hirschmann M M, Kogiso T, Baker M B, et al. Alkalic magmas generated by partial melting of garnet pyroxenite[J]. Geology, 2003, 31: 481-484.

[121] Hofmann A W. Mantle geochemistry: The message from oceanic volcanism[J]. Nature, 1997, 385 (6613): 219-229.

[122] Holdaway M J. Recalibration of the GASP geobarometer in light of recent garnet and plagioclase activity models and versions of the garnet-biotite geothermometer[J]. American Mineralogist, 2001, 86: 1117-1129.

[123] Holland T J B, Miyashiro A. Metamorphic petrology[M]. London: UCL Press. Geological Magazine, 1994, 131(5).

[124] Holland T J B, Powell R. An internally consistent thermodynamic data set for phases of petrological interest[J]. Journal of Metamorphic Geology, 1998, 16: 309-343.

[125] Holland T, Blundy J. Non-ideal interactions in calcic amphiboles and their bearing on amphibole-plagioclase thermometry[J]. Contributions to Mineralogy and Petrology, 1994, 116: 33-447.

[126] Jackson M G, Hart S R, Koppers A A P, et al. Origin of a "Southern Hemisphere" geochemical signature in the Arctic upper mantle[J]. Nature, 2008, 453(7191): 89-93.

[127] Jiao S, Brown M, Mitchell R N, et al. Mechanisms to generate ultrahigh-temperature

metamorphism[J]. Nature Reviews Earth & Environment,2023,4(5): 298-318.

[128] John F D,John M B. Plate tectonics and geosynclines[J]. Tectonophysics,1970,10(5-6): 625-638.

[129] Kawamoto T,Kanzaki M,Mibe K,et al. Separation of supercritical slab-fluids to form aqueous fluid and melt components in subduction zone magmatism[J]. Proceedings of the National Academy of Sciences of the United States of America,2012,109(46): 18695-18700.

[130] Kay R. Aleutian magnesian andesites: Melts from subducted Pacific crust[J]. Journal of Volcanology and Geothermal Research,1978,4(1-2): 117-132.

[131] Kelemen P B,Behn M D. Formation of lower continental crust by relamination of buoyant arc lavas and plutons[J]. Nature Geoscience,2016,9(3): 197-205.

[132] Kerr A C,Marriner G F,Arndt N T,et al. The petrogenesis of Gorgona komatiites,picrites and basalts: New field,petrographic and geochemical constraints[J]. Lithos,1996,37(2-3): 245-260.

[133] Klein C,Philpotts A R. Earth materials: Introduction to mineralogy and petrology[M]. 2th ed. Cambridge: Cambridge University Press,2017.

[134] Klingelhöfer F,Minshull T A,Blackman D K,et al. Crustal structure of Ascension Island from wide-angle seismic data: Implications for the formation of near-ridge volcanic islands[J]. Earth and Planetary Science Letters,2001,190(1-2): 41-56.

[135] Kogiso T,Hirschmann M M,Pertermann M. High-pressure partial melting of mafic lithologies in the mantle[J]. Journal of Petrology,2004,45(12): 2407-2422.

[136] Koziol A M,Bohlen S R. Solution properties of almandine-pyrope garnet as determined by phase equilibrium experiments[J]. American Mineralogist,1992,77(7-8): 765-773.

[137] Koziol A M,Newton R C. Redetermination of the anorthite breakdown reaction and improvement of the plagioclase-garnet-Al_2SiO_5-quartz geobarometer[J]. American Mineralogist,1988,73(3-4): 216-223.

[138] Krogh Ravna E. The garnet-clinopyroxene Fe^{2+}-Mg geothermometer: An updated calibration[J]. Journal of Metamorphic Geology,2000,18(2): 211-219.

[139] Kushiro I. Effect of water on the composition of magmas formed at high pressures[J]. Journal of Petrology,1972,13(2): 311-334.

[140] Kvenvolden K A. Preliminary global database of Known and Inferred Gas Hydrate Locations[J]. U. S. Geological Survey data release,2020.

[141] Lal R K. Internally consistent recalibrations of mineral equilibria for geothermobarometry involving garnet-orthopyroxene-plagioclase-quartz assemblages and their application to the South Indian granulites[J]. Journal of Metamorphic Geology,1993,11(6): 855-866.

[142] Laumonier Mickael,et al. On the conditions of magma mixing and its bearing on andesite production in the crust[J]. Nature Communications,2014,5(1): 5607.

[143] Le Bas M J. Nephelinitic and basanitic rocks[J]. Journal of Petrology,1989,30(5): 1299-1312.

[144] Leonardo S,Othon H,Reynaldo S,et al. Diamante Darcy Vargas e outros grandes diamantes brasileiros/OH Leonardos[J]. Boletim da Faculdade de Filosofia,Ciências e Letras da Universidade de São Paulo. Mineralogia,1939(3): 3-15.

[145] Li J L,Schwarzenbach E M,John T,et al. Uncovering and quantifying the subduction zone sulfur cycle from the slab perspective[J]. Nature Communications,2020,11(1): 514.

[146] Li J L,Schwarzenbach E M,John T,et al. Subduction zone sulfur mobilization and redistribution by intraslab fluid-rock interaction[J]. Geochimica et Cosmochimica Acta,2021,297: 40-64.

[147] Li J L,Schwarzenbach E M,John T,et al. Uncovering and quantifying the subduction zone sulfur

cycle from the slab perspective[J]. Nature Communications, 2020, 11(1): 514.

[148] Li J, Gao J, Wang X. A subduction channel model for exhumation of oceanic-type high-pressure to ultrahigh-pressure eclogite-facies metamorphic rocks in SW Tianshan, China[J]. Science China Earth Sciences, 2016, 59: 2339-2354.

[149] Litasov K, Ohtani E. Phase relations and melt compositions in CMAS-pyrolite-H_2O system up to 25GPa[J]. Physics of the Earth and Planetary Interiors, 2002, 134(1-2): 105-127.

[150] Liu L, Zhang J F, Cao Y T, et al. Evidence of former stishovite in UHP eclogite from the South Altyn Tagh, western China[J]. Earth and Planetary Science Letters, 2018, 484: 353-362.

[151] Liu L, Zhang J F, Green H W, et al. Evidence of former stishovite in metamorphosed sediments, implying subduction to $>$ 350km [J]. Earth and Planetary Science Letters, 2007, 263 (3-4): 180-191.

[152] London D. Granitic pegmatites: An assessment of current concepts and directions for the future [J]. Lithos, 2005, 80(1-4): 281-303.

[153] López S, Antonio C. Determination of the fluid-absent solidus and supersolidus phase relationships of MORB-derived amphibolites in the range 4-14 kbar[J]. American Mineralogist, 2001, 86 (11-12): 1396-1403.

[154] Mahoney J J, Millard F C. Large Igneous Provinces: Continental, oceanic, and planetary flood volcanism[M]. American Geophysical Union, 1997.

[155] Maitre L. Igneous rocks: A classification and glossary of terms[M]. 2002.

[156] McBride E F. A Classification of common sandstones[J]. Journal of Sedimentary Research, 1963, 33(3): 664-669.

[157] McCarthy T C, Patino Docue. Empirical calibration of the silica-Ca-tschermak's-anorthite (SCAn) geobarometer[J]. Journal of Metamorphic Geology, 1998, 16: 675-686.

[158] McKenzie D, Bickle M J. The volume and composition of melt generated by extension of the lithosphere[J]. Journal of Petrology, 1988, 29(3): 625-679.

[159] McLaren S, Mike S F, Martin H. High radiogenic heat-producing granites and metamorphism: An example from the western Mount Isa inlier, Australia[J]. Geology, 1999, 27(8): 679-682.

[160] Miyashiro A. Evolution of metamorphic belts[J]. Journal of Petrology, 1961, 2(3): 277 -311.

[161] Miyashiro A. Metamorphic petrology[M]. London : UCL Press, 1994.

[162] Miyashiro A. Metamorphic processes, reactions and microstructure development: R H Vernon, Thomas Murby (George Allen & Unwin), London [M]. Physics of the Earth and Planetary Interiors, 1976, 3(2): 161-162.

[163] Miyashiro A. Paired and unpaired metamorphic belts[J]. Tectonophysics, 1973, 17(3): 241-254.

[164] Molina J F, Moreno J A, Castro A, et al. Calcic amphibole thermobarometry in metamorphic and igneous rocks: New calibrations based on plagioclase/amphibole Al-Si partitioning and amphibole-liquid Mg partitioning[J]. Lithos, 2015, 232: 6-305.

[165] Möller A, O'Brien P J, Kennedy A, et al. Linking growth episodes of zircon and metamorphic textures to zircon chemistry: An example from the ultrahigh-temperature granulites of Rogaland (SW Norway)[M]//Vance D, Müller W, Villa I M. Geochronology: Linking the isotopic record with petrology and textures. Geological Society, London, Special Publications, 2003, 220: 65-81.

[166] Nesbitt R W. Skeletal crystal forms in the ultramafic rocks of the Yilgarn block, western Australia: Evidence for an Archean ultramafic liquid [J]. Geological Society, Australia, Special Publications, 1971, 3: 331-347.

[167] Ni H, Zhang L, Xiong X, et al. Supercritical fluids at subduction zones: Evidence, formation condition, and physicochemical properties[J]. Earth-Science Reviews, 2017, 168: 62-71.

[168] Nichols G T, Berry R F, Green D H. Internally consistent gahnitic-spinel-cordierite-garnet equilibria in the FMASHZn system: Geothermobarometry and applications[J]. Contributions to Mineralogy and Petrology, 1992, 111: 362-377.

[169] Nielsen S G, Marschall H R. Geochemical evidence for mélange melting in global arcs[J]. Science Advances, 2017, 3(6): e1602402.

[170] O'Hara M J. The bearing of phase equilibria studies in synthetic and natural systems on the origin and evolution of basic and ultrabasic rocks[J]. Earth-Science Reviews, 1968, 4: 69-133.

[171] O'Reilly S Y, Griffin W L. Mantle metasomatism [J]. Metasomatism and the Chemical Transformation of Rock, 2013: 471-533.

[172] Okay A, Xu S, Sengor A M C. Coesite from the Dabie Shan Eclogite, Central China[J]. European Journal of Mineralogy, 1989, 1(4): 595-598.

[173] Olivier B, George W B. On the origin of crystal-poor Rhyolites: Extracted from Batholithic Crystal Mushes[J]. Journal of Petrology, 2004, 45(8): 1565-1582.

[174] Patino Douce, Alberto E, Harris N. Experimental constraints on Himalayan anatexis[J]. Journal of Petrology, 1998, 39(4): 689-710.

[175] Patino Douce, Alberto E. What do experiments tell us about the relative contributions of crust and mantle to the origin of granitic magmas[J]. Geological Society, London, Special Publications, 1999, 168(1): 55-75.

[176] Patino Douce, Eugene D, Humphreys A, et al. Anatexis and metamorphism in tectonically thickened continental crust exemplified by the Sevier hinterland, western North America[J]. Earth and Planetary Science Letters, 1990, 97(3): 290-315.

[177] Peacock S M. Fluid processes in subduction zones[J]. Science, 1990, 248(4953): 329-337.

[178] Peng Z, Wang C, Poulton S W, et al. Origin of the Neoarchean VMS-BIF Metallogenic Association in the Qingyuan Greenstone Belt, North China Craton: Constraints from geology, geochemistry, and iron and multiple sulfur (δ^{33}S, δ^{34}S, and δ^{36}S) Isotopes[J]. Economic Geology, 2022, 117(6): 1275-1298.

[179] Pichavant M, et al. Physical conditions, structure, and dynamics of a zoned magma chamber: Mount Pelée (Martinique, Lesser Antilles Arc)[J]. Journal of Geophysical Research: Solid Earth, 2002, 107(B5): ECV-1.

[180] Plummer C C, Carlson D H, Hammersley L. Physical geology[M]. 15th ed. New York: McGraw-Hill Education, 2016.

[181] Poli S, Schmidt M W. Petrology of subducted slabs[J]. Annual Review of Earth and Planetary Sciences, 2002, 30(1): 207-235.

[182] Powers M C. A new roundness scale for sedimentary particles, SEPM[J]. Journal of Sedimentary Research, 1953, 23(2): 117-199.

[183] Price Derek, Best D P. The sand and gravel resources of the country around Armthorpe, South Yorkshire: Description of 1:25 000 resource sheet SE 60[M]. British Geological Survey, 1982.

[184] Price R C, Gamble J A, Smith I E M, et al. An integrated model for the temporal evolution of andesites and rhyolites and crustal development in New Zealand's North Island[J]. Journal of Volcanology and Geothermal Research, 2005, 140(1-3): 1-24.

[185] Qing Q, Hugh St C, O'Neill, et al. Comparative diffusion coefficients of major and trace elements in

olivine at ～950℃ from a xenocryst included in dioritic magma[J]. Geology, 2010, 38(4): 331-334.

[186] Rapp R P, Bruce W E. Dehydration melting of metabasalt at 8-32 kbar: Implications for continental growth and crust-mantle recycling[J]. Journal of Petrology, 1995, 36(4): 891-931.

[187] Rapp R P, Watson E B, Miller C F. Partial melting of amphibolite/eclogite and the origin of archean trondhjemites and tonalites[J]. Precambrian Research, 1991, 51(1-4): 1-25.

[188] Raymond L A. Petrology: The study of igneous, sedimentary, metamorphic rocks[M]. New York: McGrew-Hill, 2002.

[189] Rice Dudley D, George E Claypool. Generation, accumulation, and resource potential of biogenic gas [J]. AAPG Bulletin, 1981, 65(1): 5-25.

[190] Richards M A, Duncan R A, Courtillot V E. Flood basalts and hot-spot tracks: Plume heads and tails[J]. Science, 1989, 246(4926): 103-107.

[191] Ringwood A E. The petrological evolution of island arc systems[J]. Journal of Geology Society, 1974, 130: 183-204.

[192] Robert M Holder, Hacker B R. Fluid-driven resetting of titanite following ultrahigh-temperature metamorphism in southern Madagascar[J]. Chemical Geology, 2019, 504: 38-52.

[193] Roberts M P, John D Clemens. Origin of high-potassium, calc-alkaline, I-type granitoids[J]. Geology, 1993, 21(9): 825-828.

[194] Rubatto D. Zircon: The metamorphic mineral[J]. Reviews in Mineralogy and Geochemistry, 2017, 83: 261-296.

[195] Rushmer T. Partial melting of two amphibolites: Contrasting experimental results under fluid-absent conditions[J]. Contributions to Mineralogy and Petrology, 1991, 107(1): 41-59.

[196] Sandiford M, Hand M, Sandra M. High geothermal gradient metamorphism during thermal subsidence[J]. Earth and Planetary Science Letters, 1998, 163(1-4): 149-165.

[197] Schiano P, Clocchiatti R, Shimizu N, et al. Hydrous, silica-rich melts in the sub-arc mantle and their relationship with erupted lavas[J]. Nature, 1995, 377: 595-600.

[198] Sen C, Dunn T. Dehydration melting of a basaltic composition amphibolite at 1.5 and 2.0 GPa: Implications for the origin of adakites[J]. Contributions to Mineralogy and Petrology, 1994, 117 (4): 394-409.

[199] Sillitoe R H. Porphyry copper systems[J]. Economic Geology, 2010, 105(1): 3-41.

[200] Sisson T W, Grove T L. Experimental investigations of the role of H_2O in calc-alkaline differentiation and subduction zone magmatism[J]. Contributions to Mineralogy and Petrology, 1993, 113(143-166).

[201] Sisson T W, Ratajeski K, Hankins W B, et al. Voluminous granitic magmas from common basaltic sources[J]. Contributions to Mineralogy and Petrology, 2005, 148: 635-661.

[202] Sloan E D, Koh C A. Clathrate hydrates of natural gases[M]. 3rd ed. Boca Raton: CRC Press, 2007.

[203] Smith D. Coesite in clinopyroxene in the Caledonides and its implications for geodynamics[J]. Nature, 1984, 310: 641-644.

[204] Sobolev A V, Hofmann A W, Sobolev S V, et al. An olivine-free mantle source of Hawaiian shield basalts[J]. Nature, 2005, 434(7033): 590-597.

[205] Stephanie I, Millard F C. Impact origin for the greater Ontong Java Plateau[J]. Earth and Planetary Science Letters, 2004, 218(1-2): 123-134.

[206] Stern C R, Peter J W. Phase relationships of I-type granite with H_2O to 35 kilobars: The Dinkey Lakes biotite-granite from the Sierra Nevada Batholith[J]. Journal of Geophysical Research: Solid Earth, 1981, 86(B11): 10412-10422.

[207] Stern R J. Subduction zones[J]. Reviews of Geophysics, 2002, 40(4): 1012.

[208] Storre B, Karotke E. Experimental data on melting reactions of muscovite+quartz in the system K_2O-Al_2O_3-SiO_2-H_2O to 20kb water pressure[J]. Contributions to Mineralogy and Petrology, 1972, 36(343-345).

[209] Stow D A V. Sedimentary rocks in the field: A colour guide[M]. Boca Raton: CRC Press, 2005.

[210] Streckeisen A. To each plutonic rock its proper name[J]. Earth-Science Reviews, 1976, 12(1): 1-33.

[211] Su W, Schwarzenbach E M, Chen L, et al. Sulfur isotope compositions of pyrite from high-pressure metamorphic rocks and related veins (SW Tianshan, China): Implications for the sulfur cycle in subduction zones[J]. Lithos, 2019, 348: 105212.

[212] Takahashi E. Melting of a dry peridotite KLB-1 up to 14GPa: Implications on the origin of peridotitic upper mantle[J]. Journal of Geophysical Research, 1986, 91: 9367-9382.

[213] Tarduno J A. On the motion of Hawaii and other mantle plumes[J]. Chemical Geology, 2007, 241 (3-4): 234-247.

[214] Tatsumi Y. Migration of fluid phases and generation of basalt magmas in subduction zones[J]. Journal of Geophysical Research: Solid Earth, 1989, 94(B5): 4697-4708.

[215] Taylor R N, Nesbitt R W, Vidal P, et al. Mineralogy chemistry, and genesis of the boninite series volcanics, Chichijima, Bonin Islands, Japan[J]. Journal of Petrology, 1994, 35(3): 577-617.

[216] Taylor W R. An experimental test of some geothermometer and geobarometer formulations for upper mantle peridotites with application to the thermobarometry of fertile lherzolite and garnet websterite[J]. Neues Jahrbuch für Mineralogie Abhandlungen, 1998, 172: 381-408.

[217] Tepper J H, Kuehner S M. Complex zoning in apatite from the Idaho batholith: A record of magma mixing and intracrystalline trace element diffusion[J]. American Mineralogist, 1999, 84(4): 581-595.

[218] Thompson A B, Philip C. Pressure-temperature-time paths of regional metamorphism Ⅱ: Their inference and interpretation using mineral assemblages in metamorphic rocks[J]. Journal of Petrology, 1984, 25: 929-955.

[219] Thompson A B. Heat, fluids, and melting in the granulite facies[J]. Granulites and Crustal Evolution, 1990: 37-57.

[220] Tissot B P, Welte D H. Petroleum formation and occurrence[M]. 2nd ed. Berlin: Springer-Verlag, 1984.

[221] Turner J S. The salinity of rainfall as a function of drop size[J]. Quarterly Journal of the Royal Meteorological Society, 1955, 81(349): 418-429.

[222] Tuttle O F, Norman L B. Origin of granite in the light of experimental studies in the system $NaAlSi_3O_8$-$KAlSi_3O_8$-SiO_2-H_2O[J]. Geological Society of America, 1958.

[223] Ulmer S D S, Scholle P A, Schieber J, et al. A color guide to the petrography of sandstone, siltstone, shales and associated rocks[M]. AAPG, 2014.

[224] Vernon R H. A practical guide to rock microstructure: Microstructures of deformed rocks[M]. 2004.

[225] Vielzeuf D, Clemens J D, Pin C, et al. Granites, granulites, and crustal differentiation[M]. Dordrecht: Springer Netherlands, 1990: 59-85.

[226] Vielzeuf D, John D C. The fluid-absent melting of phlogopite+ quartz: Experiments and models [J]. American Mineralogist, 1992, 77(11-12): 1206-1222.

[227] Viljoen R P, Viljoen M J. The relationship between mafic and ultramafic magma derived from the upper mantle and the ore deposits of the Barberton region[J]. Geological Society, South Africa, Special Publications, 1969, 2: 221-244.

[228] Waite W F, Ruppel C D, Boze L G, et al. Mechanisms of methane hydrate formation in geological systems[J]. Reviews of Geophysics, 2019, 57: 1146-1196.

[229] Walker J C G, Hays P B, Kasting J F. A negative feedback mechanism for the long-term stabilization of Earth's surface temperature[J]. Journal of Geophysical Research, 1981, 86(C10): 9776-9782.

[230] Wang X, Wang T, Castro A, et al. Triassic granitoids of the Qinling orogen, central China: Genetic relationship of enclaves and rapakivi-textured rocks[J]. Lithos, 2011, 126(3-4): 369-387.

[231] Wenk H R, Bulakh A. Minerals: Their constitution and origin [M]. Cambridge: Cambridge University Press, 2004.

[232] Wes Hildreth. Volcanological perspectives on Long Valley, Mammoth Mountain, and Mono Craters: Several contiguous but discrete systems [J]. Journal of Volcanology and Geothermal Research, 2004, 136(3-4): 169-198.

[233] Wessel P, Lyons S. Distribution of large Pacific seamounts from Geosat/ERS-1: Implications for the history of intraplate volcanism[J]. Journal of Geophysical Research: Solid Earth, 1997, 102 (B10): 22459-22475.

[234] White R V, Andrew D. Volcanism, impact and mass extinctions: Incredible or credible coincidences [J]. Lithos, 2005, 79: 299-316.

[235] Wilhelm J, François H. Petrogenesis and experimental petrology of granitic rocks [M]. Berlin: Springer-Verlag, 1996.

[236] Wilson, Marjorie. Igneous petrogenesis[M]. Dordrecht: Springer Netherlands, 1989.

[237] Wolf M B, Wyllie P J. Dehydration-melting of solid amphibolite at 10 kbar: Textural development, liquid interconnectivity and applications to the segregation of magmas [J]. Mineralogy and Petrology, 1991, 44(3-4): 151-179.

[238] Wooden J L, Czamanske G K, Fedoroenko V A, et al. Isotopic and trace-element constraints on mantle and crustal contributions to Siberian continental flood basalts, Noril'sk area, Siberia[J]. Geochimica et Cosmochimica Acta, 1993, 57(9): 3677-3704.

[239] Wu C M, Chen H X. Calibration of a Ti-in-muscovite geothermometer for ilmenite- and Al_2SiO_5-bearing metapelites[J]. Lithos, 2015a, 212-215: 122-127.

[240] Wu C M, Chen H X. Revised Ti-in-biotite geothermometer for ilmenite- or rutile-bearing crustal metapelites[J]. Science Bulletin, 2015b, 60(1): 116-121.

[241] Wu C M, Zhao G C. Recalibration of the Garnet-Muscovite (GM) Geothermometer and the Garnet-Muscovite-Plagioclase-Quartz (GMPQ) Geobarometer for Metapelitic Assemblages[J]. Journal of Petrology, 2006, 47: 2357-2368.

[242] Wu C M. Calibration of the garnet-biotite-Al_2SiO_5-quartz geobarometer for metapelites[J]. Journal of Metamorphic Geology, 2017, 35(9): 983-998.

[243] Wu C M. Revised empirical garnet-biotite-muscovite-plagioclase geobarometer in metapelites[J]. Journal of Metamorphic Geology, 2015, 33(2): 167-176.

[244] Wyckoff. Crystal structures[M]. New York: John Wiley & Sons, 1969.

[245] Wyllie P J. Magma genesis, plate tectonics, and chemical differentiation of the Earth[J]. Reviews of Geophysics, 1988, 26(3): 370-404.

[246] Xia S H, Zhao M H, Qiu X L, et al. Crustal structure in an onshore-offshore transitional zone near Hong Kong, northern South China Sea[J]. Journal of Asian Earth Sciences, 2010, 37(5-6): 460-472.

[247] Xu S, Okay A I, Ji S, et al. Diamond from the Dabie Shan metamorphic rocks and its implication for tectonic setting[J]. Science, 1992, 256: 80-82.

[248] Xu Y G, Chung S L. The Emeishan Large Igneous Province: Evidence for mantle plume activity and melting conditions[J]. Geochimica, 2001, 30(1): 1-9.

[249] Xu Y G, Luo Z Y, Huang X L, et al. Zircon U-Pb and Hf isotope constraints on crustal melting associated with the Emeishan mantle plume[J]. Geochimica et Cosmochimica Acta, 2008, 72(7): 3084-3104.

[250] Yang J S, Wu W W, Lian D Y, et al. Peridotites, chromitites and diamonds in ophiolites[J]. Nature Reviews Earth & Environment, 2021, 2(3): 198-212.

[251] Yoder Jr H S, Cecil E T. Origin of basalt magmas: An experimental study of natural and synthetic rock systems[J]. Journal of Petrology, 1962, 3(3): 342-532.

[252] Yoder H S, Tilley C E. Origin of basalt magmas: An experimental study of natural and synthetic rock systems[J]. Journal of Petrology, 1962, 3(3): 342-532.

[253] Yuki Asahara, Ohtani E. Melting relations of the hydrous primitive mantle in the CMAS-H$_2$O system at high pressures and temperatures, and implications for generation of komatiites[J]. Physics of the Earth and Planetary Interiors, 2001, 125(1-4): 31-44.

[254] Zhang G B, Song S G, Zhang L F, et al. The subducted oceanic crust within continental-type UHP metamorphic belt in the North Qaidam, NW China: Evidence from petrology, geochemistry and geochronology[J]. Lithos, 2008, 104(1-4): 99-108.

[255] Zheng J P, Hermann J. Geochemistry of continental subduction-zone fluids[J]. Earth, Planets and Space, 2014, 66: 93.

[256] Zheng Y F, Chen R X. Extreme metamorphism and metamorphic facies series at convergent plate boundaries: Implications for supercontinent dynamics[J]. Geosphere, 2021, 17(6): 1647-1685.

[257] Zheng Y F, Chen R X. Regional metamorphism at extreme conditions: Implications for orogeny at convergent plate margins[J]. Journal of Asian Earth Sciences, 2017, 145(A): 46-73.

[258] Zheng Y F, Wu Y B, Zhao Z F, et al. Metamorphic effect on zircon Lu-Hf and U-Pb isotope systems in ultrahigh-pressure eclogite-facies metagranite and metabasite[J]. Earth and Planetary Science Letters, 2005, 40(2): 378-400.

[259] Zheng Y F, Xia Q X, Chen R X, et al. Partial melting, fluid supercriticality and element mobility in ultrahigh-pressure metamorphic rocks during continental collision[J]. Earth-Science Reviews, 2011, 107(3-4): 342-374.

[260] Zheng Y F, Zhao G C. Two styles of plate tectonics in Earth's history[J]. Science Bulletin, 2020, 65(4): 329-334.

[261] Zheng Y F, Zhao Z F, Chen R X. Ultrahigh-pressure metamorphic rocks in the Dabie-Sulu Orogenic Belt: Compositional inheritance and metamorphic modification[J]. Geological Society, London, Special Publications, 2019, 474(1): 89-132.

[262] Zheng Y F, Zhao Z F, Chen R X. Ultrahigh-pressure metamorphic rocks in the Dabie-Sulu Orogenic Belt: Compositional inheritance and metamorphic modification[J]. Geological Society, London,

Special Publications, 2019, 474(1): 89-132.

[263] Zheng Y F. Metamorphic chemical geodynamics in Continental Subduction Zones[J]. Chemical Geology, 2012, 328: 5-48.

[264] Zheng Y F. Metamorphism in subduction zones[M]. Boston: Academic Press, 2021: 612-622.

[265] Zheng Y F. Subduction zone geochemistry[J]. Geoscience Frontiers, 2019, 10(4): 1223-1254.

[266] Zhou M F, Arndt N T, Malpas J, et al. Two magma series and associated ore deposit types in the Permian Emeishan Large Igneous Province, SW China[J]. Lithos, 106(3), 2008: 222-236.

[267] Zhu M S, Miao L C, Yang S H. Genesis and evolution of subduction-zone andesites: Evidence from melt inclusions[J]. International Geology Review, 2013, 55(10): 1179-1190.

[268] Zindler A, Hart S. Chemical geodynamics[J]. Annual Review of Earth and Planetary Sciences, 1986, 14(1): 493-571.

[269] Zondervan J R, Hilton R G, Dellinger M, et al. Rock organic carbon oxidation CO_2 release offsets silicate weathering sink[J]. Nature, 2023, 623: 329.